백전백승
경쟁전략

백전
기략

백전백승 경쟁전략
백전기략

병법과 경영이 만나다

유기劉基 지음
한국사마천학회 김영수 편저

창해

백전백승 경쟁전략
– 경영과 병법이 만난다

이 책은 명나라의 개국공신 유기劉基가 지었다고 전하는 병법서 《백전기략百戰奇略》을 기본으로 옮기고, 여기에 맞는 역사 사례를 수집하여 해설하는 한편 실제 경영 사례와 접목했다. 병법서와 고전을 군사뿐 아니라 사회 각 분야의 경쟁과 기업 경영과 연계하는 경향은 벌써 반세기가 넘는다. 《손자병법》을 필두로 《삼국지》(정확하게는 소설 《삼국지연의》)가 대표적이다. 최근에는 서양의 연구자가 《36계》에 주목하여 경영과 접목한 독특한 서적도 나왔다.

이 책 역시 이런 트렌드의 연장선에 있다. 다만 《손자병법》이나 《삼국지》에 집중된 기존의 시선을 다른 쪽으로 돌렸을 뿐이다. 이때 엮은이의 눈길을 끈 병법서가 바로 《36계》와 《백전기략》이다. 먼저 《36계》를 우리 글로 옮기고 해설과 역사 사례 그리고 경영 사례를 덧붙여 작업을 마쳤다. 그러면서 군사 투쟁과 기업 경쟁의 공통점에 대해 심사숙고해 보았다. 그 결과 여덟 가지 공통점을 발견했고, 고대 병법과 병법서가 기업 경영에 상당한 정보와 깊은 통찰력을 줄 수 있음을 확인하기에 이르렀다.

① 군사와 경영 모두 전투(경쟁)를 전제로 하거나 실제 전투(경쟁)가 벌어진다. 심하면 생사를 건 전쟁(경쟁)도 불사한다.

② 전투와 경쟁에 따르는 치밀한 전략과 전술 수립은 필수다. 경쟁 전략은 전투든 경영이든 궁극적으로 승리와 생존을 위해 반드시 필요하기 때문이다.

③ 전략과 전술 수립에는 전문가, 즉 인재가 필요하다. 군사에서는 춘추전국 이래 전문군사가들이 출현했고, 기업 경쟁에서 인재 쟁탈전은 일상이 되었다. 좋은 인재를 구하려는 경쟁은 물론 자체적으로 인재를 키우기 위한 교육과 지원 또한 보편화되어 있다.

④ 이상의 모든 것을 지휘할 리더와 리더십이 요구된다.

⑤ 그러므로 기업 경쟁에서 세부 전략과 전술을 수립하는 데 병법이 큰 도움을 줄 수 있다.

⑥ 기업의 경영과 경쟁에 병법을 적용하거나 활용해 온 과거의 전례가 남아 있다. 앞에서 언급한 《손자병법》과 《삼국지》가 대표적이고, 최근 《36계》를 기업 경영과 경쟁에 적용한 서양의 연구까지 나왔다.

⑦ 병법과 경영을 좀 더 깊이 있게 접목할 필요성이 대두되고 있다. 이런 점에서 《36계》와 《백전기략》은 그 문장이 쉬우면서도 깊이를 갖추고 있다. 경쟁에서 꼭 필요한 요령들을 간결하게 핵심만 짚어 기업 경영에 적용하기가 아주 편리하다. 두 병법서가 출현한 이후 수많은 실제 사례가 축적되고, 이에 대한 치밀한 분석이 쌓여 현실에 적용할 만한 보편타당성까지 확보하고 있다.

⑧ 두 병법서 모두 '36'과 '100'이란 알기 쉬운 숫자로 복잡하고 어려운 전략과 전술의 핵심을 추출하여 경영에 적용하기가 쉽다.

엮은이는 《36계》에 이어 《백전기략》에 주목했다. 《백전기략》에 관한 정보는 해제에 상세히 소개했고, 여기서는 《백전기략》이 경쟁과 경영에 어떤 도움을 줄 수 있는 병법서인지 좀 더 언급하는 것으로 머리말을 대신하고자 한다.

우선 《백전기략》은 '계計'부터 '망忘'까지 모두 100개의 글자로 100개의 전략 내지 전술을 개관하고 있다. 독특하기도 하지만 간명하다. 100개의 글자가 어렵지 않을 뿐만 아니라 1700년 동안 벌어진 수많은 전투 사례 중 100여 개를 골라 100개의 전략 전술로 구분하여 그 원칙과 사례를 간결하게 정리했다. 이 100개의 전략 전술을 다양한 분야의 경쟁과 경영 상황에 접목하기란 다른 어떤 병법서나 고전보다 용이할 수 있다. 《백전기략》의 가장 큰 장점이다.

다음은 100개의 글자와 100개의 용병 원칙을 우리 현실에 그대로 적용할 수 있는 실용성이다. 100개 중 맨 처음에 나오는 〈계전計戰〉 첫머리의 요지를 보자.

군대와 병사를 움직이는 첫 번째 원칙은 치밀한 계획 수립이다. 싸움터에서 적과 맞서 싸우기에 앞서 상대 장수가 현명한지 어리석은지, 군세가 강한지 약한지, 병력은 많은지 적은지, 작전 지형은 험준한지 평탄한지, 군량은 충분한지 부족한지 등 적의 정황을 반드시 살펴야 한다. 치밀한 계획과 계산으로 적과 아군의 형세를 판단한 뒤 출병하여 싸우면 승리하지 못하는 경우가 없다.

《손자병법孫子兵法》〈시계始計〉편은 "적의 정황을 살펴 승리할 방도를 찾고, 작전 지형의 지세와 도로의 멀고 가까움을 정확하게 계산하여 파악하는 것이 뛰어난 장수의 기본 직능이다"라고 했다.

첫 번째 문장인 "군대와 병사를 움직이는 첫 번째 원칙은 치밀한 계획 수립이다"에서 '군대와 병사'를 '기업'으로 바꿔 놓기만 해도 곧장 통할 뿐만 아니라 핵심을 정확하게 짚었다. 마지막 부분의 "치밀한 계획과 계산으로 적과 아군의 형세를 판단한 다음 출병하여 싸우면 승리하지 못하는 경우가 없다"는 대목도 마찬가지다. '적과 아군' '출병하여 싸우면'을 '나와 경쟁 상대' '경쟁하면'으로 바꾸면 된다. 다른 대목도 마찬가지다. 이런 점에서 100개의 전략 전술 원칙은 경쟁과 경영 전략에 고스란히 접목할 수 있다.

바로 이어 실제 전투에서 활용하거나 적용한 역사 사례를 소개한다. 여기까지가 《백전기략》의 원문이다. 그런데 역사 사례는 중국사와 전쟁사의 기본 정보가 뒷받침되어야 하는 만큼 바로 이해하는 게 쉽지 않다. 그래서 '해설'을 통해 보충 설명을 덧붙이고, 다시 각종 자료를 찾아 현대의 경쟁과 경영 사례를 보탰다. 현실을 고려해서 중국 사례를 많이 소개했지만 전 세계의 경제 경영 사례도 제법 있다. 다만 100개 항목마다 사례를 달기란 엮은이의 역량에 한계도 있고 원고 분량이 비대해지기 때문에 40여 개로 한정했다. 독자들, 특히 경쟁과 경영 전략에 직접 관련된 독자라면 직접 사례를 만들어 보는 것도 좋겠다.

과거사는 단순히 흘러간 시간이 아니라 '오래된 미래'다. 세계 4대 문명 중 유일하게 끊어지지 않고 이어져 오는 중국 문명과 그를 통해 축적된 어마어마한 문화 역량은 최근 중국의 비약적 발전과 존재감을 뒷받침하는 '차이나 파워' 그 자체다. 차이나 파워의 핵심은 다름 아닌 상상을 초월하는 문자 기록, 즉 '서적書籍'이다. 특히 지식과 정보, 나아가 지혜가 압축된 '고도의 압축 파일이라 할 수 있는 고전의 부가가치'는 시간이 흐를수록 더욱더 빛을 발하고 있다. 1700년 동안 벌어진 숱한 전투와 전쟁, 즉 경쟁 사례를 종합 정리하여 100자로 압축한 《백전기략》을 경쟁 사회와 경제 경영에 접목해 보는 작업은 무의미하지 않을 것이다. 아무쪼록 독자들이 1700년에 걸친 중국 역사의 기본 정보를 전쟁과 전투 사례를 통해 공부하는 지적 탐구와, 이를 간결하게 정리하고 요약한 《백전기략》의 정수를 경쟁과 경영 전략에 접목해 보는 실용적 경험을 함께 누리길 희망해 본다.

사족

2019년 초 작업을 끝내 놓고 이런저런 일 때문에 출간을 미뤘다. 그러다 2020년 코로나19로 모든 일이 중단되었다. 다시 정신을 수습하고 미룬 일들을 정리했다. 우선 벌써 끝내 놓은 병법서 《36계》와 《백전기략》 원고를 털었다. 다시 읽고 가볍게 교정을 본다. 어려운 여건에도 불구하고 출간을 결단해 준 창해에 감사드린다. 필요할 경우 기존의 원문 번역문(용병 원칙과 역사 사례 부분)을 쓸 수 있게 허락해 준 엄기헌 형님께 고마운 말씀 전한다. 늘 격려와 지원을 아끼지 않는 한국사마천학회의 사마우들께 고개 숙여 깊이 감사드린다.

2022년 3월
편저자 김영수

일러두기

- 이 책은 《백전기략》를 옮기고 그에 대한 해설과 함께 경영 사례를 접목해 본 새로운 시도의 결과물이다.
- 《백전기략》은 그 비중과 지명도에 비해 국내에는 아래 소개한 번역서가 있을 뿐이고 그나마 절판되었다.
- 이번에 《36계》와 함께 다시 원문을 옮기고 해설 및 경영 사례를 보탰다.
- 전투사례는 관련 기록들을 참조하여 원문을 좀 더 이해하기 쉽게 내용을 보탰다. 주요 인물 외에 인명의 일부는 한자를 생략했다.
- 《백전기략》의 원문과 백화문은 중국 내 여러 출판사를 통해 수십 종이 출간되었으므로 일일이 밝히지 않는다. 주로 참고한 책은 아래 세 종류인데, 중국서에서는 경영 사례를 참고했다.
- 중국의 대표적인 포털사이트 바이두 등에는 《백전기략》과 관련한 책과 다양한 정보가 흘러넘친다. 필요한 사항들을 참고했다.
- 국내 번역서 중 군 출신인 강창구의 책에서는 주로 전쟁 사례를 참고했다.
- 엄기헌의 편역서에서는 역자의 허락을 얻어 필요한 경우 원문의 번역문을 가져다 인용했다.
- 기존 국내 번역서는 아래 두 종이 전부다. 이 번역서에는 빠진 것과 잘못 번역한 부분이 더러 있어 이번 기회에 중국서의 원문과 대조하여 수정하거나 바로잡았다.

- 劉伶, 樊化 編著, 《詢謀百戰奇略》, 經濟日報出版社, 2009.
- 강창구 편저, 《백전기략》, 문화문고, 1994.
- 엄기헌 편역, 《백전기략》, 나들목, 2004.

차례

유기와《백전기략》

《백전기략》은 유기의 저작으로 알려져
왔다. 그러나 학자들의 고증을 거치면
서 유기의 이름을 빌린 병법서일 뿐 작
자를 알 수 없다는 것이 정설로 굳어졌
다. 오랫동안 유기와 연관하여 언급해
온 만큼 여기서는 이 문제를 간략하게
언급하는 한편 유기에 대해 상세히 소
개해 둔다. 군사가로서 유기의 면모는

인민해방군의 군사 교재로 활용
된《백전기략》

《백전기략》의 작자로서도 손색이 없는 터, 독자들에게 참고 자료로
제공하기 위해서다.

유기의 생애

유기劉基(1311~1375)는 명나라의 개국공신으로 잘 알려져 있다. 개국
후 주원장朱元璋의 무자비한 공신 숙청을 피한 현명한 인물로도 그

이름을 남겼다.

유기는 청전현靑田縣 남전향南田鄉(지금의 절강성浙江省 온주시溫州市 문성현文成縣) 출신이다. 고향 이름을 따서 유청전劉靑田이라 부르기도 한다. 자는 백온伯溫이다. 원나라 말기에서 명나라 초기에 활동한 군사가이자 정치가 그리고 문학가였다.

원나라 말기인 원통元統 원년(1333), 진사에 급제하여 벼슬을 시작했다. 벼슬은 강서江西 고안현승高安縣丞, 어사중승御史中丞, 태사령太史令, 홍문관학사弘文館學士 등을 거쳤다.

원나라 말 혼란기에는 산림에 은거하다 난세에 마냥 눈을 감을 수 없어 2년 만에 세상에 나왔다. 1360년 쉰 살에 주원장의 부름을 받고 시무십팔책時務十八策을 올림으로써 주원장의 눈에 들어 중용되었다.

유기는 유가 경전과 역사는 물론 천문과 지리 그리고 병법에 정통하여 주원장이 명나라를 건국하는 데 결정적인 공을 세웠다. 훗날 사람들은 그를 제갈

군사전략가로서 주원장을 도와 명나라 건국에 큰 공을 세운 유기는 전략가답게 주원장의 무자비한 숙청을 피했다. 사진은 유기의 초상화다.

량에 비유하여 "제갈량은 천하를 삼분했고, 유백온은 강산을 통일했구나. 앞에는 제갈량이 뒤에는 유백온이 있다"라고 칭송했다. 주원장은 여러 차례 유기를 가리켜 '나의 자방子房'이라고 칭찬했다(자방은 한나라를 개국한 고조 유방의 일등공신 장량張良의 자字다).

홍무洪武 3년(1370), 유기는 개국과 명나라 초기 나라를 안정시킨 큰 공을 인정받아 성의백誠意伯에 봉해졌고, 이 때문에 유성의劉誠意라 불리기도 했다. 1375년 66세의 유기는 병이 깊어 자리에 누웠다. 주원장이 궁중의사를 보내 유기의 병세를 살피게 했으나 차도가 없었다. 결국 유기는 고향으로 돌아와 생을 마감했다.

사후에 태사太師로 추증되었고, 시호는 문성文成이라 했다. 이 때문에 후인들이 유문성劉文成, 문성공文成公이라고도 불렀다. 문학 방면에서는 송렴宋濂, 고계高啟와 더불어 '명초 시문 삼대가明初詩文三大家'로 일컫는다. 《욱리자郁離子》 등의 저서가 있는데 훗날 《성의백문집(誠意伯文集)》에 수록되었다. 《명사明史》(권128)에 그의 전기가 남아서 전한다.

유기는 주원장을 도와 천

고향에 있는 유기의 무덤

하를 통일하는 데 큰 공을 세운 인물이다. 특히 군사가, 정치가, 문학가로서 그 명성을 크게 떨쳤다. 사람들은 그를 두고 '입덕立德' '입공立功' '입언立言' 세 방면에서 불후의 업적을 남긴 위인으로 평가한다. 유기의 고향 남전은 천하제일의 명당으로 꼽히며, 그의 사당과 무덤을 비롯하여 관련 유적이 적지 않게 남아 있다.

유기의 사상

유기의 지피지기知彼知己

유기는 명나라의 개국공신이자 주원장의 핵심 참모였다. 초기에 어사중승 겸 태사령이란 중책을 맡았는데, 황제 주원장은 늘 그를 찾아와 중요한 국사, 특히 인재를 등용하는 문제를 상의하곤 했다.

또 다른 개국공신 이선장李善長은 여러 차례 주원장의 분노를 샀고, 주원장은 그를 파면하려 했다. 유기는 "이선장은 개국공신으로 장수들 사이의 관계를 잘 조정할 수 있는 사람입니다"라며 그의 파면을 반대했다. 주원장이 "그 사람은 여러 차례 당신에 대해 나쁜 말을 하면서 당신을 해치려 했는데 어째서 그를 감싸는 것이오? 나는 그대를 승상에 임명할까 하오"라고 하자 유기는 황급히

절을 하며 "승상을 바꾸는 일은 집의 기둥을 바꾸는 것과 같으므로 반드시 큰 목재를 써야 합니다. 작은 목재 여러 개를 묶어 큰 기둥을 대신하려 한다면 집은 삽시간에 무너져 버릴 것입니다"라고 극구 사양했다.

얼마 후 이선장은 승상에서 물러났고, 주원장은 양헌楊憲을 그 자리에 앉히려 했다. 양헌은 유기와 관계가 좋았기에 유기가 틀림없이 자신을 지지할 거라고 믿었다. 그러나 유기는 "양헌은 재상의 재능은 있지만 재상 그릇으로는 부족합니다. 재상이라면 마음이 물같이 고요하고 의리로 시비를 가려야 하는데 양헌은 그런 점이 부족합니다"라며 반대하고 나섰다. 주원장이 다음 후보로 왕광양汪廣洋이 어떠냐고 묻자 유기는 왕광양은 아량이 좁고 천박하여 양헌만 못하다고 대답했다. 이어 주원장은 호유용胡惟庸이 어떠냐 물었고, 유기는 호유용은 수레를 끄는 말과 같아 자칫하면 수레를 엎을 수 있기에 안 된다고 대답했다.

주원장은 한참을 고심한 끝에 승상으로 유기를 따를 사람이 없다 싶어 자신의 생각을 밝혔다. 유기는 "저는 나쁜 일이나 나쁜 사람을 원수처럼 증오하고 성격이 너무 강직하며 번잡한 일을 처리하는 데 참을성이 없어서 승상 자리를 맡으면 폐하께 심려를 끼칠 수 있습니다. 천하에는 인재가 수두룩한 터, 폐하께서 잘 살피신다면 알맞은 인재를 찾을 것입니다. 다만 말씀하신 인물 중에는 마땅한 사람이 없습니다"라고 사양했다.

그 후 양헌을 비롯하여 왕광양, 호유용 등이 정도는 다르지만 다들 고위직을 맡았다. 심지어 호유용은 8년 동안 승상 자리에 있었지만 유기가 예언한 대로 잇따라 패가망신했다.

유기는 지혜로운 인물로 인재를 잘 판별할 줄 알았다. 황제 주원장이 추천한 몇몇 재상 후보의 자질에 대한 그의 평가는 아주 치밀했다. 또한 자신을 잘 알아서 스스로 재상감이 아님을 인정하는 '지피지기'의 지혜를 잘 발휘했다. 남을 알기보다 자신을 아는 것이 훨씬 더 어려운데 유기는 이런 점에서 모범을 남겼다.

유기는 다른 사람의 자질은 물론 자신의 한계도 잘 아는 현명한 인물이었다. 황제 주원장의 성격과 기질은 더 잘 알았을 것이다. 사실 그는 자신의 능력이 부족한 점도 문제지만 재상이 얼마나 위험한 자리인지 심각하게 고려한 것으로 보인다. 그 뒤 벌어진 주원장의 공신 학살은 유기의 처신이 현명했음을 여실히 입증했다. 급류 앞에서 물러설 줄 아는 것도 용인用人과 관련하여 큰 요령이 아닐 수 없다. 특히 최고 통치자나 경영자의 기질을 정확하게 파악한 참모라면 조직의 격변기에 어떤 처신과 인재 기용이 필요한지 심사숙고할 필요가 있다.

유기의 인재관 – 껍데기에 현혹되어 사람을 쓰면 나라가 망한다

앞에서 언급했듯이 유기는 명나라를 건국하는 데 큰 공을 세운 개국공신이며 뛰어난 지략으로 주원장의 총애를 받았다. 유기를 두고 '나의 장자방(張良)'이라고 할 정도였다. 유기는 원나라 말기에 관료 생활을 하며 사회의 부패상을 목격하고 자신의 정치적 주장과 철학 사상 등을 우화 형태로 표현한 《욱리자》를 썼다. 그는 잡문 형식의 이 특이한 정치 논평서에서 인재를 기용하는 용인과 관련된 전문적인 문장을 스무 편이나 남겼다. 인재 등용에 관한 개인적 관점을 논술한 다음 사회 현실을 아주 뚜렷하고 절묘하게 결합하여 치밀한 용인론을 제기했으니, 인재 문제를 담론한 용인서라 할 수 있다.

유기의 저술로 알려진 《욱리자》는 심각한 사회 현실을 우화 형식으로 비판했다.

유기는 겉치레보다 진정한 인재를 구하라고 말한다. 인재 문제에 대해 현재보다 과거가 나은 점이 있다고 생각해서 헛된 명성에 끌려 실질적인 인재를 추구하지 않고 현재보다 과거를 중시하는 경향은 봉건 통치자들이 흔히 범한

편견이었다. 유기는 이런 낡은 관념을 날카롭게 비판했다. 유명한 〈양동良桐〉 편에서 다음과 같은 이야기를 들려준다.

거문고를 잘 만드는 공지교工之僑라는 사람이 있었다. 그는 재질이 좋은 오동나무를 얻어 거문고를 만들었는데 그 영롱한 소리가 천하제일이었다. 공지교는 이 거문고를 궁중음악을 책임진 태상에게 갖다 바쳤다. 거문고를 본 태상은 오래된 물건이 아니라며 고개를 저었다. 공지교는 거문고를 가지고 돌아와서 옻칠하는 사람을 찾아 무늬를 바꾸고 글자를 새기는 사람을 찾아 옛날 문자를 새겨넣은 뒤 땅속에 파묻었다. 얼마 뒤 공지교는 거문고를 파내 시장에 내다 팔았는데 지나가던 귀인이 보고는 100금을 주고 샀다. 귀인은 그 거문고를 태상에게 보였는데, 태상은 정말 귀한 물건이라며 감탄을 금치 못했다. 이 이야기를 전해 들은 공지교는 "정말 슬프도다! 이런 일이 어디 거문고뿐이겠는가? 하루라도 조치를 취하지 않으면 함께 망하게 생겼다"라며 깊은 한숨을 내쉬었다.

새로 만든 좋은 거문고는 '오래된 것'이 아니라는 이유로 버림을 받고, 오래된 것처럼 꾸미니 그 값이 백배로 올라간다. 이는 거문고에만 국한된 얘기가 아니라 사회 전체의 편견이다. 결국 공지교는 한탄을 하며 세상을 피해 깊은 산속으로 숨었다. 사실 이 이야기는 유기 자신에 대한 비유다. 복고를 반대했다는 점에서 유기의 용인 사상은 혁신적 의미를 갖는다.

유기는 인재를 말에 비유하기도 했다. '여덟 마리 준마'란 뜻을 가진 〈팔준八駿〉이라는 문장에는 이런 이야기가 소개되어 있다. 말을 잘 감별하는 조보造父가 죽자 사람들은 말의 우열을 감별할 줄 몰라 말을 산지에 따라 감별했다. 기冀에서 나는 말만 우수한 품종이고 나머지는 모두 열등한 말로 간주한 것이다. 왕궁의 말 중에서도 기에서 난 말은 상등으로 분류되어 군주가 탔고, 중등으로 분류된 잡색 말은 전투마로 사용되었고, 기주 이북에서 나는 말은 하등으로 분류하여 고관들이 타고 다녔다. 그리고 강회江淮에서 나는 말은 산마散馬라 하여 잡일에 동원되었다. 말을 돌보는 자가 이런 식으로 말의 등급을 나누어 관리했다.

어느 날 궁중에 강도가 침입했다. 강도를 잡기 위해 급히 말을 동원하려는데 안쪽 마구간에 있는 말들이 "우리는 군왕이 외출할 때 타는 말이라 동원될 수 없다"라며 버텼다. 바깥 마구간에 있는 말들 역시 "네놈들은 먹기만 잘 먹고 일은 적게 하는데 왜 우리더러 나가라고 하느냐"라며 버텼다. 말들은 서로서로 미뤘고, 그 결과 적지 않은 말이 강도에게 약탈당했다.

유기는 말을 예로 들어 인재 문제를 비유한 터, 사람을 기용할 때도 출신지나 종족 따위로 존비귀천을 나눌 것이 아니라 진짜 재능을 따져야 한다는 의미다. 가상을 제거하고 진위를 가리듯 겉으로 드러나는 허식을 떨쳐 버리고 진정한 재능을 추구해야 할 것이다.

사람에게 선악이 있듯 인재도 진위가 있다. 그동안 악당 소인배들이 유능한 인재로 가장하여 온갖 재앙을 저지른 사례가 많았다. 이와 관련하여 유기는 전국시대 초나라의 춘신군春申君을 예로 들었다. 춘신군 밑에는 식객이 삼천이나 있었으나 그는 인재의 우열을 가리지 않고 다 받아들였다. 문하에 개나 쥐새끼 같은 무뢰배가 득실거렸지만 그들을 과분하게 대접하면서 언젠가 자신에게 보답할 것을 희망했다. 하지만 춘신군은 그토록 믿었던 이원李園에게 살해당하고 말았다. 놀랍게도 식객 중 누구 하나 나서서 이원에게 대항하거나 성토하는 자가 없었다.

인재의 선악은 약초처럼 실제와는 다른 모습이 적지 않기 때문에 겉모습을 꿰뚫고 감별할 줄 알아야 한다. 유기는 인재를 약초에 비유하면서 경험 많은 산골 노인의 말을 소개했다. 민산의 응달에 '황량黃良'이라는 약초가 자라는데, 쓸개처럼 맛이 쓰고 약성이 강해서 다른 것과 섞이지 않는다. 그러나 황량을 삶아서 복용하면 몸의 나쁜 성분을 모두 제거하므로 증세를 단번에 해결하고 독기를 단숨에 빼낼 수 있다. 맛이 쓰고 약성도 강하지만 효능이 뛰어난 좋은 약이다. 반면 해바라기처럼 예쁘게 생긴 약초가 있으니, 그 잎에서 떨어지는 물방울이 상처에 닿으면 근육과 뼈까지 상할 정도로 독하여 '단장초斷腸草'라 부른다. 겉모습은 예쁘지만 실제로는 악독한 풀이다. 그 모습만 보고 잘못 복용하는 일이 없어야 할 것이다.

유기는 실사구시의 태도로 인재를 선발한다는 기준에 맞춰 마음 놓고 인재를 쓸 수 있는 조건을 창조하라고 했다.

또한 인재에 대해 너무 각박한 요구를 하는 군주를 비판하며 인재가 원하는 조건을 제공하여 일을 성사시켜야 한다고 주장했다. 그의 글 〈청박득위벌請舶得葦伐〉에 진시황秦始皇과 서불徐巿(또는 서복徐福)의 일화가 나온다. 서불은 바다로 나가 봉래산을 찾아서 불사약을 구해 올 수 있다고 장담하며 진시황에게 큰 배를 요구했다. 진시황은 "큰 배를 타고 바다로 나가는 것은 누구나 할 수 있는 일이다. 당신이 그렇게 신통하다면 풀로 뗏목을 만들어 나가도 될 것 아닌가"라고 했다. 서불이 난감해하자 진시황은 "큰 배를 타고 갈 것 같으면 나라도 갈 수 있는데 당신이 무슨 필요가 있겠는가"라며 면박을 주었다. 진시황이 각박하게 나오자 서불은 혼자 큰 배를 마련하여 동남동녀 삼천을 데리고 바다로 나가서는 되돌아오지 않았다. 바다로 나가 선약을 구하여 불로장생하려던 진시황의 꿈은 물거품이 되었고, 얼마 뒤 사구沙丘에서 병으로 죽고 말았으니 천하의 웃음거리가 따로 없다(〈진시황 본기〉의 기록과 다소 차이가 난다. 유기가 다른 설화를 빌린 것 같다).

인재가 공을 이루고 업적을 남기려면 일정한 물질 조건이 필요하다. 배도 없이 어떻게 바다로 나간단 말인가?

유기는 이렇듯 고대 중국 사회의 인재를 전문적으로 논의한 《욱리자》를 남겼다. '욱리자'란 이름에 대해 당시 사람들은 "《역易》에서 '리離'는 불이다. 문명의 상징이다. 그것을 잘 사용하면 문장이 더욱 훤하게 드러나 문명으로 세상을 다스리는 성세를 맞이할 수 있다"라고 해석했다. 《욱리자》는 지나간 역사와 유기 당대의 용인 경험을 종합하여 이론과 실천을 긴밀하게 결합한 한 차원 높은 저술이며, 유기의 정치 의식과 철학 사상을 대표한다. 또한 유기 자신을 대변하는 작품이기도 하다.

유기와 《백전기략》

《백전기략》의 원래 이름은 《백전기법百戰奇法》이다. 《백전기략》으로 바뀐 것은 청나라 때이며, 그 이후 널리 유포되어 원래 이름보다는 《백전기략》으로 정착되었다. 이 책에서도 《백전기략》으로 표기한다. 《백전기략》은 유기의 저작으로 알려져 있지만 고증을 통해 오류임이 밝혀졌다. 장문재張文才의 〈백전기법천설百戰奇法淺說〉 고증에 따르면 송나라 때 책이고 작자는 미상이다. 남송의 시인 사방득謝枋得이 이 책을 간행했다고 하나 그 판본은 전하지 않는다. 명나라 때인 1441년 《문연각서목文淵閣書目》에 《백전기법》이 기록되었고, 명나라의 관부나 개인 서적 목록에 열 권 또는 두 권의 《백전기법》이란 책 이름이 등장한다. 청나라 함풍 3년인 1853년, 만주 사람 인계麟桂는 《수륙공수전략비서칠종水陸攻守戰略秘書七種》을 간행하면서 《백전기법》을 《백전기략》으로 이름을 바꾸고 명나라의 유백온, 즉 유기가 지었다는 서명을 남겼다. 이때부터 《백전기략》과 유기가 연계되었는데, 유기가 명의 개국공신이자 제갈량에 비견될 정도로 추앙을 받은 인물이라 이 설은 제법 널리 퍼져 나갔고, 유기의 명성 덕분에 책도 더 널리 유포되었다.

그 후 청나라 학자와 당대 학자들은 《백전기략》의 작자를 비롯하여 이 책이 쓰인 시대 등을 끊임없이 고증했다. 그중 당대 학자인 장문재張文才의 고증이 가장 설득력 있는 주장으로 받아들여졌다. 그 결과물이 언급한 〈백전기법천설〉과 〈백화백전기략白話百戰奇略〉 등이다. 장문재는 10년 넘게 《백전기략》을 깊이 연구하여 논문을 여러 편 발표했다. 장문재는 명청 시기의 판본 상황, 명나라 때 일부 수록된 상황, 수록된 사례의 시대 범위, 북송 제왕의 이름을 피하고 인용서의 원문을 바꾼 상황 등을 집중 분석하여 《백전기법》은 북송 시기의 병법서이고, 완성된 시기는 1068년에서 1125년 사이라고 결론지었다. 요컨대 북송 말기 무명씨의 작품이라는 것이다.

《백전기략》은 어떤 병법서인가?

개략적인 소개

《백전기략》은 내용과 형식에서 기존의 병법서와 상당히 다르다. 작자는 《손자병법》을 비롯해 《무경칠서武經七書》 등 각종 병법서를 참고하여 전쟁과 전투 사례를 다양한 측면에서 개괄한 다음 이를 '계計'부터 '망忘'까지 한 글자씩 100글자로 귀납했다. 100개의 글자 뒤에 모두 '전戰' 자를 붙여 100개의 전략과 전술로 정리한 것이다. 책 이름에 '백전'이 들어간 이유다.

　작자는 100개의 전략과 전술마다 자신의 견해를 간략하게 밝힌 다음 여러 병법서에 나오는 핵심 명언이나 명구를 인용했다. 이어 춘추전국 시기부터 당나라 말 5대 시기까지 1700년 동안 일어난 대표적인 전쟁, 장수들의 행적, 언행 등에서 그 전략 전술에 어울리는 사실을 찾아 제시하여 이해를 돕고 있다.

《백전기략》은 작전의 원칙과 방법을 위주로 한 고대 군사 이론에 관한 전문서다. 이 책이 세상에 나오기 전까지 이런 종류의 병법서는 많지 않았다. 따라서 이 병법서가 나오자마자 수많은 군사전문가가 높은 평가를 내렸고, 이 때문에 거듭 출간되었다.

《백전기략》은 전쟁의 본질, 전략과 전술, 군사 모략, 국방 전비, 작전 지도, 후방 보급, 군사 지리, 장수 자질 등 전쟁과 관련된 모든 내용을 포괄한다. 최첨단 장비와 병기를 사용하는 현대전과 비교하면 진부하고 시대에 뒤떨어진 내용이지만 전쟁 그 자체의 본질과 기본 원리는 지금과 다를 게 없다. 이런 점에서 《백전기략》은 그 자체로 현재의 가치를 갖는다. 《백전기략》의 특징과 가치에 대해 좀 더 알아보고자 한다.

《백전기략》의 특징

《백전기략》은 중국 군사학과 병법서의 발전사에 큰 영향을 남김으로써 중요한 위치를 차지한다. 전문가들은 책 전체의 내용을 종합 검토하여 몇 가지 특징을 이끌어 냈다.

첫째, 《백전기략》은 북송 신종神宗 때(재위 1067~1085) 무학武學 내지 병학兵學의 필독서인 《무경칠서》가 반포된 이후 나타난, 전면적이고 계통적으로 고대의 작전 원칙과 방법을 논술한 병법 전문서다(《무경칠서》에는 춘추시대 손무의 《손자병법》을 필두로 전국시대 오기吳起의 《오자吳子》, 춘추시대 제나라 사마양저司馬穰苴의 《사마법司馬法》, 주나라 때 위료尉繚

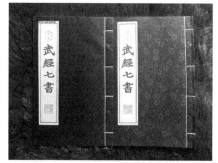

북송 때 과거 병법서 중 일곱 종류를 골라 《무경칠서》로 편찬하여 병학의 필독서로 선정했다. 사진은 《무경칠서》 판본이다.

의 《위료자尉繚子》, 당나라 이정李靖의 《이위공문대李衛公問對》, 한나라 황석공黃石公의 《삼략三略》, 주나라 강태공姜太公의 《육도六韜》가 포함된다). 《백전기략》은 중국 고대 군사상의 정수를 계승할 뿐만 아니라 일부 문제에 대해서는 발전된 인식을 보여 주고 있다. 이 점을 첫 번째 특징으로 꼽을 수 있다.

《백전기략》에 대한 역대 평가를 종합해서 이 특징을 좀 더 구체적으로 분석해 보면 《무경칠서》, 특히 《손자병법》과 깊은 관계에 있다. '法曰'이란 표현으로 인용된 100조항의 고대 병법서 중 《무경칠서》에 인용된 병법서 조항이 69조항이고, 《무경칠서》의 으뜸인 《손자병법》이 60조항을 넘게 차지한다. 《백전기략》이 《손자병법》을 날줄로 삼았음을 알 수 있다. 그렇다면 《백전기략》은 《손자병법》을 날줄로 삼아 《무경칠서》라는 병가의 경전들을 해설하는 데 목적을 둔 것으로 보인다.

《백전기략》의 귀한 점은 《손자병법》을 날줄로 삼아 손자의 사상을 계승했을 뿐만 아니라 손자의 사상 중 일부를 더욱더 발전시킨 데 있다. 속전속결과 지구전에 관한 작전 원칙의 문제를 보자. 《백전기략》은 내가 강하고 적이 약하며, 내 병력이 많고 적의 병력이 적어 승리가 확실하게 파악되는 상황에서 쳐들어오는 적에게는 속전속결의 진공법을 취하라고 한다. 그러나 적이 강하고 내가 약하며, 적의 병력이 많고 내 병력이 적어 승리를 확신할 수 없는 상황에서는 지구전으로 적을 지치게 만드는 방어전을 취해야 한다고 보았다. 나와 상대의 역량을 비교하여 상황에 맞는 작전을 취해야 한다는 원칙으로, 손자가 "군대를 동원할 때는 반드시 신속히 승리해야 한다. 전투가 길어지면 군대가 피로에 지쳐 예기가 꺾이고 병력 소모가 크다"(《손자병법》 〈작전〉 편)라고 말한 단순한 속전론에 비해 인식은 물론 실천 면에서도 발전한 것이다.

적을 포위하는 문제에서도 손자는 '위사필궐圍死必闕', 즉 "적을 포위할 때는 길(퇴각로)을 터 주어야 한다"고(〈군쟁〉 편) 주장했다. 그러나 어떤 상황에서 길을 터 주어야 하는지 구체적인 언급을 하지 않았다. 따라서 '길을 터 주어야 한다'고 강조하는 것은 어떤 상황이 되었건 적을 포위할 때는 반드시 길을 터 주어야 한다는 의미로 받아들일 수 있다. 이런 절대론에 가까운 주장은 추상적인 전쟁 이론으로 흘러 실제 전투에서는 낭패를 보기 쉽다. 반면 《백전기략》은 "적을 포위할 때는 마땅히 적진의 사면을 포위하되 어느 한 쪽을 열어 두어 적에게 한 줄기 활로가 있다는 것을 인식시켜야

《백전기략》은 《무경칠서》의 으뜸인 《손자병법》의 사상을 기본으로 계승하여 한 걸음 더 발전시켰다. 사진은 《무경칠서》와 《손자병법》 판본이다.

한다. 적이 사력을 다해 저항하지 않도록 하기 위해서다. 이렇게 하면 적의 성을 공격하여 적군을 격파할 수 있다"(〈위전圍戰〉)라고 말한다. 이는 적의 성을 공격할 때 당연히 취해야 할 작전 원칙이며 손자의 인식과 차이를 보인다.

성을 공격하는 기술과 장비가 낙후된 고대에, 특히 성을 공격할 화기가 없거나 부족한 조건에서 병력만 믿고 창과 칼, 화살만으로 견고한 성을 고수하는 적에게 그저 강공만 퍼부어서는 득보다 실이 훨씬 클 수 있다. 이때 한쪽 길을 터서 활로를 보여 줌으로써 적이 견고한 성과 보루에서 벗어나게 유인하면 적을 섬멸하고 성을

함락할 확률은 더욱 커진다.

하나만 더 예를 들어 보자. 적을 뒤쫓아 진격하는 문제에 관해 손자는 철군하는 적의 퇴로를 막지 말라는 '귀사물알歸師勿遏'과 궁지에 몰린 적을 급히 공격하지 말라는 '궁구물박窮寇勿迫'을 주장했다(〈군쟁〉편). 반면 《백전기략》은 "설령 적이 도망친다고 해도 정말로 패배한 것이 아니다. 그 속에는 반드시 기병奇兵이 숨어 있다"(《축전》)라고 지적하면서 급하게 추격하지 말 것을 권한다. 질서정연하게 퇴각하는 적군에 대해서는 추격을 늦춰야 적의 기습 등을 막을 수 있다고 본 것이다. 그러나 패배와 궤멸이 확실한 적에 대해서는 군대를 전부 풀어서 계속 추격하여 섬멸해야 한다고 했다. 상황에 따라 다른 작전을 취하라는 원칙은 손자의 단편적인 주장에 비해 객관적인 실제와 전쟁 실천의 요구에 더욱 부합해 보인다.

둘째, 《백전기략》은 중국 고대의 군사 사상을 계승하고 발전시켰을 뿐만 아니라 고대 전쟁의 사례를 대량으로 수집하고 기록으로 남겼다. 이것이 《백전기략》의 두 번째 특징이다. 이 책에는 춘추부터 5대 시기에 이르는 1700여 년간 벌어진 주요 전쟁과 전투 사례를 모아 놓았다. 가장 이른 전투는 기원전 700년 춘추 초기 초나라가 교絞(지금의 호북성 운현鄖縣 서북)를 공격한 것이고, 가장 늦은 사례는 945년 5대 말기의 후진後晉과 거란契丹 사이에 벌어진 양성陽城 전투다. 《백전기략》은 21종의 역사 기록에서 다양한 유형의 전쟁과 전투 100개 사례를 모아 정리한 것이다. 그중 규모가 크고 특징이 뚜렷하며 후세에 영향을 남긴 것들을 연대순으로 나열해 둔다.

- **춘추 시기**: 장작長勺 전투(제·노); 홍수泓水 전투(초·송); 성복城濮 전투(진晉·초); 제나라 안영晏嬰이 진晉의 전쟁 의도를 좌절시킨 사례; 입택笠澤 전투(오·월)
- **전국 시기**: 즉묵卽墨 전투(연·제); 조나라 조사趙奢가 한을 구하고 진秦을 물리친 사례; 진秦이 초를 멸망시킨 전투
- **진 말기**: 항우項羽와 진의 거록鉅鹿 전투; 유방劉邦과 진의 효관崤關 전투
- **서한 시기**: 한신韓信이 조를 멸망시키고 제를 공략한 전투; 위청衛靑이 흉노의 침입을 물리친 전투; 주아부周亞夫가 오초 7국의 난을 평정한 전투; 조충국趙充國이 선령先零을 평정한 전투
- **동한 시기**: 경엄耿弇이 할거 세력을 평정한 장보張步 전투; 오한吳漢이 할거 세력 공손술公孫述을 섬멸한 전투; 원소袁紹와 조조曹操의 관도官渡 전투; 조조가 오환烏桓을 공격한 전투; 제갈량과 유비의 융중대隆中對; 손권孫權과 조조의 합비合肥 쟁탈전; 여몽呂蒙이 형주荊州를 기습한 전투

'파부침주破釜沈舟' 전략으로 막강한 진나라 군대를 물리침으로써 항우를 일약 스타로 만든 거록 전투를 묘사한 조형물이다. 《백전기략》 제51항 〈사전死戰〉에 소개되어 있다.

- 삼국, 위진남북조 시기 : 사마의司馬懿가 맹달孟達을 격멸한 상용上庸 전투; 사마의가 공손연公孫淵을 평정한 요동遼東 전투; 진晉의 유곤劉琨이 석륵石勒을 공격한 전투
- 당 시기 : 이정李靖이 돌궐突厥을 반격한 전투; 중종中宗 때 장인원張仁愿이 돌궐을 반격해 막남漠南을 수복한 전투; 헌종憲宗 때 이소李愬가 눈 내린 밤에 기습한 채주蔡州 전투
- 5대 시기 : 진晉(후당後唐의 전신)과 후량後梁이 하북을 놓고 벌인 백향柏鄕, 위주魏州 전투; 후진과 거란의 양성 전투

《백전기략》에 수록된 100개의 전투 사례는 모두 전투나 전쟁이 발생한 시간과 그 자료의 출처가 분명하여 후대 전쟁 사례와 관련한

자료를 검색하고 고대 군사사를 연구하는 데 큰 편의를 제공한다.

셋째, 《백전기략》에는 군사 투쟁에서 나타나는 대립과 통일, 모순과 갈등의 관계가 대량으로 수록되어 있다. 나아가 이를 100개 항목으로 나누어 분석하여 그 이치를 설명하기 때문에 변증 사상이 풍부하다. 고대 군사 영역을 전면적이고 계통적으로 분석하고 해설한 중요한 저작이다. 《백전기략》의 가장 두드러진 특징이 바로 이 점이다.

책에 예시된 100개 사례는 각각 독립된 한 편이지만 사례마다 상대적으로 연계되어 있다. 《백전기략》의 편자는 군사 영역에서 나타나는 수많은 모순 현상이 대립하는 듯 보이지만 내재적으로는 서로 밀접하게 관련되어 있음을 확실하게 인식했다. 강약, 중과, 허실, 진퇴, 공수, 승패, 안위, 상벌, 주객, 이해, 경중, 생사, 원근, 난이 등 서로 대립되는 개념에서 그 연관성과 전환 관계를 밝힐 수 있었다. 상황에 맞는 작전 원칙과 방법을 취해야 한다는 이치를 제기한 것이다. 변증의 관점에서 전쟁을 분석하고 연구해야만 추상적이고 단편적인 논리를 피해 갈 수 있음을 잘 보여 준다.

《백전기략》은 천변만화하는 실제 전투 상황에서 출발하여 모순과 갈등에 놓인 쌍방이 서로 의존할 수 있고, 또 일정한 조건에서는 서로 입장이 바뀔 수 있다는 규율을 인식시킨다. 바로 이 점이 《백전기략》에서 발견할 수 있는 가장 귀중한 점이다. 〈승전勝戰〉과 〈패전敗戰〉 두 조항을 예로 들어 보자. 《백전기략》은 승리와 패배라는 모순 현상을 대비하고 분석하여 승리 속에 패배의 씨가 잠재하고, 패배 속에 승리의 요소가 포함된 만큼 승패는 일정한 조건에서 바뀔 수 있다는 규율을 확실하게 인식한다. 승리한 다음에는 "결코 교만해지거나 해이해져서는 안 된다. 밤낮으로 경계 태세에 완벽을 기하여 적의 역습에 대비해야 한다"(〈승전〉)라고 강조한다. "한 번 승리한 전공만 믿고 방심하거나 방종에 빠지면"(〈일전〉) 승리가 패배로 바뀐다. 특별히 승리할 수 있는 형세에서는 초심을 잃거나 큰 뜻이 해이해져서는 안 되며, 항복해 온 적에 대해서는 "반드시 그 진위를 파악해야 한다. 또한 정찰병을 여러 곳에 파견하여 적의 정황을 깊이 살피고 주야로 수비 태세를 견고히 하여 조금도 해이하거나 소홀하지 않아야"(〈항전〉) 승리할 수 있지, 안 그러면 패배한다고 경고한다. 《백전기략》은 '교만' '해이' '방종'이 승리를 패배로 바꾸는 조건임을 인식했다.

패한 다음이라도 "결코 적을 두려워하여 비겁하게 굴거나 유약해져서는 안 된다. 모름지기 불리하고 어려운 상황이 뒤바뀌어 유리한 상황으로 전환될 수 있음을 알아야 한다"(〈패전〉)라고 했다. 패전의 원인을 진지하게 분석하고 교훈을 받아들여 "병기를 정비하고 장병들의 사기를 진작시키면서"(〈패전〉) 힘을 기르고 때를 기다려 군대를 동원해야 한다고 권한다. 이어 정확한 작전과 통솔력으로 유리한 기회를 선택하여 적이 해이해지기를 기다렸다가 반격하면 패배를 승리로 바꿀 수 있다고 했다. 이렇듯 《백전기략》은 패배를 승리로 바꾸는 조건이 패배에 따른 교훈을 받아들이고 진지하게 전투에 대비하면서 정확한 작전을 수립하는 것임을 분명하게 인식한다. 이런 인식은 《백전기략》 전체를 통해 수시로 드러난다.

넷째, 《백전기략》은 저술 방식과 언어의 운용이란 면에서 선명한 특징을 보여 준다. 이와 관련하여 명나라 때 이찬李贊이 《무경총요武經總要》 〈백전기법 서문〉에서 "100가지 방법이 마치 독립된 전기와 같으며, 각각의 방법은 모두 그 근거를 갖추고 다시 옛 장수들의 실전 사례를 합쳐서 입증한다"라고 했다. 이는 《백전기략》의 저술 방식에서 나타나는 주요한 특징을 개괄한 것이다.

《백전기략》은 전투를 벌이는 쌍방의 상황(정치, 경제, 외교, 군사, 지리, 기상 등)에 맞춰 100가지 전투 사례를 나누고, 이를 한 글자(計, 謀, 間, 選, 勝, 敗 등)로 제목을 만든 다음 '戰' 자를 붙였다. 100개 항목에는 고대 병법서의 이론을 소개하고, 여기에 적절한 전투 사례로 논증을

《백전기략》은 후대에 중대한 영향을 미쳤다. 간결한 체제와 쉬운 문장은 이 방면의 연구에 모범 사례를 남겼다. 사진은《백전기략》을 해설하고 연구한 최근의 책이다.

뒷받침했다. 100개 항목은 상대적으로 독립되어 있지만 앞에서 지적한 대로 깊은 연관성을 갖는다. 이론과 역사를 결합하고 변증법으로 분석하여 승리할 수 있는 방법을 끌어낸 것이다. 병법서에서 이와 같은 편찬 체제와 저술 방식은 후대에 병법과 병학을 연구하고 관련된 글이나 책을 내는 데 귀감이 되었다.

《백전기략》의 언어 운용에서 가장 큰 특징은 표현이 간결하고 의미는 핵심을 찔러 이해하기 쉽다는 점이다. 《백전기략》처럼 백화체에 가까운 문체로 군사를 논술한 병법서는 송나라 이전만 해도 매우 드물었다. 따라서 《백전기략》이 세상에 나옴으로써 고대 병법서에서 통속적인 언어와 문자로 책을 서술하는 선구적인 사례가 되었다. 뿐만 아니라 중국 고대 군사상의 정수를 전파하고 드높이는 데 적극적인 작용과 역할을 해냈다. 명·청 시기에《백전기략》이 거듭 간행되어 사회에 널리 퍼진 것도 통속적이고 이해하기 쉬운 언어와 문장 때문이었다. 배우기도 기억하기도 그만큼 쉬웠던 것이다.

《백전기략》의 가치

이상의 논의들을 종합하여 《백전기략》의 가치를 요약하는 것으로 《백전기략》의 소개를 마칠까 한다. 《백전기략》은 군사상의 작전 원칙과 방법을 전문으로 논술한 고대 군사 전문서다. 중국 고대 군사 사상과 군사 학술 발전사에서 중요한 위치를 차지하는 이유다. 이와 같은 《백전기략》의 가치는 다음 두 가지로 요약할 수 있다.

첫째, 사상적 가치다. 《백전기략》은 《손자병법》으로 대표되는 고전 군사 사상을 계승한 기초 위에서 역대 전쟁 실천 경험을 통해 확인된 풍부한 군사 원칙을 종합했다. 그런 다음 객관적이고 실질적인 관점에서 출발하여 전쟁을 변증법적으로 분석하고 연구하는 방법을 취했다. 이로써 송나라 이후 군사 사상의 응용과 발전에 중대한 영향을 미쳤을 뿐만 아니라 현대 전쟁의 규율과 작전 원칙을 분석하고 연구하는 데도 참고할 가치가 충분하다.

둘째, 학술적 가치다. 《백전기략》이 채택한, 한 글자로 제목을 짓는 편찬 체제, 고대 병법서의 이론으로 근거를 삼은 논리, 실제 전쟁 사례로 논리를 입증하는 이론과 역사의 결합, 정반을 대비시키는 논술 방식 등은 현존하는 병법서로서는 가장 이른 것이다. 따라서 《백전기략》은 중국 군사 학술 발전사에서 충분히 본받을 만한 모범 사례이며 중대한 작용을 남겼다고 볼 수 있다.

001

계전

나와 상대를 함께 포함하는 큰 그림을 치밀하게 그려라

計戰

용병(경영) 원칙

군대와 병사를 움직이는 첫 번째 원칙은 치밀한 계획 수립이다. 전장에서 적과 맞서 싸우기에 앞서 상대 장수가 현명한지 어리석은지, 군세가 강한지 약한지, 병력은 많은지 적은지, 작전 지형은 험준한지 평탄한지, 군량은 충분한지 부족한지 등 적의 정황을 반드시 살펴야 한다. 치밀한 계획과 계산으로 적과 아군의 형세를 판단한 뒤 출병하여 싸우면 승리하지 못하는 경우가 없다.

《손자병법孫子兵法》(〈시계始計〉 편)은 "적의 정황을 살펴 승리할 방도를 찾고, 작전 지형의 지세와 도로의 멀고 가까움을 정확하게 계산하여 파악하는 것이 뛰어난 장수의 기본적인 직능이다"라고 했다.

역사 사례

동한 말엽인 207년, 유비劉備(161~223)가 양양襄陽(하남성 양양)에 머물 때 (원문에는 당시 유비가 신야新野, 즉 지금의 하남성 남양시南陽市 관할인 신야현에 머물렀다고 되어 있으나 역사적 사실과 어긋난다.《삼국지》기록 등에 의거하여 양양으로 바로 잡는다) 삼고초려三顧草廬 끝에 융중隆中(하남성 양양에서 서쪽으로 13킬로미터 떨어진 고융중)에 은거한 제갈량諸葛亮(181~234)을 만났다. 유비가 제갈량을 보니 키는 팔 척이요 얼굴은 관옥처럼 희고 머리에 윤건綸巾을 쓰고 학창의鶴氅衣를 입었는데 표연한 풍채가 마치 신선과 같았다.

유비가 절하며 말했다. "나는 한나라 황실의 후손이자 탁군涿郡 출신의 미천한 몸으로, 오래전부터 선생의 높은 이름을 우레 소리처럼 듣고 두 번이나 뵈러 왔지만 뵙지 못했습니다. 천한 이름으로 두어 자 적어 두고 갔는데, 혹 읽어 보셨는지요?"

공명이 대답했다. "저는 남양南陽(하남성 남양시) 땅 야인으로 천성이 성글고 게을러 여러 번 장군을 오시게 했으니 부끄럽습니다."

유비는 "한 황실은 이미 기울고 간신들이 천명을 도둑질하니 내가 힘을 돌보지 않고 천하에 대의명분을 펴려고 하나 지혜가 부족하여 어찌할 바를 모르겠습니다. 선생이 어리석은 나를 가르치고 액운에 빠진 나라를 건져 주신다면 실로 천만다행이겠습니다"라며 앞으로의 방략을 물었다.

제갈량의 정세 분석이 이어졌다(이하 '천하삼분지계天下三分之計'를 핵심으로 하는 제갈량의 천하 정세에 대한 분석을 '융중대隆中對'라 한다).

"역적 동탁董卓이 세상을 어지럽힌 뒤로 각지에서 영웅호걸들이 일어나 저마다 그 지방을 장악했으니 그 예를 일일이 다 들 수가 없습니다. 조조曹操(155~220)는 원소袁紹(?~202)에 비해 명성이 미미하고 병력도 훨씬 작았습니다. 그러나 조조는 원소를 이기고 약세를 강세로 전환했습니다. 이는 시기가 좋았기 때문이 아니라 지략이

제갈량은 융중에서 천하 정세를 면밀하게 관찰하고 큰 계책을 세운 다음 이를 유비에게 설파했다. 사진은 제갈량이 머문 융중대 입구의 패방이다.

뛰어났기 때문입니다. 지금 조조는 백만 대군을 보유하고 천자를 방패 삼아 모든 제후를 호령하니 조조의 세력과 정면으로 겨루기는 어렵습니다.

한편 손권孫權(182~252)의 가문은 강동江東(장강 하류 남쪽) 지방에서 3대에 걸쳐 그 기반을 다져 왔습니다. 강동 지역은 천연의 요새인 데다 백성들이 손권을 잘 따르고 있습니다. 게다가 현명하고 유능한 인물들이 잘 보필하니 손권과는 그 세력을 다투지 말고 유대를 돈독히 하는 편이 좋습니다.

한편 형주荊州(호북성 형주 일대)는 북으로 한수漢水와 면수沔水가 있고, 남해에 이르기까지 다 이로운 땅이며, 동으로는 오吳(강소성, 절강성 일대)의 여러 지방 도시와 연결되고, 서로는 파촉巴蜀(사천성 지역)과 통하니 군사를 거느리고 천하를 경영할 만한 곳입니다. 하지만 참다운 주인이 아니면 지킬 수 없는 곳입니다. 이야말로 하늘이 장군을 위해 남겨 둔 곳인데, 장군은 어째서 거들떠보지 않습니까?

또한 익주益州(사천성 성도成都 주변 일대)로 말할 것 같으면 험준한 요새를 이루고 비옥한 들이 천 리에 걸쳐 펼쳐진 좋은 나라입니다. 옛날에 한漢 고조高祖(유방劉邦)도 그곳에서 기반을 마련했는데, 지금은 유장劉璋(?~219)이 어리석고 약해서 나라가 풍성하고 백성이 번성하건만 사랑할 줄을 모르니 뜻 있는 사람들은 어진 주인을 새로이 섬기고 싶어 합니다. 장군은 황실의 종친으로서 신의를 천하에 드날리고 모든 영웅을 휘하에 거느리며 어진 인재를 목마르게 구하고 있습니다. 그러니 형주와 익주 두 곳을 요새 삼아 서쪽 오랑캐와 화친하고 남쪽 오랑캐들을 위로하고 밖으로는 손권과 동맹하고 안으로는 실력을 쌓으십시오. 그러다가 천하에 변화가 생기거든 기회를 놓치지 말고 즉시 뛰어난 장수에게 형주의 군을 맡겨서 완성宛城(하남성 남양)을 경유해 낙양洛陽(하남성 낙양)을 목표로 진격하십시오. 그리고 장군께서 몸소 익주에 있는 군을 지휘하여 진천秦川(섬서에서 감숙에 이르는 진령秦嶺 이북의 넓은 평원 지대이며 전국시대 진나라에 속했다)으로 출정하시면 장군을 환영하지 않는 백성이 없을 것입니다. 장군께서 이렇게만 하신다면 천하를 장악하는 패업을 도모할 수 있으며 한의 황실을 다시 일으킬 것입니다. 이것이 제가 장군을 위해 세운 계책이니 장군께서는 힘써 보십시오."

제갈량은 말을 마치고 동자를 시켜 족자 지도를 중당에 걸었다. 그리고 지도를 가리키며 "서천 54주를 그린 지도입니다. 장군이 패업을 성취하려면 하늘의 때(천시天時)를 얻은 조조에게 북쪽 땅을 양보하고, 지리의 이점(지리地利)을 차지한 손권에게 남쪽 땅을 양보하되, (장군께서는) 인심을 얻어(인사人事 또는 인화人和) 먼저 형주를 차지해 집으로 삼고 뒤에 서천 일대를 차지하여 그 기반 위에 솥의 세 발처럼 정립한 다음 중원을 쳐야 할 것입니다"라고 말했다.

유비는 수긍하여 받아들였고, 그 이후의 정세는 제갈량이 예측한 대로 전개되어 유명한 삼국시대의 풍운이 일었다. 후세 사람들은 이 일을 찬탄하며 "유현덕劉玄德(현덕은 유비의 자)이 곤궁하여 탄식

만 일삼았으나 남양 땅에 와룡臥龍 (제갈량의 별칭)이 있어 참으로 다행이 었다. 훗날 천하가 솥의 발처럼 셋으로 나뉘는 것을 알고 싶거든 공명이 가리키는 지도를 보라"고 했다.(《삼국지》〈촉서〉'제갈량전')

제갈량의 '천하삼분지계'는 천하 형세를 정확하게 헤아린 끝에 나온 대계大計이자 삼국시대의 개막을 알리는 명장면이었다. 사진은 제갈량이 융중에서 유비에게 천하삼분을 설파하는 장면이다.

해설

〈계전〉은《백전기략》을 여는 첫 편으로 병가의 바이블이라 부르는 손무孫武(기원전 약 545~기원전 약 470)의《손자병법》첫 편인 〈시계〉(또는 〈계〉) 편에서 그 뜻을 취했다. 전략의 수준에 착안하여 실제 전쟁에서 계획, 즉 전략과 전술의 수립이 승리에 얼마나 중요한가를 강조하고 있다.

'계計'는 이후 등장하는 '계료計料(계산하고 예측한다)'와 같은데, 상황을 분석하고 판단한다는 뜻이다. 〈계전〉의 핵심은 상대와 교전하기 전에 나와 상대 장수의 우열과 역량의 강약, 병력의 많고 적음, 지형의 험준 여부, 양식의 상황 등을 제대로 헤아려야 한다는 것이다. 기업으로 말하자면 나와 경쟁 상대의 기술, 인재, 자금 등 정확한 정보의 확보를 의미한다. 여러 가지 상황을 미리 정확하게 분석하고 판단한 뒤 출병하여 적을 공격하면 승리하지 않을 수 없다.

전쟁(경영)은 경쟁하는 쌍방이 일정한 객관적 조건에서 무력(지력)으로 승부를 보기 위해 주관적 방법을 운용하는 투쟁 활동이라고 할 수 있다. 전쟁이나 경쟁에 임하는 양쪽은 서로 상대를 꺾으려 한다. 그러기 위해서는 먼저 나와 상대의 전반적인 상황을 분석하고 연구하지 않으면 안 된다. 객관적 실제 상황에 근거하여 정확한 작전 계획과 군대의 부서 배치 등을 결정해야 하는 것이다. 이때 주관적 분석과 판단이 객관적 실제와 부합해야만 승리할 확률은 높아지고 패배할 확률은 낮아진다. 요컨대 나와 상대 양쪽의 전반적인 상황을 숙지하고 파악하는 것이야말로 정확한 전략 계획을 수립하여 전투에서 승리하는 근본 전제임을 알 수 있다.

〈계전〉은 이 점을 충분히 인식하고 '군대와 병사를 움직이는 첫 번째 원칙은 치밀한 계획 수립이다'라는 이치를 밝혔다. 단지 군사뿐만 아니라 국가 정책, 경제 경영 등 사회 모든 방면에 적용할 수 있는 귀중한 통찰력이 아닐 수 없다.

〈계전〉과 기업 '전략 계획Strategic Planning'

《백전기략》의 첫 항목은 〈계전〉이다. 계획을 철저하게 수립하고 싸울 것을 강조하는 《백전기략》 전체를 관통하는 핵심이다. 기업으로 말하자면 '전략 계획'에 해당한다. '전략 계획'은 기업이 외부 환경과 내부 자원이라는 조건에 근거하여 제정한 기업 관리 각 방면(생산 관리, 영업 소비자 관리, 재무 관리, 인력 자원 관리 등을 포함)에 전반적인 영향을 미치는 중대한 계획이다. 전략 계획은 '기업 경영 활동의 영혼'

이라고들 말한다. 따라서 경영을 책임진 리더는 물론 모든 조직원이 힘을 모아 과학적이고 치밀하고 실행 가능한 전략 계획을 수립해야 한다. 정확한 실행 단계에 맞춰 하나하나 실행함으로써 기업의 이익을 높이고 기업의 이미지를 좋게 만들어 기업을 발전시키는 것은 물론 엄중한 시장 경쟁에서 기업의 생존을 확보하는 것이다. 구체적으로 전략 계획은 경영 활동 과정에서 다음과 같은 작용을 일으킨다.

첫째, 전략 계획은 기업 내부의 각종 활동을 돕는 총체적이고 주도적인 사상이자 기본 수단이다. 기업 내부에 명확하고 공통된 사상을 형성하여 기업 내부의 각종 자원(인력, 재력, 물자, 기업 명성 등)을 충분히 그리고 합리적으로 이용하는 데 도움을 주고, 이로써 기업이 각종 목표를 실현할 수 있는 가능성을 더욱 크게 만들어 준다.

둘째, 정책결정자는 전체 국면을 충분히 고려하여 차원 높게 장기적으로 문제를 파악해야 한다. 유리하고 순조로운 환경을 고려해야 하는 것은 물론 불리한 환경에서 취해야 할 행동까지 특별히 고려해야 한다. 예상과 예측은 실제 상황에서 발생하는 각종 변화에 대해 기업이 합리적으로 반응하고 심사숙고할 수 있다는 것을 의미한다. 이는 기업의 각종 목표와 서로 일치된 결과를 이끌어 낸다.

셋째, 전략 계획의 수립은 기업 내부의 각 부문, 각 단위의 전방위 정보 소통을 강화하여 기업 내부에서 출현할 수 있는 충돌을 최대한 감소시킨다. 이는 기업 전체의 이익에 가장 부합하는 각종 목표의 실현에 보이지 않는 촉진 작용을 해낸다.

넷째, 관리 인원이 시장 동향을 자세히 관찰하고 분석하여 미래의 방향을 예측하고 평가해 기업이 앞으로 취할 행동 방향을 명확하게 결정하는 데 도움을 줌으로써 맹목성을 크게 줄인다.

다섯째, 예상되는 시장의 파동 또는 기업이 맞닥뜨릴 만한 문제를 줄이거나 해소함으로써 이런 상황에서 출현 가능한 큰 파동을 피할 수 있다.

요컨대 기업은 발전 전략을 세우고 생각을 공유하며 방향을 통일하여 영업 활동의 목적, 예견, 총체, 질서, 효과를 크게 높임으로써 기업의 경쟁력과 임기응변 능력을 키울 수 있다. 국내 시장은 물론 국제 시장에서 효과적인 기업 전략 계획을 수립하느냐 여부는 기업의 생존과 발전을 결정하는 관건이다. 한편 기업 전략 계획의 주요 내용과 단계는 다음과 같은 사항들을 포함한다.

첫째, 전체 단계에 맞춰 기업의 기본 임무를 규정해야 한다.

둘째, 기본 임무에 근거하여 기업의 목표를 확정해야 한다.

셋째, 기업의 업무 조합(또는 생산물 조합)을 안배하고 기업의 자원을 각 업무 단위(또는 생산품) 사이에 알맞게 분배 확정해야 한다.

넷째, 새로운 업무 계획을 수립하여 미래 업무 발전의 방향을 고려해야 한다.

이상 기업의 '전략 계획'은 전쟁에서 사전 준비가 승부의 관건이라는 《백전기략》〈계전〉의 지적과 일맥상통한다. 또 세부적으로 기업의 성공과 생존, 위험 부담의 경감 같은 작용은 〈계전〉에서 말하는, 승리의 확률은 높이고 패배의 확률은 줄인다는 인식과 궤를 같이한다. 요컨대 〈계전〉은 생존과 경쟁을 앞두고 군(기업) 수뇌부가 치밀한 정보 수집을 통해 나와 적의 전체 상황을 분석하여 그리는

《백전기략》은 기본적으로 《손자병법》의 영향을 받았다. 내용은 물론 용병 사상에 이르기까지 곳곳에 짙은 그림자를 남기고 있다. 사진은 《손자병법》의 첫 부분이며 개인 소장품이다.

큰 그림, 즉 승부의 예측이라 할 수 있다. 이는 기업의 '전략 계획'과 정확하게 일치한다. 기업 경영인들이 〈계전〉의 기본 철학을 염두에 두고 이하 99개의 구체적인 실천 항목을 상황에 맞게 적용할 수 있

다면 백전불태百戰不殆는 물론 백전백승百戰百勝도 불가능하지 않을 것이다.

경영 지혜

1992년 창업을 꿈꾸던 저장(浙江, 절강) 대학의 교수 셰훙(謝宏, 사굉)은 베이인메이(貝因美, 영어 이름 빙메이트Beingmate는 '아가들의 짝'이란 뜻을 담고 있다)를 설립했다. 자신의 제품을 들고 외국 기업 하인즈Heinz와 네슬러Nestle가 독점한 유아 분유 시장에 뛰어든 것이다. 3년 뒤인 1995년, 빙메이트는 하인즈의 중국 시장 자체 보고서에 하인즈의 맞상대로 지목될 만큼 성장했다. 2005년, 창업 13년 차의 빙메이트는 매출 10억 위앤(한화 약 1700억)을 돌파함으로써 유아 분유 시장에서 130년의 역사를 가지고 1위를 독점해 온 다국적기업 하인즈를 따돌렸다. 2007년 빙메이트는 중국 시장에서 매출 30억 위앤(한화 약 5100억)을 돌파했다.

대체 빙메이트는 어떤 힘으로 그 어느 분야보다 경쟁이 치열한 분유 시장에서 풍부한 경험과 확고한 기반을 가진 다국적기업을 누르고 자기만의 영역을 개척했을까? 가만히 돌이켜 보면 셰홍이 창업 초기에 수립한 일련의 전략에서 그 답을 얻을 수 있다.

첫째, 기업의 이름이다. 빙메이트는 뜻은 말할 것도 없고 이름 그 자체와 발음만으로도 좋은 느낌을 떠올린다. 철저히 유아와 엄마를 겨냥한 이름이었다.

둘째, 경쟁 상대가 모두 외국이라는 사실에 초점을 맞추어 오로지 중국 유아들을 위한다는 구호를 내걸고 중국 본토에 맞는 기준을 통해 새롭고 광활한 시장을 개척함으로써 상품 경쟁에서 우위를 구축했다.

셋째, 빙메이트는 차별화 전략을 채택했다. 국제적 거물인 경쟁 상대와 1선 시장에서 경쟁하지 않고 2선과 3선 시장에 뛰어드는 우회 전략으로 상대를 제압한 것이다.

당시 뚫고 들어갈 공간이 전혀 없는 시장에 직면하여 셰홍은 사물의 변화 속에서 우세와 열세는 뒤바뀔 수 있다는 통찰력을 바탕으로 시장의 형세와 경쟁 상대의 특징을 분석, 합리적인 경쟁 전략을 수립함으로써 여러 가지로 우세를 갖춘 빙메이트를 만들어 냈다. 그리고 칼날이 맞부딪치

빙메이트는 토종 기업으로 다국적기업이 독점한 분유 시장에 뛰어들었다. 다들 무모하다고 했다. 그러나 창업주 셰홍은 〈계전〉에서 말하는 것처럼 철저하고 치밀한 전략을 수립하여 거의 단숨에 시장을 장악했다. 사진은 빙메이트의 분유 제품이다.

는 시장에서 지혜와 전략으로 거의 완벽한 승리를 거뒀다. 이야말로 《백전기략》을 여는 〈계전〉에서 말하는 "치밀한 계획과 계산으로 적과 아군의 형세를 판단한 뒤 출병하여 싸우면 승리하지 못하는 경우가 없다"는 대목과 정확하게 일치하지 않는가!

002

모전

상대의 전략 전술을 파악하여 공략하라

謀戰

용병(경영) 원칙

적이 무엇인가를 꾀하기 시작하면 그것에 따라 대응, 공격하여 적
의 꾀가 다 없어지게 만들어 굴복시킨다.

《손자병법》은 "가장 훌륭한 용병은 적의 계략을 공격하여 분쇄하
는 것이다"라고 했다.

역사 사례

춘추시대인 기원전 550년 무렵, 진晉의 평공平公이 제齊를 공격할
심산으로 재상 범소范昭를 보내 제나라의 실상을 엿보게 했다. 범소
가 제나라에 도착하자 제나라 경공景公은 잔치를 베풀어 범소를 대
접했다.

술기운이 한창 무르익을 무렵, 범소가 무례하게도 경공에게 "왕
께서 저에게 술 한잔 주시지 않겠습니까"라고 청했다. 경공은 "내

술 한잔 받으시오"라며 자기 잔에 술을 따라 주었다. 범소가 그 술을 다 마시자 제나라 재상 안영晏嬰은 범소가 술잔을 돌리기 전에 범소가 마신 경공의 술잔을 얼른 치우고 다른 술잔을 갖다 놓았다.

범소는 짐짓 불쾌한 표정으로 취한 척하며 일어나서는 춤을 추면서 음악을 연주하는 태사太師에게 청했다. "옛날 주공周公께서 즐기던 〈성주成周〉란 곡을 연주해 주시겠소? 그 음악에 맞춰 내가 춤을 추리다."

태사는 "신이 눈이 멀어 그 곡을 익히지 못해 어떤 곡인지 모릅니다"라고 거절했다.

범소가 노하여 밖으로 나가자 경공이 걱정스럽게 말했다. "강대국 진나라가 우리를 치기 위해 범소를 보내서 우리 상황을 정탐하는데, 그대들이 범소를 화나게 만들었으니 장차 이를 어찌한단 말이오?"

안영이 대답했다. "신이 보건대 범소가 사리를 몰라서 그런 무례를 범할 자가 아닙니다. 그는 단지 우리 신하들에게 무안을 주어 그 반응을 보려고 한 것입니다. 신이 그에게 맞선 이유입니다."

태사 역시 같은 대답을 했다. "주공의 음악은 천자를 위한 음악으로 오직 군주만이 그 음악에 맞춰 춤을 출 수 있습니다. 그런데 범소는 신하의 신분으로 천자의 음악을 연주시켜서 춤을 추려고 했습니다. 그래서 제가 그 음악을 연주하지 않은 것입니다."

범소가 귀국하여 평공에게 보고했다. "제나라를 공격하면 안 됩니다. 신이 제나라 군주를 욕보이려고 했으나 안영이 알아차렸고, 제나라의 예악을 혼란시키려 했으나 태사가 알아차렸습니다."

훗날 이 말을 전해 들은 공자孔子가 말했다. "술자리에서 천 리 밖 일을 절충한다(술자리에서 천 리 밖 적의 공격을 막아 낸다)는 옛말은 바로 안자를 두고 한 말이구나!"(《안자춘추》〈내편〉)

안영은 범소의 의도를 정확하게 간파해서 대처했다. 여기서 '준조절충樽組折衝'이란 고사성어가 나왔다. 술자리에서 적의 창끝을 꺾는다는 뜻이다. 교섭이나 담판에서 흔히 사용되는 '절충'이란 표현도 여기에서 파생되었다. 사진은 안영의 동상이다.
─산둥성 즈보(淄博, 치박)시 제국박물관

해설

《백전기략》의 두 번째 항목인 〈모전〉 역시 손무의 《손자병법》(〈모공謀攻〉편)에서 비롯되었다. 손무는 상대의 의도나 계책을 공략하는 것이야말로 최상의 용병이라고 말한다(이것이 '상병벌모上兵伐謀'다). 이때 상대의 의도와 전략을 파악했다면 바로 공격할 것이 아니라 상대의 의중에 맞춰 '따르는 척하다가 공격'하는 것이 좀 더 효과적이다. 이를 '종이공전從而攻戰'이라 할 수 있다.

'그 뜻을 따라 활용하고, 그 길을 따라 걸어간다'라고 했듯이, 순종하며 그 속에서 적을 공격할 방법을 찾고, 거짓으로 따르는 척하며 은근히 적을 제압하는 '종이공전'이야말로 〈모전〉을 실천할 때 구사해야 할 핵심 전략이라 할 수 있다.

〈모전〉은 상대의 공격 의도를 어떻게 좌절시킬 것인가 하는 문제를 다룬다. 상대가 공격을 준비하면 때를 놓치지 말고 계책을 세워 상대의 공격 의도를 간파한 뒤 좌절시켜 굴복시키라는 말이다. 이와 같은 인식은 대단히 귀중하다. 전쟁에서 최상의 승리는 싸우지 않고 상대를 굴복시키는 것이기 때문이다. 《손자병법》의 핵심 사상이기도 하다.

그러나 싸우지 않고 승리하려면 조건이 따른다. 나의 역량이 우세해야 하고 형세가 유리해야 한다. 여기에 객관적 실제에 부합하는 정확한 주관적 계획이 병행되어야만 피 흘리는 희생 없이 완전한 승리라는 이상적 목표를 이루는 것이다. 객관적 조건을 무시하거나 소홀히 한 채 그저 〈모전〉만 강조하고 군대를 동원한 전쟁의 필요성을 무작정 부정했다가는 상상하기 어려운 손실을 입을 수 있다. 군은 말할 것도 없고 각 분야의 리더는 이 점을 놓치지 말고 단단히 붙들어야 한다.

경영 지혜

'싸우지 않고 상대를 굴복시키는 용병'은 비즈니스 경쟁에서도 최고의 목표이자 이상적인 경지라 할 수 있다. 이 전략의 목표는 기업을 경영하면서 경쟁 상대의 의도를 잘 헤아리고 전략을 잘 운용하여 상대를 꺾는 데 있다.

21세기 들어 몇 년 사이 최고급 컬러 TV 시장 경쟁에서 중국 기업은 이런 전략으로 성공하여 외국 제품의 도전을 잘 막아 냈다는 분석이 많다. 당시 일본과 한국으로 대표되는 외국 기업은 최고급 컬러 TV의 핵심 기술을 가지고 중국 시장을 확장하는 데 큰 힘을 쏟았다. 그런데 가만히 분석해 본 결과 외국 기업의 최고급 컬러

TV 영역에는 여전히 취약한 점이 여럿이었다.

당시 세계 최고급 컬러 TV 시장에서는 파나소닉Panasonic, 삼성, LG 등이 평면 디스플레이 기술을 장악하기 위해 치열하게 견제하고 있었다. 그러나 샤프Sharp는 40인치 이상의 대형 TV 시장에서 거의 공백이었고, 파나소닉은 40인치 이하 TV 시장에서 수확이 크지 않았다. 사실 각 기업은 마이크로 디스플레이 TV와 액정 TV로 경쟁하면서 모두 TI(Texas Instrument)와 앱슨Apson처럼 리얼 프로젝션 디스플레이 칩을 제공하는 기업의 도움이 필요했다. 이들 기업의 경쟁에서는 중요한 현금이나 마찬가지였다.

이미 크게 출렁이기 시작한 최고급 컬러 TV 시장을 앞두고 창웨이(創維, 창유/영어명 Skyworth), TCL(The Creative Life/중국명 '창의감동생활創意感動生活')은 TI와 합동 실험실을 세웠다. 또한 앱슨과 단순한 기술 이전 이상의 기술 합작을 이뤘다. 이렇게 중국 기업들은 핵심 부품을 공급하는 기업과 연계를 강화하는 동시에 부품의 단순 구매에서 벗어나 장기적인 기술 공동 개발 관계를 수립했다. 이는 최종 판매 시장에서 중국 기업의 경쟁력을 강화하고, 나아가 이 분야 전체에서 발언권을 높였다. 그다음은 강력한 자체 제조력으로 빠르게 시장을 장악하고, 시장에서 우위를 점하여 핵심 기술을 장악한 일본과 한국 기업을 견제하기에 이르렀다.

이런 중국 기업 가운데 확장 과정에서 일찌감치 한 걸음 더 앞서 나간 기업이 있었다. 바로 하이얼(海爾, 해이)이다. 1990년대 하이얼은 판매 분야에서 매년 60퍼센트가 넘는 초고속 성장을 했는데, 하이얼의 놀라운 성과는 정교하고 정확한 전략에 힘입은 바 컸다. 최초 확장 단계에서는 관리 모델을 수입했다. 그리고 때맞춰 '쇼크 피쉬(Shock Fish/중국명 休克魚)'라는 개념을 만들며 자기만의 방식으로 기반을 튼튼히 다져 나갔다.

가전제품 시장에서 하이얼이 거둔 성공 사례와 경영 전략은 전 세계의 주목을 받으며 분석과 연구의 대상이 되었다. 사진은 하이얼의 가전제품이다.

쇼크 피쉬에 대해 좀 더 알아보자. 쇼크 피쉬는 하이얼이 도약하는 데 결정적인 역할을 한 짱루이민(張瑞敏, 장서민) 대표가 만들어 낸 모델이자 전략이다. 쇼크 피시란 하드웨어나 인프라는 좋지만 관리가 부실한 기업을 가리킨다. 흔히 기업 간의 합병을 물고기에 비유하면서 세 단계로 나눈다. 먼저 '큰 물고기가 작은 물고기를 먹어치우는' 합병이 있다. 대기업이 소기업을 합병하는 것이다. 다음은 '빠른 물고기가 느린 물고기를 먹어치우는' 경우로 새로운 기술을 가진 기업이 낡은 기술의 전통 기업을 합병하는 것이다. 그다음이 '상어가 상어를 먹어치우는' 단계의 합병으로 강자(대기업)끼리의 합병 내지 연합을 가리킨다.

하이얼은 자신이 먹을 물고기는 작은 물고기도, 느린 물고기도, 상어도 아닌 쇼크 피쉬라고 판단했다. 쇼크 피쉬에 대한 짱루이민의 해석은 이렇다. 물고기 피부는 썩지 않는다. 기업에 비유하자면 하드웨어가 아주 튼튼한 기업이다. 이런 물고기가 쇼크 상태에 있다는 것, 즉 기업이 쇼크 상태에 있다는 것은 기업의 이념이나 철학에 문제가 발생하여 정체 상태라는 뜻이다. 이런 기업은 일단 새로운 관리 사상이나 철학을 주입하고 유효한 관리 방법을 실행하면 금세 활기를 띤다는 것이다.

짱루이민은 하이얼을 포함한 중국의 쇼크 피쉬 모델에 속하는 기업에 초점을 두고 전략을 짰다. 이렇게 기반을 다진 뒤 자체 제품을 만들었고, 실력이 상당한 경쟁 상대에게 저가로 맞서 시장을 확장했다. 하이얼은 빠른 속도로 합병을 진행하며 시장에서 우위를 차지한 다음 마지막 단계로 해외 시장을 향해 거침없이 나아갔다.

전투에 '정해진 형세形勢'란 없다. 기업 경영도 마찬가지다. 우수한 기업가라면 전략 설계가 뛰어나야 한다. 그래야만 시장 변화에 맞는 전략으로 끊임없이 내 전략을 수립하고 수정하는 한편 상대의 전략을 좌절시킬 수 있다. 이것이 유방이 장량張良을 두고 말한 '천리 밖 군막 안에서 전략과 전술을 수립하여 승부를 결정짓는', '운주유악運籌帷幄, 결승천리決勝千里'의 능력이자 〈모전〉의 요점이다.

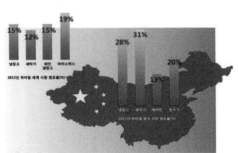

'하이얼'은 기존의 합병 모델과 다른 '쇼크 피쉬' 모델을 발견하여 이에 맞는 전략으로 큰 성공을 거뒀다. 〈모전〉에서 말하는 '싸우지 않고 상대를 굴복시키는' 전략으로 경쟁이 가장 치열한 전자제품 시장에서 확고한 우위를 확보한 것이다. 사진은 2012년 하이얼의 중국과 세계 시장 점유율을 나타낸 그래프다.

003

간전

고급 정보의 획득이 관건이다

間戰

용병(경영) 원칙

적을 공격하려 할 때는 먼저 간첩을 이용해야 한다. 적의 많고 적음과 허와 실, 군의 배치와 상대방의 의도, 동정 등을 자세하게 정탐한 뒤 군을 출동해야 한다. 그래야 공략의 효과를 크게 거두고 싸울 때마다 승리할 수 있다.

《손자병법》은 "간첩을 활용하지 못하는 경우는 없다"라고 했다.

역사 사례

남북조시대인 577년, 북주北周의 장군 위효관衛孝寬(510~581)은 옥루산玉壘山 옥벽성玉壁城을 수비하는 임무를 맡았다. 그는 부하를 아끼고 군대를 잘 통솔하여 부하들에게 신망이 두터웠다. 그가 적국인 북제北齊에 파견한 첩자들은 모두 힘을 다해 활약했으며, 위효관에게 금은 등을 받고 북주에 내통해 오는 북제 사람까지 있었다. 덕분에 북주의 조정에서는 북제의 동정을 소상하게 파악할 수 있었다.

북제의 곡율광斛律光은 당대의 이름난 명장이다. 북주의 대장 위효관은 전투에 뛰어난 맹장 곡율광이 몹시 두려웠다. 위효관의 참모 곡엄曲嚴은 점을 잘 쳤는데 "내년에는 제나라 내부에서 서로 죽고 죽이는 살상이 벌어질 것입니다"라고 예언했다. 위효관은 곡엄을 시켜 그 점괘로 유언비어를 지어낸 뒤 간첩을 보내 업성鄴城에다 퍼뜨리게 했다. 그 유언비어는 다음과 같았다.

"백승百升이 하늘을 날아오르고 명월明月은 내일 장안長安을 비춘다. 높은 산은 밀지 않아도 절로 무너지고, 곡수斛樹(떡갈나무)는 받쳐주지 않아도 절로 굳건하다."

백승은 1곡斛이다. 곡율광을 가리킨다. 명월은 곡율광의 자이며, 장안은 북주의 도성이다. 곡율광이 북제의 황제가 된다는 암시다. 뒤 구절의 높은 산, '고산高山'에서 '고'는 북제 황제의 성을, '곡수'의 '곡'은 곡율광의 성을 가리킨다. 북제 황제는 쓰러지고 곡율광이 즉위한다는 암시다.

그러자 곡율광을 시기하고 질투한 북제의 권신 조정祖珽도 그를 모함하기 위해 "눈먼 늙은이는 등에다 큰 도끼를 지고, 혀를 놀리는 늙은 어미는 말을 못 하네"라는 유언비어를 지어 아이들이 저잣거리에서 부르게 했다. 북제의 또 다른 권력자 목제파穆提婆가 이 노래를 듣고 자신의 어머니 육영훤陸令萱에게 알렸다. 육영훤은 '혀를 놀린다'는 구절은 자신을 욕한 것이고 '눈먼 늙은이'란 구절은 조정을 욕한 것이라고 풀이했다. 이에 목제파는 조정과 함께 모의하여 이 일을 북제의 후주後主에게 보고했고, 후주는 곡율광을 죽였다.

북주의 무제武帝가 이 소식을 듣고는 바로 국내에 사면령을 크게 내리는 한 편 북제를 무너뜨리기 위한 의지를 불태우기 시작했다. 북주는 끝내 북제를 평정했다.(《주서周書》〈위효관전〉, 《제서齊書》〈곡율광전〉)

해설

곡율광은 전투에 뛰어난 명장으로 북주와의 전쟁에서 여러 차례 공을 세운, 북주로서는 뱃속의 근심거리였다. 북주의 대장 위효관은 곡율광을 제거하기 위해 북제 내부의 복잡한 갈등과 모순을 이용하여 유언비어를 퍼뜨렸다. 북제의 후주는 황제 자리를 지키려는 욕심에서 유언비어를 그대로 믿었다. 여기에 곡율광과 사이가 좋지 않은 조정과 목제파가 사사로운 감정으로 결탁하여 곡율광에게 결정타를 날리니, 북제는 군사상 가장 든든한 대들보를 잃었고, 결국 나라가 망했다.

군사 투쟁에서 유언비어로 적을 흔드는 것은 동서 역사상 여론으로 대중을 홀리는 중요한 표현 방식이었다. 유언비어로 심리적 공포나 황당함을 야기하여 생각의 혼란을 유발함으로써 투지를 꺾는 교묘한 수단이다. 간첩 활용의 문제를 검토한 《손자병법》〈용간用

間〉편에 이런 대목이 나온다.

"전군에서 가장 믿어야 하고 가장 후한 상을 내려야 할 대상은 간첩이다. 가장 은밀한 기밀을 부여받은 것도 간첩이다. 사람을 알아보는 뛰어난 지혜가 없으면 간첩을 활용할 수 없다. 인의를 겸비해서 사람을 진심으로 복종하게 만들지 않으면 간첩을 부릴 수 없으며, 미세한 곳까지 살필 줄 아는 명철한 판단력이 없으면 첩보의 진실을 분간할 수 없다. 미묘하고도 미묘한 것이 첩보 활동이다. 간첩을 활용하지 못하는 경우는 없다."

첩보전은 양쪽이 힘을 기울여 각축을 벌이는 중요한 부분이자 수단이다. 손자는 적의 정세를 장악하고 주도권을 쟁취하기 위해 첩자에게 후한 상을 내리라고 강조하면서 "간첩의 다섯 가지 첩보 활동을 함께 전개해도 아군이 어떻게 자신들의 정세를 먼저 알아내는지 적이 알지 못하게" 해야 한다는 점과 정보원을 널리 발굴할 것을 강조한다.

《무비집요武備集要》에는 "용병에서 간첩 활용보다 더 잘해야 하는 것도 없다. 용간술은 끝까지 예측하지 못하도록 철저한 기밀을 유지해야 한다"라는 대목이 보인다. 《병경백자兵經百字》〈비자秘字〉에서는 "모략의 성공은 비밀 유지에 있고, 실패는 기밀의 누설에서 비롯된다"라고 했다. 제아무리 훌륭한 계획이라도 기밀이 새어 나가 적의 의심을 사거나 적에게 파탄을 노출하면 적이 역으로 활용하여 '장계취계將計就計'하는 터, 내 쪽의 패배는 의심의 여지가 없다.

《병경백자》를 보면 어떻게 기밀을 감추고 유지하는지, 그 구체적인 설명이 나오는데 기본 원칙은 "한 사람의 일을 타인에게 발설하

지 말 것이며, 내일 일을 오
늘 말하지 마라"이다. 또한
계획의 각 부분 부분을 자
세히 연구 검토하여 조금
도 소홀함이 없도록 조심해
야 한다. 행동하는 중에도
비밀 유지에 신경 써서 무

《손자병법》은 병법서로서는 물론 세계 최초로
간첩 활용술인 '용간술'을 다뤘다. 바로 〈용간〉
편이다. 사진은 《손자병법》 죽간본이다.

심코 기밀이 새어 나가지 않도록 유의한다. 대화를 나눌 때도 기밀
보장에 만전을 기해야 하는데, 특히 표정 관리에 주의해야 한다.

　《손자병법》을 비롯하여 모든 병법서가 강조하는 간첩 활용, 즉
'용간'의 중요성은 더 중요해지고 있다. 병법서마다 예외 없이 강조
하는 나와 상대의 기밀이란 한마디로 고급 정보다. 과학 기술이 날
로 발전하면서 시장 전반과 경쟁 상대에 대한 정보 그리고 고급 정
보가 더욱 중요해졌다. 정확한 정보가 경쟁의 승부를 결정하는 일
이 다반사다.

경영 지혜

같은 업종에 종사하는 경영자들은 경쟁에서 승리하기 위해 상대방
의 정보를 탐색한다. 실제로 경영의 핵심 요소가 되었다. 상대의
상황을 파악하면 그에 맞춰 상대를 제압할 만한 책략을 마련할 수
있기 때문이다. 상대의 정보를 얻을 수 있다면 유리한 요소를 다
이용할 수 있다. 상대가 기밀을 캐내려고 보낸 사람을 내가 역이용

하는 '반간계'까지 구사할 수도 있다.

미국 남북전쟁(1861~1865) 시기 웨스턴유니온텔레그래프western Union Telegraph Corp. 대표 밴더빌트는 독단적 경영으로 이름난 인물이었다. 굴더는 밴더빌트 시니어 사망 후 주니어가 경영책임자로 취임할 무렵 태평양–대서양전보공사를 창립했다. 굴더는 아주 빠르게 밴더빌트 주니어의 경쟁 상대로 떠올랐다.

위협을 느낀 밴더빌트 주니어는 담판 협상으로 태평양–대서양전보공사를 인수하려고 했다. 이를 위해 굴드의 총설계사 액트까지 스카우트하는 의욕을 보였다. 그런데 이 무렵 에디슨의 발명으로 전보 기술이 크게 진보하는 변화가 생겼다. 밴더빌트는 액트를 에디슨에게 보내 기술 협상을 맡겼다.

밴더빌트는 큰 대가를 치르고 에디슨의 기술 독점권을 사들였다. 그리고 의기양양하게 굴드와 합병 협상에 나섰다. 결과는 놀라운 반전이었다. 오히려 굴드가 경영권을 차지한 것이다.

내막은 이랬다. 굴드는 밴더빌트가 자신의 기업을 인수하려는 야욕을 눈치챘다. 그래서 총설계사 액트를 간첩으로 밴더빌트에게 보낸 것이었다. 액트는 밴더빌트가 아닌 굴드를 위해 에디슨의 기술을 인수했고, 결과는 밴더빌트의 참패로 끝났다.

'반간계'는 정보의 내용도 중요하지만 그 정보가 가져다줄 효과에 집중해야 한다. 내용에 지나치게 집

사진은 웨스턴유니온에서 발행한 어음이다.

중하다가는 무리한 결정을 내릴 수 있기 때문이다. 정보에 맞춰 전략과 전술, 행동을 조정하되 만에 하나 실패할 경우 희생과 손실을 최소화할 수 있어야 한다. 아울러 상대의 수준과 심리 상태 등을 정확히 판단해 둬야 한다. 그만큼 위험 부담이 큰 전략이다.

004

선전

인재가 승부를 가를 수 있다

選戰

용병(경영) 원칙

적에 맞서 싸울 때는 반드시 용장과 정예병을 선발하여 이들을 선봉 부대로 삼아야 한다. 첫째, 아군의 사기를 진작시키기 위해서고, 둘째는 적의 예봉을 꺾기 위해서다.

《손자병법》에 "정예 장수와 병사를 선발하지 않은 군대는 패할 수밖에 없다"라고 했다.

역사 사례

동한 말엽 헌제獻帝 건안 12년인 207년, 조조에게 쫓겨 상곡上谷으로 달아난 원소의 아들 원상袁尙, 원희袁熙 형제는 북방의 이민족 오환烏桓의 무리를 이끌고 자주 변방에 침입하여 피해를 주었다. 조조는 이들을 토벌하기 위해 군을 출동시켰다. 조조의 출정군은 여름철인 음력 5월 무종無終에 도착했는데, 7월이 되자 큰비가 내리고 강물이 범람하여 통행이 곤란해졌다. 게다가 오랑캐들이 계곡의 요로를 막아서 대군이 진출하기 어려웠다.

조조가 이를 염려하자 함께 종군한 전주田疇가 향도嚮導(길잡이)를 자청하면서 말했다. "이 통로는 여름과 가을이면 언제나 강물이 불어나 얕은 곳이라 해도 수레와 말이 통과하지 못하고 깊은 곳은 선박이 다니지 못할 정도입니다. 옛 우북평군右北平郡 소재지가 평강平岡에 있는데, 그 통로가 노룡盧龍을 거쳐 유성柳城으로 통합니다. 오랫동안 이용되지 않았지만 지름길이 남아 있습니다. 오랑캐들은 우리가 장차 무종을 통과할 거라는 생각에 진군하지 않고 뒤로 물러간 상태라 수비가 허술할 것입니다. 아군이 조용히 회군하여 노룡을 거쳐 백단白檀의 험한 길만 넘는다면 무인지경이 됩니다. 그렇게 나아가면 길이 가까워지면서 불편하지도 않을 테고, 무방비 상태에 있는 저들을 신속히 공격한다면 싸우지 않고도 사로잡을 수 있을 것입니다."

조조는 좋은 계략이라고 하면서 즉시 대군을 이끌고 돌아가는 척했다. 그러면서 큰 나무를 물가에 세우고 "지금은 여름이라 길을 건널 수 없으므로 기다렸다가 겨울에 다시 오겠다"라는 글을 남겨두었다. 순찰병은 이를 보고 대군이 돌아간 줄만 알았다.

한편 조조는 전주에게 휘하 군사를 거느리고 진군하라고 했다. 조조의 군사들은 서무산徐無山을 오르는데, 산길을 뚫고 골짜기를 메우면서 500여 리를 진군하여 백단을 넘고 평강을 지나 우북평군 경계에 있는 선비鮮卑 부락을 거쳐 동쪽으로 유성을 200여 리 남겨놓은 지점까지 접근했다.

원상과 원희는 그제야 조조군의 진격 사실을 알아차리고 서둘러 오환의 왕 답돈踏頓과 요서 지방 흉노족의 추장 누반樓班, 우북평 지방의 추장 능신저지能臣抵之 등과 함께 수만 명의 기병

조조는 용병의 큰 원칙을 잘 아는 전략가였다. 요동의 원상과 원희 세력을 공격하면서 뛰어난 장수와 정예병으로 기선을 제압했다.

騎兵을 이끌며 조조군을 맞을 전투 태세를 갖췄다.

8월, 조조가 백랑산白狼山에 올랐다가 갑자기 오랑캐군과 마주쳤는데, 그 수가 매우 많았다. 그러나 조조의 군사는 후미의 전차 부대를 호송하느라 병력이 분산되는 바람에 실제 전투에 참가할 병력이 적었고, 갑옷을 입은 군사가 많지도 않았다. 많은 병사가 두려움에 떨었다.

그러나 조조는 당황하지 않고 고지에 올라가서 적의 형세를 살폈다. 적의 진용이 미처 정돈되지 못한 상태였다. 조조는 원상과 원희 군대를 선제공격했다. 명장 장료張遼(162~222)의 공격을 시작으로 답돈과 오랑캐 부족의 이름 있는 왕을 비롯해 여러 명을 참수한 것은 물론 지역 호족과 원씨 형제 군사 20여만 명을 항복시키는 큰 승리를 거뒀다.《삼국지》〈위서〉'무제기' 제1)

해설

〈선전〉 편은 선봉대의 선발과 조직이 작전 중에 얼마나 중요한 역할을 하는지 설명하고 있다. 적에 맞서 싸울 때 정예병과 뛰어난 장수의 선발은 필수다. 아군의 사기를 높이는 한편 적의 위세를 꺾을 수 있기 때문이다. 그래서 《손자병법》(〈지형〉 편)은 "정예 장수와 병사를 선발하지 않은 군대는 패할 수밖에 없다"라고 했다. 선발과 훈련을 거친 정예병과 뛰어난 장수로 구성된 선봉대의 중요성을 강조한 것이다. 조조가 불리한 상황에서도 승리한 것은 전주와 왕료라는 좋은 장수를 비롯해 수는 적지만 잘 훈련된 정예병이 있었기 때문이다.

전쟁의 전체 과정은 일련의 전투로 이루어진다. 첫 전투의 승부는 전쟁 전체의 앞날과 연계되어 큰 영향을 미친다. 선봉은 첫 전투의 주역이기도 하다. 어떤 장수와 부대를 골라 선봉에 세울 것인가는 첫 전투의 승패와 직접 연계될 수밖에 없다. 역대 병가들이 좋은 '선택'이란 문제, 즉 '선전'을 대단히 중시하고 강조한 이유다.

뛰어난 장수를 선발하는 문제를 다룬 병법서라면 단연 《육도六韜》(제3〈용도龍韜〉 편)가 돋보인다. 이 중 '선장選將' 부분에 '팔징법八徵法'이라는 뛰어난 장수를 선발하는 기준 또는 방법이 나온다.

장수는 나라를 보좌하는 신하다. 장수를 임명하려면 신중하게 생각하고 그 인물 됨됨이를 관찰해야 한다. 사람을 쓰려면 그 사람의 행동거지를 살펴야 한다. 그러나 사람의 행동거지가 반드시 내심을 반영하지는 않는다. 《육도》는 밖으로 드러나는 행동과 그 속마음이 일치하지 않는 경우 열다섯 가지를 들고 있다. 장수를 살펴고 선발하는 것은 통치 예술의 중요한 내용이다. 과연 외재적 표현과 진실한 사상의 일치 정도를 어떻게 알아낼 수 있을까? 여덟 가지 검증 방법, 즉 '팔징법'이 있다고 한다. 중요한 통치 모략이 아닐 수 없다. '팔징법'의 원리는 어떤 행동을 하게 해서 그 반응을 근거로 진면목을 판단하는 것이다. 그 내용은 아래와 같다.

① 문지어언이관기상 問之以言以觀其詳

문제를 내서 이해하는 정도를 살핀다.

② 궁지이사이관기변 窮之以辭以觀其變

자세히 꼬치꼬치 캐물어 그 반응을 살핀다.

③ 여지간첩이관기성 與之間諜以觀其誠

간접적으로 탐색하여 성실 여부를 살핀다.

④ 명백현문이관기덕 明白顯問以觀其德

솔직담백한 말로 그 덕행을 살핀다.

⑤ 사지이재이관기렴 使之以財以觀其廉

재무 관리를 시켜 청렴과 정직 여부를 살핀다.

⑥ 시지이색이관기정 試之以色以觀其貞

여색을 미끼로 그 품행(정조)을 살핀다.

⑦ 고지이난이관기용 告之以難以觀其勇

어려운 상황을 만들어 그 용기를 살핀다.

⑧ 취지이주이관기태 醉之以酒以觀其態

술에 취하게 하여 그 태도를 살핀다.

행동의 결과에 근거하여 사람을 살피는 것, 평상시 보편적으로 채용하는 방식이다. 그러나 팔징법은 결과를 기다려 판단하는 것과 다르다. 연못에 돌을 던져서 일부러 파문을 일으키고 그 움직임 가운데서 사람을 판단하는 방식이다.

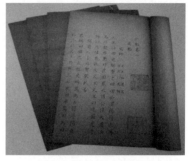

중국 역사상 가장 오래된 병법서이자 통치 방략서인 《육도》에는 장수 선발에 관한 구체적인 내용이 들어 있다. 장수를 검증하는 '팔징법'과 인재의 겉과 속까지 분석한 내용도 나온다. 사진은 《육도》의 청나라 판본이다.

물론 군사나 통치 예술로서 사람을 쓰는 구체적인 방법은 여덟 가지에 한정되지 않는다. 그러나 《육도》에서 장수의 식별과 기용을 '왕이 군대를 일으키고' '뛰어난 장수를 다듬어 선발하는' 차원의 높은 수준에서 다룬다는 사실은, 이것이 군사와 통치의 중요한 열쇠임을 보여 준다고 할 수 있다. 이런 점에서 인재 쟁탈이 성패의 핵심이 되는 기업 경영에 〈선전〉 편이 던지는 요지는 의미심장하다.

005

보전

든든한 재정이 뒷받침되어야 한다

步戰

용병(경영) 원칙

보병을 이끌고 적의 전차병이나 기병과 싸울 때는 반드시 산이나 구릉, 험한 요새 또는 풀이나 나무로 우거진 지형에 의지해 싸워야만 승리할 수 있다. 평탄한 도로에서 교전할 때는 말과 창을 이용해 방진方陣을 결성하고, 보병은 진영 안에 기병은 진영 밖에 배치하며, 병력을 수비대와 공격 부대로 나누어 편성한 뒤 역할을 분담하여 수비와 공격을 맡긴다.

적이 한쪽에서 공격해 온다면 두 개 부대를 적의 측면으로 진출시켜 측면 공격을 가하고, 양쪽에서 공격해 온다면 전후로 병력을 나누어 공격한다. 사방에서 공격해 온다면 원진圓陣을 결성하고 병력을 사방으로 나누어 맹렬하게 정면 공격을 해야 한다. 적이 패주할 때 기병에게 적을 추격시키고 보병이 그 뒤를 따르게 하면 필승할 수 있다.

《육도》는 "보병을 거느리고 적의 전차병이나 기병을 상대하여 싸울 때는 반드시 산과 구릉같이 험준한 요지를 이용해야 한다. 험준한 요지가 없을 때는 '행마질려行馬蒺藜(말과 가시덤불 같은 장애물)' 등의 장애물을 설치해야 한다"라고 했다.

역사 사례

당나라가 멸망하자 천하는 5대10국의 혼란기를 겪었다. 후량後梁 정명 3년인 917년의 일이다. 유주幽州 북쪽 7000리 지점에 유관楡 關이라고 있었다. 유관 동북쪽으로 바닷가를 따라 난 길이 있는데, 좁은 곳은 몇 자에 불과했으며 옆은 높은 산으로 가로막혀서 사람과 말의 통행이 어려웠다.

진晉(후당後唐의 전신)은 그곳에 여덟 개 방어군을 배치하고 지방군을 모집하여 병사들이 지키게 했다. 이들은 매년 수확을 일찍 끝낸 뒤 들판을 깨끗이 치워 놓고 거란군의 침공에 대비했다. 거란군이 침입해 오면 성벽을 굳게 닫고 그들이 떠나가기를 기다렸다가 용감한 군사를 뽑아 좁은 골목에서 요격하곤 했다. 거란군은 항상 뜻을 이루지 못하고 도망칠 뿐 감히 유주를 침략하지 못했다.

그런데 진의 장군 주덕위周德威가 노룡盧龍 절도사로 임명되면서 자신의 용맹만 믿고 변방의 수비를 제대로 갖추지 않은 탓에 진은 험준한 요새인 유관을 거란군에 빼앗겨 버렸다.

이때부터 거란군은 영주營州와 평주平州 일대를 침략하여 말 먹일 풀 따위를 베어 가고 소와 말을 방목하며 신주新州를 함락했다. 주덕위는 다시 유관을 탈환하려고 했으나 성공하지 못하고 결국 유주로 도망쳤다. 게다가 거란이 주덕위의 뒤를 쫓아와 200일 이상이나 유주성을 포위하는 바람에 유주성은 매우 위급한 상황에 처하고 말았다.

그 소식을 들은 이사원李嗣源(훗날 후당의 명종明宗)은 이존심李存審과 함께 보병과 기병 7만 명을 역주易州에 집결시켜 유주를 구하기로 했다. 이사원의 부대는 역주에서 북상하여 대방령大房嶺을 넘은 다음 계곡을 따라 유주로 동진하는 중에 거란의 군대와 마주쳤다.

이사원은 100명의 기병을 끌고 선두에 서서 투구를 벗어 버린 채 채찍을 들어 거란군의 진영을 가리키며 거란 말로 호통쳤다. "너희가 아무런 이유 없이 우리 국경을 침범했기에 내가 진왕의 명령을 받아 100만 기병을 거느리고 여기에 왔다. 이제 내가 너희의 소굴인 서루西樓로 쳐들어가서 너희를 모조리 섬멸하고 말 것이다."

이사원은 재빨리 말을 모아 맹렬한 기세를 떨치며 세 차례나 거란군의 진영으로 돌진하여 추장의 목을 베고 후군을 일제히 출격시켰다. 마침내 진의 군대는 거란의 저지 부대를 크게 격파하고 유주로 전진할 수 있었다.

이존심은 유주로 전진하면서도 보병 부대를 시켜 나무를 베어다 녹각 형태의 장비를 만들었는데, 병사마다 하나씩 나눠 주고 행군을 멈출 때 이것으로 목책을 만드는 후속 조치를 잊지 않았다. 거란의 기병이 목책을 돌아 통과하자 목책 안에서 수만 개의 궁노弓弩를 발사했는데, 그 화살이 하늘을 가릴 정도였다. 죽거나 부상당한 거란의 군사와 말이 길에 가득했다.

진의 군대가 유주에 이르렀을 때 거란의 군대는 진을 치고 기다리는 중이었다. 이존심은 강력한 보병 부대를 후방에 집결시킨 뒤 절대로 먼저 움직이지 말라는 엄명을 내렸다. 그런 다음 나약한 군사들부터 출동시켜 나뭇가지 다발을 바닥에 끌면서 풀숲에 불을 지르고 전진하게 했다. 연기와 먼지가 하늘을 뒤덮으니 거란은 진의 병력이 도대체 얼마나 되는지 판단할 길이 없었다.

훗날 후당의 명종이 되는 이사원은 유주 탈환을 위해 거란을 공략할 때 보병이 든든해야 다양한 작전과 전략을 구사할 수 있음을 잘 보여 주었다.

　마침내 양군이 북을 울리고 함성을 지르며 교전에 들어갔다. 이존심은 그제야 후군의 정예 부대를 출동시켜 마지막 총공격을 가했다. 그 결과 거란군은 대패하여 북산으로 패주했다. 이 전투에서 생포되거나 죽은 거란의 병사가 1만 명이 넘었다. 유주에서 포위된 주덕위의 군도 포위망에서 풀려났다. 《구오대사》《당서》《자치통감》

해설

〈보전〉편은 고대 전쟁에서 주력은 뭐니 뭐니 해도 보병이라는 인식 위에 있다. 적의 전차와 기병에 맞서는 보병전에서 주의하고 파악해야 할 주된 원칙을 말하는 것이다. 기업의 경우 든든한 재정을 바탕으로 경쟁에 임하는 상황에 비유할 수 있다. 〈보전〉은 우선 유리한 지형을 확보하여 충분히 활용할 것을 강조한다. 험하지 않아서 이용할 게 없는 지형이라면 각종 기물을 장애물로 활용하라고 말한다. 다음은 상황의 차이나 변화에 맞는 전법을 취하라고 조언

한다. 예컨대 적이 한 방향으로 아군을 공격하면 아군은 두 방향으로 출격하여 측면에서 공격을 지원하는 식이다.

《육도》를 인용하여 적의 공격을 효과적으로 막아 내기 위해 장애물을 설치하라고 강조한 점도 눈길을 끈다. 이사원과 이존심은 거란의 추격을 예상하여 장애물로 목책을 설치하고 그 안에다 궁노를 숨겨 두는 이중 장치를 취했다. 거란이 장애물을 돌아 진군하자 목책 안에 숨겨 둔 궁노를 등 뒤에서 발사해 큰 승리를 거뒀다. 또한 거란을 공격하면서 먼지를 일으키고 불을 질러 아군의 상황을 전혀 파악하지 못하게 만드는 입체 전략까지 구사했다. '보전'과 관련해서는 《육도》(〈견도犬韜〉 '전보戰步')가 좀 더 구체적인 방법을 제시했으며, 《백전기략》은 이 부분을 충실히 계승했다.

현대전은 보병의 기능과 역할이 많이 약해졌다. 하지만 전투의 마지막은 여전히 보병이 맡을 수밖에 없다. 특히 적진을 함락하고 적을 궤멸할 때 〈보전〉에서 말하는 장애물 설치 등의 의미를 제대로 파악해야 한다. 적이 퇴각하면서 지뢰 등 각종 장애물을 설치할 수 있기 때문이다.

기업 경영의 핵심으로 흔히 기술과 인재를 꼽는다. 이를 확실하게 뒷받침하려면 든든한 재정을 확보해야 한다는 점을 소홀히 해서는 안 된다. 든든한 재정은 기업의 젖줄이기 때문이다.

006

기전

상황과 조건, 제약을 파악했으면 빠르게 공격하라

騎戰

용병(경영) 원칙

기병을 거느리고 적의 보병과 싸울 때 높은 산이나 밀림 같은 험지 또는 늪지를 만나면 행군 속도를 높여 신속하게 그 지역을 벗어나야 한다. 이런 지역은 기병을 쓰기에 적합하지 않으므로 적의 보병을 상대로 싸워서는 안 된다.

기병으로 적과 싸울 때는 평탄하고 건조한 지형을 선택해야 한다. 이런 지형에서 싸워야 기병이 마음먹은 대로 전진과 후퇴를 하고, 장애 없이 종횡무진 싸워 승리할 수 있다.

《위공이정병법衛公李靖兵法》(약칭 《이위공병법》)을 보면 "평탄하고 메마른 지형에서만 기병을 보내 싸울 수 있다"라고 했다.

역사 사례

910년 무렵, 후당을 건국하여 장종莊宗으로 추대된 이존욱李存勖(885~926)이 진晉의 왕으로 있을 때 군을 이끌고 조趙를 구원하러 출병했다. 이존욱 군대는 백향柏鄉과 5리 정도 떨어진 지역에서 조를 침공한 양梁의 군과 대치하여 야하野河 북쪽에 군영을 설치했다. 당시 이존욱이 이끄는 진의 군대는 병력이 상대적으로 적었다. 반면 양의 장수 왕경인王景仁이 이끄는 군대는 병력은 많으나 정예병이 적었다.

양의 대군을 본 진의 장병들은 두려움을 느꼈다. 이에 진의 장수 주덕위는 "저들은 변주汴州와 송주宋州에서 품을 팔던 천민 무리에 지나지 않는다"라며 장병들의 사기를 올린 뒤 이존욱에게 상황을 보고했다.

이존욱이 말했다. "우리는 우군의 지원을 받지 못한 채 천 리나 되는 먼 길을 와서 출전한 만큼 속전속결이 유리하다. 지금 기세를 올려 기습하지 않으면 우리의 병력이 적다는 게 적에게 알려질지도 모른다. 그렇게 되면 아무런 계책도 못 써 보고 패배할 것이다."

장수 주덕위는 이존욱의 견해에 반대했다. "그렇지 않습니다. 우리의 우군인 조군은 성을 수비하는 데만 능할 뿐 야전은 서투릅니다. 우리가 승리하는 길은 오직 기병에게 있습니다. 평탄한 광야는 기병이 마음껏 기량을 발휘하는 곳입니다. 그런데 지금 우리는 야하를 끼고 적의 군영과 너무 근접해서 기병 부대로 싸울 수가 없습니다. 여기는 우리의 장기인 기병을 쓰기에 적합하지 않은 곳입니다."

이존욱은 주덕위의 반대 의견을 매우 불쾌해하며 군막에 드러누워 버렸고, 장수들은 이존욱의 얼굴을 볼 수 없었다.

주덕위는 감군으로 있는 장승업張承業에게 귀띔했다. "진왕께서

이 늙은 장수의 말에 노하신 모양인데, 내가 속전속결을 반대하는 이유는 적을 두려워해서가 아니오. 우리는 병력도 적고 적의 진영과 너무 가까이 붙어 있는 데다 믿는 것이라곤 단지 가로막힌 강물뿐이오. 적이 선박이나 뗏목을 구해 야하를 건너온다면 그 즉시 아군은 전멸할 것이오. 그러니 광활한 호읍鄗邑으로 부대를 철수한 다음 적을 유인해 거점 밖으로 끌어내서 적진을 동요시키고 피로하게 만드는 것이 상책이오. 그리고 나서 계략으로 적을 공격하면 우리가 승리할 것이오."

장승업은 주덕위의 말을 듣고 이존욱에게 건의했다. "주덕위는 노련한 장수답게 병법을 잘 알고 있습니다. 왕께서는 그의 말을 가벼이 흘려듣지 마십시오."

이존욱은 장승업의 말을 듣자마자 자리에서 벌떡 일어나며 "나도 지금 그 점을 깊게 생각하는 중이었소"라고 대답했다. 얼마 후 주덕위는 양군의 유격병을 사로잡아 적장 왕경인이 무엇을 하는지 심문했다. 포로는 왕경인이 강을 건너 공격할 계획이며, 현재 수십 척의 배를 건조하여 임시 다리를 만들려 한다고 털어놓았다. 주덕위는 포로와 함께 이존욱에게 나아가 적의 상황을 보고했다. 이에 이존욱은 "과연 장군이 예상한 대로구려"라며 병력을 호읍으로 철수했다.

주덕위는 정예 기병 300명을 선발하고 양군의 진영으로 출동시켜 탐색전을 벌인 뒤 정예병 3000명을 거느리고 그 뒤를 따랐다. 진군의 도전에 화가 난 양의 왕경인은 전 병력을 이끌고 수십 리 길을 돌고 돌아 주덕위의 군대와 교전하면서 호읍의 남쪽으로 다가붙었다. 진군과 양군은 진을 치고 대치했는데, 그 포진 행렬이 무려 6~7리에 이르렀다.

이존욱은 말을 달려 고지로 올라가 양군의 형세를 살피고 나서 말했다. "평탄한 들판에 풀이 가득하여 기병이 종횡으로 작전하기에 유리하니 우리 기병이 승리할 수 있는 좋은 장소다." 그러고는 주덕위에게

이존욱은 주덕위가 정확한 전략을 제안하자 한순간 불쾌했지만 이내 옳다는 걸 인정하고, 그 전략에 따라 유리한 전투 지점을 확보한 다음 제때 맹공을 퍼부어 대승을 거뒀다.

전령을 보내 함께 출전하겠다는 말을 전했다.

주덕위는 이존욱을 만류하며 제안했다. "양군은 경솔하게 본진을 나와 원거리를 행군하면서 우리를 급히 추격하느라 식량을 가져올 겨를이 없었을 겁니다. 설령 식량을 가져왔다 해도 미처 밥을 지어 먹지는 못했을 것입니다. 제 판단에 저들은 분명 점심이 되기 전에 사람과 말이 모두 굶주리고 목말라 후퇴할 겁니다. 그때 후퇴하는 적을 공격하면 반드시 승리할 수 있습니다."

아니나 다를까, 오후가 되자 양군의 진영에서 먼지가 자욱하게 일었다. 이를 본 주덕위는 양군이 후퇴하기 시작했음을 알아차렸다. 북을 크게 울리고 함성을 지르며 공격했고, 진군은 양군을 대파했다.《신오대사》〈당서〉'주덕위전')

해설

〈기전〉편은 기병을 동원한 전투, 특히 적의 보병과 전투할 때 주의하고 파악해야 하는 원칙을 제시한다. 바로 앞의 〈보전〉편과 연계하여 적절하게 구사해야 하는 작전이다. 〈기전〉의 가장 중요한 원칙은 전투 지형의 선택이다. 말이 쉽고 빠르고 자유롭게 운신할 수 있는 공간 확보가 승패의 관건이 되기 때문이다.

전쟁사는 어떤 작전이 되었건 지형이라는 조건과 제약에서 자유로울 수 없다. 고대 전투에서 기병은 병종 중에서 기동력이 가장 강하고 돌파력이 가장 맹렬하다. 그러나 지형이 평탄해야만 기병의 빠른 기동성과 맹렬한 돌파력을 발휘할 수 있다. 따라서 나무가 빽빽한 산림, 지세가 험난한 땅, 물이 많은 습지는 피해야 한다. 한마디로 〈기전〉은 지형이란 조건이 작전에서 차지하는 중요성을 정확하게 인식하라는 메시지를 전한다.

〈보전〉과 마찬가지로 〈기전〉에 대한 인식은 《육도》를 계승했다. 《육도》에서 강태공은 기병전에 대한 무왕의 질문에 '십승구패十勝九敗'를 거론한다. 기병전에서 승리하는 열 가지 경우와 패하는 아홉 가지 경우를 말한다.

먼저 기병을 동원하여 작전해야 승리하는 '십승'을 요약했다(실제로는 '팔승'만 제시했다).

① 적이 막 전장에 도착하여 전열이 정비되지 않았을 때
② 적진이 잘 정돈되고 투지가 넘칠 때
③ 적진이 견고하지 않고 투지도 보이지 않을 때

④ 해 질 무렵 적이 군영으로 돌아가면서 허둥댈 때

⑤ 적이 수비에 필요한 험준한 지형을 확보하지 않고 깊이 들어왔을 때

⑥ 적이 평탄하게 트인 개활지에 군진을 펼칠 때

⑦ 적이 패주하며 사방으로 흩어질 때

⑧ 적의 많은 병력이 해가 저물어 군영으로 돌아갈 때

다음은 '구패'의 상황이다(실제로는 '팔패'만 제시했다).

① 적진을 깨지 못한 상황인데 후방에서 아군에게 반격해 오는 경우

② 험준한 지역으로 패주하는 적을 계속 추격하는 경우

③ 나가면 돌아올 수 없고 들어가면 빠져나올 수 없는 지형, 즉 사지死地인 경우

④ 진입로가 좁고 구불구불한 경우

⑤ 계곡이 크고 깊으며 초목이 우거진 경우

⑥ 좌우에 거센 물이 흐르고, 앞에 큰 언덕이 있으며, 뒤에 험준한 산이 있는 경우

⑦ 적이 식량로를 끊어 퇴로가 없는 경우

⑧ 지형이 낮고 습지가 많은 경우

경영과 전투는 별반 다르지 않다. 상대와 주변 조건, 환경에 대한 정확한 정보를 바탕으로 유리한 지점을 먼저 차지하는 쪽이 경

쟁에서 승리할 확률이 훨씬 크기 때문이다. 승리를 장담할 수 있는 유리한 위치를 확실하게 장악했다고 판단되면 머뭇거리지 말고 바로 공략해야 한다. 상대가 상황을 파악할 시간 여유를 주지 말아야 하기 때문이다. 〈기전〉 편이 던지는 요점이다.

007

주전

기세는 조건 파악과 거점 확보가 관건이다

舟戰

용병(경영) 원칙

강이나 호수에서 적과 싸울 때는 반드시 전함戰艦과 전선戰船을 준비하며, 상풍上風을 타고 상류를 거점으로 확보해야 한다. 상풍은 순풍順風이다. 상풍을 타야 적에게 화공火攻을 가하여 적의 배를 불사를 수 있다. 상류란 물의 기세에 순응하는 것으로 물결을 따라 전함으로 적선에 돌진하는 것이다. 이렇게 하면 승리하지 못하는 경우가 없다.

《손자병법》(〈행군行軍〉 편)에서 "강이나 호수에서 적과 맞설 때 물을 거슬러 싸워서는 안 된다"라고 했다.

역사 사례

춘추시대인 기원전 525년, 오나라 공자 광光(훗날의 오왕 합려閤閭)이 초나라를 공격하기 위해 군사를 이끌고 장강長江을 거슬러 출동했다.

양군은 긴 강기슭을 끼고 대치했다. 그런데 초의 영윤令尹인 양개陽匃는 전쟁의 승패를 예측하는 점괘가 불리하게 나오자 오나라 군대와의 싸움을 피하려 했다.

그러자 군사 일을 보는 사마司馬인 자어子魚(초나라 공자 방魴)가 "우리가 상류를 확보했는데 무엇이 불길하다는 말입니까"라며 싸울 것을 주장했다. 결국 그는 초나라 수군을 지휘, 강물의 흐름에 편승하여 오나라 군대를 맹렬히 몰아붙여 크게 격파했다.(《좌전左傳》 소공 17년조)

오·초 전투에서 오나라는 장강의 상류라는 유리한 지점을 확보하여 승리했다. 양쪽의 전력 분석은 매우 입체적인 작업이다. 군사 전력을 비롯해 자연환경 같은 물질 조건은 물론 장수의 자질, 군의 사기 등 정신 조건까지 가능한 한 정확하게 분석해야 한다. 사진은 오나라 왕 합려의 상이다.

해설

배를 동원한 수전水戰 또는 주전舟戰은 《묵자》(〈노문魯問〉 편)에 "초나라 사람이 월나라 사람과 강에서 배를 동원해 싸웠다"라는 대목에 처음 보이고, 《국어國語》(〈오어吳語〉 편)에도 강에서 배를 띄워 싸웠다는 대목이 보인다. 춘추전국 시기 오나라와 월나라, 초나라는 강과 물이 많은 지역이라 수전에 유리했다.

〈주전〉 편은 수상 작전에서 지리 조건을 정확하게 이용하는 방법을 언급한다. 강이나 호수 등 수상에서 적과 작전할 때는 우선 전

함의 장비를 확실히 점검하고 바람의 방향을 정확하게 예측해야
한다. 그런 다음 상류를 거점으로 선택해야 한다. 바람의 방향이란
아군에게 유리한 방향을 예측하라는 뜻인데, 뒤에서 불어 주는 바
람이 최상이다. 상류를 차지하라는 것은 배의 속도와 관계가 있기
때문이다. 이런 조건을 갖추면 적의 군함을 향해 화공을 펼치거나
바로 돌진하여 적의 배를 들이받는 충격전을 가할 수 있다. 장수는
이런 조건을 잘 헤아려 작전을 짜야 한다. 두 조건을 모두 갖추지
않았을 경우 절대 싸워서는 안 된다. 한 가지 조건만 갖췄을 때는
더욱더 신중하게 작전을 수립해서 전투 여부를 결정해야 한다.

　수천 년 전의 역사 사례는 다음의 사실을 잘 보여 준다. 전쟁이
란 일정한 공간에서 진행되기 마련이다. 지리 조건이 작전하는 양
쪽 모두에게 대단히 중요한 제약이 될 수밖에 없다. 무기와 장비
가 지금처럼 발달하지 못한 고대, 특히 냉병기 위주로 전투를 벌
이던 시대에 바람과 물길의 흐름이 작전에 미치는 영향은 승부의
절대 조건이 되기도 했다. 위는 수많은 사례의 하나에 지나지 않
을 뿐이다.

　역사상 이보다 더 적나라한 사례를 보자면,《삼국지연의》명장면
'적벽대전赤壁大戰'을 들지 않을 수 없다. 이 전투에서 주유周瑜와 제
갈량이 이끄는 오·촉 연합군은 동남풍을 이용해 조조의 위나라 군
대에 화공으로 맞서 절대 열세의 전력을 극복하고 대승을 거뒀다.
서양 전투사의 경우는 영국 해군이 '프로테스탄트의 신풍神風'이라
부르는 뒷바람을 잘 이용하여 스페인의 무적함대를 물리친 '알마다
해전'을 들 수 있다.

적벽대전은 순풍이 전투에서 얼마나 중요한가를 잘 보여 준 사례다. 현대전이나 기업 경영에서는 역풍을 순풍으로 바꾸는 능력까지도 요구하지만, 기본은 순풍을 어떻게 맞이할 것인가에 있다. 사진은 적벽대전의 현장인 적벽이다.

기업 경영에서도 〈주전〉의 원칙이 던지는 메시지는 가볍지 않다. 기업 확장 등 중요하고 큰 투자를 결정할 때는 반드시 〈주전〉에서 말하는 준비(자금력)와 조건(필요성 여부, 상대 기업의 상황) 등을 꼼꼼하게 따져야 한다. 이런 조건과 준비를 고려하지 않은 채 무리해서 기업을 확장하고 거금을 투자하여 실패하거나 망한 사례가 헤아릴 수 없이 많다.

008
차전
상대에게 낯설고 위협적인 수단을 활용하라

車戰

용병(경영) 원칙

전차병을 이끌고 적의 보병이나 기병에 맞서 싸우거나 평원 또는 광야에서 대전할 때는 반드시 편상거偏箱車(위쪽에 지붕을 얹은 전차)나 녹각거鹿角車(앞쪽에 창끝 따위를 장착한 전차)를 이용해 방진 형태로 포진해야 한다. 이런 진용으로 적을 맞아 싸우면 반드시 승리한다. 이것이 '한편으로는 전투력을 보존하고 정면에서 쳐들어오는 적을 막으며, 다른 한편으로는 아군의 대오를 단속하고 정돈'하는 방법이다.

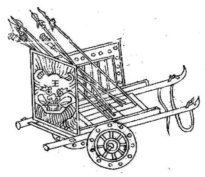

《이위공문대李衛公問對》는 "광활한 들판에서 적과 싸울 때는 전차를 이용하라"라고 했다.

너른 평원에서 싸울 때는 편상거 같은 전차로 공격하는 것이 효과적이란 말은 지형과 전투 형태에 맞춰 무기를 선택하라는 지적이다. 그림은 편상거를 그린 것이다.

역사 사례

279년, 진晉의 양주자사涼州刺史 양흔楊欣이 서강西羌의 호족들과 맺은 우호 관계가 깨지면서 오랑캐의 침략을 받아 살해되었다. 이 때문에 진은 중원에서 서쪽으로 통하는 하서河西의 교통로가 두절되었다.

진의 무제武帝(사마염司馬炎)는 서부 국경 지역의 수비를 우려했다. 조회 때마다 "누가 국가를 위해 이 오랑캐들을 토벌하여 양주 지방과의 교통을 다시 연결할 수 있겠는가"라고 물었지만 시원한 대답을 하는 자가 없었다.

이때 사마독司馬督 마륭馬隆이 앞으로 나와 아뢰었다. "신에게 이일을 맡겨 주신다면 기필코 오랑캐를 평정하겠습니다."

무제가 물었다. "오랑캐를 격멸할 수만 있다면 내 어찌 경에게 이 과업을 맡기지 않겠는가? 다만 경의 방략이 무엇인지 그것이 문제일 뿐이다."

마륭이 작심하고 아뢰었다. "폐하께서 신에게 책임을 맡겨 주시려면 신이 마음대로 일을 처리할 수 있도록 군권을 일체 위임해야 합니다."

"그 위임이란 무엇을 말하는가?"

"신이 용사 삼천을 모집할 것이니 폐하께서는 이들의 출신 내력을 따지지 말고 신의 재량에 맡겨 주시기 바랍니다. 신이 이들을 거느리고 서쪽으로 진출하여 폐하의 위엄과 은덕을 베풀겠습니다. 어렵지 않게 오랑캐를 격멸할 것입니다."

무제는 마륭의 청을 허락하고 무위태수武威太守로 임명했다. 마륭은 허리힘으로 36균(약 1000근)의 쇠뇌를 당길 수 있는 자를 모집하여 표적을 세우고 활 솜씨를 겨루는 방법을 통해 한나절 만에 용사 3500명을 선발했다. 마륭은 "이만하면 충분하다"라고 자신 있게 말하며 병사들을 거느리고 서쪽으로 출병하여 온수溫水(감숙성 무위武威 동쪽을 흐르는 강)를 건넜다.

강족 부락의 수령 수기능樹機能은 1만 명의 병력을 이끌고 험지를 이용하여 마륭의 선봉 부대를 저지하는 한편 복병을 설치하여 마륭의 후로를 차단했다. 그러나 마륭은 팔진도에 따라 편상거를 만들어 광활한 지역에서는 녹각거를, 좁은 길에서는 수레 위에 견고한 나무로 만든 집 같은 조형물을 세워 적의 기습에 대비하며 전투와 전진을 강행했다.

이에 맞서 공격을 시도한 강족 군사들은 진의 강력한 쇠뇌 부대의 사정거리에 들기 무섭게 화살을 맞아 고꾸라졌다. 이렇게 진의 군대는 천 리 길을 전진했고, 그사이 1000명이 넘는 강족 군사가 죽었다. 마륭이 부임지인 무위군에 도착하자 강족 부락은 우두머리를 비롯해 1만 명 이상이 무리를 이끌고 귀순했다. 이 밖에 진의 군대에 죽거나 투항한 자가 수만에 이르렀다. 마륭이 강족 군대까지 합쳐 반란군 우두머리 수기능을 공격하니 마침내 양주가 평정되었다.(《진서》〈마륭전〉)

해설

'차전'은 '전차戰車'를 사용한 중국 고대의 가장 오래되고 주요한 전법이다. 차전을 맡은 전차병은 군대의 주력 병종이며, 전차 한 대와 그에 딸린 보병이 기본 작전 단위였다. 제후국의 군사력을 계산할 때도 전차를 단위로 삼았다.

차전의 역사는 전설상 3황5제시대까지 거슬러 올라간다. 신화나 전설에 전차와 관련한 용어인 충차冲車, 마차馬車, 지남거指南車 등이 출현한다. 하지만 이는 신화나 전설이고, 실제 차전은 하나라 때 처음 출현한 것으로 본다. 엥겔스가 유럽 기병의 발전사를 언급하면서 "적어도 군사의 역사에서 전차는 무장 기수騎手의 출현보다 훨씬 이르다"《마르크스 엥겔스 군사 논문집》권1 〈기병〉, 전사출판사, 1981)라고 지적했듯이 중국 고대도 상황은 마찬가지였다. 현대 전차전의 역사는 탱크의 출현으로 시작되었다고 할 수 있다.

《백전기략》의 〈차전〉 편은 전차를 동원한 전투에서 갖춰야 할 조건과 작전 중에 일어나는 문제를 간결하게 지적했다. 먼저 적의 보병이나 기병에 맞서 넓고 평탄한 지역에서 싸울 때는 편상거나 녹각거 같은 전차를 사방으로 배치하여 차전을 벌여야 한다고 했다. 그래야 아군의 전투력을 높이고 적의 돌격을 막을 수 있으며 대오를 일사불란하게 정돈할 수 있다는 것이다.

다만 한 가지 지적할 점은 본편 〈차전〉은 방어와 장애물이란 각도에서 편상거와 녹각거 등이 작전 중에 어떤 작용을 하는지 밝혔을 뿐이다. 전국시대 이전의 전차나 차전 문제와 완전히 일치하지는 않는다는 것이다.

〈차전〉 편에서 적에게 위협이 되는 생소한 장애물을 활용하라는 지적은 큰 의미가 있다. 물론 〈주전〉 편에서도 언급한 대로 그에 앞서 자신에게 유리한 전투지를 선택해야 한다는 지적 또한 잊지 않았다. 이는 기업의 경쟁에서도 꽤 유효하다. 경쟁 기업이 전혀 눈치채지 못하게 먼저 새로운 상품(상대에게는 장애물)을 개발하여 시장을 선점한 뒤 자신에게 유리한 조건과 환경으로 상대를 끌어들여 경쟁하면 우위에 설 가능성이 크다. 관건은 상대가 모르게 움직여야 한다는 데 있다. 실제 경쟁에 나서는 사람에게 가능한 한 전권을 위임하는 리더십을

마룡이 강족 부락을 공략한 데는 차전을 이용한 전략이 주효했지만, 그에 앞서 사마염이 전권을 부여한 위임이 매우 중요하게 작용했다. 그림은 사마염의 초상화다. 경쟁에서 유능한 인재에게 전권을 위임하느냐 여부는 경쟁의 결과에 결정적인 영향을 미친다.

발휘하는 것도 매우 중요하다. 기밀을 유지한 채 마음 놓고 상대를 공략할 수 있기 때문이다.

009

신전

신뢰는 승리의 필수 요건이다

信戰

용병(경영) 원칙

적과 싸우면서 병사들이 생사의 갈림길에서도 후퇴하거나 공포심을 품지 않는 것은 상관의 언행에 신의가 있어서 병사들이 상관의 말을 믿기 때문이다. 상관이 신의를 지키고 성실한 사람을 뽑아 등용한다면 부하들도 정성을 다하고 의심이나 시기하는 마음 없이 맡은 임무를 충실히 수행한다. 그러면 싸움에서 이기지 못하는 경우가 없다.

《육도》에서 "장수의 언행이 일치하면 병사들은 믿고 충성을 바친다"라고 한 이유다.

역사 사례

삼국 시기인 230년 무렵, 위나라 명제明帝 조예曹睿(조조의 손자)는 촉을 정벌하기 위해 친히 낙양을 떠나 장안에 이르렀다. 명제는 사마의司馬懿(179~251)를 보내 장합張郃 휘하의 병력과 옹주, 양주 지방의 정예병 30만을 지휘하여 촉의 검각劍閣을 공격하게 했다.

촉의 승상 제갈량(181~234)은 기산祁山에서 전열을 새로이 정비하고 병기와 장비를 수선하여 험한 요충지를 지키고 있었다. 그러나 병사의 10분의 1을 교대시켜 집으로 돌려보내야 하는 바람에 전장에 남을 장졸은 8만 명에 불과했다. 이런 상황에서 제갈량은 위의 대군을 맞이했고, 때마침 촉의 교체 병력 역시 임무 교대를 위해 현지에 도착했다.

제갈량의 참모들은 적군의 형세가 너무 강성하여 전력을 다하지 않고는 대적하기 어려우니 귀환할 병력을 지금 상태로 한 달만 더 연장 복무시켜 함께 싸우게 해서 군세를 돕자고 건의했다.

그러나 제갈량은 생각이 달랐다. "나는 군을 통솔하고 운영할 때 신의를 근본으로 삼는다. 옛날 춘추시대 진晉의 문공文公은 원原의 땅을 얻고도 신의를 잃는 걸 두려워하지 않았는가? 임무를 교대하고 귀향할 군사들은 이미 짐을 꾸려 놓고 돌아갈 날만 손꼽아 기다린다. 처자들도 목을 빼고 가장이 돌아올 날만 기다릴 것이다. 아무리 대전이 임박했어도 신의를 저버릴 수는 없다."

그러고는 귀향할 군사들에게 머무르지 말고 속히 떠날 것을 명했다. 이에 귀향할 병사들이 감격하여 그대로 전지에 남아 전투 참가를 자원했고, 새로 교대해 들어온 군사들은 더욱 용기백배하여 목숨 바칠 각오를 다지며 말했다.

"승상의 은덕은 죽어도 다 보답하지 못할 것이다!"

위의 군대와 대전하는 날, 촉의 군사들은 일제히 무기를 빼 들고

용맹하게 앞을 다투어 달려 나가 일당백의 기세로 싸웠다. 그 결과 제갈량의 군대는 적의 명장 장합을 죽이고 사마의를 패퇴시키는 대승을 거뒀다. 제갈량이 '신의信義'를 군

제갈량은 군대에 믿음이 얼마나 중요한가를 잘 알았다. 제갈량의 리더십 덕분에 약체인 촉나라가 위·오와 함께 정립할 수 있었다. 사진은 제갈량이 위나라 정벌에 나서는 모습을 담은 석상이다.

대를 다스리는 근본 도리로 삼았기 때문이다.(《삼국지》〈촉서〉'제갈량전')

해설

'믿으면 속이지 않는다(신즉불기信則不欺)'라고 했다. 나폴레옹은 전투에서 승리를 이끄는 가장 큰 요인으로 '사기士氣'를 꼽았는데, 병사들의 사기는 장수에 대한 믿음이 그 원천이다. 오래전부터 믿음으로 군대를 다스리라는 '치병이신治兵以信'를 강조해 온 이유다.

《백전기략》이 인용한 '신즉불기'는 《육도》(〈용도龍韜〉'논장論將')에 보이는데 관련 대목은 다음과 같다.

무왕이 태공에게 "장수를 논하는 길이란 어떤 것입니까"라고 물었다. 태공이 대답했다. "장수에게는 오재五材와 십과十過가 있습니다." "그것이 무엇입니까?" "오재라 함은 용勇·지智·인仁·신信·충忠입니다. 용감하면 범하지 못하고, 지혜가 있으면 어지럽히지 못하고, 어질면 사람을 사랑하고, 믿음이 있으면 속이지 않고, 충성스러우면 두 마음을 품지 않습니다."

'치병이신'은 병법서 《악기경握奇經》〈팔진총술八陣總述〉에도 보인다. 《악기경》은 전설시대 황제黃帝의 대신 풍후風后가 지었다는 병법서다. 강태공이 다시 자세하게 풀어 썼고, 한나라 무제 때 승상 공손홍公孫弘이 해석을 달았다고 한다. 바로 이 책에 "병사는 믿음으로 다스리며, 승리는 기계奇計로 얻는다. 믿음은 바꾸면 안 되고 전쟁은 정해진 규칙이 없다"라는 대목이 있다.

믿음은 병사를 다스리는 방법이고, 기계奇計는 승리를 만들어 내는 전술이다. 전쟁 중이건 평화 시기건 믿음이 모자라면 안 된다. 옛날이나 지금이나 다를 게 없다. 기계는 싸우는 방법이며, 그 변화가 무쌍해서 정해진 규칙이 없다는 것이다.

믿음으로 병사를 다스리는 방법은 믿으면 속이지 않는다는 '신즉불기'에도 반영되어 있다. 상하가 믿으면 서로 속이지 않으며, 병사는 장수의 명령을 용감하게 따른다. '치병이신'의 믿을 '신' 자가 포함하는 내용을 좀 더 살펴보자.

손무는 《손자병법》〈시계〉 편에서 '신信'을 장수가 갖춰야 할 중요한 품성으로 꼽았다. 《오자병법吳子兵法》《오기병법》〈치병治兵〉 제3을 보면 전국시대 위나라 무후武侯는 오기吳起(기원전 440~기원전 381)에게 부대의 행군에서 가장 먼저 어떤 문제를 파악해야 하느냐고 물었다. 오기는 먼저 사경四輕, 이중二重, 일신一信을 명확히 해야 한다고 대답했다. 그중 일신은 상벌을 엄격하고 믿음 있게 집행해야 한다는 말이다.

《사마법司馬法》〈인본仁本〉 제1에는 천하를 다스리는 특수한 수단이 전쟁이라며, 이 특수한 수단을 사용하려면 원칙을 준수해야 한다고 했다. 그중 하나가 믿음은 믿음으로 되돌아온다는 '신견신信見

信'이다. 남을 신용하면 남에게 신임을 받는다는 말이다.《손빈병법 孫臏兵法》〈찬졸纂卒〉에서는 군대가 전투력이 강한 것은 틀림없는 상 벌이 있기 때문이라고 했다.

《병뢰兵壘》〈신信〉 조항에서는 두 가지를 말하는데, 하나는 다른 나라와 백성을 속이지 않는 것이며, 또 하나는 상하가 믿어야 한다 는 것이다. 믿음으로 군대를 다스리라는 말은 더 많은 예를 들 수 있지만, 다음 몇 가지 범위에서 벗어나지 않는다.

① 신용을 지켜야 한다. 이웃 나라와 자기 백성을 속이지 않는다. 제나라 환공桓公이 조말曹沫과의 맹세를 잊지 않고 빼앗은 땅을 돌 려준 것이나, 위나라 문후文侯가 우虞 지방의 산골에 사는 하급 관 리와 사냥을 가기로 약속했다가 비가 와서 사냥이 어려워지자 비 를 무릅쓰고 그 하급 관리를 찾아가서 사냥하러 못 가겠다고 알린 것이나, 동한시대 등훈鄧訓이 은혜와 믿음으로 호인胡人 소월씨小月 氏 부락을 정복한 것 등을 들 수 있다.

② 상벌이 틀림없어야 한다. 전국시대 진秦의 효공孝公은 상앙商鞅 의 변법에 따라 남문에다 나무를 세워 놓고 이를 북문으로 옮기는 자에게 금 50냥을 상으로 내렸다(여기서 '이목득신移木得信'이란 유명한 고사 성어가 탄생했다).

③ 장수와 병사가 서로 믿고 한마음으로 협력해야 한다. 전국시 대 연燕의 소왕昭王은 악의岳毅를 신임하여 승리했고, 혜왕惠王은 악 의를 신임하지 못해 패배를 자초했다. 제갈량은 병사를 믿었고, 병 사들은 제갈량에게 충성했다. 주원장은 항복해 온 적의 병사들을

위로하고 그들의 근심을 해결해 주기 위해 항복한 병졸 중 500명을 뽑아 수비대로 충당했으며, 병졸들은 주원장을 믿어 의심치 않았다. 항복한 병사 3만여 명이 이에 감동해서 주원장의 충실한 부하가 되어 힘과 마음을 다 바쳤다.

　반면 믿음으로 병사를 다스리지 않아 상하의 마음이 갈라지는 바람에 전쟁에서 패하거나 자기 목숨까지 잃은 예도 적지 않다. 삼국시대 장비張飛는 그 용맹함으로 말하자면 타의 추종을 불허했지만, 병사들을 제 몸처럼 아끼지 않고 죄를 물어 마구 죽이다가 결국 부하 장달張達과 범강范彊에게 살해되고 말았다.

　'치병이신'은 옛날은 말할 것도 없고 여전히 중시되는 원칙이다. 믿음으로 병사를 다스려 승리를 이끌어 낸 사례와 그 반대 사례는 상반된 두 측면에서 장수를 비롯한 리더들에게 경각심을 일으킨다. 용병과 전쟁에서는 믿음이 곧 보배인 것이다.

　고대의 군주와 장수는 '신즉불기'의 무궁한 위력도 잘 알고 있었다. 이론과 실제에 차이가 있고 그 출발점을 받아들일 수 없기도 하지만, 과거의 것을 현재에 되살린다는 과학적 태도에서 출발하면 옛사람들의 훌륭한 정신은 본받고 낡고 불합리한 부분은 제거하여 새로운 가치

역대 병법서들은 병사들의 장수에 대한 신뢰가 승부를 결정짓는 중요한 요인이라고 보았다. 사진은 병법서 《육도》와 《악기경》이다.

를 발견할 수 있다. 상하의 목표를 하나로 모으고 서로 믿으며 함께 적과 싸우는 것은 평시든 전시든 적극적인 의미를 갖는다.

경영 지혜

과거를 비춰 현재를 논할 때 신의信義야말로 조직과 기업의 관리자가 반드시 갖춰야 할 덕목이다. 미국의 군인이자 정치가로 34대 대통령을 지낸 아이젠하워Dwight David Eisenhower(1890~1969)는 리더가 되려면 추종자가 있어야 하고, 추종자가 있으려면 반드시 추종자의 신임을 얻어야 한다고 했다. 리더의 최고 인격은 의심할 바 없는 성실과 정직한 인품이다. 정치를 하든 운동을 하든 군에 있든 평범한 직장인이든 진솔함과 성실함 그리고 정직함이 부족하다는 사실이 드러나면 그 리더는 실패할 수밖에 없다.

리더에게 가장 필요한 것은 성실하고 정직한 인품과 원대한 목표다. 어떤 기업인이 TV에서 "당신이 끝까지 기업인으로 남고자 한다면 자신의 신용과 명예를 세워야만 합니다. 다른 사람들이 당신에 대해 뭐라고 하든 개의치 않는다 해도 당신은 신용과 명예를 잃어서는 안 됩니다"라고 했는데 정확한 자기 진단이 아닐 수 없다.

기업의 리더는 시장 경제의 맨 앞차, 즉 선도차다. 열

신뢰, 신임, 신용은 믿음을 바탕으로 하며, 모든 분야의 리더가 반드시 갖춰야 하는 자질이다. 아이젠하워는 이 점을 분명히 했다.

차가 빨리 달리려면 선도차에 전적으로 의존할 수밖에 없다. 격렬한 시장 경쟁에서 기업의 리더는 '성실과 신용'이라는 둘도 없는 원칙을 굳게 지키며 좋은 이미지를 만들어 내고, 이로써 임직원들의 성실과 신용 수준을 높여야 한다. 그래야만 경쟁에서 우위를 차지하고, 나아가 시장 경제의 격류에서 영원히 패하지 않는 입지를 굳힐 수 있다. 사람은 믿음이 없으면 제대로 설 수 없다. 유명한 '무신불립無信不立'이다. 공직자든 기업인이든 이 말을 깊이 새겨야 한다.

010

교전

평상시 학습과 훈련이 실전의 승부를 판가름한다

教戰

용병(경영) 원칙

군대를 출동하려면 우선 병사들에게 전법을 가르쳐야 한다. 평상시 삼군三軍의 군사들이 흩어지고 모이는 방법을 익히고, 앉고 일어나며 나아가고 물러나는 명령과 신호 체계를 자세하게 습득해야 한다. 훈련이 잘된 병사들은 적과 마주치면 깃발의 움직임을 보고 신속히 진용을 변화시키며, 징과 북소리를 듣고 전진과 후퇴를 자유자재로 할 수 있다. 이같이 하면 싸워서 승리하지 못하는 경우가 없다.

《논어論語》(〈자로子路〉)에 "가르치지 않은 백성을 전장에 내보내는 것은 그들을 죽음으로 내모는 일과 같다"라고 했다.

역사 사례

전국시대 위나라의 명장 오기가 말했다. "장병은 전투 요령에 능숙하지 못해 전사하고, 기민하고 활발한 전술이 모자라 패전한다. 용병에서는 병사의 교육과 훈련이 우선되어야 한다. 한 사람이 전법을 배워 완성되면 열 사람을 가르치고, 열 사람이 전법을 배워 완성되면 백 사람을, 백 사람이 전법을 배워 완성되면 천 사람을, 천 사람이 전법을 배워 완성되면 만 사람을, 만 사람이 전법을 배워 완성되면 군 전체를 가르칠 수 있다.

그다음은 아군 기지에서 가까운 곳을 전투지로 정하고 적을 원거리로 끌어들여 상대해야 한다. 편안하게 정돈된 군사로 피로에 지친 적을 상대하며, 배부른 군사로 굶주림에 시달리는 적을 상대해야 한다.

원진圓陣을 편성했는가 하면 즉시 방진方陣으로 전환하기도 하고, 앉아 있는가 하면 즉시 일어나기도 하며, 행군하는가 하면 즉시 정지하기도 하고, 왼쪽으로 방향을 전환했는가 하면 즉시 오른쪽으로 변화하기도 하며, 앞으로 전진하는가 하면 즉시 후퇴하기도 하고, 분산하는가 하면 즉시 집결하기도 하며, 뭉쳤는가 하면 즉시 해체하는 등 상황에 따른 적절한 변화를 습득해야 한다. 전법과 전술 변화에 숙달된 다음에야 비로소 군사들에게 병기를 지급해야 한다. 이것을 장수의 기본 임무라고 한다."

《오자병법吳子兵法》〈치병治兵〉

전국시대 군사전문가 오기는 군대의 실력은 머릿수가 아니라 누가 뛰어난가에 달려 있다고 단언했다. 장병의 뛰어남 여부는 평상시의 교육과 훈련이 결정한다. 사진은 오기의 최후를 나타낸 석조물이다.

춘추시대 군사전문가 손무가 오나라 왕 합려의 초청을 받아 궁녀
들에게 군령을 가르치는 유명한 장면이 있다. 손무는 궁녀 180명을
두 편으로 갈라서 두 차례 군령을 가르쳤다. 그러나 궁녀들은 웃기
만 할 뿐 제대로 따라 하지 못했다. 이에 손무는 "군령이 불분명하
고 호령이 숙달되지 않았다는 것은 장수의 잘못"이지만, 군령이 제
대로 전달되었음에도 불구하고 따르지 않은 것은 직속 지휘관인 대
장의 잘못이라고 말하며 두 대장 궁녀의 목을 베려 했다. 합려는 깜
짝 놀라서 아끼는 희첩들이니 죽이지 말라고 극구 말렸다. 그러나
손무는 "저는 이미 임금의 명령을 받아 장수가 되었습니다. 장수가
전장에 있으면 임금의 명령이라도 듣지 않을 수 있습니다(장재군군명
유소불수將在軍君命有所不受)"라고 말한 뒤 합려가 아끼는 두 희첩의 목
을 베어 버렸다.

　이 명장면은 군령의 지엄함과 군령의 위임이란 심각한 문제를 제
기하며, 군대에서 교전敎戰, 즉 '전법의 교육'이 갖는 중요성을 함께
제기하고 있다.

　〈교전〉 편은 군대의 교육과 훈련 강화가 갖는 중요성을 기술하
고 있다. 적을 물리치려면 먼저 교육과 훈련을 강화해야 한다는 인
식이다. 특히 전투와 전쟁이 없는 평상시에 행하는 훈련의 질이 승
패를 판가름한다. 평상시 훈련이 제대로 되어 있어야 실전에서 지
휘와 작전에 따라 승리에 만전을 기할 수 있다. 또한 평상시의 교
육과 훈련을 확실하게 숙지하면 실제 전투에서 언제든지 발생하는
변화 상황에 임기응변하는 능력을 갖출 수 있다.

전투에서는 용감한 정신이 필요하지만 용기만 있고 전술을 이해하지 못하면 승리할 수 없다는 사실을 숱한 전쟁이 생생하게 보여 준다. "전쟁을 통해 전쟁을 학습

손무는 궁녀들에게 호령 교육을 하며 군의 평상시 교육이 얼마나 중요한가를 보여 주었다. 사진은 손무가 오왕 합려 앞에서 궁녀들에게 호령을 가르치는 장면이다.

한다"라는 말까지 나올 정도다. 물론 앞에서 지적한 대로 평상시의 교육과 훈련 또한 실제 전투나 전쟁 못지않게 중요하다. 교전은 전쟁이란 환경에서 부대의 작전 능력을 높이는 중요한 방법이다.

〈교전〉편은 고대 병법서인 《육도》〈견도犬韜〉편의 한 문장이기도 하다. 여기에서는 군대 훈련의 내용과 방법을 논술했다. 훈련 내용은 병사들이 지휘 사항을 명확하게 알아들을 수 있는 신호와 방법, 훈련에 충실히 따르는 기율, 병사들의 행동과 병기 사용, 다양한 진법 등을 포함한다. 훈련 방법에서는 특별히 순서를 강조한다. 간단한 것에서 복잡한 것으로, 단순한 것에서 복합적인 것으로, 좁은 곳에서 넓은 곳으로 나아가는 점진적 훈련이 필수라는 것이다. 이런 훈련을 거친 군대는 전력을 극대화하고, 그 위세를 천하에 떨치는 불패의 전력을 갖출 수 있다.

경쟁과 도전이 일상이 된 기업도 고대 전쟁 중의 군대와 마찬가지로 조직 전체에 대해 전면적이고 치밀한 교육과 훈련이 필요하다. 기업이 외부의 도전에 제대로 대응하려면 훈련과 교육을 통해 구성원의 자질을 키워서 기업 전체의 경쟁력을 높여 놓아야 한다. 치밀한 훈련과 교육은 조직원의 자질 향상에 매우 중요한 수단이기 때문이다. 이를 통해 새로운 직원은 빠른 시간에 직무와 조직 문화를 습득할 수 있다. 기존의 직원들은 새로운 지식과 정보, 기술을 보충하여 빠르게 변하는 기업 환경에 바로바로 적응할 수 있다.

교육과 훈련이 더 중요한 까닭은 기업을 관리하는 리더가 적시에 새로운 변화를 파악하여 끊임없이 기업의 발전 전략을 조절하고 경영과 관리의 수준을 높일 수 있기 때문이다. 조직원 전체의 자질 향상은 결국 기업의 경쟁력으로 연결된다. 자질이 뛰어난 직원은 기업이 경쟁에서 승리할 수 있는 최고의 자산인데, 훈련과 교육은 기업이 핵심 경쟁력을 갖는 중요한 통로 역할을 한다.

직원 교육과 훈련은 기업을 위해 거대한 가치를 창출할 뿐만 아니라 이 가치가 장기성과 지속성을 갖는다. 통계에 따르면 기업이 직원의 교육과 훈련에 1달러를 투자하면 50달러의 효과를 창출한다. 투자와 산출의 비율이 무려 1 대 50이다. 이 수치는 교육과 훈련이 최종적으로 생산해 내는 종합적인 경제 효과와 수익을 가리킨다.

메이더(美的, 미적/영문명 Midea) 그룹은 1968년 설립된 중국 가전제품 업계의 중견 기업이다. 메이더는 경영진을 포함한 전체 구성원의 교육과 훈련에 대해 "무엇을 하려면 무엇을 배우고, 무엇이 모자라면 무엇을 보충하되 먼저 배워야 한다. 장대를 세우면 그림자가 나타나는 법이다(입간현영立竿見影)"라는 의미심장한 원칙을 제시한다. 모든 직원의 기능과 자질을 높이기 위해 노력해야만 모든 도전에 잘 대응할 수 있다는 말이다.

메이더의 또 다른 원칙은 이렇다.

"자질이 떨어지는 것은 너의 책임이 아니지만 떨어지는 자질을 높이지 못하는 것은 너의 책임이다!"

메이더 그룹의 관리자들은 자신의 직책 범위 안에서 직원들을 교육하고 훈련하는 일이 필수 항목이다. 위로는 최고경영자부터 아래로는 각 팀의 팀장에 이르기까지 자질 향상을 위한 교육과 훈련에 필요한 하드웨어와 소프트웨어를 반드시 갖추고 정기적으로 실행해야 한다. 특히 고위 관리자는 정기적으로 교육과 훈련을 받아 통과하지 못하면 문책을 받고 승진하는 데 걸림돌이 된다. 나아가 자신이 이끄는 조직원들의 성과와 승진 여부 및 연봉에도 반영된다.

기업의 구성원이라면 누구나 인재로 성장하길 갈망한다. 끊임없이 실력을 채워서 잠재력을 발굴하는 것이다. 따라서 그 사람이 하는 일은 직업일 뿐만 아니라 자아 가치를 실현하는 무대이기도 하다. 좋은 리더는 다양한 교육과 훈련을

중국의 메이더 그룹은 2017년 세계 500대 기업 중 323위, 수출 수입 170억 달러를 기록한 중견 기업이며 최근에는 주방 관련 제품을 집중 생산하고 있다. 사진은 메이더가 생산하는 종합 주방 제품을 전시한 모습이다.

중시하여 아낌없이 투자한다. 그렇게 해서 조직원들이 자신의 가치를 인정받고 있다는 사실을 실감하게 하는 것이다. 바로 그 실감이 자신이 하는 일에 대한 추진력과 동력 그리고 자신감으로 직결되기 때문이다.

011

중전
전력의 많고 적음을 파악하여 정확히 알아야 한다

衆戰

용병(경영) 원칙

아군의 병력이 적보다 많을 때는 험한 지형이나 통로가 막힌 곳에서 싸우면 안 된다. 이럴 때는 평탄하고 건조하며 넓은 지역을 전장으로 선택해야 한다. 기동이 자유로운 지역에서 전 장병이 북소리를 따라 힘내어 전진하고 징 소리를 따라 후퇴하면 백전백승할 수 있다.

《사마양저병법司馬穰苴兵法》(춘추시대 사마양저가 남긴 병법서로《사마병법》이라고도 한다)에 "우세한 다수의 병력으로 싸울 때는 군대가 언제 전진하고 언제 멈춰야 하는지 숙지시켜야 한다"라고 했다.

역사 사례

북방의 전진前秦 효무제孝武帝 때인 383년, 진秦 왕 부견符堅이 무려 200만 대군을 이끌고 남방의 동진東晉을 공격해 왔다. 부견은 수양

壽陽으로 진격하여 주둔한 다음 비수肥水 강변에 병력을 포진하고 동진의 장수 사현謝玄(343~388)이 이끄는 군대와 대치했다.

이때 사현이 사자를 보내 진왕 부견과 장군 부융符融(부견의 동생)에게 제의했다. "그대들이 멀리 우리 경내에 깊숙이 침입해 와서 강변에 바짝 붙어 포진한 것은 우리와 속전속결할 의사가 없다는 뜻이다. 용감하게 일전을 겨룰 의향이 있다면 병력을 조금만 뒤로 후퇴해서 아군이 비수를 건넌 다음 양쪽 장병이 마음껏 싸우자. 나와 그대는 말을 타고 유유히 관전이나 한다면 즐겁지 않겠는가?"

부견의 휘하 장수들은 사현의 제의를 받아들이지 말 것을 주장했다. "비수를 계속 막아서 저들이 이쪽으로 건너지 못하게 해야 합니다. 아군은 병력이 많은 반면 적은 소수이니 이렇게 하는 것이 가장 안전하게 승리하는 방책입니다."

그러나 부견은 사현의 제안을 수락하며 말했다. "우리가 철수하더라도 완전히 철수하지 말고 적이 강을 반쯤 건너기를 기다렸다가 수십만 기병으로 비수를 향해 밀어붙여 저들을 섬멸시키자!"

부융도 부견의 말에 찬성했다. 부견은 강기슭에 포진한 병력을 철수했다. 그런데 예상과 달리 철수를 시작하자 대혼란이 일어나 통제 능력을 잃는 바람에 생각한 선에서 부대를 정지시킬 수 없었다. 동진의 대장 사현은 이를 틈타서 부장인 사염, 환이 등과 함께 정예병 팔천을 거느리고 비수를 순조롭게 건넜다. 동진의 도독 사석은 부견의 장수 장모를 공격했는데, 세가 불리하자 조금 후퇴했다. 사현과 사염은 강을 건넌 병력을 이끌고 그대로 밀어붙여 비수 남안에서 일대 격전을 벌였다. 그 결과 부견의 군사는 대패하고 말았다.

전진의 군사는 자기들끼리 서로 밟혀 죽어 그 시체가 들을 덮고 내를 메웠으며, 살아서 도망하는 자들 역시 하도 놀라서 바람 소리와 학의 울음소리에도 진군이 추격해 오는 소리인 줄 알고 쫓겨 밤낮없이 쉬지도 못한 채 노숙을 했다. 게다가 굶주림과 추위로 죽은 자가 열에 일고여덟은 되었다.

비수 전투에서 사현은 숫자만 믿고 안일하게 상황을 파악한 부견과 그 측근들의 심리를 잘 이용했다. 막강한 전력을 좀먹는 것은 다름 아닌 교만이다. 기업 경쟁에서도 교만 때문에 실패한 사례가 많다. 도면은 사현의 초상화다.

한편 동진의 재상인 사안謝安은 손님과 더불어 바둑을 두는 중에 승전 보고를 받았다. 그는 보고를 받고도 기쁜 표정 없이 여전히 바둑에만 몰두했다. 손님이 보고의 내용을 묻자 사안은 그제야 느릿느릿 "우리 아이들이 마침내 전진을 격파했다는 소식이오"라고 대답했다.

손님은 너무 기쁜 나머지 신발 굽이 문턱에 걸려 떨어져 나가는 줄도 모르고 집으로 달려갔다. 부견은 흩어진 잔여 부대 10만을 수습하여 낙양을 거쳐 장안으로 돌아갔다. 그리고 전사한 부융의 빈소를 찾아 크게 통곡했다.《진서》〈사현전〉

해설

용병에서 병력의 많고 적음은 승패의 절대 요소가 아니다. 하지만 결코 소홀히 할 수 없는 기본 요소임은 분명하다. 그래서 '많고 적음의 효용을 아는 자가 승리한다(식중과지용자승衆寡之用者勝)'라고 했다. 이는《손자병법》〈모공〉 편에 보이는 다섯 가지 '승리를 아는' '지승知勝'법 중 하나다. 그 원칙은 쌍방 병력의 상황 대비를 잘 분석하여 정확한 전법을 택해 전투에서 승리하는 것이다.

손자는 "계산을 잘하면 이기고 잘하지 못하면 진다"라고 강조한다. 숫자의 많고 적음을 활용하는 것도 그 내용의 하나다. 전쟁에서 군대의 숫자는 전쟁의 승부를 결정하는 주요한 조건이다. 창이나 칼 같은 냉병기 위주로 싸우던 시대에는 더욱 그랬다. 싸워 적을 이기는 데 가장 중요한 것은 수적 우세라 할 수 있다.

'군대 숫자의 많고 적음을 알고 잘 활용하는' 것은 많은 수로 적은 수를 이기는 문제뿐만 아니라 적은 수로 많은 수를 이기는 문제까지 포함한다. 그저 숫자만 믿고 적을 가볍게 여기거나 치밀하지 못한 권모술수로 군을 제대로 운용하지 못하면 자기보다 수가 적은 적에게 패하기 일쑤다.

적벽대전에서 주유와 유비가 조조를 물리친 것이나 비수 전투에서 사현이 부견에게 승리를 거둔 것은 수적으로 우세한 부대가 열세인 부대에게 패배한 사례다. 위나라 오기가 전차 5000대와 기마 3000필로 서하西河에서 진秦의 50만 대군을 격파한 것이나 송나라의 명장 악비岳飛가 500기병으로 금나라 김올술金兀術의 10만 대군을 주선진朱仙鎭에서 물리친 것은 소수가 다수를 이긴 경우다.

군대의 수는 승리의 절대 요건이 결코 아니다. 손자는 그저 '군대 수의 많고 적음을 알아 활용하는 것'만 제기했지, 구체적인 방안은 언급하지 않았다. 그 방안은 구체적인 시간과 환경에서 양쪽의 구체

병법연구가 조본학은 경쟁하는 양쪽의 구체적 상황을 정확하게 분석해야 승리에 한 걸음 더 가까워질 수 있다는 점을 분명히 밝혔다. 사진은 그가 주석을 단 《손자병법》 판본이다.

적 상황을 살피며 결정해야 한다.

명나라의 병법연구가 조본학趙本學(생몰 미상)은 일찍이 이 문제에 대해 말했다. "많으면 나누고 적으면 합해야 한다. 많으면 두텁게, 적으면 가볍게 해야 한다. 많으면 편하게 적으면 험해야 한다. 많으면 두루두루, 적으면 간결해야 한다. 많으면 느긋하게, 적으면 빠르게 해야 한다. 많으면 아침에, 적으면 밤에 해야 한다. 그 차이점이 이와 같다."

손무는 병력의 운용에 대해 "아군의 병력이 적의 열 배면 적을 포위하고, 다섯 배면 공격하며, 두 배면 적의 병력을 분산시킨다. 병력이 엇비슷하면 전력을 다해 결전한다. 아군의 병력이 적으면 굳게 지키고 맞싸우지 않는다. 아군의 병력이 아주 열세일 때는 후퇴한다"라고 했다. 별다른 요소는 강조하지 않았다. 그러나 '완전한 승리'를 얻는 방법이 '병력' 하나만으로 결정되는 건 아니라고 강조한다. '병력의 많고 적음을 알아 활용할 때' 관건은 '앎'에 있다. 알지 못하면 활용할 수 없다. 그것은 맹목적인 용병이기 때문이다.

〈중전〉 편은 아군의 병력이 많은 상황에서 작전할 때 반드시 파악해야 하는 원칙을 언급했다. 병력의 많고 적음을 정확하게 파악하고 전투 장소를 선택해야 한다는 점을 강조한 것이다. 병력의 많고 적음이 승리의 기본 조건이지만 지형이란 조건도 중요한 객관적 조건이기 때문이다.

유능하고 좋은 장수라면 병력과 무기를 정확하게 파악하고 그에 근거하여 아군에 유리한 조건을 선택할 줄 알아야 한다. 비수의 전투는 이 점을 가장 극명하게 보여 주는 사례다. 이 전쟁에서 전진이 패배한 것은 군의 사기가 저하되고 대다수 병사가 전쟁에 염증을 내는 데다 부견이 오만하여 적을 경시한 결과다. 작전상 전군을 통수하는 지위에 있던 부견이 유리한 지형 조건을 잘 선택하지 못하고 대군을 협착한 지형에 몰아넣음으로써 기동을 곤란케 한 점도 전진의 군대가 참패한 요인이다.

기업 경영에서도 부견의 경우와 비슷한 사례가 많다. 자금력, 즉 덩치만 믿고 경쟁 상대를 무시하거나 치밀한 전략과 전술 없이 그저 힘으로 밀어붙여 상대를 압박하면 결국 낭패를 당한다. 자금력이 탄탄해도 적재適材, 적소適所, 적시適時에 활용하지 못하면 엄청난 손해를 보는 것은 물론 기업 전체를 무너뜨리기도 한다.

012

과전

수가 적을 때는 시기와 지형을 지켜야 한다

寡戰

용병(경영) 원칙

소수의 병력으로 다수의 적을 맞아 싸울 때는 어둠을 이용하여 우거진 수풀에 군사를 매복시키거나 좁은 길에서 적을 요격하면 승리할 수 있다.

《오자병법》에서는 "병력의 수가 열세일 때는 반드시 요해처要害處에 해당하는 지형을 이용해야 한다"라고 했다.

역사 사례

서위西魏 대통大統 3년인 537년, 동위東魏의 장수 고환高歡(496~547)이 20만 군사를 거느리고 황하를 건너 서위의 화주華州(지금의 섬서성 위남시渭南市 화주구) 지방을 위협했다. 그러나 화주자사 왕비王羆가 굳게 지키고 있어서 공략하기가 힘들었다. 고환은 부득이 군대를 돌려 낙수洛水를 건넌 다음 허원許原 지역 서쪽에 군대를 진주시켰다. 서

위에서는 대승상 우문태宇文泰(507~556)를 추가로 보내 고환의 침공군을 막아 내게 했다.

우문태가 위수渭水 남쪽에 도착했을 때는 각 주의 병력이 아직 집결하지 않은 상태였다. 장수들은 "지금 상황에서는 중과부적이니 우선 고환의 군이 서쪽으로 더 접근해 올 때까지 기다렸다가 형세를 봐 가며 다시 결정하자"라고 주장했다. 우문태는 "고환의 군대가 바로 함양咸陽까지 쳐들어온다면 민심은 더욱 흔들리고 불안해할 것이다. 적국이 함양으로 진출하기 전에 우리가 먼저 적을 포착하여 공격해야 한다"라고 반박하며 즉시 위수에 부교를 가설하고 군사들에게 3일분의 식량을 챙기게 했다. 이어 복장이 가벼운 기병은 위수를 속히 건너도록 진출시키고, 군수품을 실은 중장비 치중輜重 부대는 위수 남쪽에서 양쪽 강기슭을 끼고 서쪽으로 진격하게 했다.

그해 10월 1일, 서위의 우문태 군대는 고환 군대 본진에서 60리 떨어진 사원沙苑에 도착했다. 한편 동위의 고환도 이 소식을 듣고 부대를 사원으로 집결시켰다.

서위 군대의 척후 기병대가 이들을 발견하고 우문태에게 보고했다. 우문태는 장수 전원을 소집하여 대책을 논의했다.

표기대장군 이필李弼이 제안했다. "적군은 병력이 많은 반면 아군은 병력이 적으므로 평탄한 개활지에서 진을 치고 교전해서는 안 됩니다. 여기서 동쪽으로 10리 정도 가면 위수의 강물이 굽이치는 협곡인 위곡渭曲이 있는데, 그곳을 선점하고 적을 기다렸다가 싸운다면 승리할 겁니다."

우문태는 그의 의견을 따라 군대를 그대로 전진시켜 위곡에 도착한 다음 동서로 배수진背水陣을 치되 이필의 부대는 우측에서, 조귀趙貴의 부대는 좌측에서 적을 막아 내도록 배치했다. 그런 다음 전 장병에게 창과 방패를 숨기고 갈대숲에 매복했다가 북소리가 나면 일제히 적을 공격하라고 명령했다.

해 질 무렵 고환의 동위 군대가 위곡으로 접근했다. 그들은 서위의 군대가 소수임을 알고 저마다 앞을 다투어 공격하려고 전진했지만 좁은 협곡에 이르자 대오가 흩어지고 서로 엉켜서 공격 대형을 제대로 유지하지 못했다.

양군이 막 전투를 시작하려 할 때 우문태가 갑자기 북을 울려 신호하니 매복했던 서위의 복병들이 나와 일제히 동위 군대를 공격했다. 이필과 조귀의 부대는 좌우 측면에서 철기를 휘몰아 동위 군대의 중앙부로 돌격하여 적군을 둘로 갈라쳤다. 정면돌파와 좌우 양쪽의 측면 공격을 결합한 전술로 서위 군대는 일거에 동위를 대파했다.《북사》〈주태조 본기〉)

해설

본편은 바로 앞에서 살펴본 〈중전〉 편과 직접 연관 지어 인식해야 한다. 〈과전〉 편의 요점은 소수가 다수를 상대하는 기본 원칙이다. 《오자병법》〈응변應變〉 제5에는 이런 대목이 나온다.

"대체로 평탄한 장소는 적이 진격하기에 유리하므로 이런 곳에서는 싸우기를 피하고 험한 곳으로 유인해서 섬멸해야 한다. 이런 곳에서는 적이 행동의 제약을 받기 때문에 병사 열 명이 한 사람 몫 밖에 하지 못한다. 그러므로 '한 명의 병사로 열 명의 적을 물리치는 최선의 방도는 좁은 지형을 잘 활용하는 데 있으며, 열 명의 병력으로 백 명의 적을 무찌르는 최선의 방법은 험한 지형을 활용하는 데 있다. 또한 천 명의 병력으로 만 명의 적을 공격하는 최선의 방법은 높고 험난한 지형을 활용하는 것이다'라는 말이 있다. 얼마되지 않는 병력이 갑자기 좁은 길목에서 나타나 징을 치고 북을 쳐대면 적의 병력이 아무리 많아도 놀라서 소동을 일으키지 않을 수 없다. 그래서 '다수의 병력을 거느린 자는 평탄한 지역에서 싸우려하고, 그 반대의 경우 가능한 한 좁은 곳에서 싸우려 한다'라고 말하는 것이다."

《병뢰》〈과과寡〉에서는 숫자가 적은 군대의 장점을 논한다.

"숫자가 적으면 정세를 쉽게 연관시킬 수 있고, 마음과 힘을 쉽게 합할 수 있고, 기계 설비를 쉽게 갖출 수 있고, 음식물도 쉽게 공급할 수 있고, 쉽게 움직이거나 모일 수 있고, 함께 돌아가기 쉽다."

〈과전〉 편은 소수의 병력으로 다수의 적군을 대하는 기본 원칙을 말한다. 반드시 어두울 때를 이용하며 풀과 나무가 많은 곳을 골라 매복하거나 험하고 좁은 길을 막아 적을 공격해야만 승리할 수 있다는 것이다. 산악 지역이나 깊은 협곡은 대부대가 병력을 전개하기 어렵다. 그러나 소수의 병력은 빠르게 움직이면서 적을 공격하기 편한 전장이 된다.

실제 소수의 병력으로 다수의 병력을 물리친 수많은 전쟁 사례가 있다. 그러나 강경 일변도는 결코 승리할 수 없음도 함께 보여 준다. 가장 좋은 방법은 은폐하기 쉽고 험한 지형을 선택하거나 매복하거나 적진을 끊어 놓는 공격법을 취하는 것이다. 적은 수로 많은 수를 대적해야 한다면 날이 어두울 때 공격하거나 깊은 풀 속에 매복하거나 험한 길을 막아 싸워야 한다. 자신을 지키면서 갑작스럽게 습격한다는 목적을 달성하는 방법이다.

한 번도 패한 적이 없어 '상승장군'이란 별칭을 가진 오기는 무의미한 다수가 아닌 소수의 정예병이 승리를 담보한다고 확신한 명장이었다. 사진은 그가 남긴 병법서 《오자병법》 판본이다.

전국시대의 명장이자 군사전문가로 《오기병법》(또는 《오자병법》)을 남긴 오기는 군대의 실력은 숫자가 아니라 정교하고 날카로운 전력, 즉 정예精銳 여부에 달려 있다고 강조했다. 자금이나 인력이 경쟁기업에 뒤진다고 지레 겁을 먹거나 포기할 일이 아니다. 상대의 전력을 면밀하게 살펴서 허점은 없는지 파악하고, 내 전력의 강점을 살려 공략하면 얼마든지 승리할 수 있다. 단, 내 전력이 작고 적지만 단단해야 한다. 특히 리더를 중심으로 한 내부 결속과 내 쪽의 전력이 상대에게 노출되지 않도록 보안을 철저히 하는 것이 관건이다. 역사상 다수가 소수를 이긴 전례 못지않게 소수가 다수를 꺾은 사례가 많다는 사실을 명심해야 한다. 이런 점에서 〈과전〉이 제시하는 원칙은 기업 경영에서도 얼마든지 적용 가능한 전략이다.

013

애전

병사를 아끼면 그들의 마음을 얻는다

愛戰

용병(경영) 원칙

군사들이 전투에 임하면서 '전진하다 죽을지언정 후퇴하여 구차하게 살지는 않겠다'라는 마음을 갖는 것은 평상시 장수가 베푼 은혜에 달려 있다. 삼군의 병사들은 상관이 친자식 보살피듯 따뜻한 애정으로 대한다는 사실을 알면 자신도 상관을 부모처럼 지극히 사랑한다. 그래서 생사의 갈림길에 처하더라도 자신의 생명을 돌보지 않고 상관의 은덕에 보답하려는 것이다.

《손자병법》에 "상관이 사랑하는 자식처럼 부하를 대한다면 부하들은 상관과 생사를 함께 할 것이다"라고 했다.

역사 사례

전국시대인 기원전 403년 무렵, 위나라 서하태수西河太守인 장수 오기는 가장 낮은 지위의 병사들과 입고 먹는 것을 함께 하며 잠잘 때도 침구를 깔지 않았다. 행군할 때도 말이나 수레를 타지 않았다. 또한 몸소 식량과 짐을 꾸려 병졸들과 함께 수고를 덜었다.

한번은 병사가 종기를 앓자 입으로 고름을 빨아 치료해 주었다. 그런데 이 소식을 전해 들은 그 병사의 어머니가 통곡을 하는 게 아닌가.

어떤 사람이 의아해하면서 물었다. "장군께서 신분이 낮은 당신 아들의 종기를 직접 입으로 빨아 주었으니 영광스러운 일 아니오? 그런데 무슨 이유로 통곡을 하는 것이오?"

그 병사의 어머니가 대답했다. "그렇지 않습니다. 지난해에도 오 공께서 그 아이 아버지의 종기를 빨아 준 적이 있습니다. 이에 감격한 애 아버지는 싸움터에 나가서 물러설 줄 모르고 용감하게 싸우다 끝내 전사하고 말았습니다. 그런데 오늘 다시 오공이 아들의 상처를 빨아 주었으니 내 아들이 언제 또 싸움터로 나가 아비처럼 죽을지 모릅니다. 그래서 제가 통곡하는 겁니다."

병사의 피고름을 빨아 주는 오기를 그린 그림이다. 이 고사에서 '연졸병저吮卒病疽' '연저지인吮疽之仁' 같은 사자성어가 나왔다.

위나라 임금 문후는 오기가 청렴하고 공평하게 군을 통솔하여 병사들의 신임을 얻자 서하 지방을 지키게 했다. 오기는 다른 제후국들과 76회의 전투를 치렀는데 단 한 번의 패배도 없이 64회나 승리를 거뒀다. 그래서 사람들은 '늘 이기는 장군'이

란 뜻의 '상승장군常勝將軍'이라 불렀다.《사기》〈손자오기 열전〉

해설

장수가 병사들을 자식처럼 사랑하면 병사들도 장수를 아버지처럼 사랑한다. 그래서 위기에 처하면 평상시 장수가 보여 준 사랑에 보답하기 위해 죽음을 각오하고 뛰어든다. 병사는 무장한 역량의 주체이자 군대 전투력의 제1 요소다. 병사들의 용기와 분투가 없으면 작전에서 승리할 수 없다. 그리고 전투에서 병사의 용감한 희생정신이 충분히 발휘되려면 장수가 평상시에 엄격한 교육과 훈련은 물론 지극한 관심을 가지고 병사들을 돌봐야 한다.

'병사를 사랑하라'는 '애병'을 강조한 〈애전〉 편은 장수가 군을 제대로 통제하는가를 가늠하는 중요한 표지다. 〈애전〉은 바로 이런 점을 인식하여 군대를 통솔하는 관점과 차원에서 장수의 애병이 갖는 중요성을 논한 귀중한 한 편이다.

고대 군사의 역사를 되짚어 보면 병사를 아끼고 사랑한 장수들의 사례가 결코 적지 않다. 오기의 사례는 그중 두드러진 예에 지나지 않는다. 한나라의 명장 이광李廣은 병사들이 밥을 먹거나 물을 마시기 전에 자신이 먼저 먹거나 마시지 않았다. 사마천은 오기를 두고 병사들의 마음을 얻었다고 평가했으며, 이광을 두고는 "복숭아나무와 자두나무는 말이 없지만 그 아래에 절로 길이 난다(도리불언하자성혜桃李不言下自成蹊)"라는 속담을 인용하여 그의 인품을 높이 평가했다. 이광이 정치군인들의 박해를 받아 억울하게 자살하자 적군인

흉노의 장병들까지 애도의 눈물
을 흘렸다고 한다.

  한편 《손자병법》의 손무는 부
하를 통솔할 때는 반드시 은혜와
위엄을 동시에 보여 줄 것을 강
조한다. 그러면서도 "그러나 장
수가 졸병을 너무 후하게 대하여
부릴 수 없어지고, 사랑이 한도
를 지나쳐 명령이 통하지 않고,
문란해져도 다스리지 못한다면,
이는 아무짝에도 쓸모없는 방자

이광은 리더가 갖춰야 하는 제1의 리더
십이 솔선수범이란 걸 몸으로 보여 주었
다. 솔선수범은 부하에 대한 관심과 사
랑으로 직결되기 때문이다. 사진은 명사
수이기도 한 이광을 그린 그림이다.

한 자식에 비유할 수 있다"라는 경고를 잊지 않았다. 이 문제는 이
어 나오는 〈위전威戰〉에서 다시 논의할 것이다.

경영 지혜

좋은 리더는 자신의 의지만으로 조직원들에게 상벌을 내리지 않는
다. '물은 배를 띄우지만 엎을 수도 있다'라는 이치를 잘 알기 때문
이다. 치열한 기업 경쟁에서 앞서 나가려면 조직원들의 적극성을
충분히 작동시켜야 한다. 또한 조직원들이 기업의 앞날을 위해 쉬
지 않고 새로운 것을 만들며 나아가게 하려면 무엇보다 조직원을
아끼고 사랑해야 한다. 리더가 자신에 대한 관심의 끈을 놓지 않는
다는 사실을 늘 인식시켜야 하는 것이다.

미국 스카이트론 전자의 CEO 아비 레비는 폐쇄회로 TV를 연구 개발하기 위해 젊은 인재 빌을 영입했다. 빌은 오자마자 실험실에 머리를 파묻고 일에 열중했다. 일주일 내내 일하는 것은 보통이고 때로는 40시간을 실험실에서 나오지 않아 다른 사람이 음식을 갖다 줄 정도였다.

어느 날 빌은 일을 끝내고 실험실에 마련된 침대에 쓰러져 깊은 잠에 빠졌다. 이틀 내내 잠에 곯아떨어졌다가 눈을 뜨자 침대맡에 레비가 앉아 있었다. 레비는 빌의 손을 잡고 "내가 이 일을 접을지 언정 자네 목숨을 빚질 수는 없지. 연구자들의 수명이 짧다고 하는데 나는 자네가 자신을 절제할 수 있다고 보네. 연구가 성공하지 못해도 탓하지 않겠네. 자네 마음을 내가 잘 아니까"라고 말했다.

회사의 리더인 레비의 이 말 한마디가 빌의 마음을 크게 바꿔 놓았다. 빌은 연봉 때문이 아니라 레비와 함께 신제품을 연구하고 개발한다는 생각으로 일하기 시작했다. 반년이 채 되지 않아 신제품 개발에 성공했고, 회사는 탄탄대로의 앞날을 활짝 열었다.

사람(인재)은 조직을 구성하는 기본 세포와 같다고 한다. 세포가 조직에 활력을 불어넣고, 또 기꺼이 자신의 역할을 발휘하려면 조직을 이끄는 리더가 자신의 세포를 잘 보호하고 길러야 한다. 그래야 조직을 건장하게 성장시킬 수 있다.

014

위전

엄격한 군기가 강한 군대를 만든다

威戰

용병(경영) 원칙

적과 교전할 때 병사들이 전진만 하고 감히 뒤로 물러서지 못하는 것은 지휘관은 두려워하지만 적은 두려워하지 않기 때문이다. 반대로 군사들이 적진을 향해 용감하게 전진하지 않는다면 이는 적을 두려워하고 지휘관을 두려워하지 않는 것이다. 장수가 군사들에게 끓는 물이나 불같이 위험천만한 곳에 뛰어들라고 해도 감히 명령을 어기지 않고 그대로 따르는 것은 장수의 위엄이 그들을 그렇게 만들었기 때문이다.

《당태종이위공문대》에서는 "위엄 있는 군기가 단순한 사랑을 극복한다면 작전에 성공할 것이다"라고 했다.

역사 사례

춘추시대 제나라의 경공 즉위 4년인 기원전 544년, 진晉이 제나라의 동아東阿(지금의 산둥성 요성시聊城市 동아현)와 견성甄城(지금의 산둥성 견성현)을 공격해 왔다. 이 틈에 북방의 연燕도 제나라의 황하黃河 연안 지방을 침공했다. 제나라 장병은 이들을 맞아 양면으로 싸웠으나 크게 패했다.

패전 소식을 들은 경공이 크게 근심하자 재상 안영(안자)이 전양저田穰苴(사마양저)를 장수로 추천하면서 말했다. "전양저가 전씨 집안의 서출이기는 하나 그의 문덕文德은 모든 군사를 순종시킬 수 있고, 또한 그의 무략武略은 적에게 두려움을 줄 수 있습니다. 청하건대 그를 한번 등용해 보십시오."

경공은 전양저를 불러 용병의 이치 등을 토론해 보았다. 경공은 크게 만족해서 전양저를 장군으로 삼아 군대를 지휘하여 연과 진의 침공군을 막아 내라고 명했다.

전양저는 경공에게 다음과 같이 청했다. "신은 본래 미천한 출신입니다. 그런데 군왕께서 갑자기 평민에 불과한 신을 발탁하여 대부의 높은 지위를 부여해 주시니 군사들이 신을 잘 따르지 않고 백성들도 불신하여 복종하지 않을 것입니다. 이는 장수의 출신 성분이 미천하여 권위가 없기 때문입니다. 바라옵건대 군왕께서는 총애하는 신하 중에서 백성이 존경하는 인물을 감군監軍으로 삼아 신이 지휘하는 군을 감독하게 해 주십시오. 그렇게 해야만 우리 군이 제대로 통솔될 것입니다."

경공은 이를 승낙하고 총애하는 장고莊賈를 감군으로 지명하여 함께 출전시켰다. 전양저는 경공에게 인사를 드리고 나와 장고와 더불어 다음 날 정오에 군영 문에서 만날 것을 약속했다. 이튿날 전양저는 군영 문으로 먼저 달려가 해시계와 물시계를 설치해 놓고 장고가 오기를 기다렸다.

장고는 본래 신분이 높고 교만하여 전양저가 통솔하는 병사들을 자기 군대로 여겼다. 서두를 필요가 없다고 생각해서 일가친척과 친구들을 불러 송별 잔치를 하며 밤늦도록 술을 마셨다. 결국 장고는 전양저와 군영 문에서 만나기로 한 정오가 지났지만 도착하지 못했다.

전양저는 약속 시간이 다 되었는데도 장고가 도착하지 않자 해시계와 물시계를 철거해 버리고 군영에 들어가 장비를 검열한 뒤 군사들에게 반드시 지켜야 할 군령을 주지시켰다. 장고는 약속 시간이 훨씬 지난 저녁 무렵이 되어서야 군영에 도착했다.

전양저가 "어찌하여 지정된 시간보다 늦게 왔소"라고 묻자 장고는 "내 벼슬이 대부이다 보니 전송해 주는 사람이 많은 데다 친척들의 전별을 받느라 이렇게 늦었소이다"라고 대답했다.

그러자 전양자가 장고를 준엄하게 꾸짖었다. "장수가 출전 명령을 받으면 집안일을 잊어야 하고, 전투에 임해서 군사들에게 지켜야 할 군령을 공포하고 나면 제 부모도 잊어야 하고, 장수가 직접 북채를 잡고 북을 치며 전투를 지휘하는 급박한 상황이 되면 자신의 생명조차 잊어야 하는 법이다. 지금 적국이 우리 영토 깊숙이 침입하여 온 나라가 소란하고 군사들의 시체가 변경에 즐비하다. 이 때문에 군왕께서는 잠자리에 들어도 편히 주무시지 못하고 수저를 들어도 달게 드시지 못하는 터다. 백성들의 목숨이 모두 그대에게 달려 있는데 어찌 한가롭게 송별 잔치나 벌이고 즐긴단 말인가!"

그러고는 군법 담당관인 군정軍正을 불러 물었다. "군법에 지정된 시간보다 늦게 군영에 도착한 자는 어떤 형벌로 다스리게 되어 있는가?"

군정이 "목을 베어야 합니다"라고 대답했다. 장고는 두려운 나머지 경공에게 사람을 보내 이 사실을 보고하고 구명해 줄 것을 간청했다. 그러나 장고가 군왕에게 보낸 자가 미처 돌아오기도 전에 전양저는 장고의 목을 베어 삼군에 두루 돌려 보이니 전군이 모두 놀라고 두려워했다.

얼마 후 장고를 구명하기 위해 경공이 보낸 사자의 마차가 왕명을 상징하는 기를 달고 진중으로 급히 달려 들어왔다. 이를 본 전양저는 "장수가 군중에 있으면 군왕의 명령이라고 해도 듣지 않을 수 있다"라며 다시 군정에게 물었다. "진중에서는 말을 빨리 달리면 안 되는 법이다. 지금 이 사자가 마차를 빠르게 몰아 진영으로 돌아왔는데, 이런 경우 무슨 형벌로 다스려야 하는가?"

군정이 "목을 베어야 합니다"라고 대답하자 사자는 대경실색했다. 전양저는 "군왕의 사자이니 죽일 수는 없다" 하고는 마부와 말의 목을 베어 전군에 돌려 보이고 경공에게 이 사실을 보고한 뒤 출정했다.

전양저는 병사들이 거처하는 막사와 우물, 부엌과 음식물부터 문병과 의약품 공급에 이르기까지 직접 보살피며 병사들을 어루만졌다. 또한 장군 자신에게 배당된 물자와 양식으로 병사들에게 연회를 베풀었다. 병사들이 받는 식량만큼 분배받았으며, 병사 중에 수척하거나 허약한 자들은 전열에서 제외했다. 그렇게 3일이 지난 뒤

전양저(사마양저)는 군기의 위엄을 확실하게 보여 주면서 장수의 권한을 강조했다. 그림은 전양저가 군법에 따라 장고를 처단하는 장면이다.

군사들을 무장시키니 질병을 앓는 자까지도 다투어 싸움터로 나가겠다고 자원하며 모두 전투 대열에 참가했다.

제나라 군대가 전양저의 지휘 아래 면모를 일신하여 전열을 강화했다는 소문을 들은 진나라 군대는 침공을 중단하고 돌아갔으며, 연나라 군대도 제나라의 국경 봉쇄를 풀고 황하를 건너 철군했다. 전양저는 군대를 앞세워 이들을 추격하여 잃어버린 옛 영토를 모두 수복했다.《사기》〈사마양저 열전〉)

해설

〈위전〉 편은 앞의 〈애전〉과 손등과 손바닥의 관계에 있다. 병사들이 죽을힘을 다해 용감하게 전투에 앞장서는 것은 장수의 사랑과 위엄이 함께 작용하기 때문이다. 이런 관계는 어느 한쪽으로 치우치면 안 된다는 경고를 내포한다. 그래서 손자는 "그러나 장수가 졸병을 너무 후하게 대하여 부릴 수 없어지고, 사랑이 한도를 지나쳐 명령이 통하지 않고, 문란해져도 다스리지 못한다면, 이는 아무 짝에도 쓸모없는 방자한 자식에 비유할 수 있다"라는 경고를 잊지 않은 것이다. 이를 '은위병시恩威幷施'라 한다. 은혜(사랑)와 위엄을 함께 베풀어야 한다는 뜻이다.

전양저의 말대로 장수가 전투에 나가면 군주의 명이라도 듣지 않을 수 있다(장재군군명유소불수將在軍君命有所不受). 전군의 생사여탈권을 장수가 쥐고 있다는 뜻이다. 장수의 위엄은 그 무엇으로도 대치할 수 없는 필수 조건이다. 위엄을 세우는 방법은 무수히 많지만 가장 중요한 것은 군기軍紀(군법)를 바로 잡는 일이다. 군기 앞에서는 누구도 예외를 두어서는 안 된다. 군기는 제갈량의 '삼공三公(공정, 공평, 공개)'에 바탕을 둬야 한다. 전양저의 사례는 그런 점에서 둘도 없이 귀중한 사례가 아닐 수 없다.

《상서尙書》(〈윤정胤政〉 편)에 '위극궐애윤제威克厥愛允濟'라는 대목이 나온다. '위엄으로 편애와 방임을 극복해야 성공할 수 있다'는 뜻이다. 〈위전〉의 인식은 바로 여기에 뿌리를 두고 있다.

군대의 승리는 강력한 전투력에서 나오고, 강력한 전투력은 병사들에 대한 장수의 관심과 사랑 그리고 엄격한 관리와 훈련에서 나온다. 은혜(사랑)와 위엄을 함께 중시하는 군대 관리 원칙은 장수가 군대를 다스릴 때 강조해 마지않는 중요한 문제였다.

경영 지혜

현명한 리더는 어질게 사랑을 베풀되 위엄의 기세를 세워야 한다는 관리 원칙을 잘 안다. 〈애전〉과 〈위전〉 편의 원칙을 함께 중시하고 활용할 줄 알아야 한다는 말이다. 리더가 위엄을 세울 때 필요한 도구는 '사랑'과 '채찍'이다. 리더는 마차를 모는 사람이다. 채찍을 휘둘러 말을 달리게 하려면 채찍에서 소리가 나야 한다. 채찍 소리가 들리지 않으면 말은 달리지 않는다. 조직원도 리더의 호령이 들리지 않으면 늘어지기 쉽다. 리더가 채찍을 사용하는 것은 격려와 경고를 통해 조직원이 해야 할 일과 하지 말아야 할 일을 구분시키기 위함이다.

리더가 채찍을 쥐고 수시로 휘두르는 것은 직원들이 분발할 수 있는 지점을 건드려 전체 조직원이 업무 능력을 최대한 발휘하도록 만들기 위해서다. 징벌 방식의 채찍은 무겁게 쥐어짜는 것으로, 고통을 주어 분발하게 만든다. 반면 격려 방식의 채찍은 가볍게 두드리는 것으로, 봄바람을 받으며 경쾌하게 달려나가게 만든다. 리더는 조직이 처한 상황을 충분히 고려하여 알맞은 채찍을 휘두를 줄 알아야 한다.

리더는 때에 따라 이름을 거론하지 않는 비판 방식으로 조직 내에 두루 나타나는 현상을 지적하여 조직원의 주의를 끌어내야 한다. 공중을 향해 채찍을 세게 휘두르는 것이다. 채찍이 누군가의 몸에 닿지는 않지만, 채찍 소리에 다들 경각심을 갖고 스스로 언행을 조정한다. 리더는 좋은 채찍을 잘 사용하여 조직원들이 채찍 소리만 듣고도 정신을 바짝 차리고 한마음 한뜻으로 목표를 향해 정확히 달려갈 수 있게 만들어야 한다.

하이얼의 책임자 쨩루이민은 방대한 그룹을 이끌려면 철석鐵石 같은 기율이 필요하다는 점을 정확하게 인식한 리더였다. 그는 리더가 엄격하게 이 기율을 지키고 집행함으로써 스스로 위신을 세워야 한다고 보았다. 그래야만 살벌한 시장 경쟁에서 한몸이 되어

남다른 실적을 낼 수 있기 때문이다. 실제로 하이얼은 조직원 개개인의 엄격한 기율 관리를 강조하여 그룹 사업에 대한 일체감을 수립했다. 고위층이 되었건 평사원이 되었건 모두 기율을 엄격하게 지켜야 한다. 그러지 않으면 강등과 감봉이라는 문책을 피할 수 없다. 하이얼은 창립 초부터 기율을

포청천이 남긴 사례는 훗날 정치인은 물론 경영인에게 많은 계시를 전한다. 사심 없는 정치와 경영이 곧 나라와 기업의 발전을 이끄는 가장 중요한 기본이다. 사진은 포청천의 초상화다.

대단히 강조하며 리더가 앞장서서 엄격하게 지키는 솔선수범으로 그룹을 이끌고 있다.

기율은 주춧돌이다. 조직과 집단이 오래 존재하려면 단체 기율로 단단히 묶어야 한다. '리더의 기세와 위엄이 얼마나 대단한지 보려면 그곳의 기율이 얼마나 엄격한지 보라'는 말이 있다. 우수한 리더는 자신이 정해 놓은 기율이나 사규를 엄격하게 지키고 집행해야 한다. 청렴결백, 공평무사의 대명사 포청천包青天이 최고 권력자인 황제조차 봐주지 않는 '철면무사鐵面無私' 원칙으로 어느 쪽에도 치우치지 않고 태산처럼 무겁게 법을 집행했듯이 스스로 기율의 엄정한 수호자가 되어야 한다.

015

상전

적절한 보상은 병사들을 용감하게 만든다

賞戰

용병(경영) 원칙

높은 성벽과 깊은 해자가 가로막고 화살과 탄환이 빗발치는 가운데서도 군사들이 앞을 다투어 성벽에 오르고, 시퍼런 칼날이 가로막는데도 군사들이 서로 달려들어 싸우는 것은 후한 상으로 군사들을 격려했기 때문이다. 이렇게 하면 이기지 못하는 전쟁이 없을 것이다.

《삼략三略》(〈상략上略〉)에서는 "후한 상을 내리는 곳에는 반드시 용감한 군사가 나타난다(중상지하필유용부重賞之下必有勇夫)"라고 했다.

역사 사례

상을 효과적으로 활용하여 성공하거나 승리한 사례는 너무 많아 일일이 열거하기 힘들다. 상의 효과가 그만큼 중요하다는 뜻이자 이를 제대로 활용하지 못한 사례 또한 적지 않다는 반증이다. 간략하게 두 사례만 소개한다.

동한 말기인 200년경, 대장군 조조는 적의 성을 공격하여 고을을 탈취한 다음 귀하고 값진 재물을 노획하는 전공을 세운 자에게는 모두 상을 내려 주었다. 조조는 뛰어난 전공을 세워 마땅히 상을 내려야 할 사람에게는 천금도 아끼지 않았으나 전공이 없는 자에게는 단 한 푼도 주지 않았다. 그가 싸울 때마다 승리를 거머쥔 비결이다.《삼국지》〈위서〉'무제기' 제1)

초한쟁패에서 승리한 유방이 승리의 원인을 묻자 공신들은 하나같이 빼앗은 땅과 재물을 아낌없이 나눠 주었기 때문이라고 대답했다. 반면 항우項羽는 땅과 재물을 나눠 주는 것이 아까워 머뭇거렸고, 이 때문에 측근들이 그를 떠났다.《사기》〈고조 본기〉)

해설

"규정에 없는 파격적인 큰 상을 주고 특별한 정령을 발표하여 군사들의 사기를 격려한다. 전군의 많은 군사를 마치 한 사람 부리듯 움직인다."《손자병법》〈구지九地〉편)

병사를 어떻게 통솔하여 작전에 앞장서도록 할 것인가를 논한 손무의 말이다. 그는 용병을 잘하는 자는 전군을 한 사람 부리듯 하여 전투에 임하게 만든다고 했다. 전장의 상황과 정세가 급박하면 일치단결해서 분전할 수밖에 없다는 것이다. 전쟁이라는 비상 사태에 돌입하면 관례적인 포상 범위를 벗어난, 즉 법에서 벗어나는 상도 줄 수 있어야 한다. 또 규정에 의한 호령을 타파하는, 즉 규정을 벗어난 명령도 내려서 모든 병사가 위험을 무릅쓰고 전투에 임하도록 해야 한다. 이렇게 하면 전군의 전투를 마치 한 사람이 전투하는 것처럼 만들 수 있다는 것이다.

어떤 군대든 상벌에 관한 규정이 없는 군대는 없다. 이에 관한 각종 정책은 일반적인 상황이라면 그 규정에 따라 상벌을 결정한다. 그러나 적진 깊이 들어가 결사적으로 싸워야 하는 경우라면 병사들을 격려하고 자극하기 위해 규정에 매이지 않고 당시의 구체적인 상황에 근거하여 임기응변의 조치로 상벌과 명령을 결정해야 한다. 비상시에는 '규정에 없는 파격적인 큰 상을 주고 특별한 정령을 발표하여' 삼군을 고무시킴으로써 전투에 임하도록 해야 한다는 것이다. 이렇게 하는 것이 옳기도 하지만, 또한 필요하다.

병사들이 목숨을 무릅쓰고 필사적으로 전투에 임하는 것은 죽는 것이 좋아서가 아니라 큰 상을 기대하고 엄한 벌을 면하기 위해서다. 정치나 군대에서 큰 상과 엄벌이라는 두 가지 항목은 용감하게 나아가 죽는 것을 영광으로 여기고, 비겁하게 물러나 목숨 보전하는 것을 굴욕으로 여기게 만드는 보증이다. 그것이 적을 격파하고 승리를 가져온다.

맛있는 미끼에 물고기가 몰리는 법이다. 나폴레옹도 '규정에 없는 파격적인 큰 상을 주고 특별한 정령을 발표하여 병사를 격려하는' 것을 중시하여 병사들의 공명심을 만족시켰다. 이러한 것들이 그가 여러 영웅을 물리치고 전 유럽에 군림하면서 혁혁한 전공을 세우는 중요한 요인으로 작용했다.

전쟁이라는 비상 시기에는 "규정에 없는 파격적인 큰 상을 주고

손무는 격려와 포상은 파격적일 때 더 큰 효과를 낸다고 했다. 필요한 시기를 잘 헤아리면 그 효과와 효력은 상상 이상이다. 사진은 손무의 상이고, 그 뒤쪽은 《손자병법》의 원문이다.

특별한 정령을 발표하여 병사를 격려한다"라는 손무의 책략이, 앉아서 말로 할 수 있는 것일 뿐만 아니라 일어서서 실행할 수 있는 것이라는 사실을 숱한 전쟁의 실례가 증명해 준다. 이는 군대를 통솔하고 부하를 격려하여 그들의 적극성을 높이는 효율적인 전략이다.

〈상전〉편은 포상褒賞 제도가 작전에서 중요한 역할을 한다는 점을 천명하고 있다. 포상의 목적은 병사들의 투지를 격려하고 사기를 높이는 데 있다. 그 운용이 적당하면 장졸들의 적극성을 이끌어 내고 부대의 전투력을 높일 수 있다. 반면 운용이 부당하여 상이 남발되거나, 주지 말아야 할 사람에게 상을 주고 마땅히 줄 사람에게 상을 주지 않는다면 오히려 명리를 추구하는 수단으로 변질되어 군사들의 사기를 떨어뜨리는 부식제 역할을 한다. 포상 제도를 실시할 때 장수가 주의하여 방지해야 하는 문제다.

경영 지혜

격려와 포상은 적극적인 노력을 이끌어 내는 희망이자 행위다. 그 효과는 사람이 필요로 하는 만족의 정도와 관련이 있다. 바로 이런 필요 때문에 사람은 필요성을 만족시키기 위해 행동할 수 있는 것이다. 기업 경영은 사람을 중심에 둔 '인본 경영人本經營'이자 '인본 관리人本管理'이며, 격려와 포상은 인본 관리의 핵심이다. 기업의 최종 경쟁력은 보유한 인재와 그 인재가 발휘할 수 있는 최대의 힘이다. 따라서 인재의 적극성을 어떻게 끌어내는가가 경영자의 중요한 리더십 항목이 되었다.

자산 가치 세계 500대 기업이자 시가 가치 6대 기업에 드는 P&G (Procter & Gamble)는 수시로 직원을 격려하고 포상하는 독특한 방식을 고수한다. 2005년 3월 P&G의 회장 래플리A.G. Lafley는 핵심 간부들과 토론하여 한 가지 결정을 내렸다. 지난 4년 동안 기업의 실적이 꾸준히 성장하여 2000년 주가가 한 주당 60달러에서 106달러까지 올랐기 때문이다. 래플리는 직원들에게 이메일을 보내 감사의 뜻을 전하며 "과거 우리는 실적에 대해 이런 포상을 실행해 본 적이 없지만 지금은 모두에게 실행합니다"라고 했다. 이에 따라 P&G는 직원들에게 이틀 휴가를 주었고, 휴가를 원치 않는 직원에게는 이틀 치 봉급을 지급했다. 그동안 직원들이 일궈 낸 성과에 대한 격려이자 포상이었다. 격려와 포상을 받은 직원들이 더욱 분발하여 좋은 성과를 낸 것은 말할 필요가 없을 것이다.

링컨 전자의 CEO 제임스 링컨은 안전을 위해 자유를 포기하는 사람은 타인(예컨대 정부)에게 안전에 대한 부담을 의존한다는 점을 발견했다. 일에서 얻는 자신감과 자기 극복에 필요한 힘, 현실에 맞서는 능력이 쇠퇴하는 것이다. 이런 문제를 좀 더 적극적으로 해결하려면 개인의 포부와 자신감을 회복하는 것이 급선무였다. 일에 대한 열정을 격려하는 기제는 금전과 더불어 그들의 능력을 인정하는 것이다.

링컨은 목적을 세워 직원들이 최대한 능력을 발휘하게 만들고 그들의 공적에 따라 격려금을 주었

P&G는 수시로 격려하고 포상하여 직원들의 사기를 높이고 회사에 대한 기여도를 키웠다. 사진은 P&G가 생산하는 주요 제품이다.

다. 등급에 따른 포상금 외에 다양한 격려와 상을 함께 베푸는 방식이었다. 정신과 물질을 결합한 이중 격려는 직원들에게 대단히 큰 힘으로 작용했고, 실제로 직원들의 사기가 크게 올라 일에 대한 적극성이 오래도록 유지되었다.

경쟁에 뛰어든 기업은 수시로 도전에 직면한다. 기업의 생기와 활력을 유지하려면 조직 내부에 자극이라는 주사를 주입해야 한다. 바로 격려성 자극이다. 격려와 포상을 통한 자극은 조직 구성원의 심리적 만족감을 채워서 조직을 위해 더욱더 역량을 발휘하도록 이끈다.

016

벌전

징벌은 타이밍이 관건이다

罰戰

용병(경영) 원칙

전투에서 군사들이 적과 마주쳐 용감하게 전진하기만 하고 감히 뒤로 물러서지 못하는 까닭은 무거운 형벌로 엄하게 다스리기 때문이다. 이같이 하면 승리를 쟁취할 수 있다.

《사마양저병법》(〈천자지의天子之義〉 제2)에서는 "징벌은 반드시 적시에 시행해야 한다"라고 했다.

역사 사례

590년 무렵, 수나라의 대장 양소楊素(?~606)는 군법을 엄정히 시행하여 군령을 범하는 자가 있으면 바로 그 자리에서 목을 베는 등 절대 용서하지 않았다. 적과 대전할 때마다 과오를 범한 자는 즉각 목을 베었는데, 처형당하는 자가 많을 때는 100여 명에 이르렀고 아무리 적어도 10명 이하가 되는 일은 없었다. 처형된 자의 피가

장막 앞에 질펀했으나 양소는 아무 일도 아니란 듯 태연했다.

적과 결전을 하면 먼저 군사 300명을 출동시켰는데, 이들이 나가서 용감하게 싸워 적진을 함락하면 그만이고, 패주하여 돌아오는 자가 있으면 그 패잔병의 수가 많고 적음을 가리지 않고 모조리 목을 베었다. 그리고 다시 300명을 출전시켜 적진을 함락하지 못하고 살아 돌아오는 자는

양소는 엄벌이란 수단으로 승리를 거뒀다. 한시도 방심할 수 없는 전쟁터에서는 효과적인 방법일지 몰라도 엄벌을 남발하면 민심이 떠나므로 신중을 기해야 한다. 사진은 양소의 초상화다.

전부 도살했다. 모든 장병이 군법을 두려워하여 필사적으로 싸웠으며, 양소의 부대는 출전할 때마다 승리를 거뒀다.《수서》〈양소전〉

해설

손무는 '선승先勝'의 도(방법)를 닦아서 '자신을 보전하고 완전한 승리를 거두는' 방법을 확보하라고 했다. 정치, 경제, 군사, 자연 조건 등을 고려해야 하는데 그 요지는 장점은 살리고 단점은 피하며, 이익은 좇고 손실은 피하는 데 있다. 손자가 말하는 선승의 도에는 '오사五事'와 '칠계七計'가 있으며, '오사'는 다음과 같다.

① 도道 : 백성들이 윗사람과 한뜻이 되어 함께 살고 함께 죽을 수 있으며 위기에도 두려워하지 않는 것을 말한다.

② 천天 : 음과 양, 추위와 더위, 시기에 따른 적절한 시책을 말한다.

③ 지地 : 멀고 가까운 지역, 험하고 평탄한 장소, 좁고 넓은 땅, 죽고 사는 땅을 말한다.

④ 장將 : 지혜, 신의, 어짊, 용기, 엄격함을 말한다.

⑤ 법法 : 군대의 편제, 명령 계통, 군수를 말한다.

'칠계'는 다음을 말한다.

① 어떤 군주가 정치를 잘하는가?

② 어떤 장수가 유능한가?

③ 어느 쪽이 천시天時와 지리地利를 얻었는가?

④ 어느 쪽의 법령이 잘 시행되는가?

⑤ 어느 군대가 강한가?

⑥ 어느 편 병사가 훈련이 잘되었는가?

⑦ 어느 쪽의 상벌이 분명한가?

오사와 칠계의 이점을 얻어야 '선승'을 말할 수 있다. 선승의 목적은 '자신을 보전하고 완전한 승리를 거두는' 데 있다. 손무는 이것을 전쟁에서 최선의 목표로 보았다. 선승의 요건 중에 상벌이 있는데, 일찍부터 상벌의 중요성을 인식했음을 알 수 있다.

징벌과 포상, 즉 상벌은 역대 병법가들이 군대를 다스리며 병사들을 부리는 데 이용하고 활용한, 서로 반대되면서 서로 작용하는 두 가지 유형의 효과적인 수단이자 조치였다. 이를 실천하는 과정에서 그 운용이 적당하고 진정으로 상벌이 분명하다면 병사들의 적극성을 높이고 부대의 전투력을 키울 수 있다.

상과 마찬가지로 징벌도 엄격하고 분명하며 적당해야 한다. 또한 과단성이 있어야 하며 반드시 시기적절하게 시행해야 한다. 이를 제대로 실천한다면 하나를 징벌하여 백을 훈계하고(일벌백계一罰百戒), 제때 병사들을 교육할 수 있다. 이렇게 하면 군기를 엄숙하게 다스려 전투력을 높이는 소기의 목적을 달성할 것이다.

《사마양저병법》에서 말하는 "징벌은 반드시 적시에 시행해야 한다(벌불천열罰不遷列)"라는 대목은 벌은 때와 장소가 다 적절해야 한다는 뜻을 함축한다. 이렇게 본다면 양소의 징벌은 지나치다. 양소의 승리는 일시적으로 효과를 거뒀지만 이런 방식을 계속 사용하면 절대 안 된다.

〈벌전〉편은 인식 면에서 〈상전〉편과 같은 선상에 있다. 조직 내에서 발생하는 두 가지 상황은 격려와 상을 주거나 징계와 벌을 주는 경우다. 그런 상황이 발생하는 원인은 궁극적으로 같다. 따라서 리더는 상과 벌의 기준을 분명하게 세우는 것은 물론 때를 잘 맞춰야 한다. 그래야 그 효과를 극대화할 수 있기 때문이다.

한 가지 주의해야 할 점은 상과 벌 모두 남발은 금물이라는 것이다. 효과가 떨어지는 것은 물론 리더에 대한 신뢰마저 무너지기 때문이다. 벌을 줄 때 또 한 가지 유념할 점은 징계는 엄하게 하되 벌은 가볍게 주는 '엄징경벌嚴懲輕罰'이 더 효과적이라는 사실이다. '엄징'이란 자신이 무엇을 잘못했는지, 어디서 실수했는지 정확하게 인식하여 그 잘못과 실수를 반성하게 만드는 것이다. 엄징이 선행

되면 실제 벌은 가볍게 해도 무방하다. 뿐만 아니라 예상보다 가벼운 벌을 내리면 느끼는 것이 더 커질 수 있다. 이는 궁극적으로 조직과 리더에 대한 충성과 신뢰로 나타난다.

《사마양저병법》(《사마병법》)은 벌을 내리는 타이밍이 중요하다는 점을 적절하게 지적했다. 사진은 《사마양저병법》의 명나라 판본이다.

017

주전

내 영역에서는 서둘러 싸우면 안 된다

主戰

용병(경영) 원칙

자국의 영토에서는 섣불리 적을 맞아 싸워선 안 된다. 자기 영토에서 싸우면 군사들이 안일한 생각에 빠지기 쉽고, 또 가족을 못 잊어 마음이 흔들릴 수 있기 때문이다. 이럴 때는 군민 간의 일체감을 조성하여 항전 의지를 고취한 다음 모든 물자를 성내로 거둬들여 비축한다. 이어서 백성의 생계를 보호하고 요충지를 철저히 수비하며 적의 보급로를 차단해야 한다. 또한 적이 싸움을 걸어 오더라도 상대하지 않아야 한다. 이렇게 하면 적은 싸움은커녕 군량 보급로가 끊겨 군수 물자를 제대로 조달받지 못할 것이다. 적이 피로와 곤경에 빠지기를 기다렸다 반격을 가하면 필승을 거둘 수 있다.

《손자병법》에 "자국의 영역에서 싸우는 것을 산지散地라고 한다"라고 했다.

역사 사례

397년 무렵, 북위北魏의 도무제道武帝(371~409) 탁발규拓跋珪가 몸소 군사를 거느리고 업성에 있는 후연後燕의 모용덕慕容德(336~405)을 침공했다. 그러나 탁발장拓跋章이 이끄는 북위의 선발 부대가 후연의 군대에 대패하고 말았다.

승세를 탄 모용덕이 북위의 군을 다시 공격하려고 하자, 그의 별가別駕(지방장관을 수행 보좌하는 고위 관리)로 있던 한착이 만류했다. "옛사람들은 용병하여 싸울 때 먼저 전략과 계획을 숙의하고 출병하여 전쟁을 수행했습니다. 그런데 지금 우리에게는 북위를 공격해서는 안 될 네 가지 이유와 우리 연나라 군대가 경솔하게 움직일 수 없는 세 가지 이유가 있습니다."

모용덕이 그 이유를 묻자 한착은 하나하나 대답했다. "위나라 군대는 먼 거리를 침입하여 우리 국경 안에 들어왔고, 넓은 지역의 야전에 능한 터라 저들로서는 속전속결이 유리합니다. 그렇기 때문에 급하게 공격해서는 안 됩니다. 이것이 첫 번째 이유입니다. 또한 저들은 우리 도성 가까운 지역까지 깊숙이 진입하여 이른바 사지死地에 처해 있으므로 사력을 다해 싸워야 하는 입장입니다. 이것이 우리가 북위를 공격하면 안 되는 두 번째입니다. 그리고 위의 선봉 부대가 이미 패전했기에 그 후속 부대는 반드시 수비를 견고히 하여 진지를 굳게 지킬 것입니다. 그러므로 이들을 공격해서는 안 됩니다. 이것이 세 번째 이유입니다. 게다가 적은 병력이 많고 우리는 병력이 적습니다. 이것이 네 번째 이유입니다.

지금 아군은 우리 영토에서 적을 맞아 싸우고 있습니다. 자기 영역에서 싸우면 군사들이 고향을 그리워하고 가족을 생각하는 만큼 탈주병이 많아집니다. 이것이 우리가 가볍게 움직여서는 안 되는 첫 번째 이유입니다. 우리가 출동하여 적을 공격했다가 이기지 못하면 장병들의 마음이 요동칠 것입니다. 이것이 우리가 가볍게 움직여서는 안 되는 두 번째 이유입니다. 마지막으로 우리는 사전에 성곽과 요새를 제대로 구축해 놓지 못하여 적의 공격에 맞설 방비가 허술합니다. 이것이 세 번째 이유입니다.

이상은 유능한 전략가라면 모두 꺼리는 일입니다. 참호를 깊이 파고 보루를 높이 쌓아 방어를 견고히 해서 안정된 군사로 피로한 적군을 상대하느니만 못합니다. 위나라 군대는 천 리 먼 길에서 식량을 수송해 오느라 피곤할 것입니다. 이를 해결하려고 해도 지금 우리의 들판에는 노략질할 만한 물건이 하나도 없습니다. 저들이 오랫동안 머무르면 힘이 소모되고 병사들에게 줄 보급품이 떨어질 것이며 병사들의 어려움과 곤란도 계속 증가할 것입니다. 결국 위나라 군대는 장기간 출정할수록 그 약점이 드러날 것입니다. 그때를 노려 우리가 출격한다면 승리할 수 있습니다."

이 말을 들은 모용덕은 "한 별가는 장량이나 진평 같은 지혜를 지녔구려"라며 감탄했다. 《진서》 〈모용덕기〉

모용덕은 한착의 냉정한 전략을 받아들여 섣부른 공격을 중단함으로써 전력이 막강한 탁발규의 공격을 막아 냈다. 사진은 북위의 뛰어난 통치자 도무제 탁발규의 석상이다.

'산지'는《손자병법》〈구지〉편에 나오는 군사 용어다. 산지란 자기 영역에서 적과 작전할 때 위급하면 병사들이 쉽게 도망갈 수 있는 지역을 말한다. 그래서 손자는 '산지무전散地無戰'이라 했다. 산지에서는 싸우지 말라는 뜻이다. 그렇다고 해서 절대 싸우지 말라는 뜻은 아니다. 적이 쳐들어온다는 것은 전력이나 기세 면에서 자신의 우세를 믿는 것이며, 따라서 수비하는 쪽은 상대적 열세에 놓인다. 산지의 작전은 지나치게 급한 결전을 피하고 수비 태세를 취해 서서히 적의 역량을 소모시키며 기회를 엿보다 적을 섬멸할 것을 요구한다.

옛사람들은 '전戰'을 '공세'라 하고 '수守'를 '수세'라 했다. '무전無戰'은 공세를 취하지 않고 수세를 주된 작전 노선으로 삼는 걸 말한다. 본 〈주전〉편과 다음 〈객전〉편에서 말하는 '주主'와 '객客'은 중국 고대의 군사 용어다. 일반적으로 본국에서 실시하는 방어 작전의 군대를 '주군主軍'이라 하고, 적국 깊숙이 들어가 실시하는 진공 작전의 군대를 객군客軍이라 한다.

세계 전쟁사를 개관해 보면 공격을 가하는 쪽의 전력이 방어하는 쪽보다 우세한 경우가 많다. 방어하는 쪽은 공격해 오는 적을 맞아 어떻게 대응하여 승리할 것인가에 전략과 전술을 집중했다. 본편은 바로 이 점에 착안하여 공격보다는 방어에 집중하면서 적의 식량 보급로를 차단하는 것이 가장 효과적이라는 점을 강조한다. 또한 가지 위 인용 사례의 출처는《진서》가 아니라《북사北史》라는 점을 지적해 둔다. 경영 사례와 관련된 정보는 〈객전〉편에서 함께 다룰 예정이다.

018

객전

객지에서는 필사의 정신이 관건이다

客戰

용병(경영) 원칙

적이 주인의 입장이 되고 아군이 적의 땅인 객지客地에 들어간 입장일 때는 되도록 깊숙이 쳐들어가야 한다. 공격하는 자가 객지에 깊숙이 진격하면 주인 입장인 방어자는 불리해진다. 객지에 들어온 자는 중지重地에 처하고 주인인 자는 경지輕地에 처하기 때문이다.

《손자병법》(〈구지〉편)에 "적지에 깊숙이 쳐들어가면 군사들의 마음이 하나가 된다"라고 했다.

역사 사례

기원전 204년, 한의 장수 한신韓信(?~기원전 196)은 장이張耳와 함께 유방의 명을 받들어 수만 명의 군을 거느리고 동쪽 정형井陘으로 진출해 조나라를 공격하러 갔다. 한편 조나라 왕 헐歇과 그를 보좌하는 성안군成安君 진여陳餘는 정형 어귀에 군을 집결시키고 20만 대군임을 과시했다.

이때 광무군廣武君 이좌거李左車(조나라의 명장 이목李牧의 손자)가 한신의 군과 정면 대응하려는 성안군 진여를 말리며 말했다. "듣자 하니 한나라 대장 한신은 황하 서쪽 기슭에서 동으로 건너가 위나라 왕 표를 사로잡고, 대나라를 공격하여 승상 하열을 사로잡았으며, 다시 연여 지방에서 적을 깨뜨려 피바다로 만들었다고 합니다. 그런 그가 지금 장이의 군과 합세하여 우리 조나라를 침공하려 합니다. 이처럼 승승장구하는 한신이 본국에서 멀리 쳐들어와 도전하고 있으니 그 예봉을 당해 내기 어렵습니다. 다만 제가 알기로 옛말에 '천 리 먼 길에서 군량을 수송해 오면 그 군사들은 자연히 굶주리며, 땔감을 미리 확보하지 못하고 그때그때 구하여 취사한다면 그 군사들은 항시 배부름을 느끼지 못한다'라고 했습니다. 정형의 도로는 매우 좁아 수레 두 대가 나란히 지나갈 수 없고, 기마병도 행렬을 지을 수가 없습니다. 한의 군대는 수백 리에 걸친 좁고 긴 도로를 행군해 왔기 때문에 형편상 저들의 식량은 군의 후미에 처져 있을 것입니다. 바라옵건대 제게 기병 3만 명을 주시면 제가 이들을 거느리고 샛길로 나아가 저들의 식량 수송 수레와 군량을 차단하겠습니다. 그동안 성안군께서는 참호를 깊이 파고 보루를 높이 쌓아 성벽을 굳게 지키고 저들과 대전하지 마십시오. 이렇게 한다면 저들은 정면으로 싸울 대상이 없어지고 후퇴하려고 해도 퇴로가 차단되어 진퇴양난進退兩難에 빠질 것입니다. 또한 기병이 퇴로를 끊어 들에서 식량을 약탈할 수 없게 만든다면 10여 일도 못 가두 적장은 우리에게 목을 바칠 것입니다. 이렇게 하지 않는다면 우리가 도리어 저들에게 사로잡히고 말 것입니다."

그러나 성안군 진여는 스스로 정의로운 군대라는 명분에 도취되어 기만 전술로 적을 격파하기보다는 정공법을 고집하느라 이좌거의 말을 듣지 않았다. "한신은 보유 병력도 적거니와 장거리 행군으로 많이 지쳤소. 이런 상황에서 아군이 정면 공격을 회피한다면 다른 제후들이 나를 비겁한 위인으로 여겨 우리를 쉽게 침공하려 들 것이오."

한편 한신은 조나라 군대 진영에 첩자를 침투시켜 성안군이 이좌거의 계책을 채택하지 않았다는 사실을 알고는 크게 기뻐하며 즉시 전군을 휘몰아 정형산 어귀를 향해 진출했다. 그는 정형산 어귀 30리 못 미치는 지점에 도달하여 진군을 멈추고 군영을 설치했다.

그날 밤 한신은 명령을 내려 경기병 2000명을 선발하여 병사마다 붉은 깃발을 하나씩 휴대시켜 산중의 샛길을 따라 은밀히 비산까지 가서 잠복한 다음 조나라 군대의 본영을 에워싸게 했다.

경기병이 출동할 무렵, 한신은 다시 작전 명령을 내렸다. "오늘 새벽 아군은 조군과 접촉하다 퇴각할 예정이다. 조군은 아군이 패퇴하는 것을 보면 반드시 본영을 비우고 달려 나와 아군을 추격할 것이다. 너희는 그 틈을 타서 재빨리 조군 진영으로 돌입해 성 위에 꽂아 놓은 조군의 깃발을 모두 뽑아 버리고 한의 깃발을 세워라."

한신은 비장들을 시켜 출동하는 병사들에게 음식을 내려 주면서 조군을 격파하면 크게 회식을 하자고 다짐했다. 장수들은 이 말이 믿어지지 않아 그저 건성으로 대답했다.

이어서 한신은 1만여 명으로 구성된 선봉 부대를 편성해 배수진을 치게 했다. 이를 본 조군은 한신이 강을 등지고 퇴로가 없는 배수진을 쳤다며 크게 비웃었다.

새벽이 되자 한신은 대장기를 앞세우고 북을 치며 정형산 어귀로 전진했다. 조군이 성채의 문을 열고 나와 한신의 군대를 공격했다. 큰 싸움이 계속되는 중에 한신과 장이가 대장기와 북을 버리고 강변에 설치된 배수진으로 퇴각했다. 과연 조군은 전 병력이 성채를 비우고 달려 나와 한군이 버린 깃발과 북을 다투어 주우며 한신과 장이를 추격했다. 한신은 배수진으로 들어가 전군이 결사적으로 항전하며 조군의 공격을 막아 냈다.

그동안 조군의 진영 부근에 은밀히 접근해 있던 한신의 경기병 2000명은 조군 본영에 진입해 성벽 위에서 나부끼는 조나라 깃발을 모조리 뽑아 버리고 한나라의 붉은 깃발 2000개를 세워 놓았다.

조군은 한신의 결사적인 저항에 막혀 승리할 수 없자 본진으로 철수하려고 했다. 그러나 자군의 진영에는 온통 한군의 깃발이 나부끼고 있었다. 크게 놀란 조나라 군사들은 한군이 이미 조왕을 사로잡았다고 오해하여 도망치기 시작했다.

조군의 장수들은 달아나는 병사들의 목을 치며 탈주를 막으려고 했지만 무너지는 사태를 수습할 길이 없었다. 이때 한군은 앞뒤로 협공을 가하여 조군을 크게 격파하고 마침내 저수 강변에서 조의 주장 성안군 진여를 베어 죽였으며, 조왕 헐까지 사로잡았다.

전투가 끝난 뒤 장수들이 물었다. "진을 칠 때 우측과 후면으로는 산과 구릉을 등지고 전방과 좌측으로 강이나 늪을 낀 지형을 선택하라 했는데 지금 우리는 배수진으로 승리했으니 어찌된 일입니까?"

한신이 대답했다. "병법에서 사지에 빠진 뒤에야 살아나고, 패망할 곳에 던져진 뒤에야 생존할 수 있다고 하지 않았는가? 이번에 내가 거느리고 출전한 장병들은 본래 내 손으로 훈련시켜 나를 잘 따르는 군사가 아니라 장터의 장군들을 지휘하여 싸움터에 나선 것이나 다름없었다. 이들을 사지에 몰아넣고 싸우게 하지 않았다면 다들 도망치고 말았을 것

한신은 초한쟁패라는 격렬한 전투에서 적진 깊숙이 들어가는 '객전'의 상황을 맞아 배수진의 전략으로 승리함으로써 천하의 형세를 바꿔놓았다. 사진은 한신의 석상이다.

이다. 그렇게 하지 않고 이런 병사들을 데리고 어떻게 적과 싸울 수 있었겠는가?"

이 말에 장수들이 모두 탄복했다. (《사기》〈회음후 열전〉)

해설

〈객전〉 편은 적의 경내에 깊이 들어가서 작전을 펼칠 때 주의해야 할 문제를 언급하고 있다. 본토를 고수하는 적진을 공격할 때는 적의 경내 깊은 지역(적국의 도성이나 중요한 요충지)까지 들어가서 작전해야만 승리할 가능성이 높다고 지적한다. 〈주전〉에서 언급했다시피 자기 땅에서 싸우면 고향과 가족이 가깝기 때문에 군대를 이탈하는 사람이 많아진다. 반면 먼 길을 달려온 아군은 더 이상 갈 곳이 없는 터라 죽을힘을 다해 싸울 수밖에 없다. 이것이 《손자병법》에서

말하는 '심입즉전深入則專', 적진 깊이 들어가면 군사들의 마음이 하나 되어 전투에 몰두한다는 것이다.

전쟁의 지리 조건은 작전하는 부대의 심리에 영향을 주는 중요한 요소지만 군대의 사기를 결정하는 것은 전쟁의 성격과 목적이다. 〈객전〉 편은 《손자병법》의 관련 사상과 관점을 취하고, 나아가 지리 조건이 심리에 미치는 영향과 작용을 논한다. 나름대로 일리가 있는 관점이 아닐 수 없다. 그러나 군대의 사기에 미치는 요소로 지리 조건에만 주목하고 전쟁의 성질과 목적이 군의 사기에 미치는 결정적 작용을 소홀히 한다면 실제 전투에서 큰 낭패를 보기 십상이다. 이 점은 주의하지 않으면 안 된다.

경영 지혜

기업 간의 시장 경쟁이 전에 없이 격렬하다. 기업이 단점을 보완하려면 경쟁 상대와 가장 가까운 곳까지 깊숙이 들어갈 필요가 있다. 경쟁이 아무리 치열해도 과감하게 새로운 확장을 꾀해야 한다. 비즈니스 경쟁에서 〈객전〉 편의 이치는 사업의 대외 확장과 정확하게 일치한다. 사업의 영역을 넓혀서 진출한 새로운 시장에서 기업의 부족한 점을 보충하고 나아가 기업의 미래를 개척한다는 의미로 이해할 수 있기 때문이다. 반면 위축되어 앞으로 나가지 못하면 기회를 잃어버려 영원히 국면을 타개할 수 없다. 기업은 호랑이 굴에 들어가지 않으면 호랑이를 잡을 수 없다는 진취 정신을 굳게 유지해야 한다.

하이얼의 짱루이민이 미국에 공장을 세운 것은 미국 기업의 앞선 경험을 배우기 위해서였다. 그는 과감하게 확장을 시도하는 한편 자기 제품으로 미국 시장을 직접 두드렸다. 2002년 하이얼의 국제화 과정은 미국의 유력 잡지 《비즈니스위크Businessweek》 등에서 아주 미미하게 치욕에 가까울 정도로 언급되었다. 그러나 짱루이민은 그해 말 송년회에서 역발상으로 문제를 제기했다. "누구든 우리가 중국을 나가면 위험할 거라고 했다. 그러나 중국을 나가지 않으면 얼마나 세찬 비바람을 맞을 줄 아느냐고 말해 준 사람이 있었는가? 해외 시장의 격렬한 경쟁이 두려워 중국 시장에만 안주한 채 몸을 움츠린다면 하이얼은 영원히 방 안 통소이자 우물 안 개구리가 되고 말 것이다."

하이얼의 '더 깊이 들어가자'는 전략은 현명했다. 이 전략으로 하이얼은 해외의 앞서 가는 관리 경험을 체득했을 뿐 아니라 시장까지 점령했다. 하이얼의 자체 통계에 따르면 1998년 이후 2년 동안 미국에서 앞서 가는 관리 경험과 영업 및 판매 모델을 운용하여 끊임없이 시장을 확대한 결과 판매 분야의 연평균 성장률이 115퍼센트에 이르렀다. 2000년 하이얼의 아파트 냉장고와 소형 냉장고는 미국 시장에서 30퍼센트, 영업용 냉동고는 12퍼센트, 술 냉장고는 50퍼센트 이상의 점유율을 기록했다.

하이얼의 과감한 해외 진출은 〈객전〉에서 말하는 상대 진영의 가장 깊숙한 곳까지 들어가라는 전략 지침과 정확하게 일치한다. 사진은 하이얼의 가전제품이다.

019

강전

강하다고 강하게 보이면 안 된다

强戰

용병(경영) 원칙

적과 싸울 때 내 쪽의 수가 많고 강하면 일부러 겁먹은 것처럼 보여 적을 유인한다. 그러면 적은 틀림없이 공격해 올 것이다. 그때 정예군으로 치면 반드시 적을 패배시킬 수 있다.

《손자병법》에서는 "적을 공격할 힘이 있어도 힘이 없는 것처럼 속여라"라고 했다.

역사 사례

전국시대인 기원전 245년, 조나라 장수 이목李牧(?~기원전 228)은 안문군鴈門郡 일대에 군대를 주둔하고 흉노족을 연중 수비하고 있었다. 그는 정황에 따라 관리를 두고 조세 수입을 모두 막부로 거둬들여 군비에 썼다.

날마다 소 몇 마리를 장병들에게 부식으로 제공하고, 전 장병에게 승마와 사격 훈련을 시키고, 봉화대 관리를 철저히 하여 통신망으로 활용하는 한편 흉노 지역에 많은 첩자를 파견하여 적의 정황을 살피고, 장병들에게는 후한 대우를 해 주었다.

그리고 나서 이목이 장병들에게 훈령을 시달했다. "흉노 군사들이 노략질을 하러 침입해 오면 군민은 신속히 성채 안으로 들어와 각자 물품을 수습하여 굳게 지킬 뿐 적과는 절대 맞서 싸우지 마라. 이를 어기고 싸워서 적병을 죽이거나 사로잡는 자가 있으면 그의 목을 베겠다."

조나라 군사들은 흉노족이 침입해 올 때마다 성내로 들어가 물자를 수습하여 굳게 지키기만 할 뿐 흉노와 맞서 싸우지 않았다. 수년 동안 이렇게 하니 변경에서 흉노에게 약탈당한 것은 하나도 없었다. 이렇게 되자 흉노족은 이목을 겁쟁이라고 얕보기 시작했다. 변방을 지키는 조나라 군사들까지 이목 장군은 담이 작은 겁쟁이라고 여겼다.

이 소식을 들은 조왕이 문책했으나 이목은 자신의 방침을 바꾸지 않고 전과 다름없이 소신대로 관철해 나갔다. 조왕은 이목을 소환하고 다른 장수를 이목의 후임으로 임명했다.

이목의 뒤를 이어 현지에 새로 부임한 장수는 1년 동안 흉노가 침입할 때마다 출격하여 맞서 싸웠다. 그러나 패전하는 경우가 많고 약탈당한 물자도 많다 보니 변방 지역에서 농사를 짓거나 가축을 방목하지 못할 지경에 이르렀다. 그제야 조왕이 깨닫고 이목에게 다시 변방의 수비를 맡아 줄 것을 청했다. 이목은 병을 핑계로 두문불출했다.

조왕이 부득불 다시 변경을 통솔해 달라고 강권하자 이목은 다음과 같이 요청했다. "군왕께서 신을 다시 등용하고자 하신다면 신이 종전의 방식대로 군무를 처리할 수 있도록 허락해 주십시오. 신은 그렇게 해야만 왕의 명을 감히 받들겠습니다."

조왕은 이를 승낙했고 이목은 다시 변방으로 부임하여 옛 방법대로 수비했다. 흉노는 조나라의 변경을 침입해도 아무런 소득이 없자 이목이 겁이 많아 감히 출정하지 못하는 것이라 믿었다. 한편 조나라 군사들은 매일 훈련만 거듭하여 훈련 성적에 따라 상품을 받긴 했으나 쓸 곳이 없었으므로 다들 한 번만이라도 통쾌하게 싸워 보기를 갈망했다.

몇 년 뒤 이목은 전차와 군마, 용감한 군사를 선발했고 전차 1300대, 군마 1만 3000필, 중한 상금으로 포상한 용사 5만 명과 강력한 궁노를 쏠 수 있는 용사 10만 명을 확보하여 전투 훈련을 시켰다.

훈련이 완료되자 이목은 백성들이 가축을 풀어 방목하고 들판으로 나가 일하게 함으로써 흉노를 유인했다.

흉노가 이를 보고 소규모 병력으로 침입해 왔다. 이목은 패한 척하며 고의로 수천 명의 백성이 적에게 잡혀가도록 내버려 두었다. 흉노의 수령 선우는 이 소식을 듣자 즉시 더

이목은 《백전기략》〈강전〉 편의 의도와 원칙을 정확하게 실천으로 입증했다. 이목은 안문에서 양을 기르는 등 철저한 기만술로 적의 경계를 늦추는 전략을 세워 승리했다. 그림은 안문에서의 이목을 그린 것이다.

많은 대군을 이끌고 대대적으로 침공했다.

이목은 흉노군의 퇴로에 미리 매복 기습 부대를 배치해 놓고 기다렸다가 좌우로 공격 부대를 전개함으로써 흉노군을 협공하여 적군을 대파했다. 그 결과 10여 만의 기병을 살상하고 여러 부족을 멸했다. 또한 동호와 임호까지 격파하고 항복시키는 큰 전과를 올렸다. 흉노의 선우는 멀리 패주하여 이후 10여 년 동안 감히 조나라 변방을 침입하지 못했다.(《사기》〈염파인상여 열전〉)

해설

〈강전〉은 내 쪽이 강하고 적이 약한 상황에서 활용하는 전략이다. 일부러 약한 것처럼 보여 적을 유인해 들인 뒤 정예군으로 불의의 타격을 가하는 것이다. 능력이 있으면서도 싸우지 못하는 척한다는 '능이시지부전能而示之不戰'의 구체적 운용으로 《손자병법》(〈시계〉편)에서 제기한 용병의 '궤도詭道(기만술) 12법' 중 하나다.

기원전 342년, 위魏·조 연합군이 한韓을 공격했을 때 이를 구원하러 나선 제나라의 군사軍師 손빈孫臏이 취사용 솥을 줄이고 일부러 겁을 먹은 듯 피하며 적을 유인(감조유적減灶誘敵)해서 마침내 방연龐涓을 죽음으로 몰고 간 것도 '강이시약强而示弱(강하지만 약한 것처럼 보이게 한다)' 전략을 아울러 구사한 결과였다.

당시 대장군 전기田忌와 손빈은 강한 군사를 거느렸기에 적과 싸울 힘이 충분했다. 그런데도 적에게 허점을 보인 것은 위나라 군대의 교만함과 상대를 깔보는 심리를 이용해 적의 오판을 유도함으

로써 최후의 승리를
거두려는 전략이었다.
'강이시약'을 활용해서
승리를 거둔 전형적인
본보기다.

아우스테를리츠 전투는 〈강전〉에서 제시하는 기만술을 잘 활용한 대표 사례로 남아 있다. 그림은 당시 나폴레옹이 이끈 프랑스 군대다.

　나폴레옹은 아우스테를리츠Austerlitz 전역에서 적의 상황을 정확하게 판단하여 우세한 프랑스군의 전력을 충분히 발휘했다. 러시아와 오스트리아 동맹군을 유인하여 빨리 결전을 벌이기 위해 일련의 기만술을 썼다. 우선 고의로 취약한 부분을 노출하는 한편 교통로가 끊기는 것을 몹시 두려워하는 모습을 암시하고, 심지어는 유리한 진지에서 철수하는 등 기만 작전으로 자신의 의도를 엄폐했다. 이 때문에 적은 연속해서 판단 착오를 일으켰다.

　이어서 나폴레옹은 적시에 동맹군의 계산 착오를 통찰하고는 즉각 반격을 가했다. 1만 2000명의 비교적 적은 사상자를 내고 동맹군 2만 7000여 명을 살상하고 대포 155문을 노획하는 전과를 올렸다. 나폴레옹은 이 전역에서 승리하며 유럽 최고의 명장으로 부상했다.

　강하면 교만해지기 쉽다. 〈강전〉은 이를 경계하기 위해 약한 것처럼 위장하라고 권한다. 군사 투쟁과 마찬가지로 기업의 실패와 몰락을 가져오는 커다란 요인이 자만과 교만이다. 잘나갈 때 경계하라는 말은 괜히 하는 소리가 아니다.

020

약전

강약은 일단 눈에 보이는 것에 좌우된다

弱戰

용병(경영) 원칙

무릇 싸움에 있어서 적이 많고 아군이 적으며 적이 강하고 아군이 약할 경우 반드시 깃발을 많이 세우고 솥을 많이 늘려 아군의 힘이 강하다는 것을 과시함으로써 아군의 숫자와 전력을 판단하기 어렵게 하면 적이 쉽게 싸우지 못할 것이다. 이때 빨리 퇴각하면 전군의 피해를 막을 수 있다.

《손자병법》에서 "군대의 강세와 약세는 위장해야 한다"라고 했다.

역사 사례

동한 때인 115년경, 서북의 이민족 강족羌族이 반란을 일으켜 무도군武都郡을 침범했다. 정권을 잡은 등鄧 태후는 우허虞詡가 장수의 지략이 있다 하여 그를 무도태수에 임명하고 반란을 평정하라는 명을 내렸다.

우허가 무도로 부임하러 가는 길에 강족의 수령이 수천 명을 이끌고 나와 진창陳倉과 효곡崤谷 일대에 군사를 주둔하여 길을 막았다.

길이 막히자 우허는 즉시 전진을 멈추고 강족의 경계심을 늦추기 위해 짐짓 큰 소리로 선언했다. "나는 이미 조정에 상소를 올려 구원병을 요청했다. 증원군의 도착을 기다렸다 임지로 출발하겠다."

이 소식을 전해 들은 강족은 안심하면서 군사를 나누어 부근 현들을 약탈하기 시작했다. 우허는 강족의 병력이 사방으로 분산된 틈을 타서 군사들에게 밤낮으로 길을 재촉해 하루에 200리씩 강행군을 시키는 한편 1인당 두 개씩 취사용 솥을 만들게 하되 날마다 그 수를 곱절로 늘렸다.

강의 군사들은 우허 일행의 야영지에 취사장 수가 매일 늘어나는 것을 보고 정말 한나라 조정에서 증원군을 보낸 줄 알고 감히 우허의 행렬에 접근하지 못했다.

이를 보고 어떤 이가 우허에게 물었다. "옛날 손빈은 행군하면서 취사용 솥의 수를 매일 절반으로 줄였는데, 지금 태수께서는 그와 달리 곱절로 늘리고 있습니다. 또 병법에 행군은 하루에 30리를 넘지 말라고 했는데, 지금 우리는 하루에 200리씩 하고 있으니, 이는 무슨 까닭입니까?"

우허가 대답했다. "적군은 병력이 많고 아군은 병력이 적다. 그러나 그들은 우리 야영지의 솥이 매일 증가하는 것을 보고 분명 구원병이 참전했다고 여길 것이다. 저들은 우리가 병력이 많다고 여기는 데다 행군 속도까지 빨라서 감히 우리를 추격하지 못할 것이다. 옛날 손빈은 강세를 가지고 약한 것처럼 위장하여 적을 기만했

겉으로 드러나는 모습만 가지고 상대를 판단하면 안 된다. 하지만 겉모습이 상대에게 주는 효과는 대단하다. 따라서 겉모습을 어떻게 꾸미는가를 논한 '시형법'이 역대 전략에서 차지하는 비중이 컸다. 우허는 이 점을 정확하게 파악했다. 그림은 만화 표지의 우허다.

지만 나는 지금 약세를 가지고 강한 것처럼 적을 기만하고 있다. 지금의 형세가 손빈의 형세와 다르기 때문이다."

우허가 무도군에 도착해 보니 병력이 3000명이 채 되지 않는데다 강족 1만 명이 포위한 지 수십 일이 지나 있었다. 우허는 군중에 명령을 내려 강한 활은 발사하지 말고 작고 약한 활만 발사하게 했다. 그러자 강족은 한나라 군대의 화살이 약하여 자신들이 있는 곳까지 미치지 못한다 생각하고 군사를 총출동해서 공세를 펼쳤다. 이때를 놓치지 않고 우허가 20개의 강노로 발사하니 강족들은 크게 놀라 후퇴하기 시작했다. 우허는 그 기회를 놓치지 않고 성문을 열어 무수한 적을 살상했다.

이튿날 우허는 전체 병력을 점검한 다음 성의 동쪽 문으로 나갔다가 서쪽 문으로 들어오면서 군사들에게 옷을 바꿔 입고 몇 번씩 돌고 돌게 했다. 강족은 한군의 수가 헤아릴 수 없이 많은 것을 보고 다시 놀라 당황했다. 우허는 그들이 후퇴할 것이라 생각하고 비밀리에 500명의 군사를 얕은 물가에 매복시켜 강족이 후퇴하면 공격할 것을 명했다.

아니나 다를까, 강족은 우허가 예측한 그 길로 서둘러 도망치기 시작했다. 이때 매복 중인 한군이 일시에 출동하여 습격하니 강족

은 궤멸되었고, 그 뒤로 강족은 두 번 다시 공격해 오지 못했다.(《후한서》〈우허 열전〉)

해설

《손자병법》(〈병세兵勢〉 편)에 "강약은 형形이다"라는 대단히 의미심장한 대목이 나온다. 약하면서도 강하게 보이거나 강하면서도 약하게 보이려는 것은 적을 현혹하는 어떤 모습, 즉 가상假像을 보이는 '시형법示形法'이라는 것이다. 강한가 약한가는 겉에 드러나는 모습으로 판단된다는 뜻이다. 이를 잘 활용하면 전쟁에서 대단히 유용한 전략이 되는데, 실제로 수도 없이 사용된 전략 전술의 정수라 할 수 있다.

전쟁이나 경쟁은 힘 겨루기인 동시에 지혜 겨루기다. 한정된 조건에서 상대를 이기려면 주관적이고 능동적으로 전쟁터의 상황에 따라 알맞은 시형법을 취함으로써 적을 속이고 적을 유혹하여 곧장 적을 물리치는 목적을 달성해야 하는 것이다.

〈약전〉 편은 약한 전력을 감추고, 나아가 강하게 보이려면 어떤 방법을 취해야 하는가를 논하면서 깃발과 솥의 수를 늘

전국시대의 전략가 손빈은 〈강전〉과 〈약전〉에서 말하는 시형법의 모범 사례를 남겨 놓았다. 취사용 솥을 줄이면서 적을 유인하는 '감조유적減灶誘敵'은 시형법의 특징을 가장 잘 보여 준다.

리는 방법을 제시한다. 이 전략 목적은 적군이 함부로 공격해 오지 못하게 만드는 데 있음을 잊지 않아야 한다. 자칫 지나치게 위장하여 적의 의심을 사면 도리어 크게 당하기 십상이다.

또한 상황에 따라 시형법을 다르게 구사할 줄 알아야 한다. 판에 박힌 방법 또한 적에게 탐지당하기 쉽다. 적을 속인다는 것은 적의 심리를 흔들어야 한다는 전제가 따른다. 따라서 적의 상황에 대한 정확한 정보는 필수다. 〈강전〉을 함께 참고하여 상황에 맞는 전략을 세우면 더욱 효과적이다.

021

교전

교만은 모든 실패의 원흉이다

驕戰

용병(경영) 원칙

적이 강성하여 손에 넣을 자신이 없으면 공손하게 말하고 예물을 후하게 줘서 적의 마음을 교만하게 만든 뒤 그 틈을 타서 단숨에 격파한다.

《손자병법》(〈시계〉 편)에서는 "저자세를 취하여 적을 교만하게 만든다"라고 했다.

역사 사례

219년경, 촉한의 장수 관우關羽(?~219)가 형주의 북부 지방을 정벌하여 위나라 장수 우금于禁을 사로잡고, 남하하여 번성樊城을 수비 중인 조인曹仁(조조의 사촌동생)의 군을 포위했다. 그러나 관우는 이미 승리했다는 생각에 사로잡혀 후방 형주의 수비는 신경 쓰지 않았다. 이때 육구陸口를 지키던 오나라 장수 여몽呂蒙은 신병 때문에 수도인 건업建業으로 돌아가는 중이었다.

부장 육손陸遜이 여몽을 찾아와 말했다. "지금 우리는 촉한의 장수 관우 군대와 대치하고 있습니다. 장군께서는 어찌하여 방어 지구를 멀리 떠나 도성으로 가려 하십니까? 결과를 예상하기 어렵습니다."

여몽이 대답했다. "그대의 말이 참으로 옳소. 하지만 내 병이 위독하니 어쩌겠소."

육손이 간곡하게 말했다. "관우는 스스로 호기를 부리며 교만하게 적을 무시하고 사람들을 업신여깁니다. 이제 큰 공을 세워 더욱 교만하고 멋대로입니다. 사실 우금의 부대가 전몰한 것은 홍수 때문이지 공격과 수비에 실책이 있어서가 아닙니다. 그러므로 위나라가 싸움에서 큰 손실을 입은 것도 아닙니다. 관우가 북진을 도모하긴 하나 우리 오나라에 대해서는 큰 의심을 품고 있지 않습니다. 게다가 장군의 신병이 위독하다는 말을 들으면 형주 방면의 수비가 더욱 허술할 것입니다. 우리 오군이 그 허점을 노려 불시에 습격한다면 관우는 분명 사로잡히고 말 것입니다. 장군께서는 대왕을 뵙거든 관우를 잡을 계책을 세우십시오."

여몽은 자신의 의도를 감추고 주의를 돌리기 위해 말했다. "관우는 본래 날쌔고 용맹하여 우리 힘으로는 대적하기 어렵소. 그리고 이미 형주를 점거하여 백성들의 신망을 크게 얻은 데다 새로이 위군을 격파하는 큰 전공을 세워서 담력과 기개가 더욱 높아졌소. 우리는 관우의 군을 쉽게 격파할 수 없소."

여몽이 건업에 도착하자 오왕 손권이 물었다. "경의 신병이 위독하니 누구를 후임으로 삼아야겠소?"

여몽은 바로 육손을 추천했다. "육손은 생각이 깊고 원대하여 중책을 맡길 만합니다. 신이 그의 계책을 들어 본 결과 큰일을 감당할 수 있다는 판단이 들었습니다. 또한 인재인데도 아직 이름이 크게 알려지지 않은 터라 관우가 그를 대수롭지 않게 여길 것이니 관우의 상대로 육손보다 나은 인물은 없다고 판단됩니다. 대왕께서 육손을 중용한다면 그의 재능과 행적을 숨겨 겉으로 드러나지 않게 하시고, 몰래 관우가 있는 형주의 형세를 살피도록 하십시오. 그리고 기회를 포착하여 형주를 공격하면 탈취할 수 있을 것입니다."

손권은 육손을 불러 편장군偏將軍 우부독右部督에 임명하고, 여몽을 대신하여 육구에 주둔 중인 군사를 총지휘하게 했다. 육손은 임지인 육구에 도착하자마자 관우에게 극진하고 공손한 표현으로 편지를 써 보냈다.

"제가 듣기로 장군께서는 기회를 잘 포착하여 북벌을 단행하고 엄정한 군기로 군을 통솔하여 소수의 병력으로 큰 승리를 거뒀다니 참으로 위대하십니다. 위나라는 우리 공동의 적이며 적의 패배는 양국의 동맹군에 이익을 가져다줄 것입니다. 장군께서 승전했다는 소식을 들으니 저절로 경하를 드리지 않을 수가 없습니다. 바라옵건대 장군께서 천하를 석권하시어 함께 한 황실의 염원을 이루었으면 합니다. 이 불민한 육손이 이번에 명을 받아 외람되게도 이곳 육구로 부임해 왔습니다. 장군의 탁월하신 업적을 깊이 앙모하면서 장군의 좋은 가르침을 받고자 합니다."

육손이 거듭 말했다.

"위장 우금 등이 장군에게 사로잡히니 원근 각처의 모든 사람이 기뻐하며 관우 장군의 드높은 공이 세상에 영원히 빛날 것이라 합니다. 옛날 (춘추시대) 진晉의 문공文公이 성복城濮에서 거둔 승리와 회음후淮陰侯 한신이 조나라를 함락한 지략도 관 장군의 공적에는 따를 수 없다고 칭송합니다. 듣자오니 서황徐晃을 비롯한 조조의 장수들이 보병과 기병을 동원해 번성 부근에 진주하여 은밀히 장군의 동정을 살핀다고 합니다. 조조는 교활한 자라서 패전한 분풀이를 위해 비밀리에 군을 증강하고 남진을 꾀할 것입니다. 저들의 군대는 오랫동안 한곳에 주둔하다 보니 군사들이 지쳐 있기는 합니다만 아직도 상당히 날쌔고 사납습니다. 하물며 승전한 뒤에는 적을 업신여기는 폐단이 항상 뒤따르기 마련입니다. 옛사람의 용병술을 보면 승리한 뒤에는 경계를 더욱 강화해야 한다고 했습니다. 장군께서는 부디 여러모로 치밀한 대비책을 세워서 조조 군대에 패하지 말고 완승을 거두시기 바랍니다. 저는 군사 경험이 없는 백면서생이라 전술에 어둡고 적을 대하는 방책에 허점이 많습니다. 그런 제가 외람되게도 감당하기 어려운 중임을 맡았습니다. 다행히 덕망과 위엄이 높으신 장군과 이웃해 있으니 성의를 다해 장군을 받들고자 합니다. 불초한 제가 좋은 방략을 세워 장군을 도와드리지 못할지라도 저의 마음을 이해하고 장군을 앙모하는 저의 마음과 성의를 받아 주시기 바랍니다. 이상 제가 한 말을 장군께서 깊이 고찰해 주시기 바랍니다."

이 편지를 받은 관우는 '육손이 겸손하고 나를 존경하여 나에게

의탁하려는 마음을 품었구나'라
고 생각하여 육손을 의심하거나
경계하지 않았다. 육손은 이러
한 정황을 손권에게 자세히 보
고하며 관우를 사로잡을 방책을
제시했다. 이에 손권은 은밀히
군을 출동하고 육손과 여몽을
선봉으로 삼아 형주를 기습하여
함락했다.《삼국지》〈오서〉'육손전')

관우가 형주를 빼앗기고 목숨까지 잃은
것은 육손을 얕잡아 본 교만이 가장 큰
원인이었다.

해설

〈교전〉편은 강하지만 교만해지기 쉬운 적에 대응하는 작전 문제를
논의하고 있다. 강한 적은 한 번의 싸움으로 물리칠 수 없다. 상대
의 교만함을 부추기는 방법을 강구해야 한다. 적과 연락하거나 담
판 지을 기회가 있으면 한껏 자세를 낮추고 상대를 치켜세워 적의
교만함을 자극한다.

본편에서 인용한 저자세를 취하여 적을 교만하게 만든다는 '비이
교지卑而驕之'는 《손자병법》의 이름난 '궤도 12법' 중 하나다. 병가의
철칙으로 통하는 교만한 군대는 반드시 패한다는 '교병필패驕兵必敗'
와 변증법적 표리 관계를 이룬다. 강한 군대와 승리한 군대는 교만해
지기 쉽다고 한다. 강한 전력과 승리가 가져다주는 내재적 심리 때문
이다. 장수는 이에 대한 경계와 방비를 한시도 잊지 말아야 한다.

저자세를 취하여 적을 교만하게 만든다는 《손자병법》의 '비이교지'는 보통 두 가지 상황이 있다. 하나는 겸손하게 자신을 낮추는 말로 적을 대함으로써 적의 마음을 교만하게 만드는 것이고, 또 하나는 계략을 써서 적에게 교만한 마음이 생기게 만드는 것이다. 어느 쪽이 되었건 목적은 적의 교만함을 부추기는 데 있다. 교만해지면 상대를 깔보고, 상대를 깔보면 그 결과는 패배다.

《노자》(제69장)에서는 "적을 깔보는 것보다 더 큰 화는 없다. 적을 깔보면 내 보물을 잃어버린다"라고 말한다. 오자吳子(오기)는 심지어 "문을 나서면 모든 걸 적을 대하듯 하라"라고 후세 사람들에게 경고하고 있다. 조조는 〈횡삭부시橫槊賦詩〉에서 우세한 병력을 가지고도 교만한 마음 때문에 적벽에서 참패했음을 자인했다. 부견은 백만에 가까운 대군만 믿고 교만하게 적을 깔보며 "말채찍을 던지면 강물의 흐름도 막을 수 있다"라고 큰소리치다 8만 동진 군대에 낙화유수 꼴이 되어 쫓겼고, 끝내는 전진의 붕괴를 재촉했다.

장수의 교만함은 수양이 부족한 데서 비롯된다. 세력이 강하면 교만해지기 쉽고, 학문이 모자란 자가 교만하기 마련이며, 병력의 강성함만 믿고 적을 깔보면 교만한 마음이 생기고, 계속 이기면 해이해져 더욱 교만해진다. 교만한 장수 밑에는 틀림없이 교만한 병사가 있다. 《한서》〈위상전魏相傳〉에 "나라 큰 것만 믿고 백성 숫자 많은 것을 뽐내며 적에게 위세를 떨려는 것, 이것이 바로 교만한 군대다"라는 구절이 보인다.

'비이교지'로 요약되는 〈교전〉편은 상대의 마음을 빼앗고 그 전략을 어지럽히는 데 뜻을 둔다. 강하면서 약한 척하고, 할 수 있으면서 못하는 것처럼 보이게 만든다. 적장에게 교만한 마음이 생기면 정확한 판단과 객관적인 역량 비교를 할 수 없다. 그래서 능력 있는 장수는 적이 나를 깔보는 것에 개의치 않고 오히려 적이 나를 깔보도록 수를 쓰는 것이다.

경영 지혜

동서양을 막론하고 수많은 역사 사례는, 큰일을 성취한 사람은 자기 몸을 자유자재로 굽혔다 폈다 할 수 있었고, 지혜로운 눈으로 사람과 일의 낌새를 잘 살폈다는 사실을 보여 준다. 앞으로 한 발 더 크게 내딛기 위해 겸양과 후퇴를 망설이지 않았다. 주먹으로 사람을 때릴 때 정확히 매섭게 때리기 위해 먼저 물러서서 발에 힘을 주고 주먹을 날리는 것과 같은 이치다.

〈교전〉의 또 다른 사례로 경제가 아닌 정치 이야기를 해 볼까 한다. 공산 혁명 과정에서 공산당 지도자 마오쩌둥(毛澤東, 모택동)은 혁명을 실현하기 위해 투쟁과 양보를 번갈아 구사했다. 물론 투쟁은 원칙을, 양보는 정도를 지켰다. 1937년 중국공산당은 공농혁명정부라는 이름을 취소하고 홍군은 국민혁명군으로 바꿨다. 또한 지주들의 토지를 몰수한다는 정책을 세금과 이자를 줄이는 정책으로 바꿨다. 내부의 갈등과 모순이 중국인의 단결과 항일에 걸림돌이 될 수 있다고 판단했기 때문이다.

해방전쟁 초기 충칭 담판에서는 국민당의 내전 음모를 깨부수고 국내외 중도층의 동정과 지원을 끌어내기 위해 다시 국민당에 광둥, 저장, 장쑤 남부, 안후이 남부, 후난, 후베이, 허난 등 여덟 개 해방구를 양보하는 한편 중국공산당 군대를 20~24개 사단으로 축소하는 데 동의했다. 이는 전국 군대의 7분의 1에 불과했다.

양보와 후퇴는 공격 못지않은 치밀한 전략이 필요하다. 정치 투쟁은 물론 기업 경영도 다를 게 없다. 공산 혁명 과정에서 보여 준 마오쩌둥의 전략은 다양한 면에서 참고할 만하다.

당시 상황을 분석해 봤을 때 마오쩌둥의 양보와 후퇴는 대단히 차원 높은 전략이었다. 이렇게 양보하지 않았다면 국민당의 내전 음모를 폭로할 수 없었고, 정치상 주도적 위치를 차지할 수도 없었고, 국제 여론과 국내 중도층의 지지를 얻어 낼 수 없었기 때문이다. 중국공산당의 합법적 지위와 평화 국면을 위해서라도 반드시 필요한 행보였다.

훗날 이 양보 때문에 국내와 여론의 지지를 최대한 끌어냈음이 입증되었고, 마침내 해방전쟁과 항일 투쟁에서 승리하는 기초와 보증이 된 것이다. 전략적 양보는 상대를 교만하게 만드는 동시에 더 큰 이익을 가져온다.

022

교전

평상시 관계가 위기 상황에서 힘을 발휘한다

交戰

용병(경영) 원칙

적국과 싸울 때는 가까운 나라 가운데 적성국敵城國이 아닌 나라가 있으면 겸손하게 낮추는 말로 응대하고 많은 선물을 보내 그 나라와 동맹 관계를 결성하여 아군의 지원 세력으로 만들어야 한다. 아군은 정면 공격을 하고 우방군이 후방에서 적을 견제한다면 전쟁에서 승리할 수 있다.

《손자병법》(〈구지〉편)에 "사통팔달四通八達인 구지衢地에서 싸울 때는 외교 활동을 전개하여 동맹 관계를 구축해야 한다"라고 했다.

역사 사례

삼국시대 촉한의 장수 관우가 위나라의 대장 조인을 번성에서 포위하자 조조는 좌장군 우금 등을 보내 조인을 도와주었다. 그런데 때마침 홍수가 나서 한수가 갑자기 범람하며 우금의 군영이 물에

사마의는 외교의 중요성을 정확하게 인식한 전략가였다. 특히 경쟁 상대들의 느슨한 관계를 무너뜨릴 것을 제안했다.

잠기고 말았다. 관우는 수군을 지휘하여 우금군의 기병과 보병 3만 명을 포로로 잡아 강릉江陵으로 압송했다.

이때 한나라 황제 헌제는 허창許昌을 수도로 삼았는데, 위왕 조조는 도성이 적지와 너무 가깝다는 이유로 황하 이북 지방으로 천도하여 촉한군의 예봉을 피하려고 했다.

그러자 사마의가 다른 의견을 냈다. "우금군의 패전은 홍수 때문이지 전략 실패 때문이 아닙니다. 그렇기에 나라에도 큰 손실이 없습니다. 그런데 갑자기 수도를 옮긴다면 이는 적에게 우리의 취약점을 보여 주는 결과가 되고, 또 회하淮河와 한수 유역의 백성들에게 불안감을 심어 줄 것입니다. 오왕 손권은 촉한의 유비와 겉으로는 화친을 유지하나 실제로는 탐탁지 않게 여기고 있습니다. 관우의 이번 승전도 손권은 좋지 않게 생각할 것입니다. 손권을 우리 편으로 끌어들여서 그가 관우의 배후를 견제한다면 번성의 포위는 자연히 풀릴 것입니다."

조조는 사마의가 제안한 대로 손권에게 사신을 보내 우호 관계를 맺었다. 손권은 장군 여몽을 보내 형주의 서쪽과 남쪽을 기습하여 함락했다. 그 결과 배후를 찔린 관우는 번성의 포위를 풀고 철군해 버렸다. 《진서晉書》〈선제기宣帝紀〉, 《삼국지》〈위서〉 '장제전蔣濟傳'

해설

《손자병법》(〈구지〉편)에 다음과 같은 대목이 보인다.

"제후의 땅이 세 나라가 인접한 곳이라 모든 사람이 통행하는 길과 같으니 먼저 가서 차지하여 천하의 중망을 얻을 수 있는 곳을 '구지'라고 한다."

이어 "구지에서는 제3국과의 외교 관계를 굳게 결속해야 한다"라고 했다. 이것이 요충지를 다툴 때는 제3자와 손 잡으라는 뜻의 '구지합교衢地合交'다.

춘추전국시대에는 제후들이 우후죽순처럼 솟아나 서로가 서로를 차지하려 했다. 한 나라가 여러 나라와 연합하여 다른 나라 하나를 무력으로 공격하기도 했다. 이 경우 그 영향을 직접 받는 나라가 생겨나기도 하고, 때로는 다른 나라를 이용해야 하는 상황이 펼쳐지기도 했다. 싸움에 앞서 이런 나라들을 끌어들여 자신을 돕도록 해야만 했기 때문이다.

춘추시대 오나라 왕 합려가 손무에게 물었다. "구지는 반드시 먼저 차지해야 한다고 했는데, 우리는 길도 멀고 출발도 뒤늦어 수레와 말이 제아무리 빨리 달린다 해도 늦을 수밖에 없소. 어찌하면 좋겠소?"

손무가 대답했다. "제후의 땅이 세 나라가 인접한 곳이라 모든 사람이 통행하는 길과 같으니 먼저 가서 차지하여 천하의 중망을 얻을 수 있는 곳을 구지라고 합니다. 나와 적이 맞서고, 또 옆에 다른 나라가 있는 상황입니다. 먼저 가서 차지하라는 것은 먼저 사신을 보내 후한 예물을 건네며 그 나라와 우호 관계를 맺으면, 군대가 좀 늦는다 해도 여러 이웃은 이미 내 쪽이 확보한 셈이라 그렇게 말한 것입니다. 여러 세력이 나를 돕고 적이 그 무리를 잃었다면, 여러 나라가 함께 전진의 나팔을 불고 북을 울리며 일제히 공격할 텐데 어찌 이 힘을 감당할 수 있겠습니까?"

손무는 구지에서 싸우는 전략을 얘기하며 '외교'의 중요성을 설파한 것이고, 〈교전〉 편은 이 같은 사상을 충실히 계승했다. 특히 '구지합교'에서 '합교', 즉 외교는 전쟁이 시작된 뒤에 허겁지겁 실행해서는 안 된다. 평상시 화목과 우호 정책으로 동맹 관계를 맺어 둬야 한다.

우방과의 우호 동맹은 전쟁이 시작되면 쉽게 이루어질 수 없다. 평상시에 우호적인 기초를 닦아 놔야 하는 것이다. 전쟁이 터지면 동맹 관계도 전쟁 승부의 변화에 따라 달라질 수밖에 없다. 다른 나라가 나와 우호 관계를 유지하고 싶게 만들고 국제 정세를 내 쪽에 유리하게 만들려면 '그 관계를 더욱 확고하게 다지는' 수단을 중시해야 한다. '동맹을 다지는' 수단은 경제 혜택, 이익 분배, 군사 위협, 인질 등이 있다. 외교 수단은 처음부터 끝까지 군사 투쟁과 뗄 수 없다.

세태와 사물의 발전과 변화는 늘 내재적 요인을 근거로 하고 외재적 요인을 조건으로 삼는다. 이 둘은 서로 보완 관계여서 하나라도 없으면 제대로 진행되지 않는다. 사물의 특수한 운동 형태라 할 수 있는 전쟁은 물론 경영도 예외가 될 수 없다.

국가와 기업이 전쟁과 경쟁에서 승리하려면 내부의 물질 역량과 구성원 전체의 단결에 기대어 분전해야 한다. 그러나 국제 관계나

손무는 2500년 전에 이미 전쟁에서 승리하는 데 외교가 얼마나 중요한 요인인가를 명확하게 지적했다. 기업 경영에서도 우호적인 합작과 협력 관계가 결정적으로 작용하는 일이 적지 않다.

세계 경제의 변화에 따른 외부 원조(인력과 물력을 모두 포함한 지원) 또한 없어서는 안 되는 중요한 조건이다. 〈교전〉 편은 외부의 지원이 전쟁과 경쟁에서 승리하는 중요한 요건임을 충분히 인식하고, 외교 수단을 배합한 군사 투쟁과 경쟁 전력을 전개하라고 제안한다. 이같은 인식과 사상은 시간이 아무리 흘러도 변함없는 원칙이다.

023

형전

내 전력을 감추고 집중하면 승리 확률이 높아진다

形戰

용병(경영) 원칙

적의 병력이 많은 경우 가상假象을 만들어 그 세력을 나누면, 적은 나눠진 병력으로 아군을 대한다. 이미 적의 세력이 분산되었다면 그 병력은 적어질 수밖에 없다. 이때 아군이 병력을 집중하면 우세를 차지할 수 있다. 우세한 병력으로 열세에 놓인 적을 공격하는데 승리하지 않을 수 있겠는가.

《손자병법》〈허실〉편은 "적을 드러나게 하고 아군을 보이지 않게 하면, 아군은 집중할 수 있고 적은 흩어진다"라고 했다.

역사 사례

동한 말인 200년 무렵, 조조의 군과 원소의 군이 관도官渡에서 대치했다. 원소는 장군 곽도郭圖, 순우경淳于瓊, 안량顔良 등을 보내 조조의 장수인 동군東郡 태수 유연劉延을 백마성白馬城(지금의 하남성 활현滑縣

동쪽)에서 포위하여 공격하고, 자신은 여양黎陽(지금의 하남성 준현浚縣 동쪽 황하 북쪽 기슭)으로 진출하여 황하를 건널 계획이었다.

그해 4월, 조조가 군을 이끌고 북상하여 포위된 백마성의 유연을 구원하려고 하자 참모 순유荀攸(157~214)가 건의했다. "아군은 병력이 적어서 원소군과 정면으로 대적할 수 없으니 적의 군사력을 분산시켜야 합니다. 장군께서 일부 병력을 연진延津(지금의 하남성 급현汲縣 동쪽의 옛 황하 나루)으로 향하게 하여 황하를 건너 원소군의 후방을 공격할 것처럼 기동하신다면 원소는 반드시 군의 일부를 서쪽으로 이동시켜서 대응하려 들 것입니다. 이렇게 적의 병력을 분산시킨 다음 가볍고 날랜 부대를 보내 백마성을 기습 공격한다면 적장 안량 등을 사로잡을 것입니다."

조조는 순유의 계책을 받아들여 행동으로 옮겼다. 원소는 조조군이 연진에서 북방으로 황하를 건너려 한다는 소식에 즉시 병력을 서쪽으로 나눠 보내 대전을 준비했다. 조조는 이 틈을 타서 정예병을 이끌고 주야로 달려 백마성에서 10여 리 떨어진 지점에 이르렀다.

백마성을 공격 중이던 안량은 조조군이 백마성 가까이 접근한 사실을 알고 크게 놀라 황망히 조조군을 맞아 싸웠다. 조조는 명장 장료張遼, 관우를 선봉에 세우고 공격했다. 관우는 안량의 깃발을 보고 말에 채찍을 가

삼국시대 3대 전투에 드는 '관도지전'은 조조의 역량 집중이 돋보인 사례였다. 조조는 이 전투에서 승리하며 삼국시대를 주도하는 인물로 부상했다. 사진은 관도 전투를 그린 기록화다.

하며 달려가 군중 속에서 안량의 목을 번개처럼 베어 돌아왔다. 원
소군은 더 이상 버티지 못하고 후퇴했으며 백마성의 포위도 풀렸
다.(《삼국지》〈위서〉'무제기' 제1)

해설

관도 전투에서 조조는 '형인이아무형形人而我無形', 적은 드러나게 하
고 나는 보이지 않게 한다는 속임수를 동반한 시형법을 활용하여
'나의 힘은 집중하고 적은 분산시켜' 적은 수로 많은 수를 이기는
전례를 남겼다.

〈형전〉 편에 인용한《손자병법》〈허실〉 편의 관련 대목을 좀 더 보자.

"적군을 드러나게 하고 아군을 보이지 않게 하면, 아군은 집중할
수 있고 적은 흩어진다. 아군은 하나로 집중하고 적은 열로 분산된
다면, 열이 하나를 상대하는 것이나 마찬가지다. 즉 아군은 많고
적은 적어진다. 다수의 병력으로 소수의 병력을 공격할 수 있으면
아군이 싸울 상대가 가벼워지는 것이다."

이 전략은 시형법으로 적을 속여서 그 의도를 드러내도록 유인하
며, 내 쪽은 흔적을 드러내지 않아 허실을 모르게 하고 실체를 헤
아릴 수 없게 한다는 것이다. 그런 다음 병력을 집중하여 적을 향
해 진군한다.

동서고금의 전쟁사에서 직접적이고 진정한 군사 목적은 적을 소
멸하고 나를 지키는 데 있다. 이 목적을 실현하려면 여러 가지 교
묘한 위장술과 기만술로 자신의 의도를 은폐해야 한다. 전략의 성

공과 실패는 치밀함과 허술함 사이에서 결정 난다. 어떤 전법이든 적의 변화에 따라 변화할 수 있어야 한다. 생각해 보라! 내 쪽의 행동과 의도 따위가 적에게 파악되었다면 어떻게 전쟁의 주도권을 잡겠는가? 역대 병가들이 시형법을 중시해 온 이유다.

〈형전〉편의 핵심은 내 전력을 감추어 적의 전력을 분산시키는 데 있다. 따라서 그 방법을 철저하게 강구해야 한다. 그 방법이 치밀하고 철저하지 못하면 반격을 당하기 쉽다. 가상으로 적을 속이고 전력을 분산시키는 데 성공하면 다양한 공격법으로 적을 분쇄할 수 있다. 이 문제는 〈강전〉과 〈약전〉편에서 다뤘으니 함께 참고하고 연계하여 구사하면 더 큰 효과를 거둘 수 있다.

경영 지혜

〈형전〉편의 요지는 내 전력을 감춘 채 집중하라는 것이다. 특히 자신의 주요 역량을 집중하여 큰일을 해내라고 말한다. 엥겔스가 나폴레옹을 평가한 내용을 보면 참고할 만하다.

"나폴레옹은 많은 전투에서 상대보다 병력이 열세였다. 그러나 공격 지점에서 우세한 국면을 조성하여 늘 승리를 거뒀다."

스위스의 유명한 군사가 요미니Antoine-Henri Jomini(1779~1869)도 비슷한 말을 남겼다.

"모든 전략적 행동은 아군의 주력을 적이 연속적으로 벌이는 작전의 정면 또는 서로 다른 지점에 내던지는 데 그 목적이 있다. 이때 응용하는 원리는 큰 것으로 작은 것을 먹어치우는 방법이다. 참으로 '교묘하다'고 할 수 있다. 나폴레옹이 1796년, 1809년, 1814년에 보여 준 행동은 이런 전략의 모범이었다."

한편 서양에서 군사학의 바이블로 평가받는 《전쟁론》을 남긴 클라우제비츠Carl Von Clausewitz(1780~1831)는 이렇게 말했다.

"상대적 우세를 차지하려면 결정적인 지점에 교묘하게 우세한 병력을 집중해야 한다. 그러려면 결정적 지점을 정확하게 결정해야 하고, 자신의 군대를 처음부터 정확한 방향으로 이끌어야 한다. 이때 가장 중요한 것을 위해 다음으로 중요한 것을 희생할 결심을 하지 않으면 안 된다. 우세한 병력을 집중하면 적의 전투 체계 균형을 깨고 내 역량의 총체적 대비를 바꿔 우세한 지위를 차지함으로써 신속하게 전투를 끝내고 승리를 거둘 수 있다."

병법에서 아군의 병력을 집중하라고 강조하듯이 기업 경쟁에서도 이 전략은 널리 운용될 수 있다. 특히 이제 막 발전 단계에 있으면서 실력이 상대적으로 약한 기업에게 이 전략은 적지 않은 계시

클라우제비츠는 역량 집중이 궁극적으로 전쟁의 형세를 바꾸고 나아가 승부를 결정지을 수 있다고 진단했다.

를 준다. 이런 기업에게 자금은 어쩔 수 없는 약점이다. 사업할 때는 늘 주머니를 헤아려야 한다. 내 힘을 헤아리는 일은 이런 기업이 반드시 지켜야 하는 철칙이다.

경쟁력이 강한 주력 상품도 예외 없이 걸음마에서 시작했다. 작은 상품이라도 시장 경쟁에서 얼마든지 언제든지 우뚝 설 수 있다는 말

이다. 이런 상품이 기지개를 켜는 관건은 우세한 역량을 집중할 수 있는가 여부다. 작은 상품에 자원을 집중하여 부분적이나마 우세한 지위를 차지할 수 있는가에 따라 이 상품이 시장의 한 부분을 장악하고 발전해 나가다 어느 날 업계의 왕자로 우뚝 설 수 있는가가 결정된다.

'역량 집중이 큰일을 낸다'라는 말은 무슨 일이든 내가 가진 주된 모순이 무엇인지 정확하게 잡아낸 다음 주요 역량을 집중하여 그 주된 모순을 해결하라는 이치에 다름 아니다.

024

세전

형세와 기세 그리고 대세를 장악하면 절대 유리한 국면을 창출한다

勢戰

용병(경영) 원칙

병법은 '세勢'를 중요시한다. '세'란 유리한 형세를 의미한다. 적의
형세를 이용하여 아군의 상황을 유리하게 이끄는 것이다. 적에게
파멸의 형세가 나타나면 아군은 그 기회를 이용하여 신속히 공격
해야 적군을 궤멸할 수 있다.

《삼략三略》에서는 "유리한 형세를 이용하여 적을 격파하라"라고
했다.

역사 사례

265년 무렵, 진나라 무제 사마염이 오나라를 멸망시키려는 전략을
세워 조정의 공론에 부쳤으나 대다수가 황제의 뜻에 반대했다. 오직
양호羊祜와 두예杜預(222~284), 장화張華가 무제의 의견에 동의했다.

양호는 신병이 위독하자 무제에게 두예를 천거하여 자신의 자리와 일을 대신하게 했다. 양호가 죽은 뒤 무제는 두예를 진남대장군鎭南大將軍으로 임명하여 형주 지방의 모든 군무를 맡겼다.

두예는 현지에 부임하자 병기와 장비를 정비하고 부대 훈련을 강화하여 군의 위용을 가다듬었다. 그는 정예병을 뽑아 오나라 서릉도독西陵都督 장정張政의 군을 공격하여 격파한 다음 조정에 글을 올려 오나라 정벌 시기를 물었다. 내년에 대군을 동원하여 오나라를 정벌할 계획이라는 답서가 오자 두예는 다시 글을 올려서 건의했다.

"모든 일은 이해득실을 비교하여 결정해야 합니다. 지금 우리가 추진하는 오나라 정벌 계획은 유리한 점이 십중팔구인 반면 불리한 점은 열에 한둘에 불과합니다. 그 불리한 점이란 것도 기껏해야 우리가 완승을 거두지 못할 위험이 있다는 정도이고, 패전이라는 최악의 상황에는 절대로 이르지 않을 것입니다. 조정의 신하들이 오나라가 아직 패망할 형세는 아니라고 주장하는 것은 사리에 맞지 않습니다. 그들이 오나라 정벌을 반대하는 이유는 단지 자신들이 제안한 계획이 아니고, 오나라 정벌에 성공할 경우 그 공로가 자신들에게 돌아오지 않을 것이며, 자신들의 원래 주장이 틀렸다는 점을 부끄러워하기 때문입니다. 그런 이유로 조정의 중신들이 오나라 정벌을 극구 반대하는 것입니다.

옛날 한의 선제宣帝가 강족 지구에서 둔전屯田(주둔한 군대를 위해 농사를 지어 군량미를 확보하며 장기전을 대비하는 정책)하며 변경을 지키자는 조충국趙充國(기원전 137~기원전 52)의 작전 계획(제31편〈척전斥戰〉참고)을 놓고 신하들과 의논했을 때도 이의를 제기하는 자가 많았습니다. 그러나 조충국의 건의가 실효를 거두자 선제는 그동안 이의를 제기한

자들을 꾸짖어 다시는 무작정 반대를 일삼아 이의를 제기하지 못하도록 못을 박았습니다.

올가을 이후 우리가 오나라를 정벌하여 멸망시킬 수 있다는 형세가 두드러지게 나타납니다. 그런데도 계획을 연기한다면 오왕 손호孫皓가 방어책을 세울 것입니다. 수도를 무창武昌으로 옮기고 강남 지역의 여러 성읍을 보수하여 수비 태세를 강화한 다음 그 지역의 거주민을 멀리 이주시켜 우리가 성을 공격할 수 없게 만들 것입니다. 또한 들판을 텅 비워 두는 청야淸野 작전을 구사하여 우리가 현지에서 군량을 조달할 수 없게 하고, 하구에 대형 전함을 집결하여 아군의 진공을 방어할지도 모릅니다. 실제로 그렇게 한다면 내년에 오나라를 정벌하려는 우리의 계획은 헛일로 돌아갈 것입니다."

두예의 보고서가 도착했을 때 무제는 장화와 바둑에 열중하고 있었다.

장화가 즉시 바둑판을 밀쳐 낸 뒤 손을 모으고 아뢰었다. "폐하께서는 명철하고 위엄이 뛰어나서 지금까지 승리하지 못한 전쟁이 없습니다. 우리 진나라는 부유하고 군사력은 막강한 반면 오왕 손호는 황음하고 포악하며 현명하고 유능한 인재들을 죽여 없애고 있으니 지금 오나라를 정벌한다면 큰 대가를 치르지 않고도 오나라를 평정할 것입니다."

진의 무제는 장화의 말을 듣고 두예의 오나라 정벌 계획을 허락했다. 두예는 부대를 강릉에 모아 장군 주지周旨, 오소伍巢 등에게 명하여 부대를 이끌고 야음을 틈타 장강을 건너 낙향樂鄉을 기습했다. 다음은 점령지에 깃발을 많이 꽂아 놓고 파산巴山에 불을 질러 오나라의 험한 요새를 공격함으로써 오군의 투지력과 기세를 무너 뜨리고 오나라의 도독 손흠孫歆을 사로잡았다. 진군이 장강 상류 지역을 평정했다는 소식을 들은 오나라의 군과 현은 상강湘江 이남에서 교주交州, 광주廣州에 이르기까지 모두 진나라에 항복했다. 두예는 황제를 대신하여 조서를 선포하고 귀순하는 오나라 백성을 편안히 살게 해 주었다.

두예가 장수들을 소집하여 차후의 대책을 논의할 때 한 장수가 주장했다. "강남에 단단히 둥지를 틀고 100년의 역사를 이어 온 적국을 하루아침에 완전히 멸망시킬 수는 없습니다. 지금은 이미 우기가 시작되었고 장차 전염병이 크게 번질 것입니다. 그러니 겨울이 되기를 기다렸다 다시 출정해야 합니다."

하지만 두예는 단호하게 반박했다. "옛날 전국시대에 연나라 장군

두예는 진과 오가 처한 형세뿐만 아니라 대세, 태세, 기세를 포함하는 '4세'를 정확하게 파악하고 오나라를 공략했다. 그 뒤에는 두예를 믿고 추천한 명장 양호가 있었다. 사진은 두예의 초상화다.

악의樂毅는 제서濟西의 일전으로 강한 제나라를 평정했다(제90편 〈이전離戰〉 참고). 지금은 아군의 위엄이 적국까지 떨치니, 우리가 대적하여 공격하는 것은 대나무를 쪼갤 때 몇 마디만 쪼개면 나머지는 칼날만 대도 저절로 갈라지듯 더 이상 힘이 소모되지 않는 형세다."

두예는 전 장병을 이끌고 오나라 수도 건업으로 진격했다. 두예가 지나는 오나라 성읍들은 감히 항전할

엄두도 내지 못하고 모두 투항했다. 마침내 진군은 오왕 손호를 사로잡고 오나라를 평정했다.(《진서》〈두예전〉)

해설

손빈은 "용병을 잘하는 자는 그 형세를 유리하게 이끈다"라고 말했다(《사기》〈손자오기 열전〉).《손자병법》(〈허실〉편)에는 다음과 같은 대목이 있다.

"무릇 군대의 형태는 물과 같아야 한다. 물의 형세는 높은 곳을 피하고 아래쪽으로 흐르기 마련이다. 군대의 형태는 적의 실을 피하고 허를 쳐야 한다. 물은 땅의 형세에 따라 흐름의 형태가 규정되고, 군대는 적의 정세를 이용하여 승리를 취하는 것이다."

손빈과 손무는 모두 적의 정세와 형세를 이용하여 승리를 취하는 '인적제승因敵制勝' 전략을 제시한다. 이 전략의 요지는 적의 정세 변화에 알맞은 작전과 전략을 사용해야만 승리를 거둘 수 있다는 것이다. 손무의 전략 사상 중에서도 중요한 작전 원칙이다. 이 전략 사상은 작전 목표, 작전 방향, 작전 행동을 어떻게 정확하게 선택할 것인가 하는 문제와 관련하여 중요한 의의를 지닌다.

〈세전〉편은 바로 이 같은 고대 군사 전략을 계승했다. 특히 유리한 태세態勢, 형세形勢, 기세氣勢, 대세大勢의 4세四勢를 충분히 이용하는 문제를 집중 언급한다. 적을 격파할 수 있는 이 네 가지를 장악해야만 시기를 놓치지 않고 적시에 적을 공격하여 물리칠 수 있기 때문이다.

본편에서 강조하는 '세를 탄다'는 문제는 작전 지휘의 관점에서 볼 때 전기戰機를 어떻게 정확하게 선택할 것인가 하는 문제다. 작전 시기, 특히 전략적 결전의 시기는 선택의 타당성 여부에 따라 전쟁의 승패와 직결되기 때문이다. 정확하게 전기를 선택하는 것은 역대 군사전문가들이 매우 중시한 문제였다.

용병이든 경영이든 시기 선택은 대단히 민감하면서 중대한 문제다. '타이밍이 승리이자 돈'이기 때문이다. 〈세전〉은 이 타이밍을 놓치지 말 것을 강력하게 주장한다. 4세를 잘 헤아려 이 중 두세 가지만 충족해도 승리할 수 있다면 시기를 놓치지 말고 진공해야 한다. 물 들어왔을 때 노 저으라는 속담도 있지 않은가. 세에 올라타지 못하면 시기를 놓치고, 시기를 놓치면 전의를 상실하여 스스로 무너지거나 패배할 수밖에 없다.

025

주전

내 전력이 눈으로 확인 가능할 때는 모습을 감추거나 위장하라

畫戰

용병(경영) 원칙

대낮에 적과 싸울 때는 여러 가지 깃발을 많이 꽂아 눈속임한 의병疑兵, 즉 위장 진지 등을 설치하여 적이 아군의 병력을 판단하지 못하게 만들어야 한다. 이같이 하면 승리할 수 있다.

《손자병법》(〈군쟁軍爭〉편)에서 "낮에 싸울 때는 여러 가지 깃발을 많이 설치해야 한다"라고 했다.

역사 사례

춘추시대인 기원전 555년, 진晉의 평공이 군을 출동시켜 제나라를 공격했다. 제나라 영공靈公은 무산巫山에 올라 진나라의 군세를 살펴보았다. 이때 진의 평공은 군대를 이끄는 사마司馬를 파견하여 산림과 하천, 늪 등 험준한 요충지의 지형 등을 탐지하고, 사람이 들어갈 수 없는 지역까지 모두 큰 깃발을 꽂아 두는 등 여기저기에 위장용 진을 쳐 놓은 상태였다.

또한 전차 왼쪽에만 무사를 태우고 오른쪽에는 인형을 세워 전차병의 숫자가 많은 것처럼 위장했으며, 깃발을 앞세우고 전차 부대가 그 뒤를 따라 전진하되 수레에 나뭇가지를 매달아 나뭇가지가 바닥에 끌리면서 먼지를 일으켜 병력이 많은지 적은지를 제나라 군이 판단하지 못하게 했다.

춘추시대 진 평공은 대낮에는 아군의 전력을 위장하라는 〈주전〉의 요점을 제대로 아는 리더였다. 도면은 진 평공과 대신들의 모습을 그린 청나라 때 그림이다.

제나라 영공이 이를 보고 진나라 군이 대병력이라고 오판하여 두려운 나머지 도망쳐 버렸다. 진 평공은 세를 몰아 추격하여 제나라 군을 대파했다.(《좌전》 양공 18년조)

해설

〈주전〉 편에서는 낮에 작전을 수행할 때 적을 미혹시키는 방법을 기술하고 있다. 깃발을 많이 꽂아 의병을 만들어 적이 아군의 군사력을 정확히 파악하지 못하게 하면 승리할 수 있다고 했다.

깃발을 설치하여 의병을 만드는 것은 고대 작전에서 상용하던 시형법의 하나다. 이 방법의 핵심은 거짓으로 적을 미혹시키는 데 있다. 다음 편에서 이야기할 '밤에 전투하는' 〈야전〉 때 불과 북을 사용한다는 것과 함께 《손자병법》 〈군쟁〉 편에서 유래한 것이다. 깃발과 불과 북은 전쟁터에서 병사들이 보고 듣는 데 필요한 지휘 신호였다.

〈주전〉 편은 적을 미혹시키는 위장 수단을 차용할 것을 강조하고 있다. 이는 기본적으로 《손자병법》의 전략 사상을 계승한다. 그러나 좀 더 구체적인 방법과 사례를 제시하며 한 걸음 더 나아갔다.

먼저 〈주전〉은 아군의 전력을 눈으로 확인할 수 있는 대낮에 전투할 때는 어떻게 대처할 것인가에 대한 논의다. 다음에 소개할 〈야전〉은 눈으로 확인할 수 없는 야간 전투에 대응하는 방법을 논한다. 〈주전〉이 시각적으로 효과를 볼 수 있는 방법을 활용하는 것이라면, 〈야전〉은 청각적으로 효과를 볼 수 있는 방법을 활용하라고 제안한다. 낮과 밤의 차이에서 오는 방법의 차이라 할 수 있다.

〈주전〉 편은 나의 전력을 상대가 확인할 수 있는 상태에서 전개해야 하는 전략을 말한다. 기업은 경영 상황이 대체로 투명하게 다 드러난다. 공개적으로 투명하게 경쟁한다고 봐야 할 것이다. 하지만 나의 모든 상황을 100퍼센트 다 드러내서 경쟁할 수 없고, 그래서도 안 된다. 경쟁 상대가 있는 한, 또 불법이 아닌 한 감출 수 있는 것, 감춰야 하는 전력은 최대한 감춰야 한다. 특히 인적 자원이나 자금력은 가능한 한 드러나지 않아야 한다.

026

야전

소리와 감각을 활용하는 창의력이 승부를 가른다

夜戰

용병(경영) 원칙

밤에 전투할 때는 반드시 불빛과 북소리를 이용해야 한다. 적군의 이목을 교란하고 적이 아군의 계책을 알아채지 못하게 숨기기 위함이다. 이렇게 하면 승리할 수 있다.

《손자병법》에서는 "야간에 싸울 때는 불빛과 북소리를 이용하라"라고 했다.

역사 사례

춘추시대인 기원전 478년 무렵, 월越이 5만 병력을 동원해 오吳를 침공하자 오나라도 방어군 6만 명을 출동시켜 입택笠澤 북쪽 기슭에 포진했다. 월나라 군은 그 남쪽 기슭에 도달하여 강을 사이에 두고 오나라 군과 대치했다.

오왕 부차夫差(기원전 약 528~기원전 473)는 하루에 다섯 차례나 소부대를 출동시켜 도전했다. 이에 월왕 구천句踐(기원전 약 520~기원전 465)은 분노를 이기지 못하고 대응하려 했으나 매번 범려范蠡(기원전 535~기원전 447)의 제지를 받았다.

"여러 해 동안 조정에서 치밀하게 세운 계획을 일시적인 분노로 야전에서 그르치면 되겠습니까? 대왕께서는 기회가 올 때까지 적의 도전에 응하지 마십시오."

"옳은 말씀이오."

범려는 구천이 말은 그렇게 했지만 진심으로 승복하지 않음을 보고 용병의 도리를 장황하게 설명하며 거듭 깨우쳐 주었다. 구천은 그제야 진심으로 승복하고 오나라 군의 도전에 응하지 않았다.

월왕 구천은 해 저물 녘에 각각 1만 명의 병력으로 편성된 좌우 두 개 부대를 입택 상류와 하류 5리 지점까지 은밀히 이동하여 대기시킨 다음 자신은 6000명의 친위 부대를 거느리고 출동할 태세를 갖췄다. 그리고 진중에 '내일 아침 수상 전투를 실시할 예정'이라는 소문을 퍼뜨렸다. 그런데 밤이 되자 입택을 거슬러 올라간 좌군 부대와 하류에 대기 중인 우군 부대가 구천의 명령을 신호로 호수 한가운데에 배를 정박하고 일제히 북과 함성을 울리며 당장이라도 강을 건너 공격할 듯이 '양동작전陽動作戰'을 펼쳤다.

오왕 부차는 호수의 하류와 상류에서 북소리와 함성이 진동하자 월나라 군이 야음을 틈타 강을 건너 협공하는 줄 알고 크게 놀란 나머지 본대를 둘로 갈라 상류와 하류 지점으로 급파하여 월나라 군의 도하를 저지했다. 구천은 부차가 주력을 나누어 출동시켰음을 확인한 다음 이동 중의 혼란을 틈타 6000명으로 편성된 정예 친위 부대를 거느리고 은밀히 입택을 건너 오왕 부차가 지휘하는 중군 본영을 엄습했다. 오나라 군 진영은 삽시간에 대혼란이 일어났다.

월나라 군의 도하를 저지하기 위해 출동한 오나라 군의 주력은 본영이 습격당하자 황망히 되돌아왔다. 그러나 뒤이어 상륙한 월나라 군의 좌우익이 양면에서 동시에 추격을 개시했다. 오왕 부차는 삼면에서 기습 공격을 받고 결국 대패하여 북방 20리 지점으로 퇴각했다. 월나라 군은 승세를 몰아 추격하여 또다시 오나라 군을 대패시켰다.

부차는 후방의 퇴로가 끊길 것이 두려워 다시 고소성姑蘇城 외곽으로 황급히 퇴각했다. 그러나 뒤따라 추격해 온 월나라 군은 맹렬한 공격을 퍼부어 오나라 군을 격파했다. 이렇게 세 차례에 걸쳐 참패를 당한 오나라 군은 마침내 성내로 들어가 농성하기 시작했다.

농성 5년째 되는 해 11월, 부차는 병력과 식량이 고갈되자 더 이상 버티지 못하여 야음을 틈타 월나라 군의 포위망을 뚫고 도성 서쪽 30리 지점 고소산으로 도망치려 했다. 그러나 뒤쫓아 추격해 온 월나라 군에 다시 포위되고 말았다. 오왕 부차는 사람을 월의 군영으로 보내 구천에게 투항 의사를 밝혔다. 구천은 궁지에 몰린 부차의 처지가 측은하여 차마 거절하지 못하고 항복 요청을 받아들이려 했다.

그러나 범려가 나서서 반대했다. "회계산會稽山 전투 때 하늘은 우리 월나라를 오나라에 내려 주었으나 오나라는 스스로 받아들일 줄 몰랐습니다. 오늘에 이르러 하늘은 반대로 오나라를 우리에게 내려 주었습니다. 그런데도 월나라가 하늘의 뜻을 거역하면 되겠습니까? 더구나 대왕께서 회계산의 치욕 이후 날이면 날마다 새벽부터 밤늦게까지 식음을 전폐하고 노심초사하신 것도 바로 오나라 때문 아닙니까? 지난 22년 동안 절치부심 계획해 온 복수를 하루아침에 포기하실 겁니까? 하늘이 주신 것을 받아들이지 않으면 재앙을 받는 법입니다. 대왕께서는 회계산의 치욕을 벌써 잊으신 건 아니겠지요?"

구천은 범려의 충고를 듣고 변명했다. "그대의 말을 따르고는 싶으나 오나라의 사자를 보니 차마 거절한다는 말을 못 하겠소."

그러자 범려는 구천 대신 북채를 잡고 북을 울리며 고소산 공격을 재개했고, 결과를 기다리는 오나라 사절에게 외쳤다. "대왕께서는 나에게 모든 작전 권한을 일임하셨다. 오나라 사자는 돌아가라. 돌아가지 않을 경우 이 범려가 어떤 무례한 짓을 해도 원망하지 마라!"

사신은 대성통곡하며 고소산으로 돌아갔다.

그 모습을 본 구천은 오나라 군신의 처지를 가련하게 여겨 부차에게 사신을 보내 제안했다. "내가 그대를 동해 용구 땅에 안치하고 100호, 주민 300명을 딸려 보내 종신토록 시중을 들게 하면 어떻겠소?"

그러나 부차는 월왕의 호의를 사절했다. "하늘이 지금 우리 오나라에 재앙을 내려 내가 이제 종묘사직을 잃게 되었소. 오나라의 영토와 백성이 모두 월의 소유가 되는 것을 내 어찌 이 하늘 아래에서 보고만 있으리오?"

부차는 결국 죽음을 결심하고 충신 오자서의 시체가 던져진 전당강錢塘江으로 사람을 보내 사죄했다. "사람이 죽어서 아무것도 모른다면 그만이겠지만, 죽어서도 지각이 있다면 내 무슨 낯으로 그대를 만나겠는가!"

결국 오왕 부차는 스스로 목숨을 끊었다. 월왕 구천은 부차를 후히 장사 지낸 뒤 오나라를 멸망으로 몰고 간 간신 백비伯嚭를 잡아 죽였다.

오나라를 평정한 월의 구

반세기에 걸친 '오월쟁패'는 탁월한 전략가 범려에 의해 막을 내렸다. 마지막 결전에서 범려는 〈야전〉 편이 제시하는 핵심을 철두철미하게 활용했다. 사진은 서시 사당에 있는 범려(왼쪽)와 구천(가운데)의 목상이다.

천은 그 위세를 몰아 군을 이끌고 회수淮水를 건너 북상하여 서주 동산에서 제·진·노·송 등의 제후국과 회맹한 다음 주 왕실에 조공을 바쳤다. 이리하여 월나라는 중원의 제후국을 호령하고, 강수江水와 회수의 동북 지역과 전당강 유역의 영토를 차지한 강대국이 되어 마침내 패왕이라는 칭호를 얻었다.(《좌전》 애공 17년조)

해설

〈야전〉 편의 핵심과 요령은 오월쟁패가 생생하게 잘 보여 준다. 〈주전〉 편에서도 말했듯이 〈야전〉은 〈주전〉과 함께 놓고 살펴야 한다. 〈야전〉은 야간의 전술을 논하는데 역시 적을 헛갈리게 만드는 방법이 핵심이다. 대낮에는 모든 사물이 눈에 잘 띄기 때문에 겉모습으로 적을 혼란스럽게 만들고 밤에는 소리로 미혹시켜야 한다.

고대 전투 작전에서 시각은 기본이고 청각은 보조 역할을 했다.

〈주전〉과 〈야전〉 편은 이에 대한 전략을 다룬 것이다. 이 역시 넓게 보면 시형법인데, 야전에서는 횃불 같은 시각적 방법을 함께 사용하면 더욱 효과적이다. 물론 주전에서도 북과 꽹과리 등 청각적인 방법을 얼마든지 사용할 수 있다.

오월쟁패의 사례에서는 전력을 위장 분산하여 적의 주의를 흩뜨리는 전략까지 제시하는데, 《36계》의 동쪽에서 소리치고 서쪽을 공격한다는 '성동격서聲東擊西'가 대표적이다. 다만 청각을 이용하는 장치까지 포함하여 좀 더 입체적인 전략으로 거듭났다.

027

비전

주도면밀한 방비와 대비는 무패의 핵심이다

備戰

용병(경영) 원칙

군이 출정하여 행군할 때는 적의 요격에 대비해야 하고, 정지했을 때는 적의 기습에 대비해야 하고, 진영을 설치하고 주둔할 때는 적의 침투와 약탈에 주의해야 하고, 바람이 세차게 불 때는 적의 화공을 경계해야 한다. 상황에 따라 적절한 대비책을 세워 놓는다면 승리만 있을 뿐 결코 패배하지 않을 것이다.

《좌전》에 "방비가 있으면 패배는 없다"라고 했다.

역사 사례

삼국시대인 221년 10월, 위나라 조비曹조가 대군을 일으켜 강남 지방의 오나라를 정벌했다. 위나라 장수 만총滿寵이 이끄는 부대는 호수를 끼고 오나라 군대와 대치했다.

하루는 만총이 장병들에게 명령을 내렸다. "오늘 밤은 바람이 거세게 불어 적이 화공으로 나올 가능성이 있다. 그러니 적의 화공에 철저히 대비하라."

모든 장병이 경계를 강화했고, 야밤이 되자 과연 오나라 열 개 분대가 위나라 군영에 불을 놓기 위해 습격해 왔다. 미리 대비한 만총의 위나라 군은 역습을 가하여 오나라 군을 물리쳤다.(《삼국지》〈위서〉'만총전')

삼국시대 조비(조조의 둘째 아들)는 오나라를 공략하면서 적의 공격에 철저히 대비하여 승리할 수 있었다.

해설

〈비전〉편에서 말하는 '비備'란 '방비防備'에서 그 뜻을 취한 것이며, 행군 때나 군영을 치고 있을 때 적의 기습에 어떻게 대비할 것인가를 논한다. 적절한 방비는 적에게 승리를 안겨 주지 않는 최소한의 조치라는 점을 강조하고 있다.

〈비전〉편은 《좌전》(선공 12년조)의 '유비불패有備不敗(방비가 있으면 패배는 없다)'를 인용하는데, 수많은 전쟁 사례로 입증된 객관적 진리에 가깝다. 그러나 이는 문제의 한 측면에 지나지 않는다. 문제의 또 다른 측면은 《손자병법》〈시계〉편)에서 말하는 "방비하지 않은 곳을 공격하고(공기무비攻其無備) 뜻하지 않은 계책을 내라(출기불의出其不意)"는 것이며, 이 또한 실제 전쟁으로 입증된 보편적 규율이다. 적의 갑작스러운 공격에 잘 대비하는 한편 적이 방비하지 않거나 대비하지 못한 곳을 기습하여 승리할 수 있어야만 뛰어난 리더이자 리더가 본받아야 할 표본이다.

전술상 무방비를 공격한다는 것은 전투에서 늘 대담하고 확고하게 행동하는 것을 말하며, 지리적 이점과 공간을 교묘하게 이용할 것을 요구한다. 또한 새로운 전술로 현재 보유한 병력과 무기를 사용하며, 전기를 놓치지 말아야 함은 물론 적의 허점을 확실하게 움켜쥐어야 한다. 여기서는 참신한 전술 수단이 가장 중요하다. 처음 사용하는 새로운 전술은 적이 헤아리기 어렵다. 전투에서 기적을 창조해 내는 영웅은 새로운 수단의 창조자가 아니라 참신한 방식으로 모종의 수단을 활용하는 자다.

1940년 5월 10일, 나치 독일군의 벨기에 기습은 전술상 '공기무비'의 모델로 꼽을 만하다. 독일군은 에버트운하의 남부 방위선을 지탱하는 요새를 기습했는데, 이 방어선은 유럽에서 이름난 군사 방위 체계이며 마지노선과 나란히 거론될 정도였다. 독일이 에버트운하 방어선을 돌파하여 네덜란드와 벨기에를 정복하고, 한 걸음 더 나아가서 길을 돌아 프랑스를 침입하려면 먼저 이 '자물쇠'를 열어야만 했던 것이다.

독일은 '공기무비'라는 군사 목적을 달성하기 위해 전통적인 기습 방식에서 벗어난 기가 막힌 방법을 구사해야만 했다. 포병과 공중 화력의 뒷받침이 전혀 없는 상황에서 겨우 100명에 불과한 낙하산 부대를 야밤에 수송기에 태우고 요새 정상에 직접 투입했다. '하얀 눈꽃이 정상을 뒤덮듯' 이 기습 전술은 군사240사상가들의 낡은 사유 방식의 틀을 깨는 것이었다. 열 배에 가까운 벨기에 군대가 독

《좌전》은 춘추시대의 숱한 전투와 전쟁 사례를 기록하고 있다. 특히 준비와 대비의 중요성을 강조한 대목이 많아 군사는 물론 경영에도 시사하는 바가 적지 않다. 사진은 《좌전》의 판본이다.

일군의 진공에 대비해 방어벽을 구축해 놓았지만, 모두가 잠든 밤에 하늘에서 내려올 줄은 미처 생각지 못한 것이다.

군사든 경영이든 모든 경쟁은 수비와 공격이 기본이다. 그런데 수비든 공격이든 반드시 필요한 것은 준비와 대비다. 상대가 나를 공격할 수 있다는 것은 내 쪽의 수비나 대비가 안 됐거나 부족하기 때문이다. 내가 상대를 공격하여 승리할 수 있다는 것 또한 상대가 준비하지 못했거나 대비가 안 된 곳을 공략하기 때문이다. 그래서 《좌전》은 '유비불패'와 함께 '유비무환有備無患'을 강조하고, 편안할 때 위기를 생각하라는 '거안사위居安思危'도 언급한 것이다.

028

양전

배고픔으로는 어떤 승리도 보장할 수 없다

糧戰

용병(경영) 원칙

적과 오랫동안 대치했으나 승부가 나지 않을 때는 식량이 많은 쪽이 승리하는 법이다. 아군의 식량 보급로는 적의 기습에 철저히 방비하는 한편 적의 보급로는 정예 부대를 출동시켜 차단해야 한다. 식량이 떨어지면 철군하지 않을 수 없으니, 이 기회를 노려서 공격하면 반드시 승리할 수 있다.

《손자병법》(〈군쟁〉 편)에 "군대에 식량이 없으면 작전에서 실패한다"라고 했다.

역사 사례

동한 말기인 200년 무렵, 7만의 조조 군대와 70만 대군의 원소 군대가 관도에서 대치하고 있었다. 원소는 수레로 군량을 운반하고, 식량 운반을 맡은 운량사 순우경淳于瓊 등 5인에게 1만여 명의 병력을 딸려 보내 호송하게 했다. 이들은 원소의 군영에서 북방으로 40여 리 떨어진 지역의 노천에서 야영하게 되었다.

원소의 참모 허유許攸는 재물에 욕심이 많았다. 그런데 원소가 자신을 중용하지 않자 앙심을 품고 탈주하여 조조 군대에 귀순했다.

조조 군대에 귀순한 허유가 물었다. "공께서는 적은 군사를 거느리고 원소의 대군과 겨루면서도 짧은 시일 안에 급속히 이길 방도를 찾지 않으니 이는 죽음의 길을 택하는 것입니다. 제게 한 가지 계책이 있어 싸우지 않고도 불과 3일 안에 원소의 백만 대군을 저절로 무너뜨릴 수 있습니다. 공께서는 제 말을 들으시겠습니까?"

조조는 크게 기뻐하며 듣기를 청했다.

허유가 말을 이었다. "원소의 군량과 중장비는 모두 오소烏巢 땅에 쌓여 있는데, 그곳을 지키는 순우경은 워낙 술을 좋아하는 위인이라 제대로 방비하지 않을 것입니다. 공께서는 날쌘 군사를 거느리고 원소의 장수 장기의 부하로서 오소 땅을 지키러 간다고 속임수를 쓰며 그곳에 가서 쌓여 있는 곡식과 말먹이 풀 그리고 중장비 전차를 불살라 버리십시오. 원소의 대군은 3일 안에 저절로 무너질 것입니다."

조조의 측근들은 대부분 회의적인 반응을 보였다. 하지만 참모 순유荀攸와 가후賈詡가 허유의 의견에 찬성하자 조조는 조홍曹洪, 순유, 하후돈夏候惇 등에게 본진을 맡기고 자신이 직접 보병과 기병 오천을 거느리고 출동했다.

조조군은 원소 측의 깃발을 사용하여 원소군으로 가장하고, 병사들과 군마의 입에 재갈을 물려 소리를 막았다. 그리고 야음을 틈

타서 샛길을 따라 행군하되 병사마다 마른 풀 한 묶음을 휴대하게
했다.

조조군은 행군 도중 원소군의 검문을 받을 때마다 "우리는 원공
(원소)이 조조가 아군의 후방을 노략질할까 걱정하여 특별히 파견한
부대로서 수비를 강화하러 가는 길이다"라고 둘러댔다. 원소군이
이 말을 의심치 않았으므로 조조군은 원소군의 검문소를 세 곳이
나 무사히 통과할 수 있었다.

사경쯤 오소에 도착한 조조는 군사들이 지고 온 마른 풀을 다발
로 묶어 저장소 주위에 일제히 불을 지르는 한편 북을 치고 함성을
지르며 쳐들어갔다. 군량을 지키던 원소군의 진영은 돌연한 습격
에 크게 놀라 우왕좌왕 동요했다. 조조군은 이 틈을 타서 원소군을
집중 공격해 대파해 버렸다. 원소는 이 소식을 듣고 갑옷도 버린
채 황망히 도주했다.(《삼국지》〈위서〉'무제기' 제1)

해설

"백성은 먹는 것을 하늘로 여겼다(민이식위천民以食爲天)."(《사기》〈역생육고
열전〉) 인류는 양식을 떠나 생존할 수 없다. 일을 할 수도 없다. 육체
와 정신이 사정없이 부딪치는 전쟁에서는 특히 그렇다. 배고픔으
로는 어떤 승리도 보장할 수 없다. 이는 전쟁뿐만 아니라 모든 사
회 활동에 적용되는 기본이다.

전쟁에서 현명한 장수는 아군의 식량 공급을 중시하여 온갖 방
법으로 식량을 지켜야 할 뿐 아니라 적군의 식량 부족과 사기 저하

따위를 잘 살피다 적시에 공격하여 승리를 거둘 줄 알아야 한다.

《손자병법》을 보면 다음과 같은 대목이 있다(위 원문에 인용된《손자병법》의 구절은 〈군쟁〉편을 잘라서 갖다 붙인 것으로 온전한 인용이 아니다).

"가까운 곳에서 먼 길을 떠나온 적을 기다리며, 아군을 편안하게 해 놓고 피로가 쌓인 적을 기다리며, 아군을 배불리 먹이고 굶주린 적을 기다린다. 이는 체력을 다스리는 방법이다."

여기서 배부름으로 굶주림을 기다린다는 '이포대기以飽待飢'가 나왔다.

고대 전쟁에서 식량은 전쟁의 승부를 결정하는 데 큰 영향을 미쳤다. '군사와 말이 움직이기 전에 식량이 앞서 간다'는 말이 잘 대변한다. 수나라 말기 진秦 왕 이세민李世民(훗날 당 태종, 598~649)은 적장 송금강宋金剛과 대치했을 때 식량 부족으로 진공할 수 없었다. 그 후 식량이 해결되어 공세를 취할 수 있었지만 오히려 '이포대기'의 모략으로 끝내 적을 대파했다. 식량이 부족한 군대는 적극 공세를 취하지 않아도 절로 무너진다는 사실을 말해 주는 사례다.

현대전에서는 새로운 특징들이 나타나긴 하지만 후방, 특히 병사 가족의 생활 보장은 전투력 발휘에 심각한 영향을 미친다. '이포대기'

초한쟁패 때 역생은 유방에게 "백성은 먹는 것을 하늘로 여긴다"라는 말로 식량과 기본 생활의 중요성을 일깨웠다. 군사와 경영에서는 더욱더 중요하다. 사진은 《사기》〈역생육고열전〉의 판본이다.

가 전투에 직접 참가하는 군사뿐 아니라 후방의 가족까지 포함하는 개념이 된 것이다. '이포대기' 전략은 현대전에 임하는 지휘관들에게 중요한 귀감으로 작용하기에 충분한 값어치가 있다.

'헝그리 정신'을 강조하던 시대는 이미 지나갔다. 애당초 이 용어 자체가 잘못된 건 생각하지 않고 직원들을 다그쳐 억지로 밀어붙이면 된다는 독재식 발상에 현혹된 리더가 많았다. 말도 안 되는 잘못된 이런 인식은 완전히 청산해야 한다. 배불리 먹은 병사가 굶주린 병사를 어렵지 않게 물리치듯 자신은 물론 가족의 생활이 보장된 직원이 기업과 리더를 위해 있는 힘을 다한다.

029
도전
향도, 즉 길잡이는 정보 그 자체다
導戰

용병(경영) 원칙

전투지로 기동할 때는 산과 강 등 주변의 지형이 험난한지 평탄한
지, 도로는 우회하는지 직행하는지 파악하기 위해 그 지방 사람을
향도繡導 삼아 길을 안내받아야 한다. 유리한 지형을 자세히 알고
의지하면 전쟁에서 승리할 수 있다.

《손자병법》에 "향도를 쓰지 않으면 지리의 이점을 얻을 수 없다"
라고 했다.

역사 사례

한나라 무제 때 흉노가 해마다 중국을 침입하여 인명을 살상하고
재물을 노략질하는 일이 잦았다. 기원전 124년 봄, 무제는 장군 위
청衛靑(?~기원전 106)에게 3만의 기병과 함께 북쪽 변방으로 출동하여
흉노를 토벌하라고 명령했다. 흉노의 우현왕右賢王은 한나라 군대

가 황막한 오지에 있는 자신들의 군영에 침입하는 일은 없을 거라고 생각하여 방비를 소홀히 하고 술에 취하는 등 군막에서 안일한 생활을 했다.

그러다 한군이 밤중에 갑자기 흉노 지역에 들이닥쳐 신속하게 흉노의 군영을 포위하자 대경실색하여 어찌할 줄을 몰랐다. 결국 우현왕은 애첩 하나와 수백 명의 기병만 거느린 채 한군의 포위망을 뚫고 북방으로 야반도주했다.

위청은 경기교위輕騎校尉 곽성郭成을 보내 도주하는 우현왕을 400여 리나 추격했으나 따라잡지 못했다. 대신 흉노의 편장偏將 열 명과 남녀 1만 5000여 명 그리고 수백만 마리의 가축을 노획하여 개선했다.

위청이 개선하자 무제는 위청에게 사자를 보내 대장군 도장과 부절을 수여하고 모든 장수를 그의 지휘 아래 두었다. 그런데 위청이 흉노와의 싸움에서 큰 전공을 세운 것은 교위 장건張騫(?~기원전 114, 한의 실크로드 개척에 큰 기여를 한 인물)을 향도, 즉 길잡이 삼아 군을 인도하게 했기 때문이다.

장건은 일찍이 사절 임무를 띠고 대월지大月氏로 가는 도중 흉노 땅에 오랫동안 억류당한 경험이 있어 그 지역의 지리를 잘 알았다. 장건이 흉노 지역의 물과 말먹이 등이

위청이 먼 길을 원정하고도 흉노를 무난히 공략한 것은 흉노의 실질적인 정보를 확보한 장건의 안내를 받았기 때문이다. 사진은 서역으로 떠나는 장건을 그린 그림이다.

어디에 있는지 소상하게 파악했기에 한나라 군은 행군 도중 굶주림과 목마름의 위협에서 벗어날 수 있었다.《한서》〈위청전〉

해설

〈도전〉 편은 길을 안내하는 향도가 작전에서 얼마나 중요한가를 논한다. 적의 땅에서 작전을 수행할 때 길을 모르면 낭패다.《십일가주손자十一家注孫子》에서 두목杜牧은 당나라의 유명한 군사전문가 위공衛公 이정李靖의 말을 빌려 향도가 없으면 사지死地에 빠지기 쉽다며 그 구체적인 상황과 빠져나오는 방법을 얘기하고 있다.

"행군하다 향도가 없어 적에게 제압당하는 위기에 빠지는 경우가 있다. 좌우는 산과 계곡으로 둘러싸인 험한 길이고 앞뒤는 길이 끊겼다. 전열은 미처 다 정비되지 않았고 강적이 곧 눈앞에 닥칠 오갈 데 없는 상황, 싸워도 안 되고 지켜도 안 되는 상황이다. 멈추면 한없고 움직이면 앞뒤로 적을 맞이해야 한다. 들에는 물도 풀도 없고 군량미는 떨어져 가며 말과 병사는 점점 지친 데다 힘도 지혜도 모두 동이 나 버렸다. 한 사람이 험한 곳을 지키면 만 명이 갈 곳이 없어진다. 요지는 적이 먼저 차지해 버렸다. 아군은 이미 모든 이점을 잃어버린 상황에서 무슨 방법인들 소용이 있겠는가?"

이정은 사지의 특징을 구체적으로 묘사했다. 그는 전법에 대해 "사지에 몰렸을 땐 빨리 싸우면 생존하고 그러지 못하면 망한다. 위아래가 한마음이 되어 죽을 각오를 하고 나아가야만 패배를 공세로 바꾸고 화를 복으로 변화시킬 수 있다"라고 말한다.

이정은 사지에 몰렸을 때 빠져나오는 방법은 죽을힘을 다해 싸우는 것밖에 없다고 했다. 사지에 빠져서는 안 된다는 뜻이기도 하다. 적의 땅에서는 반드시 향도를 앞세워야 하는 이유다.

〈도전〉 편은 적지의 지형 조건은 그 지역 사람이나 그 지역을 훤히 꿰뚫은 사람을 길잡이로 삼아야만 알 수 있다고 지적한다. 유리한 지형 조건을 충분히 이용해야만 승리할 확률이 높아지는 것이다.

전쟁은 늘 일정한 공간에서 벌어진다. 작전 지역의 지형 조건에 따라 작전을 펼치는 양쪽 모두 절대적인 영향을 받을 수밖에 없다. 불리한 지형을 피하고 유리한 지형을 이용하는 것은 모든 병법가가 매우 중시한 문제였다.

유리한 지형을 차지하고 불리한 지형을 피하기 위해 그 지역 상황에 익숙한 사람을 향도로 활용하는 것은 정찰 수단과 기술이 낙후된 고대 작전에서는 늘 채용할 수밖에 없는 유효한 방법이었다.

현대 사회에서 길잡이는 상대의 정보를 파악하고 장악한다는 점에서 여전히 필요하고 유용하다. 경쟁 상대의 상황 그 자체도 정보인데, 정보의 중요성은 더욱 커졌기 때문이다.

기업 경영에서 〈도전〉은 정보의 중요성에 대한 지적으로 받아들일 수 있다. 특히 기업이 다른 지역이나 외국에 지사를 내거나 영업을 하려면 반드

중국 시장에서 겪은 미스터 피자의 실패는 현지화 전략을 소홀히 한 대표 사례로 남을 것이다. 그 실패의 여파가 국내까지 심각한 영향을 미쳤기 때문이다. 사진은 텅 빈 미스터 피자 상하이점 내부다.

시 그 지역 전문가나 그 지역 사람의 도움을 받아야 한다. 이것이 '현지화 전략'의 일환인데, 타지에서의 사업 성공 여부는 현지화 전략과 직결되기 때문이다. 그럼에도 불구하고 많은 경영자가 현지화를 소홀히 하거나 아예 무시한다. 이런 경영자가 이끄는 기업은 예외 없이 실패했음을 실제 사례가 생생하게 보여 준다.

030

지전

예지豫知는 정확한 정보에서 비롯된다

知戰

용병(경영) 원칙

군을 동원하여 적을 토벌하려면 작전 수행 지역을 자세히 알아야 한다. 아군이 전투 지역에 도착하면 약속이나 한 듯 적군이 전장에 도착할 시기를 정확히 간파해야 한다. 그런 다음 적을 맞아 싸우면 승리한다. 맞붙어 싸울 지역과 맞서 싸울 시기를 미리 알아 두면 적의 의도에 맞서 철저히 대비하고 수비 태세도 튼튼히 할 수 있다.

《손자병법》에 "교전할 지역과 시기를 잘 알고 있다면 천 리 밖이라도 적과 싸우기를 두려워하랴"라고 했다.

역사 사례

전국시대 위나라 혜왕 16년인 기원전 354년, 위나라는 장군 방연龐涓에게 8만의 군사를 거느리고 조나라를 공격하게 하여 그 수도인 한단邯鄲을 포위했다. 조나라는 제나라에 구원을 요청했다. 제나라 위왕威王은 전기를 주장으로, 손빈을 군사軍師로 임명하여 조나라를 도왔다.

군사 손빈은 원래 방연과 더불어 귀곡자鬼谷子 문하에서 병법을 동문수학했으나 방연이 먼저 하산하여 위나라 장군이 되었다. 그 뒤 손빈도 하산하여 친구인 방연을 찾아 위나라로 갔다. 방연은 손빈의 재능이 자기보다 월등한 점을 시기하여 혜왕에게 손빈을 모함했다. 결국 손빈은 무릎 아래를 발라내는 형벌을 받아 불구의 몸이 돼 버렸다. 얼굴에는 죄수임을 나타내는 묵형墨刑을 당해 다시는 벼슬길에 오르지 못했다.

방연의 극악무도한 음모를 알아챈 손빈은 제나라 사신이 위나라를 찾은 틈을 타서 탈출시켜 달라고 부탁했다. 제나라 사신은 귀국길에 오르면서 손빈을 일행의 수레에 몰래 태워 주었다. 손빈을 만난 제나라 위왕은 전기의 추천과 병법에 관한 손빈의 탁월한 식견에 탄복하여 군사로 삼았던 것이다.

구원군이 출정하기에 앞서 주장 전기는 조나라 도성 한단으로 곧장 진격하여 포위를 풀자고 했다.

그러나 손빈은 이를 말리며 건의했다. "뒤죽박죽으로 얽힌 물건을 풀 때는 주먹으로 내리쳐서는 안 됩니다. 남의 싸움을 뜯어말리는 사람이 창검을 들고 싸움판에 뛰어들어 싸우는 법도 없습니다. 지금 우리가 해야 할 일은 한단의 포위를 풀고 양쪽이 물러서게 만드는 것입니다. 이제 아군이 위나라의 요충지를 목표로 선택, 공격한다면 한단을 포위한 위군의 작전 계획에 제동이 걸려 우리가 굳이 뛰어들지 않더라도 스스로 포위를 풀 것입니다. 현재 위나라는 전국의 정예병이 국외에 나가 있기 때문에 국내에는 노약한 병력밖에 없습니다. 전군을 이끌고 위나라 수도 대량大梁으로 신속히 진격한다면 위군은 반드시 본국의 위기를 구하고자 한단의 공격을 중단하고 서둘러 회군할 것입니다. 이렇게 하면 한 번의 작전으로 조나라의 포위를 풀어 주고, 또 가만히 앉아서 위군을 지치게 만들 수 있습니다."

주장 전기는 손빈의 계책을 택하여 위나라의 도성 대량을 바로 공격했다. 이듬해 10월, 과연 위나라 방연의 군은 한단성을 포기하고 급히 귀국했다. 그 후 혜왕 28년인 기원전 342년, 위나라는 장군 방연을 보내 한나라를 공격했다. 한나라 소후昭侯는 제나라에 사신을 급파하여 구원을 요청했다. 제나라는 이번에도 손빈의 건의를 받아들여 한나라가 거의 망할 때까지 위나라와 싸우게 한 다음 다시 위나라 도성 대량을 공격했다.

위나라 장군 방연은 제나라 군대가 또다시 본국 수도로 진격한다는 보고를 받자 황급히 공격을 중단하고 돌아왔다. 한편 본국의 혜왕도 전국의 잔여 병력을 총동원하여 태자 위신에게 제나라 군대를 막아 내게 했다. 손빈은 방연의 군대가 한나라 지역에서 철수해 제나라 군대를 추격한다는 정보를 듣고 유인책을 건의했다.

제나라 군대는 위나라 경내에 진입한 첫날은 숙영지에 취사용 아궁이 10만 개를 만들고, 다음 날은 5만 개를 만들었으며, 사흘째 되는 날은 3만 개로 줄이면서 행군했다.

한편 제나라 군대를 뒤쫓아온 방연은 제나라 군대의 취사용 아궁이가 매일 절반씩 줄어든다는 사실을 발견하고 "내 진작 제나라 병사는 모두 겁쟁이라는 사실을 알았다만 우리 경내에 들어온 지 불과 사흘 만에 전 병력의 절반이나 탈주할 줄은 몰랐구나"라며 기뻐했다. 그러고는 즉시 중무장한 보병 부대 대신 정예 기병만으로 하루에 이틀 노정으로 급행군하여 제나라 군을 바짝 추격했다.

손빈은 추격 부대의 행군 속도와 거리를 예상하여 그날 저녁 마릉馬陵에 도달하리라 추정했다. 마릉은 산비탈이 좁고 험준한 데다 도로 양측에도 깎아지른 절벽이 병풍처럼 두르고 있어 복병을 매설하기에 알맞은 곳이었다. 손빈은 도로 곁 아름드리나무 한 그루를 찍어 내서 껍질을 벗긴 다음 "방연이 이 나무 아래에서 죽는다"라고 써서 길 한가운데 세워 놓았다. 이어서 궁수 1만 명을 도로 양측에 매복시키고, 날이 저물어 이곳에서 누구든지 횃불을 밝히면 그 불빛을 향해 일제히 사격을 가하라는 명령을 내렸다.

손빈의 예상대로 방연이 이끄는 추격 부대는 해가 지고 날이 어두워질 무렵 마릉에 당도했다. 방연은 길 한가운데 희뿌연 나무 말뚝이 서 있는 걸 발견하고 거기에 쓰인 글자를 읽기 위해 측근에게 횃불을 밝히라고 지시했다. 방연이 그 내용을 미처 다 읽

손빈이 계릉과 마릉 전투에서 보여 준 전략과 전술은 위나라를 포위하여 조나라를 구한다는 '위위구조圍魏救趙'로 잘 알려져 있지만, 그 핵심은 어디까지나 방연과 위나라 군대를 보는 손빈의 정확한 분석과 예지였다. 그림은 마릉 전투를 나타낸 것이다.

어 내려가기도 전에 1만여 명의 궁수대가 횃불을 목표로 일제히 화살을 날렸다. 위나라 군대는 혼비백산했고 주변에는 일대 혼란이 일어났다. 방연은 자신의 지혜와 재능이 다하여 작전을 실패로 몰아넣었음을 통감하고 마침내 칼로 목을 찔러 자결했다. 방연은 죽으면서 "내가 이 더벅머리 촌놈을 유명하게 만드는구나"라며 탄식했다. 제나라 군은 승세를 휘몰아 진격하여 위나라 군대마저 대파하고 태자까지 사로잡는 완승을 거뒀다.(《사기》〈손자오기 열전〉)

해설

〈지전〉 편에서 든 사례는 전국시대 제나라와 위나라 사이에 벌어진 '계릉桂陵 전투'와 '마릉 전투'다. 이 전투의 승패를 가른 핵심은 제나라 군대, 특히 위나라 군대와 적장 방연을 보는 손빈의 정확한 '예지豫知'였다.

본편에서 말하는 '지知'는 '예지'에서 그 뜻을 차용한 것이며, 작전 시기와 장소를 미리 장악하는 일이 얼마나 중요한가를 강조하고 있다. 출병하여 적과 싸우기 전에 교전 지점과 시기를 미리 안다면 충분히 준비하여 제대로 방어할 수 있으며, 이를 바탕으로 적을 통제하여 승리할 수 있다.

《예기禮記》〈중용中庸〉 편)에 보면 "모든 일은 미리 계획하고 준비하면 성공의 자리에 설 수 있지만, 그러지 못하면 망가진다"라고 했다. 숱한 전쟁 사례가 예외 없이 입증하는 주장이다. 다만 예지는 객관적인 실제 상황에 근거해야 한다. 그래야 작전 지점(공간)과 시기(시간)를 정확하게 예측하여 주도권을 쥘 수 있고, 이는 승리를 위한 확실한 정보로 작용한다.

초한쟁패의 영웅인 장량에 대해 유방은 '전장에 나가지 않고도 천리 밖 군막에서 승부를 결정짓는' 전략가라고 극찬했는데, 〈지전〉 편의 요점을 가장 잘 지적한 견해라 할 수 있다.

031

척전

'척후'의 정확성 여부가 승패를 가른다

斥戰

용병(경영) 원칙

행군할 때 가장 중요한 것은 적의 정황을 정찰하는 '척후斥候'의 일이다. 척후는 평지일 경우 기병을 쓰고 험지일 경우 보병을 쓰되, 다섯명을 한 개 조로 편성하여 병사마다 하얀 깃발을 하나씩 휴대하게한다. 멀리 행군할 때는 부대의 전후좌우로 계속 척후병을 보내 정찰해야 한다. 적의 부대를 발견하면 전방부터 차례로 신호를 전달하여 주장에게 보고함으로써 본대가 대비 태세를 갖출 수 있다.

《손자병법》에 "준비가 잘된 군대로 준비가 안 된 군대를 대적하면 반드시 승리한다"라고 했다.

역사 사례

한나라 선제宣帝 때인 기원전 62년 무렵, 선제는 무제 때 개척한 황하 서쪽 하서 4군 지역에 흩어져 사는 여러 강족의 동정을 살폈다.

그 지역에서 세력을 갖춘 강족의 부족만도 무려 200여 개에 달했다. 이들은 한나라의 강경책에 반발하여 일제히 반란을 일으켰다. 긴급한 상황을 보고받은 선제는 누구를 보내 상황을 수습할지 고민이었다.

후장군后将軍 조충국이 적격이지만 나이가 70이 넘은지라 너무 노쇠하여 출정군을 통솔할 수 없다 생각하고는 어사대부를 그에게 보내 대신 누구를 장수로 삼아 토벌함이 좋을지 물었다. 그러자 조충국은 "신보다 나은 사람은 없습니다"라고 대답했다. 선제가 파견한 사자가 "그렇다면 장군은 강족 군대의 정황을 어떻게 평가하시며, 우리는 얼마나 많은 병력을 보내야 합니까"라고 다시 물었다.

조충국은 다음과 같이 대답했다. "백 번 듣는 것이 한 번 보느니만 못한 법, 현지 상황을 멀리서 예측하기란 어려운 일입니다. 신이 즉시 금성金城으로 달려가 직접 실제 지형을 관찰하고 적정에 의거한 방략을 세워서 보고해 올리겠습니다. 그러나 이 선령 강족들은 작은 부족임에도 불구하고 감히 하늘을 거역하고 배반했으니 오래지 않아 멸망할 것입니다. 바라옵건대 폐하께서는 이번 오랑캐 정벌을 이 늙은 신에게 맡겨 주시고, 이 일로 조금도 염려하지 마소서."

선제가 전해 듣고는 웃으며 흔쾌히 승낙했다. 조충국은 금성에 도착하여 1만 명의 기병을 데리고 황하를 건너고자 했다. 그러나 도중에 적의 공격을 받을까 우려하여 한밤을 틈타 교위 세 명이 거느린 선발대를 먼저 건너게 했다. 이때 군사들 입에 재갈을 물려 소리 나지 않도록 은밀히 행동할 것을 명령했다. 이들 선발대가 맞은편에 교두보를 확보하자 조충국은 날이 샐 무렵이 되어 나머지 장병들을 차례로 건너가게 했다. 이때 수백 명에 가까운 강족의 기마병이 한나라 군영 부근을 배회했으나 조충국은 이들을 임의로 공격하지 말라고 주의시켰다.

"우리의 군사와 전투마는 방금 도착하여 몹시 피로하고 마음대로 달릴 수 없지만 적의 기병은 날쌔고 용맹하여 제압하기 어렵다. 또한 저들은 우리에게 유인책을 쓸지도 모른다. 공격은 완전 섬멸을 목표로 할 뿐 작은 이익을 탐해서는 안 된다."

그리고 척후 기병을 보내 사망협이라는 좁은 골짜기를 정탐시켜 그곳에 오랑캐의 군사가 한 명도 없음을 확인했다.

조충국은 다시 한밤을 틈타 낙도라는 산골짜기로 군대를 전진시키고 장교들을 소집하여 자신 있게 말했다. "나는 강족이 군대를 움직이고 부리는 전법을 모른다고 확신한다. 그들이 수천의 병사를 보내 미리 사망협을 장악하고 수비했다면 어떻게 우리 부대가 들어왔겠는가?"

조충국의 작전은 항상 엄선된 척후대를 원거리까지 파견하여 적정을 신중하게 정찰한 뒤에 움직이는 것이었다. 행군할 때도 부대가 언제 어디서든 즉각 전투에 돌입할 수 있는 태세를 갖췄을 뿐만 아니라 군영을 설치하고

조충국은 상대와 맞설 때 사전 정찰이 얼마나 중요한가를 아주 잘 인식한 명장이었다.

군을 주둔시킬 때도 세심하게 경계 보루를 강화하여 적의 습격에 대비하는 태세를 늦추지 않았다.

조충국은 무슨 일을 하든 신중하고 부하 병사들을 사랑했으며 전투할 때도 먼저 계획을 세우고 싸웠다. 그는 신중하게 움직이며 계속 서진하여 순조롭게 금성군 서부 도위부까지 이르렀고, 마침내 선령의 강족 지역을 평정했다.(《한서》〈조충국전〉)

해설

〈척전〉 편은 적의 실제 상황을 탐색하여 만반의 준비를 갖춤으로써 작전의 승리를 확보해야 한다는 점을 지적하고 있다. 수많은 역사 경험과 전쟁 사례는 준비란 적의 정황을 정찰하고 장악하는 것을 근본 전제로 삼아야 한다는 점을 잘 보여 준다. 전쟁에서 준비 공작이란 사전 정찰을 통해 적의 정황을 분명히 파악하는 것은 물론 이에 근거하여 주도면밀한 전략을 수립하고, 실제 전쟁 과정에서도 정찰을 통해 수시로 적의 동태를 파악해서 상응한 대책을 취하며, 아무리 급한 상황에서도 제대로 준비할 수 있어야 한다는 것을 말한다. 그래야만 패하지 않는 입지를 확보할 수 있다.

《손자병법》〈행군行軍〉 편을 보면 적의 상황을 살펴 아는 방법인 '적정찰지법敵情察之法'이 나온다. 상대방에게 나타나는 각종 징후를 관찰해서 상대를 아는 '지피知彼'의 목적을 달성하는 것이다. 그 주요 대목을 발췌하여 정리했다.

① 적에게 접근했는데도 안정된 상태를 유지한다면 적은 험준한 지형을 믿는 것이다.

② 적이 멀리 있으면서도 도전해 온다면 아군의 진격을 유인하려는 것이다.

③ 적이 말로는 저자세를 취하며 뒤로 준비를 늘린다면 진격할 계획을 세우는 것이다.

④ 적의 말이 허무맹랑하며 무리하게 앞으로 달려든다면 퇴각할 의사가 있는 것이다.

⑤ 적이 조금 전진하기도 하고 조금 후퇴하기도 하며 비겁한 태도를 보인다면 아군을 유인하려는 것이다.

⑥ 이익을 보여 줘도 전진하지 않는다면 적이 지쳤다는 증거다.

⑦ 밤에 부르짖는다면 적이 겁에 질렸다는 증거다.

⑧ 군관이 함부로 화를 낸다면 적이 싸움에 지쳤다는 증거다.

⑨ 지휘자가 병사들과 더불어 간곡히 화합하는 모습으로 천천히 이야기한다면 병사들의 신망을 잃었다는 것이다.

⑩ 자주 상을 준다면 지휘자가 병사들을 통솔하는 데 궁색해진 것이며, 자주 벌을 준다면 지휘자가 병사들을 통솔하기 어려운 것이다.

⑪ 지휘관이 병사들을 난폭하게 다루고 배반이 두려워 달래는 것은 가장 졸렬한 통솔법이다.

⑫ 교전 중인 적이 사신을 보내 정중하게 사과하고 휴전을 청한다면 휴식을 원하는 것이다.

⑬ 군대가 성난 듯 달려와서는 서로 대치하며 오래 싸우지 않고,

또 물러가지도 않는다면 반드시 계략을 감추고 있으니 신중하게 적의 정세를 살펴야 한다.

　고대 동양철학은 만물이 음양으로 이뤄졌다는 것을 기본 관점으로 삼는다. 해와 달, 남과 여, 하늘과 땅, 흑과 백 등이 평범한 예다. 마찬가지로 모든 사물은 대립되는 양면성이 있다. 표면에 대한 내용이 있고, 내용에 대한 표면이 있다. 따라서 겉을 보고 속을 살피며, 속을 살피고 겉을 아는 것이다. 조충국은 이런 이치를 잘 아는 명장이었다. 임무를 맡으면 두려운 생각을 품고 삼가 행하며 계획을 잘 세워서 완수했다.

　평범한 무장의 병폐 중 하나는 눈앞의 이익과 사소한 승리에 급급해하는 것이다. 또한 살육전에만 과감할 뿐 병사와 백성의 목숨은 돌보지 않는다. 그러나 조충국은 군주에게 국경 밖의 작전권을 일임받았으면서도 나라의 근본을 위하는 마음으로 백성들이 변방 지역에 안주하도록 해 주었으며, 서융의 오랑캐도 적당하게 응징하고 목숨을 살려 주었다. 이런 점에서 조충국의 행적은 적진을 격파하고 적을 꺾는 데만 급급한 장수들과는 비교할 수 없을 만큼 뛰어나다.

　〈척전〉 편은 겉으로 드러나는 언행과 표정 등을 잘 살피면 상대의 실제 상황을 파악할 수 있다는 정보의 중요성을 알려 준다. 협상이나 경쟁은 직접 부딪치기 전의 사전 준비, 직접 대면, 사후 분석의 과정을 거친다. 〈척전〉의 요지와 《손자병법》 〈행군〉 편의 '적정찰지법'은 직접 대면을 통해 상대의 상황을 분석하는 데 상당히 유용하다.

032

택전

불리하고 불편한 지형은 서둘러 벗어나라

澤戰

용병(경영) 원칙

행군 도중 늪을 지나거나 도로가 파손된 지역에 들어서면 지체하거나 머물지 말고 속도를 내서 빨리 벗어나야 한다. 만일 길이 멀고 해가 저물어 부득이 그 지역에서 야영해야 한다면 거북 등처럼 중앙이 높고 주변이 낮은 지형을 찾아 진영을 원형으로 설치하고 사면이 중앙의 지휘 통제를 받도록 해야 한다. 첫째, 갑작스러운 비로 인한 재난에 방비하기 위해서고, 둘째, 적의 야간 기습에 사면으로 대비하기 위해서다.

《사마양저병법》에 "늪이나 도로가 파손된 지역에 처하면 밤낮을 가리지 않고 신속히 통과해야 한다. 부득이 주둔해야 할 경우에는 거북 등처럼 중앙이 솟아오른 지형을 찾아서 경계 태세를 강화하라"라고 했다.

역사 사례

당나라 고종高宗 원년인 679년 10월, 동돌궐의 한 갈래인 아사덕온부阿史德溫傅가 반란을 일으켰다. 고종은 예부상서 겸 검교우위대장군 배행검裴行儉(619~682)을 정양도 행군대총관으로 임명하여 돌궐족 토벌을 맡겼다.

배행검은 삭천에 도착하여 부하들에게 말했다. "군사들을 어루만질 때는 성실함이 제일이요, 적을 제압할 때는 속임수가 제일이다."

배행검은 군량을 수송하는 수레 300대를 준비하여 수레마다 건장한 군사 다섯 명을 숨겨 두고 각자 검과 강한 활을 쥐어 준 다음 늙고 약한 병사들이 이들을 인솔하게 했다. 그리고 정예병을 험한 요새에 매복시킨 뒤 오랑캐가 오기를 기다렸다.

과연 오랑캐들이 탈취하려고 하자 군량미를 수송하던 병사들은 수레를 버리고 흩어져 도망쳤다. 오랑캐들은 수레를 몰아 수초가 있는 곳으로 가서 말 연장을 풀고 말을 풀어 준 다음 양식을 가져가려 했다. 이때 수레 안에 숨은 건장한 군사들이 뛰쳐나와 공격하니, 오랑캐들은 놀라 도망치다 다시 복병의 공격을 받아 죽거나 사로잡혔다. 이때부터 당군이 군량을 수송하면 오랑캐들이 감히 근접하지 못했다.

이듬해 3월, 출정군이 적의 반란 지역인 선우도호부 경내에 진주했는데, 날이 저물어 군영을 정하고 적의 침공에 대비해 참호를 구축했다. 배행검이 군영을 순시하고 나서 즉시 진영을 높은 언덕으로 옮기라고 명령했다. 참모들은 "군사들이 야영지를 정하여 이미 몸을 풀고 있으므로 이들을 다시 동요하게 해서는 안 됩니다"라며 반대했다.

그러나 배행검은 부하들의 반대를 물리치고 기어이 진지를 옮기게 했다. 밤이 되자 갑자기 폭풍우가 몰아닥쳐 당군이 원래 군영을 설치한 곳이 한 길이 넘는 물속에 잠겨 버렸다. 이를 본 군사들이 놀라

〈택전〉은 전투 지점을 철저하게 점검하라고 강조한다. 배행검은 기상 상황을 정확하게 예측했는데, 전쟁에서 가장 기본적인 정보 수집이다. 사진은 배행검의 소상이다.

움과 감탄을 금치 못하며 "장군께서는 어떻게 폭풍우가 닥칠 것을 미리 아셨습니까"라고 물었다. 배행검은 "이제부터는 내가 지시하는 대로 따를 뿐 굳이 그 이유를 묻지 마라" 하며 웃었다.

배행검이 흑산에서 돌궐을 대파하여 추장인 봉직을 사로잡으니, 그의 부하가 우두머리 이숙복을 죽이고 그의 머리를 가져와 항복했다.《신당서》〈배행검전〉)

해설

《손자병법》〈구변〉 편에 "비지圮地에서는 집을 짓지 마라(비지무사圮地無舍)"라는 말이 있다. 〈구지〉 편에서는 "산림이나 험준한 곳 또는 늪이나 연못이 있어 행군하기 어려운 곳을 '비지'라 한다. …… 비지에 들어서면 빠르게 행진하여 신속히 통과해야 한다"라고 했다. 군대가 비지를 지날 때는 신속하게 통과해야지 멈춰서는 안 되며, 이런 지형에 군영을 치고 주둔해서도 안 된다는 말이다. 비지에 대

해서는 여러 사람이 나름의 해석을 하고 있다.

조조 : 비지란 물에 의해 허물어진 곳을 말한다.

이전 : 땅 아래를 비지라 한다. 행군할 때 반드시 물이 덮친다. 이는 제갈량이 말하는 '지옥地獄'인데, 여기서 '옥獄'이란 가운데가 낮고 사방이 높은 곳을 말한다.

　해석은 다르지만 그 의미는 별다른 차이가 없다. 비지는 지나기 어려운 땅이며 산림, 늪, 험한 길 등을 말한다.

　〈택전〉은 지나기 어려운 땅에서 행군하거나 부득이하게 야영할 경우의 요령을 말하고 있다. 가능하면 이런 지형을 피할 것이며, 머물 경우에는 침수나 적의 기습에 대비하라고 권한다.

　유리한 지점을 선점하는 일은 군사뿐 아니라 경영도 마찬가지다. 불리한 지점을 지나거나 일시적으로 그 지점에 머물 수밖에 없을 때는 무엇을 어떻게 대비할 것인지 심각하게 고려해야 한다. 우선 해당 지점의 상황을 철저하게 점검한다. 얼마나 불리한가, 서둘러 피할 수 있는 지점인가, 가능한 한 빨리 이 지점을 빠져나갈 방법은 무엇인가 등을 구체적이고 입체적으로 따져 봐야 한다. 물론 상대의 전력을 정확하게 파악하는 일은 기본이다. 그리고 절대 그 지점에 오래 머물러서는 안 된다.

033

쟁전

지형의 유불리는 전략 전술로 극복할 수 있다

争戰

용병(경영) 원칙

적과 대전할 때 형세가 유리한 지점이 있다면 적이 점령하기 전에 아군이 먼저 점령해야 승리한다. 적군이 먼저 유리한 지형을 점령했다면 무작정 진격하여 공격하지 않는다. 아군을 굳게 지키면서 적의 진영에 변화가 생기기를 기다렸다가 기회를 포착하여 공격해야 마땅하다. 이같이 싸운다면 비교적 유리한 국면을 만들 수 있다.

《손자병법》은 "적이 먼저 유리한 지형을 점령했다면 무리하게 공격을 감행할 필요가 없다"라고 했다.

역사 사례

삼국시대인 234년 4월 무렵, 촉한의 승상 제갈량은 10만의 군사를 이끌고 위를 공격하기 위해 사곡斜谷에서 출병하여 난갱蘭坑 지역에서 둔전을 실시했다. 위의 대장 사마의는 위수 남쪽에 진영을 설치하고 주둔했는데, 부장 곽회郭淮는 제갈량이 반드시 북원北原을 쟁탈하러 올 거라는 판단 아래 위군이 먼저 북원을 점거할 것을 건의했다. 곽회의 의견을 토의에 부친 결과 참석자 대다수가 반대했다.

곽회가 다시 주장했다. "제갈량이 위수를 넘어 북원을 점령하고 다시 북부 산악 지대에 군을 배치하여 농隴 지역의 도로를 차단한다면 우리 백성들이 동요할 것이며, 이렇게 되면 국가의 대계가 크게 불안할 것입니다."

사마의는 곽회의 건의를 받아들이는 한편 곽회를 북원으로 진출시켜 진을 쳤다. 곽회가 북원에서 참호와 보루를 구축할 즈음 과연 촉한의 대부대가 도착하여 그 지역을 점령하려고 했다. 그러나 이미 선수를 친 곽회의 군은 촉한 군대를 쉽게 격퇴할 수 있었다.

며칠 후 제갈량은 대병력으로 기세를 떨치며 서쪽을 향해 진군했다. 이를 본 곽회의 휘하 장수들은 모두 제갈량이 아군 진영의 서쪽을 포위 공격하려 한다 생각하고, 서쪽 방어를 철저히 할 것을 건의했다. 그러나 곽회는 '제갈량이 서쪽을 공격하려는 척하여 아군의 방어 주력을 서쪽으로 집중시키려는 속임수일 뿐이다. 저들은 반드시 군을 선회하여 우리 진영의 동쪽을 공격해 올 것이다'라고 판단했다.

과연 그날 밤 제갈량은 동쪽의 양수

요충지는 선점해야 한다. 선점하지 못했다면 기다려야 한다. 〈쟁전〉의 요지다. 곽회는 이 점을 잘 알고 제갈량의 공격에 대처했다. 그림은 곽회의 초상화다.

를 집중공격했다. 위군은 철저히 대비한 까닭에 패하지 않았다.《삼
국지》〈위서〉'곽회전')

해설

〈쟁전〉 편은 '쟁지爭地'의 작전과 전술을 말하고 있다. 쟁지란 정치
적 경제적 군사적으로 중요한 땅(위치, 지점)이라 경쟁자들이 반드시
얻으려고 다투는 대상이다. 손무는 "내 쪽에서 차지하면 내게 유리
하고, 상대가 차지하면 상대에게 유리한 땅을 쟁지라 한다"《손자병
법》〈구지〉편)라고 해석했다. 그런데 손무는 반드시 다투는 이 땅에 대
해 '공격하지 말고' '그 뒤를 쫓을 것'을 제안한다.

이것이 바로 '쟁지물공爭地勿攻'인데, 자신에게 유리한 쟁지를 포
기하라는 게 아니라 거기에 맞는 전법을 채택하여 탈취하거나 고
수하라는 것이다. '선점先占'과 '후점後占'에 따라 다른 전법을 취하라
는 말이다.

'쟁지물공'은 공격하지 말라는 얘기도 아니고 차지하지 말라는 얘
기도 아니다. 전략과 전술로 승리하라는 것이다. 쟁지는 누구든 먼
저 차지하는 쪽이 유리하다. 군사전문가들은 너나 할 것 없이 선제
공격을 통해 먼저 차지할 것을 강조한다. 쟁지를 빼앗는 전쟁에서
어떻게 작은 대가를 치르고 승리하느냐는 어느 쪽 전략이 더 나은
가에 달려 있다.

쟁지에 대해 이 두 가지 방책이 다가 아님은 물론이다. 또 다른
상황들이 있다. 요충지가 비어서 양쪽 모두 힘을 다해 쟁탈전을 벌

이면 승부는 좀처럼 나기 힘들다. 이런 상황에서 누가 먼저 차지하는가는 요충지와의 거리, 도로 상황, 운송 수단, 진군 속도 등에 달려 있다. 부대가 빨리 진군하여 요충지 후방에 이르면, 적이 들어올 도로에 유리한 진지를 치고 적의 진군을 막음으로써 주력 부대의 진지 점령을 엄호한다.

적이 이미 쟁지를 차지했더라도 아직 안정된 기반을 내리지 못해 민심이 불안하고 아군의 실력이 절대 우세라면, 그 기세로 공격하는 것이 옳다. 반대로 아군이 요지를 차지했지만 적의 병력이 절대 우세여서 고수하기 힘들다면, 과감하게 그 땅을 포기하고 적을 분산시키는 전략을 쓰며 기회를 엿보다 습격하여 우세를 확보한다. 그리고 조건이 무르익었을 때 재탈환한다.

전쟁이든 경영이든 누가 정확히 판단하여 제대로 기다릴 수 있느냐가 승부를 가른다. 전쟁과 경영 모두 '기다림의 예술'이다.

034
지전
유리한 지점을 선점하라
地戰

용병(경영) 원칙

적과 대전할 때는 반드시 유리한 지역을 확보해야 한다. 유리한 지역을 확보하면 소수의 병력으로 다수의 적을 상대할 수 있으며, 약한 군으로 강한 적을 이길 수 있다. 이른바 '적을 공격할 만한 허점이 있음을 알고, 아군이 적을 공격할 능력이 있음을 안다 할지라도 지리를 모른다면 승리할 확률은 절반밖에 되지 않는다'라는 병법이다. 적을 알고 나를 알더라도 유리한 지형이 받쳐 주지 않으면 완벽한 승리를 거두기 어렵다는 뜻이다.

《맹자孟子》에서도 "유리한 시간이 유리한 지형만 못하다"라고 했다.

역사 사례

409년 4월, 진나라 안제安帝가 대장 유유劉裕를 보내 남연南燕의 모용초慕容超를 토벌하려고 했다. 남연의 황제 모용초는 군신 회의를 소집하여 진군에 대항할 대책을 숙의했다.

정로장군 공손오루公孫吾樓가 모용초에게 건의했다. "진군은 날쌔고 강하여 속전속결에 유리합니다. 저들은 지금 막 싸움터에 도착하여 그 용맹과 날카로움을 우리 군이 당해 내기 어려우니 바로 맞아 싸워서는 안 됩니다. 대현산大峴山의 험준한 지형을 차지하여 진군이 우리 경내에 깊숙이 들어오지 못하게 해야 합니다. 그런 다음 지구전을 전개함으로써 적의 날카로운 기세를 꺾어야 합니다. 또한 정예 기병 2000명을 선발하고 해안을 따라 남으로 우회 진출시켜 적의 군량 수송로를 차단하는 한편, 좌장군 단휘單暉를 보내 연주의 군을 이끌고 대현산을 따라 동으로 진출하여 앞뒤에서 협공해야 합니다. 이것이 상책입니다.

다음은 지방 수령들에게 명하여 험한 요새를 이용해 각자 자기 지역의 수비를 강화하고, 자재와 식량은 꼭 필요한 물량만 남겨 두되 나머지는 모두 불살라 들에 자라나는 곡식을 깨끗이 없애 버림으로써 적이 현지에서 보급품을 조달하지 못하게 만들어야 합니다. 들을 깨끗하게 비우고 성벽을 굳게 지키는 '청야견벽淸野堅壁' 작전을 전개하여 적에게 변란이 일어나기를 기다리는 것이 중책입니다.

그다음은 적이 대현산을 넘어오도록 내버려 뒀다가 성 가까이 왔을 때 아군을 총출동하여 일시에 공격하는 것인데, 가장 나쁜 하책입니다."

그러나 모용초는 생각이 달랐다. "현재 세 성이 제나라 지역에 있으니 천도天道로 추측하면 싸우지 않고도 저절로 승리할 수 있고, 인사人事로 말하면 저들은 원정을 왔으므로 군사들이 피로에 지쳐 오래 지탱하지 못할 것이다. 우리는 병주·유주·서주·연주·청주 등 다섯 개 주의 광활한 땅을 점거했으며, 부유한 백성과 1만이 넘는 철기가 있고 수확하지 않은 곡식이 들에 가득한데 어찌 그 곡식을 없애고 백성을 이주시키는 등 겁부터 먹고 움츠린단 말인가? 많은 백성을 성내에 이주시켜 고수하기가 불가능하고, 이미 푸른 싹이 돋아나는 곡식이 들판에 가득하여 이들을 모두 깨끗이 없애기도 불가능하다. 청야와 수성 작전으로 목숨을 보전할 수 있을지 모르겠지만 나는 이 방안에 동의할 수 없다. 적이 대현을 넘어오게 내버려 뒀다가 평지에 도착한 뒤 서서히 정예 부대를 출동시켜 짓밟아 버린다면 저들은 반드시 우리에게 사로잡힐 것이다."

상서령 모용진慕容鎭이 건의했다. "폐하의 말씀대로 적을 제압하려면 평지가 유리하니 먼저 일부 병력을 주둔시키고 공사를 실시하여 기병이 사용하기에 편리한 조건을 구축해야 합니다. 그런 다음에 대현산을 넘어 적을 맞아 싸워야 합니다. 그렇게 하면 일단 응전하여 승리하지 못하더라도 대현산으로 퇴각하여 지킬 수 있습니다. 적이 대현산으로 진입하는 것을 방관하여 우리 스스로 곤란한 상황을 만들면 안 됩니다. 옛날 (초한쟁패 때) 성안군成安君 진여陳餘는 요충지인 정형井陘을 지키지 않았다가 한신의 손에 조나라가 멸망하는 굴욕을 당했으며, 제갈첨諸葛瞻은 검각劍閣의 요새를 지키지 않았다가 등애鄧艾에게 잡혀 죽고 말았습니다. 신이 생각하기에 천시天時가 지리地利만 못합니다. 대현 입구를 봉쇄하고 굳게 지키는 것이 가장 좋은 방책입니다."

그러나 모용초는 장수들의 진언을 듣지 않고 거莒와 양보梁父 두

지방의 수비군을 이동시켜 성채와 참호를 정비하고, 군사와 전마를 선발하여 기세를 가다듬으며 진군이 대현을 넘어오기만 기다렸다.

지리적 이점을 포기한 모용초를 공략하여 남연을 멸망시키는 데 큰 공을 세우고 송의 무제로 즉위한 유유.

그해 여름, 진군이 동완東莞에 이르자 모용초는 좌장군 단휘를 보내 보병과 기병 5만여 명을 통솔하여 임구臨朐를 방어하도록 조치했다. 그러나 진나라 군이 순조롭게 대현을 넘어오자 모용초는 그제야 두려운 나머지 급히 4만의 병력을 이끌고 임구에 있는 단휘의 진영으로 합류하여 진군을 맞아 싸웠다. 그러나 결과는 패배였다.

모용초는 수도인 광고廣固로 도망쳤으나 광고 역시 며칠 뒤 함락되고 말았다. 결국 남연의 영토는 모두 진나라가 평정했고, 모용초는 건강健康으로 보내져 참수당했다.《진서》〈모용초기〉

해설

〈지전〉 편에 인용된 《맹자》는 〈공손추公孫丑〉(하)다. 《위료자尉繚子》〈전위戰威〉 제4에서도 "천시가 지리만 못하다"라고 했다. 이 전략의 성공 여부가 적의 정세, 나의 상태, 특히 지세地勢에 대한 전면적이고 깊은 이해에 달려 있음을 강조한 것이다.

먼저 적을 알아야 한다. 적장, 적의 병사, 적의 행동 반경, 적의 행동 형태, 나에 대한 적의 정보량 따위를 알아야 한다.

둘째, 나를 알아야 한다. 내 쪽의 장수와 아군의 병사 등에 대해 알아야 한다.

셋째, 지세를 알아야 한다. 매복은 지세를 이용하지 않으면 불가능하다.

병가에서는 선수先手가 중요하다. 그렇기 때문에 적의 마음까지 공략할 수 있는 것이다. 예부터 전투에 능한 자는 유리한 전투지를 선점하고 적을 상대했다.

〈지전〉 편은 전략 차원에서 한 걸음 더 나아가 지리 조건과 전쟁 실천의 관계를 설파하며 유리한 지형을 이용하는 것이야말로 '적은 수로 많은 수를, 약함으로 강함을 이기는' 중요한 조건을 실현할 수 있다고 밝혔다.

〈지전〉 편은 또한 지휘자가 병력만으로 적을 물리칠 수 있다고 생각하는 것은 승리를 위한 절반의 가능성밖에 되지 않는다고 지적한다. 적의 상황을 정확하게 파악하고 '지리의 도움'을 얻어 유리한 지형 조건을 이용할 수 있어야만 완전한 승리를 얻는다는 말이다.

전쟁은 늘 일정한 공간에서 전개된다. 공간은 전투가 기대는 몸통과 같은 것이다. 어떤 전쟁이든 지리 조건의 영향을 받지 않는 경우는 없기 때문이다. 〈지전〉 편은 바로 이러한 인식에서 지리적 도움이 작전과 승부에 얼마나 중요한가를 강조한다. '지리地利'를 얻는 자는 승리하지만 지리를 잃는 자는 실패한다. 이를 입증하는 전쟁 사례는 수도 없이 많다.

지리는 유리한 지점을 말한다. 지리를 얻었다는 것은 나의 입지立地가 유리한 상황을 가리킨다. 일상으로 벌어지는 기업 간의 협상이나 경쟁에서 유리한 입지를 확보하고 활용하는 일은 대단히 중요하다. 그래서 입지를 선점하라고 하는 것이다. 〈지전〉은 유리한 입지를 확보하는 일이 얼마나 중요한가를 거듭 강조한다. 이런 점에서 〈지전〉이 제시하는 용병 원칙은 고스란히 경영 원칙에 적용될 수 있다.

035

산전

가능한 한 높은 지점을 선점하라

山戰

용병(경영) 원칙

적과 대전할 때는 산악, 삼림, 평지를 막론하고 높은 고지를 먼저 점령해야 한다. 지형에 의지하여 적과 육박전을 벌이기에 유리할 뿐만 아니라 부대가 공격하기에도 편리하다.

《제갈량병법諸葛亮兵法》에 "산에서 전투할 때 고지를 선점한 적을 올려다보며 공격하는 것은 불리하다"라고 했다.

역사 사례

전국시대 조나라 혜문왕惠文王 재위 29년인 기원전 270년, 진秦이 공격해 오자 한나라는 조나라에 구원을 요청했다. 혜문왕은 장군 염파廉頗를 불러 "우리가 한나라를 구원할 수 있겠는가"라며 대책을 물었다. 염파는 "한나라는 너무 멀고 길이 좁아서 구원하기 어렵습니다"라고 대답했다.

조왕은 다시 악승樂勝을 불러 물었고, 악승 역시 의견이 같았다.

다시 조사趙奢를 불러 묻자 이렇게 대답했다. "한나라까지는 거리가 멀고 도로가 좁아 두 마리 쥐가 한 구멍에서 싸우듯 지형 조건이 제한되어 있습니다. 그런 상황에서는 결단력 있는 용장이 승리하기 마련입니다."

조왕은 자신감을 얻고 조사를 구원군 주장으로 삼아 한나라를 구원하러 보냈다. 조사는 구원군을 이끌고 조나라 수도인 한단을 떠나 30리쯤 떨어진 곳까지만 진출하여 진영을 설치하고 더 이상 전진하지 않았다. 그러고는 "누구든 작전에 대해 말하는 자가 있으면 사형에 처한다"라고 엄명을 내렸다.

그럼에도 불구하고 급히 무안武安을 구해야 한다고 건의하는 사람이 나오자 조사는 즉시 그의 목을 베었다. 그리고 영채를 굳게 지킨 채 28일이나 전진하지 않고 그대로 머무르며 주둔 지역에 보루를 증설했다.

진나라 첩자가 군영에 잠입하자 조사는 그를 찾아내 음식을 후히 대접하여 돌려보냈다. 첩자는 돌아가서 진나라 장수 호양胡陽에게 조군의 상황을 보고했다.

한나라의 알여閼與를 포위 공격하던 진의 장수 호양은 첩자의 보고를 받고 크게 기뻐하며 말했다. "조나라 군은 자기들 수도에서 불과 30리만 진출했을 뿐 더 이상 전진하지 않은 채 방어 보루만 증설하고 있다. 한나라를 구원하려는 의사가 없다는 뜻이다. 알여는 이제 곧 우리의 영토가 될 것이다."

한편 조사는 진나라의 첩자를 돌려보낸 뒤 전군에 명령을 내려 부대를 경기병대로 재편하고 방어 보루와 수비대, 중장비를 모두 남겨 둔 채 은밀히 호양군의 진영과 포위당한 무안을 우회하여 통과했다. 그리고 질풍 같은 속도로 강행군하여 불과 하루 만에 알여성에서 50여 리 떨어진 지점까지 진출했고, 다시 견고한 방어 보루를 쌓기 시작했다. 진군의 주장 호양은 뒤늦게 이 소식을 듣자마자 황급히 무안 공격을 중단하고 전 병력을 되돌려 알여 방면으로 추격을 개시했다.

이때 조나라 병사 허력許歷이 조사에게 건의했다. "현재 진나라 군은 아군이 이토록 신속하게 배후로 진출한 줄 모르겠지만 뒤늦게라도 알아차린다면 즉각 추격해 올 것입니다. 또한 그들은 알여 포위 작전 실패보다 퇴로 차단이 두려워 전력을 다해 압도적인 기세로 아군을 엄습할 것이 분명합니다. 하지만 아군은 급히 행군하느라 경무장한 기병으로 편성한 데다 이곳 지형마저 기병전에 적합하지 못합니다. 장군께서는 요격 작전에 적절한 지형을 선점해서 병력을 집중하고 기다렸다가 대응하십시오. 그러지 않으면 진군의 일격에 와해되고 말 것입니다."

조나라 명장 조사는 고지를 선점하는 것이 얼마나 유리한가를 정확하게 인식했다.

"구체적으로 어떤 지역을 선점하면 좋겠는가?"

"이 근처 알여로 통하는 도로 북쪽에 산이 있습니다. 아군이나 진군이나 그 산을 먼저 점령하는 쪽이 승리합니다."

조사는 허력의 제안을 받아들여 즉시 1만 명의 정예병을 보내 도로 북방의 산을 점령했다.

조군의 부서 배치가 완료된 직후에 뒤따라온 진군은 산을 탈취하기 위해 북산 공략을 개시했지만 가파른 경사면을 기어오를 수 없었다. 조사는 호양군이 고지 탈취에 몰두하느라 본대의 전열이 흐트러진 틈을 타서 전군을 풀어 진나라 군을 일제히 공격, 크게 격파했다. 결국 호양은 알여성 포위를 풀고 본국으로 철수했다.(《사기》〈염파인상여 열전〉)

해설

《손자병법》〈군쟁〉편에 '용병 8원칙'이 나오는데, 그중 하나가 '고릉물향高陵勿向'이다. 높은 언덕은 올려다보지 말라는 뜻이다. 적이 높은 산을 차지하고 진지를 구축해 놓았다면 무리하게 올려다보며 공격하지 말라는 것이다.

〈산전〉편도 같은 취지에서 《제갈량병법》(정확하게는 《편의십육책便宜十六策》〈치군治軍〉)을 인용한다.

고대 전쟁은 전차와 짧은 병기로 싸웠다. 상대의 상황을 감시하고 통제할 수 있는 높은 지점인 '감제고지瞰制高地'를 차지한 적을 올려다보고 공격한다면 대개는 성공하기 어렵다. 설령 성공한다 해도 희생이 너무 커서 득보다는 실이 많을 것이다. 적이 높은 곳에 있으면서 싸움을 걸어 올 때 올라가면 안 된다는 '전륭물등戰隆勿登'의 전략이 필요하다. 이런 상황을 맞닥뜨리면 정면 공격 대신 적의 취약한 부분을 찾아서 공격해야 한다.

원거리 화기와 공중 무기로 싸우는 현대전에서 이 전술 원칙은 이미 그 보편적 의의를 잃었다. 고릉도 올려다보며 공격할 수 있는 것이다. '고릉물향'은 절대적인 게 아니었다. 냉병기 시대라 할지라도 고릉을 차지하는 것이 전쟁의 전체 국면에 관계되거나 내 쪽에서 고릉을 탈취할 만한 조건이 있다면, 어떤 대가를 치르더라도 탈취해야 한다. 물론 이 경우에는 전쟁 상황에 비춰 이해관계를 잘 저울질하고 전체 국면에 유리한 정책 결정을 내리는 것이 옳다.

군사는 물론 기업의 경영 전략은 모두 일정한 시대적 한계에서 나오는 산물이다. 이제 '고릉물향' 전략을 있는 그대로 받아들이면 안 된다는 점은 말할 필요도 없다. 그 본질을 인식한 기초 위에서 때와 장소, 상대의 변화 등에 따라 발전시키고 역동적으로 운용할 수 있어야 한다.

곡전

유리한 지점을 가까이 두고 싸워라

谷戰

용병(경영) 원칙

행군 중에 산악 지대 같은 험지를 통과하다 진영을 설치할 경우 반드시 계곡에 의지해야 한다. 첫째는 식수와 말먹이를 쉽게 구할 수 있고, 둘째는 계곡을 이용해 진영을 견고하게 구축할 수 있기 때문이다. 이렇게 하고 싸우면 승리할 수 있다.

《손자병법》에 "부대가 행군하여 산악 지대를 통과할 때는 반드시 가까운 골짜기에 의지해야 한다"라고 했다.

역사 사례

동한 광무제光武帝 건무建武 23년인 37년, 명장 마원馬援(기원전 14~기원후 49)이 농서태수로 있을 때의 일이다. 삼항강三降羌 부족이 한나라 국경 밖에 있는 여러 부족과 연합하여 국경을 침범하고 지방관을 살해했다.

동한의 명장 마원은 적이 계곡의 이
점을 제대로 인식하지 못하는 점을
정확하게 파악하여 승리를 거뒀다.

마원이 이들 강족을 토벌하기 위
해 4000여 군사를 거느리고 출격
했다. 그런데 저도현氏道縣(감숙성 예
현禮縣 서북) 경내에 이르러 보니 강
족 병사들은 산 위에 주둔하고 있
었다. 그는 산 아래쪽의 유리한 지
형을 점령한 다음 강병들의 식수원
과 초지를 차단했다. 그리고 포위
만 한 채 싸우지 않는 전법으로 강
족 군대를 곤궁한 지경에 몰아넣었다.

얼마 후 강족 수령은 견디다 못해 수십만 강족 군대를 이끌고 국
경 밖으로 도주했다. 다른 부족 1만여 명도 마원에게 항복했다. 이
는 강족 군대가 계곡에 의지하여 숙영하고 포진하는 것의 이점을
알지 못해 패전한 것이다.(《후한서》〈마원전〉)

해설

〈곡전〉 편은 《손자병법》〈행군〉 편에서 강조한 '절산의곡絶山依谷',
즉 가까운 골짜기에 의지해야 한다는 인식을 계승한다. 《오자병법
吳子兵法》〈응변應變〉 편에서 위나라 무후武侯가 "좌우는 높은 산이고
길은 아주 좁은데 갑자기 적을 만나 섣불리 공격하지도 못하고 물
러날 수도 없을 때는 어찌하오"라고 묻자 오기는 "그런 경우를 '곡
전'이라고 합니다"라고 대답하면서 그런 경우는 병사의 수가 많아

도 쓸모없다고 덧붙였다.

〈곡전〉편은 행군과 야영 때는 반드시 지세와 지형을 파악해서 불리한 상황에 처하지 말라고 경고한다. 오기가 말한 것처럼 곡전에 몰리면 병력이 많아도 쓸모가 없기 때문이다. 구체적으로 행군할 때는 산 계곡을 끼고 나아가며, 진을 치거나 야영할 때는 계곡 옆에 자리를 잡아야 한다는 것이다.

〈곡전〉편의 논리와 요점은 아주 간단하고 쉬운 것 같지만 실천은 쉽지 않다. 지세와 지형에 대한 정확한 파악은 철저한 사전 정보에 의존해야 하는데 정보 수집이 만만치 않기 때문이다. 〈곡전〉편에서 제기한 주의사항을 하나의 원칙으로 받들어 단단히 새겨 둬야 할 것이다. 역대 최고 병법가들이 강조하는 점이고, 이런 점에서 경영과 병법의 원칙은 결코 다르지 않다.

037

공전

공격해야 할 때는 시기를 놓치지 말고 공격하라

攻戰

용병(경영) 원칙

전쟁에서 공격은 적의 형세를 잘 파악하여 타격을 가하는 것을 뜻한다. 아군이 적을 격파할 수 있는 상황이라고 판단되면 즉시 군을 출동시켜 공격해야 한다. 그렇게 하면 싸워서 이기지 못하는 경우가 없다.

《손자병법》에 "승리의 확신이 있으면 공격해야 한다"라고 했다.

역사 사례

삼국시대인 214년 5월, 위나라 조조는 주광朱光을 여강태수廬江太守에 임명하여 환皖 지방에 군사를 주둔한 다음 지구전을 염두에 두고 둔전을 개척하게 했다. 그리고는 첩자를 보내 오나라 파양鄱陽 일대의 우두머리를 포섭하여 내응하게 했다.

이를 탐지한 오나라 장수 여몽呂蒙이 말했다. "환 지방은 땅이 매우 기름져 조조 군대가 한 번이라도 곡식을 수확하면 분명 병력을 증강하여 그 땅을 영토로 삼으려 들 것이다. 그러면 저들의 세력이 더욱 강해져 우리가 제압할 수 없을 테니 하루빨리 제거하는 것이 좋겠다."

여몽은 이러한 상황을 자세히 기록하여 오나라 왕 손권에게 보고했다. 손권은 몸소 군사를 거느리고 환 지방으로 출정했다. 아침에 출발한 손권의 군대는 그날 저녁으로 현지에 도착했다. 손권이 장수들을 소집하여 주광의 병력을 격파할 방책을 묻자 장수들은 모두 보루를 높게 쌓아 진지를 강화하자고 건의했다.

그러나 여몽은 다른 의견을 내놓았다. "시간이 지날수록 적의 수비 태세는 더욱 강화될 것이며, 외부에서 적의 증원 부대마저 모여든다면 더욱 격파하기 어렵습니다. 반면 우리 군은 지금 우기를 이용하여 물길로 이곳에 도착했습니다. 여기서 여러 날을 지체한다면 불어난 강물이 줄어들어 배를 타고 돌아가기가 어려워집니다. 게다가 적과 싸워 이기지 못하면 전군이 본국으로 귀환해야 할 텐데, 신은 그 귀환길이 매우 험난하며 몹시 위험하다고 생각합니다. 신이 보건대 적의 성채는 그다지 견고하지 못한 것으로 판단됩니다. 우리 군의 정예병으로 사면에서 맹렬히 성채를 공격한다면 오래 걸리지 않고도 성을 함락할 수 있으며 강물이 줄어들기 전에 귀환할 수 있을 것입니다. 이것이 우리가 전승을 거두는 방법입니다."

손권은 여몽의 의견을 따랐다. 여몽은 장군 감녕甘寧을 추천하여 등성도독登城都督으로 삼아 선봉 부대를 이끌고 주광의 군을 공략한 다음 자신도 정예병을 이끌고 그 뒤를 따랐다.

254

여몽은 상대의 전력을 제대로 파악했다면 시기를 놓치지 않고 공격해야 한다는 걸 정확하게 인식했고, 손권은 이를 받아들여 승리할 수 있었다.

오군은 이날 첫 새벽에 주광의 성채로 돌격했다. 여몽이 손수 북채를 잡고 북을 울려 사기를 진작하자 장병들의 기운이 드높았다. 병사들이 다투어 성에 뛰어오르니 한나절 만에 성이 함락되었다. 얼마 후 조조의 장수 장료가 주광을 구원하기 위해 협석夾石에 당도했으나 성이 이미 함락되어 부득이 철군할 수밖에 없었다. 손권은 여몽의 공로를 높이 인정하여 여강태수로 임명했다.《삼국지》〈오서〉'여몽전'

해설

〈공전〉 편의 요점은 승리를 확신하면 주저하지 말고 공격하라는 것이다. 물론 상대를 안다는 전제 조건이 따른다. 적을 물리칠 자신이 있을 때 시기를 놓치지 말고 공격하면 승리하지 않을 수 없다.

〈공전〉 편은 《손자병법》의 〈형形〉 편을 인용하여 이 같은 논리를 뒷받침한다. 역량을 비교해서 진공 조건을 충분히 갖췄는지 논하며 작전 시기를 잘 선택해야 하는 문제를 아울러 밝히고 있다.

군사 작전을 포함한 모든 경쟁에서 '시기時機'는 대단히 중요할뿐더러 때로는 결정적이다. 물론 나의 준비와 상대에 대한 파악이 완벽하다면 시기의 주도권은 내가 갖는 것이다. 이 경우 적을 공격하는 시기를 미루거나 늦춰서는 절대 안 된다. 빠르면 빠를수록 좋다. 이때 문제가 되는 것은 리더의 결단뿐이다.

경영 지혜

〈공전〉 편은 반드시 '지피知彼'를 전제로 한다. 미국 낙농업 슈퍼마켓의 디즈니랜드로 불리는 스튜 레오나드의 대표 스튜 레오나드는 중간 간부를 교육하고 훈련시켜 영업과 경쟁의 전문가로 만드는 데 일가견이 있다. 그 방법은 경쟁 상대를 직접 찾아가는 것이다. 레오나드는 자신의 기업과 경영 방법이 비슷한 경쟁 상대를 방문 대상으로 선정했다. 방문 대상이 결정되면 아무리 멀어도 직원들과 함께 찾아갔다. 15인승 미니 버스를 따로 설계해서 만들 정도였다. 동행하는 직원들에게는 'One Idea Club'에 참가하는 것을 의미했다. 이들은 레오나드가 내주는 과제를 수행해야 하는데, 그 과제란 이런 식이었다.

'누가 맨 먼저 경쟁 상대의 경영에서 힌트를 얻어 우리 회사를 위해 새로운 아이디어를 낼 수 있는가?'

'적어도 스스로 새로운 제안을 할 수 있는가?'

이는 경쟁 상대를 방문하는 목적이기도 하고, 방문 후 반드시 실행에 옮겨야 하는 과제이기도 했던 것이다. 방문 과정 내내 상대보다 내가 더 낫다는 식의 화제는 절대 금지였다. 방문자는 레오나드 마켓보다 나은 점을 하나라도 찾아내야 한다.

이 방법에 대해 레오나드는 이렇게 설명했다. "남의 단점을 잡아

내는 건 아주 쉽다. 예를 들어 이 집은 이것 또는 저것을 근본적으로 모른다는 식의 논의는 얼마든지 할 수 있다. 그러나 이런 식은 우리에게 함정이나 다름없다. 자칫 조심하지 않으면 언제든 빠져 버리는 함정 말이다. 그래서 이런 대화나 논의는 허락하지 않는다는 규칙을

낙농업 상점계의 디즈니랜드라 부르는 스튜 레오나드는 '고객은 항상 옳다(The costomer is always right)'를 제1 원칙으로 내세우며 세계에서 가장 일하기 좋은 기업으로 성장했다. 사진은 스튜 레오나드의 제1, 2 원칙을 새긴 돌이다.

정했다. 우리보다 나은 점을 하나라도 찾으려고 최선을 다해야 한다. 아무리 보잘것없더라도 그것이 우리의 일을 끊임없이 개선하는 자극제가 되기 때문이다.”

'지피'는 경쟁 상대의 장점과 단점을 정확하게 파악하여 언제든 화살을 날리게 해 준다. 또한 자기 발전을 비추는 거울과도 같아 상대를 이해함으로써 내가 부족한 점이 무엇인지 인식하게 만든다. 그런 다음 이 부족한 점을 최대한 보완하여 끝까지 우세를 유지하며 승리를 취하는 것이다.

038

수전

이길 수 없다는 것을 알면 확실하게 지켜라

守戰

용병(경영) 원칙

전쟁에서 수비는 아군의 형세를 충분히 검토하여 승산이 없을 경우 수비 태세로 전환하는 것을 말한다. 적을 이길 수 없다고 판단하면 진영을 굳게 수비하여 적을 사로잡을 기회가 오기를 기다려야 한다. 적이 흔들리는 틈을 노려 공격하면 승리하지 못하는 경우가 없다.

《손자병법》에서는 "적을 이길 수 없다는 것을 알면 지켜라"라고 했다.

역사 사례

한나라 경제景帝 때인 기원전 154년, 오나라 왕 유비劉濞가 초나라 등 일곱 개 제후국을 연합하여 반란을 일으켰다. 이에 경제는 주아부周亞夫(기원전 199~기원전 143)를 태위太尉로 임명하여 이들 동부 지역의 반란국을 토벌하라고 명령했다.

명령을 받은 주아부가 경제에게 청했다. "반란군은 날쌔고 사나워서 우리가 일시에 정면으로 그 예봉을 당해 내기 어렵습니다. 우리 편인 양나라가 잠시 오와 초 두 나라 군대를 상대하는 동안 신이 두 나라 군대의 식량 보급로를 차단할 테니 허락해 주십시오. 그래야만 두 나라를 제압할 수 있습니다."

경제는 주아부의 요청을 받아들여 그대로 조치했다. 주아부는 형양滎陽에 부대를 집결했다. 예상대로 오나라가 양나라를 공격했다. 위기를 느낀 양나라가 주아부에게 구원을 요청했으나 주아부는 동북방의 창읍昌邑으로 군을 신속히 이동하고 성문을 굳게 닫아 수비만 할 뿐 양나라를 도와주지 않았다.

양나라 왕 유무劉武가 거듭 사신을 보내 구원을 요청했으나 주아부는 여전히 수비만 한 채 요청에 응하지 않았다. 유무가 하는 수 없이 경제에게 글을 올려 위급함을 호소하자 경제는 주아부에게 양나라를 구원하라는 명령을 내렸다. 주아부는 황제의 명령에도 불구하고 구원병을 출정시키는 대신 성만 굳게 지킨 채 부장 궁고후弓高侯 등을 시켜 경무장한 기병을 보내 오·초 반란군의 후방 보급로를 차단하게 했다.

오·초 반란군은 마침내 군량이 떨어져 굶주리자 철군하기 위하여 주아부군에 여러 차례 싸움을 걸었다. 주아부는 시종일관 성만 지킬 뿐 끝내 그들과 접전하지 않았다.

그러던 어느 날 밤, 주아부의 진영에서 돌연 소동이 일어나 병사들이 놀라고 서로 싸우는 사태가 발생했다. 그 소리가 주아부의 군막까지 들려왔으나 주아부는 자리에 그대로 누운 채 미동도 하지 않았다. 소동은 얼마 후에 저절로 진정되었다.

그 후 오군이 주아부군의 동남쪽으로 육박하여 성벽을 공격해 왔으나 주아부는 그러한 오군의 행동이 서북쪽을 공격하기 위한 양동작전이라고 판단, 그 반대 방향인 서북쪽의 방어력을 증강했다. 얼마 후 오군의 주력은 주아부의 예상대로 서북쪽을 공격해 왔다. 그러나 그곳은 이미 주아부군의 방비가 철저한 상태라 오군의 공격은 실패할 수밖에 없었다.

오·초 양군은 마침내 식량이 떨어지자 굶주린 상태에서 공격을 중단하고 퇴각하기 시작했다. 그제야 주아부는 정예병을 출동시켜 퇴각하는 오·초 양군을 대파했다. 오나라 왕 유비는 자신이 지휘하는 부대를 버리고 정예병 수천 명만 대동한 채 강남의 단도丹徒 지역으로 들어가 험준한 지형에 의지하여 저항을 기도했다.

지키는 것이 얼마나 중요한가를 잘 보여 준 명장 주아부는 황제의 명도 듣지 않을 만큼 확신이 있었다.

한나라 정부군은 승세를 몰아 그들을 추격하여 유비가 버리고 간 반란군을 모두 사로잡았고, 오나라가 관할하는 군현들의 항복을 받아 냈다. 주아부는 즉시 "오나라 왕을 잡아 오는 자에게는 천금을 내리겠다"라는 포고문을 내걸었다.

한 달 후 동월東越 지방 사람이 오왕의 목을 베었다고 보고했다. 한나라 정부군은 반란군과 싸운 지 3개

월 만에 오·초의 반란 지역을 모두 평정했다.《사기》〈강후주발세가〉

해설

〈수전〉편은 《손자병법》 〈형〉편의 '지불가승즉수知不可勝則守'의 주장을 계승하고 있다. 앞뒤 관련 대목을 함께 소개한다.

"예전에 용병을 잘한다고 하면, 먼저 적이 나를 이길 수 없도록 준비를 갖추고(선위불가승先爲不可勝), 이후 내가 적을 이길 수 있는 때를 기다리는 것이었다(이후적지가승以後敵之可勝). 적이 나를 이기지 못하게 하는 것은 나 자신에게 달려 있고, 내가 적을 이기는 것은 적에게 달려 있다. 따라서 용병을 잘하는 자는 적이 나를 이기지 못하게 할 수는 있으나 내가 반드시 이길 수 있도록 적을 그렇게 만들 수는 없는 것이다. 이긴다는 것은 미리 알 수는 있으나 그렇게 만들 수는 없다고 하는 것이다.

여기서 관건은 '知'에 있다. 이길 수 없다는 것을 '안다면' 지키라는 것이다. 방어의 방식을 채택할 때 반드시 파악해야 하는 원칙이다. 방어 작전은 '지기知己'를 전제 조건으로 한다는 것이다. 다시 말해 아군의 힘이 적과 싸워 이기기에 부족할 때는 방어 작전으로 적의 힘을 소모시키고 적을 피로하게 만들면서 적에게 틈이 생기기를 기다려야 한다. 그렇게 공격하면 이기지 못하는 경우가 없다.

〈수전〉편은 〈공전〉편과 머리와 꼬리 관계에 있다. 나와 상대의 역량을 정확하게 비교해서 공격할 수 있으면 공격하고(공전), 공격할 수 없으면 지키라는(수전) 것이다. 서로 다른 태세에 근거하여 서로 다른 작전 방식을 취하고, 사태의 발전과 변화에 근거하여 공수 작전의 방식을 적시에 전환하는 이런 사상은 《백전기략》의 선명한 특징들 중 하나다. 이는 실제 전쟁에서 작전의 필요성과 정확하게 부합한다.

나아가 〈수전〉 편의 내용이 '선수후공先守後攻(먼저 지키고 나중에 공격한다)'과 '공수결합攻守結合(공격과 수비를 함께 구사한다)'이라는 대단히 입체적인 작전 내용을 포함하는 적극적 방어 사상이라는 점에서 더욱 귀중하다.

경영 지혜

경쟁에서 자신의 역량을 상대와 비교하여 뚜렷한 열세라는 것을 알면 방어를 취해야 마땅하다. 이때 방어란 '지기'를 전제로 한다. 〈공전〉 편이 '지피'를 전제로 한 것과 대비될 뿐만 아니라 머리와 꼬리처럼 연결되는 것이다. 방어의 목적은 적의 투지와 날카로운 기세를 소모시켜 내게 유리한 기회를 창출하는 데 있다.

국가는 물론 기업도 남다른 경쟁 전략을 수립하여 자기 입지를 확실히 다칠 수 있는 조건을 창출할 줄 알아야 한다. 이때 자신의 상황을 제대로 파악하여 자신이 우세에 있건 열세에 있건 흔들리지 않는 심리 상태를 유지하고 자신의 경쟁 목표를 분명하게 인지한 다음 다시 한번 경쟁 전략에 대해 실질적인 점검을 거쳐야 한다.

알리바바는 기업을 국제화하기에 앞서 기업 내부의 영업 모델, 국제화 조직, 투자 기구 등에 대해 전면적인 평가를 단행했다. 이

알리바바의 창업자 마윈(馬雲, 마운)이 2018년 일선에서 물러났다. 이 역시 치밀한 전략에 따른 것으로 보인다. 다음 행보를 주목해야 하는 까닭이다.

를 통해 영업 모델이 어느 지역을 돌파구로 삼아야 하는지, 또 어떤 지역이 문화 차이에서 오는 장애가 덜한지 등을 진지하게 분석했다. 그 결과 홍콩을 첫 출발지로 결정했다.

홍콩을 알리바바의 국제화 첫 출발역으로 선정한 까닭은 알리바바 고객의 뚜렷한 지역성과 인구 분포 때문이었다. 홍콩과 타이완 등 화교가 많은 지역은 대륙과 공통점이 많았으며, 소비자의 천국인 홍콩은 알리바바의 인터넷 영업이 갈수록 번창하고 있었다. 따라서 홍콩 시장을 기초로 하여 타이완으로 진출한 다음 다시 일본으로 진군하는 전략을 세운 것이다. 결과는 예상대로였다. 알리바바는 '지기'에 입각하여 국제화를 향해 한 걸음 한 걸음 서서히 걸어 들어갔고, 그 결과 세계적인 기업으로 성장했다.

수비와 공격은 서로 모순되는 변증 요소가 충만한 개념이다. 좋은 수비는 그 자체로 하나의 공격이다. 좋은 수비는 상대의 전력을 소모시키고 자신을 지키기 때문이다. 수비의 성격을 띤 공격도 괜찮은 전략이다. 엄밀히 말해 알리바바의 〈수전〉이 바로 이런 경우였고, 이 분야의 바이블 같은 사례라 할 수 있다.

039

선전

기선 제압은 승리의 첫 단계다

先戰

용병(경영) 원칙

적과 대전할 때 적이 전장에 처음 출전하여 진용을 제대로 갖추지 못하거나 대오를 미처 정돈하지 못한 상태라면 아군이 먼저 공격하여 승리할 수 있다.

《좌전》에 "옛사람들은 상대의 마음을 빼앗았다"라고 했다.

역사 사례

춘추시대인 기원전 638, 宋송의 양공襄公(?~기원전 637)이 초나라 군대와 홍수泓水에서 싸울 때의 일이다.

초나라 군대가 하나둘 홍수를 건너오자 송나라 군대를 책임진 사마司馬 자어子魚가 양공에게 건의했다. "병력 수로 보아 적군이 아군보다 많습니다. 적군이 강을 건널 때 공격해야 합니다."

그러나 양공은 "그대는 저 인仁과 의義라는 두 깃발이 보이지 않는가! 과인은 당당하게 진을 펴고 정정당당히 싸울 뿐이다. 어찌 적이 반쯤 건너오는 틈을 타서 공격할 수 있겠느냐"라며 자어의 말을 일축했다.

강을 다 건넌 초나라 군대가 대오를 정렬하려는 걸 본 자어가 다시 이 틈에 공격하자고 건의하자 양공은 자어를 꾸짖었다. "시끄럽다! 너는 적을 치는 일시적 이익만 탐하고 만세의 인의는 모르느냐! 과인이 당당한 진으로 어찌 진도 치지 못한 적을 공격할 수 있겠느냐?"

결과는 송나라 양공의 참패로 끝났다. 세상 사람들은 양공 때문에 패했다고 비난했고, 자어는 이렇게 비판했다. "왕께서는 전쟁을 모르십니다. 강한 적이 강물 때문에 곤경에 빠졌다는 것과 적이 대오를 정비하지 못한 상황을 우리가 포착했다는 것은 하늘이 우리에게 주신 기회였습니다. 우리는 적이 곤경에 처했을 때 공격해야 했습니다. 우리가 그때 공격했다 하더라도 아군의 군세가 약했기에 승산이 적어 오히려 패할 우려도 없지 않았습니다. 게다가 적은 모두 전투력이 뛰어난 강병이라 비록 늙은 자라 할지라도 사로잡을 수만 있다면 잡아야 했습니다. 전쟁에서 적병이 반백의 중늙은이라고 하여 어찌 인정을 베푼단 말입니까?"

춘추시대 송나라 양공은 허황된 체면 때문에 '눈먼 지휘'로 패배를 자초했다. 게다가 참모의 정확한 작전 제안도 무시했다.

양공은 이 전투에서 대패했을 뿐만 아니라 오른쪽 허벅지에 화살을 맞는 부상까지 당했다. 백성들은 하도 기가 막혀서 양공을 원망하다 말고 비웃을 정도였다. 후세 사람들은 송의 양공을 가리켜 인의를 지키려다 인심만 잃고 망했다고 조롱했다. 이 고사에서 '송양지인宋襄之仁'이라는 고사가 나왔다.

훗날 혹자는 시로써 이 일을 탄식했다.

힘없는 두 나라는 가혹하게 대하고
초군에게만 너그럽게 대하다가
결국 허벅지에 부상을 입고 웃음거리가 되었도다.
송 양공처럼 인의를 찾다가는
도적놈과 성인도 분별할 수 없으리라. 《좌전》 희공 22년조)

해설

〈선전〉 편은 《좌전》 소공 21년조에 인용된 《군지軍志》의 "옛사람들은 상대의 마음을 빼앗았다"라는 대목을 인용하는데, 작전에 앞서 상대의 기를 빼앗는 기선 제압을 말한 것이다. 이를 '선발제인先發制人'이라 한다(선발제인'은 《한서》 〈항적전項籍傳〉에 나온다. 항적은 항우를 말한다). 한 발 앞서 출발하여 상대를 제압하라는 뜻인데, 군사에서는 선제 공격을 말한다.

'선발제인'은 이후 군사 작전을 수행하는 원칙에 따른 조건과 그 작용으로 이용되었다. 〈선전〉 편은 적이 전열을 제대로 갖추지 못한 채 공격해 오면 손쓸 틈을 주지 말고 공격하라는 것이다. 신속하게 적의 투지를 꺾으면 승리할 가능성이 훨씬 커지기 때문이다.

전쟁사의 경험은 '선발제인' 조건을 갖춘 상태에서 과감하게 선제공격을 퍼부으면 빠르게 승리를 거둘 수 있지만, 전기를 놓치면 작전에 실패할 가능성이 크다는 것을 잘 보여 준다. 송나라 양공의 실패는 후자를 잘 대표하는 사례라 할 것이다.

송나라 양공은 한때 천하의 패주로 군림하겠다는 야심을 품을 만큼 그 기세와 위세가 대단했다. 그러나 홍수에서 패한 이후 그 기세와 위세는 물거품이 되었다. 국내 사정도 문제가 있었지만 유명무실한 인의도덕과 체면만 내세운 양공의 리더십이 가장 큰 문제였다. 마오쩌둥은 송나라 양공의 '어리숙한 인의도덕'과 '작전상의 눈먼 지휘'가 홍수에서 참패한 직접적인 원인이 되었다고 날카롭게 지적했다.

경영 지혜

상대가 확고하게 입지를 다지지 못했다면 먼저 상대를 제압하는 속전속결이 필요하다. 그래야 내 전력의 손실을 최소화하면서 짧은 시간에 상대를 효과적으로 무너뜨릴 수 있기 때문이다. 비즈니스 경쟁에서는 시기를 정확하게 잡아 먼저 상대를 제압하는 〈선전〉의 핵심인 '선발제인'을 뛰어난 리더가 반드시 갖춰야 할 자질로 꼽는다.

인텔intel은 세계 반도체 생산 기업으로는 최고 선두주자다. 설립한 지 50년이 다 되었지만 여전히 성장하는 기업이다. 이 기업이 이렇게 장기 발전을 이룬 것은 남들보다 한 발 앞서 새로운 걸 추구하는 창신創新에 충실한 결과다.

인텔의 '창신' 정신은 기업 경영에서
〈선전〉이 얼마나 큰 성취감과 자신
감을 주는지 보여 주는 대표 사례로
꼽을 수 있다. 사진은 마이크로 칩
형상을 결합한 인텔의 로고다.

　1988년은 인텔의 성장과 발전에
하나의 전환점이 된 해였다. 당시 인
텔은 거금을 들여 전자 방면의 최
고 전문가들로 구성된 최고 브레인
그룹을 꾸린 다음 1990년대 초 세계
반도체 시장을 전문적으로 예측하

고 연구했다. 그에 따라 도출된 결론은 컴퓨터의 소형화와 미세화
가 가속화되리라는 것이었다. 따라서 컴퓨터의 심장인 CPU 성능을
대대적으로 높여야 한다는 필요성이 제기되었다. 인텔은 바로 30억
달러를 투자하여 고성능 마이크로 칩을 연구 개발하기 시작했다.
이로써 전자 업계의 선두주자가 되겠다는 목표를 정했다.

　인텔은 상대를 내려다보며 제압할 수 있는 고지를 선점하고 기회
를 먼저 빼앗는 '선발제인'의 기업 전략으로 다시 그 위력을 떨치기
시작했다. 인텔은 1994년부터 신제품을 생산하기 시작하여 단 1년
만에 시장 점유율 44퍼센트를 차지하기에 이르렀다.

　〈선전〉의 핵심인 '선발제인'은 두 가지 조건을 요구한다. 첫째는
상대가 아직 단단하게 입지를 다지지 못한 상황이다. 둘째는 자신
에 대한 강한 믿음이다. 영원히 한 발 앞서 갈 수 있는 실력을 충분
히 갖췄을 때 상대는 영원히 다지지 못한 그 자리에서 불안해하는
것이다. 단, 그때 상대는 이 상황을 벗어나기 위해 갖은 방법을 강
구한다는 사실을 반드시 알고 있어야 한다. 방심은 '선발제인'의 최
대 적이다.

040

후전

확실하게 제압하려면 기다릴 줄 알아야 한다

後戰

용병(경영) 원칙

적과 대전할 때 적군의 대오와 진용이 잘 정돈되고 사기가 왕성하여 쉽사리 이길 승산이 없다고 판단될 경우에는 그들과 섣불리 교전하지 말고 진지를 굳게 지키면서 적의 진영에 허점이 생기기를 기다려야 한다. 적이 한곳에 포진하는 시일이 길어지면 자연히 그 날카로움이 무뎌질 것이니 그 기회를 포착하여 공격하면 승리할 수 있다.

《좌전》에 "일보 후퇴했다가 나중에 적을 제압하는 것은 적의 사기가 쇠진하기를 기다리기 위해서다"라고 했다.

역사 사례

당나라 고조高祖 때인 621년 5월, 훗날 태종으로 즉위하는 이세민이 군벌 왕세충王世充을 낙양에서 포위하자 같은 군벌인 두건덕竇建德

이 왕세충의 요청으로 전군을 출동하여 하북에서 왕세충을 구원하려고 했다. 이에 이세민은 동진하여 호뢰관虎牢關을 확보하고 두건덕 군대가 낙양으로 합류하는 것을 저지했다.

두건덕은 병력을 총동원하여 군영을 설치했는데 그 군영이 무려 20여 리에 이르렀다. 이를 본 당나라 장병들은 모두 두려워하는 기색이 역력했다.

이세민은 기병 몇 명을 거느리고 고지에 올라 적진을 관망한 다음 장병들을 안심시켰다. "적군은 모두 산동에서 거병했으나 아직까지 강적과 싸워 본 경험이 한 번도 없다. 게다가 험준한 지대를 넘어오면서 저렇듯 질서 없이 떠들어 대는 것은 군기가 바로 서 있지 못하다는 증거다. 또한 저들이 우리 성채 가까이에 진을 친 것은 우리를 얕보는 마음이 있기 때문이다. 우리가 성채를 굳게 지키고 병력을 출동하지 않으면 저들은 저절로 기력이 쇠진해질 것이다. 또한 저들이 오랫동안 진을 펼쳐 군사들이 굶주리면 필시 스스로 후퇴할 것이다. 그때 후퇴하는 적을 공격하면 승리하지 못할 이유가 없다. 내가 그대들에게 약속하니 오늘 점심때가 지나면 우리는 틀림없이 저들을 격파할 것이다."

두건덕은 당나라 군대의 성채 앞에 진을 친 채 새벽부터 한나절이 다 되도록 군사들을 세워 두었다. 이에 병사들은 배가 고프고 피로하여 모두 줄지어 앉아 물을 찾았다. 이세민은 이 광경을 보고 우문사급宇文士及에게 기병 300명을 이끌고 두건덕의 진지 서쪽을 지나 남쪽으로 우회하면서 두건덕 군대를 시험해 보게 했다. 그러면서 이렇게 주의시켰다. "우리가 출동했을 때 적이 후퇴하지 않으

당 태종 이세민은 군주나 정치가이기 전에 뛰어난 군사전문가였다. 이는 군사전문가 이정과 나눈 대화록이자 병법서인 《이위공문대》가 잘 보여 준다.

면 신속히 철수하여 되돌아오고, 적군의 행동이 나타나면 그대로 동쪽을 향해 진출하라."

우문사급이 두건덕 군대의 진지 서쪽을 막 통과하자 두건덕은 부대를 출동시켰다. 이를 본 이세민은 "이제야말로 공격할 시기가 왔구나" 하고는 기병장에게 명하여 깃발을 앞세우고 공격 대형을 갖춘 다음 호뢰관에서 곧장 남으로 내달아 계곡을 따라 동쪽으로 진출하여 두건덕 군대의 배후를 공격하게 했다. 두건덕은 급히 본진의 잔여 병력을 이끌고 동쪽 언덕으로 후퇴했다. 그러나 미처 진용을 정비하지 못한 두건덕 군대는 이세민이 이끄는 경기병의 급습을 받아 궤멸하고 말았다.

전투에서 당나라 기병대는 당의 깃발을 말아 세우고 두건덕 군대의 진중으로 돌입, 후미까지 관통한 다음 일제히 깃발을 펼쳐 안팎에서 맹공을 가했다. 이에 두건덕 군대는 크게 놀라 패주했다. 당군은 이들을 30리나 추격하여 3000여 명의 머리를 베고 두건덕도 사로잡았다. 《《구당서》 〈태종 본기〉 상)

해설

《전국책戰國策》〈제책齊策〉에 이런 대목이 있다.

"천리마가 뒤처지고 좋지 않은 말이 앞서며, 고대의 용사 맹분孟賁이 먼저 지치고 여자가 이긴다. 무릇 열등한 말과 여자는 힘에서 천리마나 맹분을 결코 앞지를 수 없다. 그런데도 어떻게 이길 수 있는가? '늦게 출발해서 앞지르는' 방법을 택했기 때문이다."

여기서 늦게 출발하여 상대를 제압하거나 늦게 출발해서 앞지르는 '후발제인後發制人' 전략이 나왔다. 〈후전〉 편은 '후발제인'의 관점을 받아들여 《좌전》 소공 21년조에 보이는 《군지》를 인용하고 있다. 〈후전〉은 〈선전〉 편과 상반되면서도 보완 관계에 있는 자매 편이기도 하다.

〈후전〉 편의 요점은 적의 상황을 정확하게 파악하고, 적이 허술함을 노출할 때까지 참고 기다리는 일이 중요하다는 것이다. 선제공격의 조건을 갖추고도 적시에 공격하지 못하는 것은 보수주의며, 그런 조건을 갖추지 못한 채 경솔하게 적을 공격하는 것은 모험주의다. 이 둘은 모두 극단적 결과, 즉 작전 실패를 초래할 수밖에 없다. 따라서 작전 중에 발생할 수 있는 이 두 가지 경향을 어떻게 방지할 것인가가 대단히 중요한 문제라는 점도 기억해야 한다.

작전 중에 사용하는 '후발제인'은 전략에서 출발했지만, 군사상 특별히 역량과 태세라는 요소가 추가되었다. 그러나 '후발제인'의 정치적 의의는 왕왕 군사적 의의보다 크다. 정치상 '후발제인'은 민심을 얻고 군중을 동원하고 주위의 동정과 원조를 얻기 쉽다. 군사적으로는 지구전에 유리한데, 불리한 조건에서 섣부른 결정을 피하고 시간을 벌어 승리할 수 있는 조건을 창조하기 때문이다. 이런 점에서 〈후전〉은 기업 경영에도 좋은 본보기가 될 수 있다.

경영 지혜

경쟁에서 상대를 철저하게 열세로 몰 수 없을 때는 〈후전〉에서 말하는 '후발제인'을 배워야 한다. 〈전전〉의 요지인 '선발제인'은 절대 우세한 상황에서 상대에게 숨 쉴 기회를 주지 말고 속전속결을 강조했다. 반면 〈후전〉의 '후발제인'은 이런 조건이 허용되지 않은 상황에서는 '후발제인' 전략을 취해 승리를 날려 버리지 않도록 하라는 것이 요지다.

비즈니스에서 '후발제인' 전략은 그 쓰임새가 대단히 크다. 이 방면에서 일본의 대기업들이 보여 준 사례는 음미할 가치가 있다. 마쓰시타는 줄곧 '선두 자리를 차지하지 않는 전략'을 취했다. 새로운 기술을 남보다 먼저 발명하지 않으며, 신기술의 선두가 되지 않고 기술의 추종자가 되겠다는 전략이었다. 사업의 중점을 제품의 질과 가격에 맞춘 것이다.

과거 비디오테이프 기술은 일본의 소니가 가장 먼저 발명했다. 소니의 베타맥스 비디오테이프는 시장에서 당연히 선두였다. 이 제품이 시장에 나오자 마쓰시타는 정밀한 시장 조사를 통해 소비자가 가장 선호하는 제품은 방영 시간이 긴 테이프라는 사실을 확인했다. 이에 마쓰시타는 베타맥스의 기초 위에 소비자의 요구를 만족시키는, 말하자면 용량은 크면서 부피가 작고 정교한 테이프를 설계했다. 그 성능은 믿을 만하고 가격은 메타맥스보다 15퍼센트나 쌌다. 그 결과 마쓰시타의 내셔널과 PCA 두 상표의 테이프가 소니를 압도하고 일본 시장의 3분의 2를 차지했다.

모든 경쟁에서 '후발제인'은 실력이 상대적으로 약세한 쪽이 승리를 얻는 데 유효한 전략이다. 후발 기업은 시장에서 새로운 제품을 연구하거나 개발하는 데 자금과 정력 그리고 시간을 소모할 필요가 없기 때문이다. 이런 것들은 선발주자들이 지불한다. 통계에 따르면 일본이 1945년에서 1970년까지 약 25년 동안 외국에서 기술을 사 오느라 지불한 돈이 60억 달러 정도였다. 반면 이 기술들을 연구하고 개발하는 데 들인 비용은 2000억 달러를 넘었다고 한다. 그리고 일본이 기술을 수입하여 배우고 확실하게 장악하는 데 걸린 시간은 2~3년으로 연구와 개발에 들어간 12~15년의 5분의 1에 불과했다.

또한 선두주자들이 이미 시장에 들어온 상황이기 때문에 그 제품과 기술에서 취약한 부분이 쉽게 드러난다. 후발주자는 이를 파악하여 그 장점을 취하고 단점을 버린 다음 시장에 들어와 상대와 겨루기 때문에 한결 쉽게 상대와 시장을 공략할 수 있다.

일본 기업은 세계 시장에서 미국과 겨루며 '후발제인' 전략으로 미국 기업을 번번이 물리쳤다. 미국의 자동차 산업은 오랫동안 세계 선두였다. 그러나 늘 호화롭고 큰 차를 고집하는 바람에 수입이 낮은 고객들이 엄두를 내지 못했다. 특히 석유위기 이후 훨씬 많은 사람이 소형차를 찾았다. 일본 자동차 기업은 이 기회를 놓치지 않고 미국 자동차의 약점을 겨냥하여 자기들만의 기름 절약형 경제적 소형차를 출시했다.

숱한 실전 경험을 통해 상대
에게 취하여 상대에게 승리하는
'후발제인'의 전략은 자신의 실
력이 약세인 상황에서 조용히
강한 상대의 전력과 동향을 관
찰한 다음 승리할 수 있는 돌파

지금은 역사의 뒤안길로 사라진 소니의
획기적인 비디오테이프 베타맥스.

구를 찾는 데 대단히 유용하다는 사실이 확인되었다. 단, '후발'이
라 해서 너무 늦어서는 결코 안 된다. '후발' 주자들이 나 외에도 아
주 많기 때문이다. 또 '후발제인'에 성공하면 다음 단계를 함께 준
비해야 한다. 때로는 창신을 통해 '선발제인'을 병행해야 할 필요가
있기 때문이다.

041
기전

허점을 파악하지 못한 채 공격하는 것은 기습이 아니다

奇戰

용병(경영) 원칙

전쟁에서 '기奇'는 적의 수비가 허술한 지점에서 적이 미처 예측하지 못한 시간에 갑자기 공격하는 것을 말한다. 접전 때 적의 선두를 공격하는 척하면서 배후를 기습하고, 동쪽으로 진출할 듯하면서 서쪽을 공격하여 적이 어느 방향을 수비할지 모르게 만들어야 한다. 이같이 하면 승리할 수 있다.

《당태종이위공문대》에 "적의 방어 태세에 허점이 있으면 기병奇兵으로 불의의 습격을 가하여 혼란에 빠뜨려야 한다"라고 했다.

역사 사례

삼국시대인 263년 9월, 위나라 원제元帝가 촉한 정벌을 명했다. 대장군 사마소司馬昭는 모든 지휘권을 부여받아 정서장군 등애에게 답중遝中을 지키는 촉한의 장수 강유姜維를 공략하여 견제하게 했다. 옹주자사 제갈서諸葛緖에게는 검각으로 가는 요로를 차단하여 강유가 촉한으로 철수하는 것을 저지하게 했다.

명을 받은 등애는 천수태수 왕기王順 등의 부대를 출전시켜 강유군의 진지를 공격하는 한편, 농서태수 견홍牽弘의 부대에게는 전면 공격을 단행케 했다. 그리고 금성태수 양흔의 부대에게는 강천구彊川口를 우회하여 강유군의 배후를 측면에서 공격하게 했다.

이때 답중에 있던 강유는 위나라 주력인 종회鍾會의 군대가 이미 관중으로 진출했다는 보고를 받고, 종회군의 진격을 저지하기 위해 검각으로 후퇴를 명했다. 그러나 이를 탐지한 위나라 양흔군은 강천구에서 강유군을 추격하여 격전을 벌였다. 강유군은 이 일전에서 타격을 입었으나 그대로 음평陰平까지 남하했다. 강유는 위나라 장수 제갈서 휘하의 옹주雍州 군대가 음평 남방으로 진출하여 검각으로 향하는 촉한군의 퇴로를 차단하고 있다는 소식을 들었다.

이에 강유는 음평에서 북도로 진입하여 위나라 옹주군의 배후를 돌아 촉으로 회군하려고 했다. 제갈서는 강유군이 음평에서 옹주를 목표로 북상한다는 보고를 받고 그들의 근거지인 옹주를 빼앗길까 두려워 강유군의 북상을 저지하기 위해 군을 30리가량 북상시켰다.

강유는 군을 이끌고 음평에서 무도武都로 북상하는 중에 제갈서의 옹주군이 교두에서 철수했다는 보고를 받았다. 이에 강유는 즉시 진로를 남쪽으로 바꿔 교두를 거쳐 검각으로 남하했다. 뒤늦게 강유군의 의도를 깨달은 제갈서는 황급히 군을 교두로 다시 이동시켜 강유군의 남하를 저지하려고 했으나 옹주군의 기동이 늦어 불과 하루 차이로 강유군을 놓치고 말았다. 이리하여 강유군은 그들의 요새인 검각으로 귀환하여 위나라 주력인 종회군에 대해 수비 태세를 갖출 수 있었다.

위나라 장수 종회의 주력군은 검각 일대에 방어진을 친 강유군을 공격하려던 계획이 실패하자 검각 공격을 포기하고 철군하려 했다. 강유군을 추격하여 음평까지 남하한 등애는 이 소식을 듣고 사마소에게 글을 올려 건의했다.

"적군의 기세가 이미 꺾였으니 세에 편승하여 추격해야 합니다. 우리는 음평에서 샛길을 따라 덕양정德陽亭을 거쳐 곧바로 부현涪縣으로 진격할 생각입니다. 덕양정은 검각 서쪽에서 100리쯤 되는 지점이고, 부현은 촉한의 수도 도성成都에서 불과 300여 리밖에 떨어지지 않았습니다. 부현을 점령하고 나면 기병으로 적의 허를 찔러 촉한의 심장부인 성도를 공격하는 것이 가능해집니다. 우리가 부현을 공격하려 한다는 소문이 촉한 쪽에 전해지면 촉한군은 분명 부현의 방어력을 증강하기 위해 주력의 일부를 부현으로 분산 배치할 것입니다. 이때 종회군이 전차대를 앞세워 진격한다면 검각의 방어선을 돌파할 수 있을 것입니다. 만일 검각의 촉한군이 부현으로 구원 병력을 보내지 않는다면 쉽사리 부현을 점령할 것입니다. 병법에도 적의 방비가 허술한 곳을 공격하고, 적이 미처 생각하지 못한 허점을 포착하여 불시에 공격하라고 했습니다. 적의 수비가 허술한 부현을 습격한다면 반드시 성공할 것입니다."

그해 10월, 사마소가 등애의 계획을 승인하자 등애는 음평에서 샛길을 통해 인적이 없는 심산계곡을 따라 700여 리를 강행군했다.

그러나 산이 높고 계곡이 깊어 산을 깎아 도로를 개척하고 교량을 가설하며 행군할 수밖에 없었다. 때로는 수송로가 끊겨 군량이 보급되지 않거나 깎아지른 낭떠러지에 가로막혀 전진하지 못할 때도 있었다. 그럴 때마다 등애는 행군 대열의 선두에 서서 담요로 몸을 감싸고 골짜기로 굴러 내려가는 시범을 보여 장병들이 따라 하게 했으며, 나무를 잡고 벼랑에 몸을 붙여 엮어 놓은 생선 두름처럼 한 줄로 전진하게 하기도 했다. 그리하여 등애군은 먼저 부현 북방의 요충지인 강유성으로 진출할 수 있었다. 그 지역을 수비하던 촉한의 장수 마막馬邈은 싸워 볼 생각도 하지 않고 항복했다.

촉한의 제갈첨은 이 소식을 듣고 부현에서 그 후방 지역인 면죽綿竹으로 부대를 철수시켜 방어 진지를 구축하고 등애군의 전진을 막았다. 등애는 아들 등충鄧忠의 부대는 제갈첨 군대의 우측방을, 사마로 있는 사찬師纂의 부대는 좌측방을 공격하게 했다. 그러나 등충과 사찬은 모두 공격에 실패하고 돌아와 등애에게 "적의 방어력이 강하여 돌파할 수 없습니다"라고 보고했다.

등애는 크게 노하여 "국가의 존망 여부가 이 일전에 달려 있는데 너희가 어찌 패했단 말이냐" 하고는 이들의 목을 베려고 했다. 이에 등충과 사찬은 다시 적진으로 달려가 죽음을 각오하고 결전을 벌였다. 그 결과 등충과 사찬은 촉한

위나라가 촉한을 멸망시키는 데는 〈기전〉의 전략을 적절하게 활용한 명장 등애의 역할이 아주 컸다.

군을 대파하고 제갈첨과 상서 장준張遵 등의 목을 베었으며, 촉한 군의 심장부인 광한군廣漢郡으로 진격했다. 위군이 성도에 임박했다는 소식에 촉한의 황제 후주 유선劉禪은 마침내 위에 사신을 보내 항복했다. 결국 위나라는 촉한을 멸망시켰다.《삼국지》〈위서〉'등애전')

해설

〈기전〉 편은 바로 다음에 나오는 〈정전〉 편과 짝을 이룬다. 본편은 대비하지 않은 곳을 공격하고(공기무비攻其無備) 뜻하지 못한 곳에서 출격한다(출기불의出奇不意)는 손무의 사상을 충실히 계승하여, '출기제승出奇制勝'의 작전 효과를 달성하기 위한 원칙과 방법의 문제를 논하고 있다.

'공기무비' '출기불의'의 요점은 공격에서 돌연성의 문제를 강조하기 위한 것이다. 돌연적으로 공격하려면 은밀하고 교묘한 전법으로 적이 생각하지 못할 때 방비하지 않는 약한 고리를 갑자기 공격해야 적을 사지에 몰아 '출기제승'의 목적을 달성할 수 있다.

군사 작전에서 '기奇'와 '정正'은 상반되는 개념이면서 상호보완 작용을 한다. 이를 '기정론'이라 할 수 있는데, 동양의 군사와 정치 사상의 한 축을 이룬다.

이와 관련하여 손자는 이렇게 말한다. "모든 전쟁은 정공법正攻法으로 대치하고 기계奇計로 승리를 거둔다. 그런 까닭에 기계를 자유자재로 변화시켜 구사하는 자는 그 기계가 천지와 같이 무궁하고 강의 흐름처럼 다하는 일이 없다."《손자병법》〈병세〉편)

이에 대해 당나라 사람 두우杜佑는 "정이란 적과 맞서는 것이고, 기는 측면에서 적이 대비하지 않은 틈에 공격을 가하는 것이다. 정도正道로 맞붙어 싸우며 기변奇變으로 승리한다"라고 주를 달았다. 또한 손무는 "전쟁의 형세를 결정짓는 것은 결국 정공법과 기계에 지나지 않지만, 기와 정의 변화에서 나오는 전략이나 전술은 이루 다 알아낼 수 없다. 기계와 정공법은 서로 조화를 이루며 돌고 도는 고리처럼 끝이 없다"라고 말한다.

손무는 현명한 장수라면 상황 변화에 따라 기·정을 변환시켜 가며 전술과 전법을 구사할 수 있어야 한다고 인식했다. 천지와 같이 변화무쌍하게, 강과 바다처럼 쉼 없이 흐르듯 기병奇兵을 잘 활용하여 적을 꺾어야 한다. 손무는 상대에게 허상을 보여 주는 '시형示形'과 갖가지 수단으로 상대를 헛되이 움직이게 만드는 '동적動敵'을 '출기제승'의 중요한 수단으로 강조한다.

'기·정'이 전술에 운용될 때 대체로 다음과 같은 내용을 포함한다.

① 작전 부서의 측면에서 수비 임무를 담당하는 것을 정, 기동력 집중을 기라 한다.

② 견제 담당을 정, 기습 담당을 기라 한다.

③ 작전 방식의 측면에서 정면 공격을 정, 우회 측면 공격을 기라 할 수 있다. 또 낮에 공격하는 것은 정, 밤에 공격하는 것은 기다.

④ 역시 작전 방식이란 면에서 일반적인 전법은 정, 특수 전법은 기라 할 수 있다. 또 일상법은 정, 편법은 기다.

경영 지혜

비즈니스 경쟁에서 〈기전〉은 나의 중소 상품으로 지름길을 열고 경쟁 상대의 큰 상품의 약점을 기습하여 예상 외의 효과를 거둘 때 활용할 수 있다. 1980년대 말 미국의 드라이퍼스Drypers는 기저귀 등 유아용품으로 새롭게 일어난 기업이다. 드라이퍼스는 가격이 싸고 실용적인 상품으로 시장의 선두주자이자 세계 최대의 일용품 생산 기업인 P&G(Protect & Gamble)에 도전장을 내밀었다. 드라이퍼스가 텍사스주에 진입하자 P&G의 반응은 깜짝 놀랄 정도로 강렬했다. P&G는 2달러짜리 제품 증정권을 사방에 뿌리며 드라이퍼스를 무섭게 압박했다.

드라이퍼스의 책임자 데이브 피터스는 이 상황을 관망만 하다가는 앉아서 죽을 판이라는 걸 직감했다. 드라이퍼스의 자금력으로는 P&G처럼 텍사스주 전체에 증정권을 뿌릴 수 없기 때문이었다.

드라이퍼스는 막강한 P&G에 맞서 상대의 전술을 역이용하는 기발한 발상으로 승리를 거뒀다. 〈기전〉의 성공적인 모범 사례로 꼽힐 만하다. 사진은 드라이퍼스의 주력 상품인 유아용 기저귀다.

피터스는 고심 끝에 기발한 반격 방법을 생각해 냈다. 드라이퍼스는 텍사스주에 대대적으로 이렇게 광고했다.

"P&G의 증정권으로 같은 값의 드라이퍼스 제품을 교환할 수 있습니다."

드라이퍼스의 제품이 날개 돋친 듯 팔렸다. 사실 P&G로서는 이런 반격을 전혀 예상하지 못했다. 자기 회사의 증정권이 남을 위해 사용되리라는 걸 누가 생각이나 했 겠는가. 드라이퍼스는 이런 〈기전〉 전략으로 P&G라는 초강적에 맞서 승리를 거뒀다.

대비하지 않은 곳을 공격하고(공기무비), 뜻하지 못한 곳에서 출격 하면(출기불의) 상대를 속수무책으로 만들 수 있다. 리더는 경쟁에서 이처럼 절묘한 수와 예상을 뛰어넘는 생각 그리고 지혜로 승리를 챙길 수 있어야 한다.

042

정전

상황과 환경을 바꿀 수 없으면 정공법으로 나가라

正戰

용병(경영) 원칙

적과 대치한 상태에서 도로가 막히고, 군량이 제대로 보급되지 않고, 계략으로 적을 유인해도 덫에 걸려들지 않고, 뇌물로도 적장을 매수하거나 설득할 수 없는 경우에는 반드시 정공법을 선택해야 한다. 정공법이란 병사들을 정예화하고, 병기를 잘 손질하고, 상벌을 분명하게 시행하고, 명령 체계를 정확히 확립하여 한 걸음 한 걸음 전진하면서 공격하는 것이다. 이렇게 하면 승리를 거둘 수 있다.

《당태종이위공문대》에 "정규전을 수행하지 않고 어찌 원정을 단행할 수 있겠는가"라고 했다.

역사 사례

동진東晉의 장수 단도제檀道濟는 중외대도독 유유와 함께 후진後秦 북벌에 나서면서 군의 지휘를 맡았다. 단도제는 군대를 이끌고 낙

양으로 곧장 진공하는 정규전법을
취하여 빠르게 성과 보루를 격파
하고 4000여 명의 적군을 포로로
잡았다. 이때 누군가 포로를 모조
리 죽이고 높은 무덤처럼 만들어
진나라 군대의 무공을 뽐내자고
건의했다.

《36계》의 주인공으로 알려진 단도제
가 포로를 풀어 준 것 역시 정공법의
범주에 들어간다. 적과 그 백성들의
심리를 제대로 공략했기 때문이다.

　　단도제는 반대하며 말했다. "죄
를 토벌하고 백성을 어루만지는
것이 지금 우리가 해야 할 일이다. 제왕의 군대는 정의로운 법도를
신장해야 하거늘 왜 사람을 죽이려 하는가?"

　　그러고는 포로를 전부 석방하여 집으로 돌려보냈다. 후진의 백성
들은 단도제의 조치에 감동하여 너나 할 것 없이 귀순해 왔다.(《송
사》〈단도제전〉)

해설

〈정전〉 편은 〈기전〉 편과 짝을 이룬다. 〈정전〉 편은 적과 주변 상
황과 작전 환경 등의 조건을 바꿀 수 없다면 정공법으로 나가라고
말한다. 무장과 병력이 우수하고 훈련을 잘 받은 부대라도 싸우면
서 전진하는, 한 걸음 한 걸음 밀고 나가는 정규전법을 취하라는
것이다.

　　〈정전〉 편은 〈기전〉 편과 반대되면서 서로 도움을 줄 수 있는 전

략인데, 한 걸음 더 나아가 상황 변화에 맞는 작전 방법을 취하라고 말한다. 이는 작전에 따른 보편적인 지도 원칙이며, 손자가 말한 "모든 전쟁은 '정공법'으로 대치하고 기계로 승리를 거둔다"라는 군사 투쟁의 객관적 규율성을 온전히 체현하고 있다.

《군주론》를 남긴 마키아벨리는 프랑스 루이 11세(1423~1483)의 정규군이 이탈리아와 전투하는 모습을 '손에 분필을 쥔' 대열로 행군했다고 묘사했다. 루이 11세 정규군의 행진이 지도에 미리 행군 노선을 표시해 놓은 것과 같았다는 말이다. 루이 11세의 정규군은 이렇듯 놀라운 응집력으로 짧은 시간 안에 영국에 빼앗긴 땅을 대부분 되찾을 수 있었다.

〈정전〉편은 언제 어떤 상황에서도 상대와 맞서 승리할 수 있는 정규군과 평상시의 정확한 훈련이 얼마나 중요한가를 강조한다. 흔들리지 않는 기본 실력을 확실하게 갖춰야 한다는 것이다. 그래야만 〈기전〉에서 말하는 기습이나 기발한 전략이 가능하기 때문이다.

경영 지혜

기업 경영에서도 군대의 정규군 같은 조직과 인력이 반드시 필요하다. 조직과 인력을 철저히 관리하여 그 안의 잠재력을 최대한 발휘시키고 정규화함으로써 기업의 목표를 달성하는 것이다. 체계적인 훈련을 통해 야생마를 준마로 바꾸는 것이다.

컴퓨터 관련 다국적기업인 미국 휴렛팩커드HP의 성공 뒤에는 자질이 뛰어나고 훈련이 잘된 많은 기술자와 관리자가 있었다. 그들

휴렛팩커드는 '인재=자본+지식=재부'
공식을 믿고 이를 위해 인재에 적극 투
자했다. 사진은 휴렛팩커드 로고다.

은 기업 발전과 경쟁력의 주요한 원천이며 휴렛팩커드의 가장 귀중한 부였다. 휴렛팩커드는 이들 고급 인력을 스카우트하고 격려하기 위해 물질적 우대는 물론 직원들의 능력을 높이는 기회와 지원을 아끼지 않았다. 특히 직원들이 삶의 질을 높이고 발전시키는 만족할 만한 인생 계획을 짤 수 있도록 도왔다.

휴렛팩커드의 직원들은 다른 경쟁 상대보다 자기 발전의 기회가 많아졌고, 이는 곧 직원들의 자질 향상으로 이어졌다. 평상시 잘 훈련된 직원들은 무형의 자산이 되었고, 기업의 목표를 관철하는 데 자발적으로 나설 수 있었다. 휴렛팩커드는 직원의 자질 향상을 기업의 생명선으로 보았다. 이 때문에 끊임없이 직원들을 정규화함으로써 기업의 성장과 발전을 실현한 것이다.

043

허전

비어 있되 비어 있는 것처럼 보이지 않아야 한다

虛戰

용병(경영) 원칙

적과 대전하면서 아군의 형세가 약할 때는 아군의 군세가 강대한 것처럼 가장한다. 이렇게 하여 적이 아군의 허실虛實을 정확히 파악하지 못하고, 아군을 가볍게 여겨 함부로 싸우려 들지 못하게 해야 한다. 그러면 아군의 병력을 온전히 보전할 수 있다.

《손자병법》에 "적이 감히 아군과 싸우려 들지 못하는 것은 아군이 적의 공격 목표를 다른 곳으로 유도하기 때문이다"라고 했다.

역사 사례

231년 3월, 촉한의 승상 제갈량은 양평관陽平關에서 위연魏延 등 여러 장수에게 주력군을 이끌고 출동하여 동부 지역의 위나라 군대를 공략할 것을 명령하고, 자신은 잔여 병력 1만여 명과 함께 성을 지켰다.

이때 위나라 군대의 대장 사마의가 20만 대군을 이끌고 촉한의 군대와 싸우기 위해 남하했다. 그러나 촉한 위연의 주력 부대는 길이 엇갈리는 바람에 사마의 군대의 남하를 저지하지 못하고 말았다. 사마의는 곧장 양평관으로 진출하여 제갈량의 수비대와 60여 리 떨어진 지점까지 접근할 수 있었다.

양평군에 도착하여 촉한군의 동정을 정탐한 위의 척후병은 양평관 성내에 제갈량 군대의 잔류 병력이 많지 않고 역량도 약하다고 보고했다. 제갈량 역시 사마의 군대가 곧 양평관으로 들이닥칠 것을 예상했다. 그는 병력이 우세한 위군과의 정면 격돌을 우려하여 양평관을 버리고 위연의 군과 합류하려 했으나 거리가 너무 먼 데다 적의 대군과 당면한 상황이라 쉽사리 움직일 수 없었다. 그러다 보니 성내에 남은 촉한군의 장병들은 모두 사색이 되어 어찌할 바를 몰랐다.

그러나 제갈량은 태연자약 평상시와 다름이 없었다. 그는 명령을 내려 성 위에 꽂아 놓은 모든 깃발을 뉘고 전투 태세로 북틀에 걸어 놓은 북도 바닥에 내려놓은 다음 장병들이 성내를 함부로 돌아다니지 못하게 했다. 그리고 사면의 성문을 활짝 열어 병사들이 성문 앞에 물을 뿌리며 한가롭게 청소하도록 했다. 자신은 성루에 올라가서 단정히 앉아 거문고를 뜯었다.

위군을 이끌고 양평관에 접근한 사마의는 제갈량이 용병에 신중을 기하는 인물이라 믿고 있었다. 그런 제갈량이 허술한 모습을 보이자 다른 병력을 매복시켜 놓고 일부러 약한 것처럼 기만하여 자신을 유인하려는 작전이 아닌가 의심했다. 결국 사마의는 군을 북

〈허전〉은 상대를 속이는 기만술이지만 함부로 사용해서는 안 된다. 자칫 잘못하면 나의 허세가 고스란히 드러나 경쟁에서 패하기 쉽다. 사진은 제갈량의 '공성계'를 나타낸 그림이다.

산北山으로 이동시키고 양평관을 공격하지 않았다.

다음 날 위기를 넘긴 제갈량은 아침 식탁에서 참모들과 박수를 치며 "사마의는 내가 약한 것처럼 꾸며 놓고 강력한 부대를 따로 매복해 두었다고 판단하여 산 아래로 퇴각했을 것이다"라고 했다.

촉한군의 척후병은 제갈량이 예상한 대로 사마의 군대가 퇴각했음을 보고했다. 그 후 제갈량에게 기만당한 사실을 깨달은 사마의는 무척 후회했다. 후세 사람들은 제갈량의 이 고사를 두고 '공성지계空城之計'라 불렀다.《삼국지》〈촉서〉'제갈량전')

해설

손무는 군사를 동원하여 싸움을 벌이는 용병을 속임수라고 단언했다. 손무가 말하는 속임수란 나쁜 행위가 아니다. 내 의도를 감추고 상대의 의도를 정확하게 간파하는 능력을 말한다. 그러기 위해서는 겉으로 보이는 모습을 다양한 방법으로 위장할 필요가 있다. 나의 강함을 약으로, 나의 약함을 강함으로 꾸며서 상대의 판단을 흐려 놓거나 오판하게 만드는 것이다. 이를 '시형법'이라 한다.

〈허전〉 편은 바로 이어 나올 〈실전〉 편과 짝을 이루는데,《손자병법》〈허실〉편의 다음 대목을 충실히 계승하고 있다.

"따라서 적의 모습을 드러내게 하고 아군의 모습을 보이지 않게 하면, 아군은 집중할 수 있고 적은 흩어진다. 아군은 하나로 집중하고 적은 열로 분산된다면, 이것은 열로 하나를 상대하는 것이나 마찬가지다. 즉 아군은 많고 적은 적어진다. 다수의 병력으로 소수의 병력을 공격할 수 있으면 아군이 더불어 싸울 상대는 가벼운 것이다."

이 전략은 시형법으로 속여서 적이 의도하는 바를 드러내도록 유인하며, 내 쪽은 흔적을 드러내지 않아 허실을 모르게 하고 실체를 헤아릴 수 없게 한다는 것이다. 그런 다음 병력을 집중하여 적을 향해 진군한다.

동서고금을 통해 직접적이고 진정한 군사 목적은 적을 소멸하고 나를 지키는 것이다. 이 목적을 실현하려면 여러 가지 교묘한 위장과 기만술로 자신의 의도를 은폐해야 한다. 전쟁이든 경영이든 전략의 성공과 실패는 치밀함과 허술함 사이에서 결정 난다. 어떤 전략이든 상대의 변화에 따라 변화할 수 있어야 한다. 생각해 보라! 내 쪽의 행동과 의도 따위가 경쟁 상대에게 드러났다면 어떻게 주도권을 잡겠는가? 역대 전문가들이 시형법을 중시한 이유다.

용병(경영) 원칙

적과 대전할 때 적의 군세가 견실하다면 아군의 전열을 정비하고 군기를 엄중히 단속하여 적의 침공에 대비해야 한다. 이렇게 하면 적이 가볍게 움직이지 못할 것이다.

《손자병법》에 "적의 군세가 견실할 때는 방비를 철저히 하라"라고 했다.

역사 사례

219년, 촉한의 유비는 관우를 전장군前將軍으로 임명하여 강릉에 군대를 주둔시켰다. 관우는 일부 병력을 강릉에 잔류시켜 공안公安과 남군南郡을 지키게 함으로써 동오 군대의 침공을 철저히 대비한 다음 자신은 번성을 수비 중인 위나라 장수 조인의 군대를 공격하기 위해 출동했다.

이에 위나라 왕 조조는 급히 장군 우금 등을 보내 조인의 군을 돕게 했다. 그러나 큰 가을비가 내려 한수가 넘쳐 버렸다. 결국 우금이 지휘하던 7군은 홍수에 전몰되어 관우에게 항복하고, 부장 방덕龐德은 죽임을 당하고 말았다. 이에 더하여 양현梁縣, 겹현郟縣, 육혼陸渾 지방에 웅거하던 세력들 역시 모두 관우에게 항복하여 촉한의 관직을 받고 관우의 세력 밑

관우의 강릉 전투 대승은 상대가 튼튼하면 대비하라는 '실이비지' 의 중요성을 이중으로 보여 준다.

에 들어갔다. 관우의 용맹이 다시 한번 중국 천하를 울렸다.(《삼국지》 〈촉서〉 '관우전')

해설

〈실전〉 편은 〈허전〉 편과 짝을 이룬다. 상대의 실력이 튼튼하고 강하면 어떻게 대처할 것인가를 논하고 있다. 그 방법으로 기다림과 주도면밀한 방비 내지 대비를 강조한다. 이를 강조한 병법서가 《손자병법》(〈계〉 편)인데 '실이비지實而備之'로 간명하게 요약했다. 상대가 튼튼하면 대비하라는 뜻이다.

수천 년 역사 사례와 경험을 종합해 보면 세력이 강한 적을 맞닥뜨렸을 때는 방비를 더욱 엄하게 하고, 약한 적이라도 경계를 늦춰서는 안 된다는 점을 잘 알 수 있다. 어떤 상대든 시시각각 고도의

경계심을 유지한 채 실질적인 대비를 갖춰야만 근심이 없다. 상대가 강한 기세로 시시각각 공세의 고삐를 늦추지 않을 때는 서둘러 일격으로 무너뜨리려 해서는 안 된다. 긴 안목으로 내 전력을 드러내지 말고 차분하게 형세를 분석하면서 힘을 비축해야 한다.

위의 사례와 관련하여 좀 더 짚고 넘어갈 사항이 있다. 관우가 주력 부대를 이끌고 조인을 공격하여 번성에서 교착 상태에 빠졌을 때 강릉 후방 지역은 거의 무방비 상태였다. 게다가 관우는 잠깐의 승리에 교만해져서(제21편〈교전驕戰〉참조) 동오의 손권이 형주를 호시탐탐 노리는데도 경계와 방비를 게을리했다. 이는 조조가 손권과 유비의 연맹을 파괴하는 결과를 초래하고, 뒷날 동오의 군대가 형주를 급습하여 탈취하는 틈을 만들어 주었다. 관우가 전술은 승리했다 하더라도 전략에서는 큰 실수를 범하고 만 것이다. 결국 관우는 형주를 상실하고 맥성으로 패주하는 비참한 결과를 마주해야 했다. 〈실전〉 편에서 강조하는 대비의 중요성을 철저하게 관철하지 못했기 때문이다. 이 사례는 우리에게 이중의 교훈을 준다.

경영 지혜

1984년 로스앤젤레스 올림픽을 흑자로 성공시켜 '상업 올림픽의 아버지'라 불리는 피터 워버로스Peter Ueberroth(1937~)가 젊은 날 비즈니스에서 성공한 사례는 〈실전〉 편과 관련하여 시사하는 바가 적지 않다. 워버로스는 대학을 졸업한 뒤 여행 서비스 회사를 차렸다. 그런데 사업에 뛰어들고 보니 미국 서비스 업계의 경쟁이 상상을 초월할 정도로 치열했다. 서비스업이 미국에서 가장 뜨거운 분야로 떠올라 너나 할 것 없이 이 사업에 뛰어들었기 때문이다. 사냥꾼은 많은데 사냥감이 모자라는 현상이 곳곳에서 나타났고, 많은 기업이 생존을 위해 가격을 떨어뜨리는 방법으로 서로를 죽이는 판국이었다.

끝을 알 수 없는 가격 인하에 몰두하는 경쟁 상대들을 보며 워버로스는 맹목적인 가격 인하로 언 발에 오줌 누는 형태의 경영 방식을 취하지 않았다. 그는 차분하게 효과적인 대응 방법을 생각했다. 그리고 자신의 경험과 미국 시장의 상황을 분석한 끝에 많은 중소기업이 이미 투자한 자본 때문에 이 방식에서 벗어나지 못한 채 출혈 경쟁에 몰두하고 있음을 알아냈다. 이런 가격 경쟁으로는 버텨낼 수 없음이 분명했다. 특히 경쟁에 급급하여 형세를 분석하지 못하는 작은 기업들이 눈에 들어왔다.

워버로스는 적자를 면치 못한 올림픽을 흑자로 돌리는 데 결정적인 공을 세웠다. 사업 경험과 정확한 데이터에 근거하여 로스앤젤레스 올림픽에서 2억 달러가 넘는 흑자를 낸 것이다.

워버로스는 박리다매를 전제로 가격을 소폭 인하한 다음 서비스의 질을 높이는 데 힘을 기울였다. 그리고 가격 전쟁으로 생계를 유지할 수 없는 작은 기업들을 주도적으로 합병해 나갔다. 이를 바탕으로 회사의 실력을 차근차근 키워 나갔고, 마침내 그는 마흔 살이 되기 전에 백만장자 대열에 합류했으며 회사는 2대 여행사로 성장했다.

045

경전

가볍게 보지도 말고 가볍게 싸우려 들지도 마라

輕戰

용병(경영) 원칙

적과 대전할 때는 적의 정황을 자세히 파악하고 주도면밀하게 계획을 세운 뒤에 군대를 출동시켜야 한다. 적의 형세를 파악하지 않고 진격하거나 치밀한 작전 계획과 전략 없이 맹목적으로 싸운다면 적의 공격을 받아 패하고 말 것이다.

《오기병법》에 "용기만 있고 계책이 없다면 반드시 가볍게 싸우려 들 것이다. 적을 가볍게 보고 싸우면 절대 유익한 일이 없다"라고 했다.

역사 사례

춘추시대인 기원전 632년, 진나라 문공이 군을 출동시켜 초나라 군대와 싸웠다. 문공은 초나라 장수 자옥子玉의 성질이 과격하고 편협하다는 사실을 알고 초에서 사자로 보낸 완춘宛春을 억류함으로써 자옥의 노여움을 유발했다.

자옥은 분노한 나머지 초나라 성왕成王의 경고를 잊은 채 송나라에 대한 포위를 풀고 군사를 돌려 문공의 군대를 쫓으며 결전을 촉구했다. 그러나 진 문공은 전군에 영채를 거두어 90리 북방으로 퇴각하라는 명령을 내렸다. 초나라 장병들은 진군이 싸우지도 않고 퇴각하자 추격하

성복 전투는 춘추시대 천하 패권의 향방을 가르는 중요한 사건이었다.

지 않으려 했으나 주장 자옥은 이들의 건의를 물리치고 기어이 진군을 뒤쫓아 북상했다.

그해 4월 1일, 진나라 문공은 송·제·진秦의 군대와 연합하여 성복에서 자옥의 초나라 군대를 대파했다. 자옥은 스스로 목숨을 끊었다. (《좌전》 희공 28년조)

해설

〈경전〉 편은 뒤이어 나오는 〈중전〉 편과 짝을 이룬다. 경솔하게 출전할 경우 닥쳐올 위험성을 경고한 것이 그 핵심이다. 작전에 앞서 반드시 적의 정황을 파악하고 출병해야 승리할 수 있다. 적의 정황을 제대로 파악하지 않은 상태에서 가볍게 출정하거나, 주도면밀한 계획 없이 그냥 출전하면 패배는 불을 보듯 뻔하다는 것이다.

〈경전〉 편은 《오기병법》의 "용자필경합경합이부지리勇者必輕合輕合而不知利"를 인용하여 주장을 강조한다. 여기서 말하는 용자勇者는 용기만 있고 전략은 없는 아둔한 장수를 말하며, 경합輕合은 경솔하게 적과 교전하는 것을 말한다.

〈경전〉 편은 적의 실제 정황에 근거해 작전에서 전략의 중요성을 집중적으로 논술하며 '계획 없이 진공하거나 전략 없이 싸우는' 일이 얼마나 위험한지 분석한 다음 적을 상세히 살핀 뒤에 출병하라는 중요한 작전 원칙을 제기한다.

'성복 전투' 사례를 들어 좀 더 분석해 보자. 성복 전투는 춘추시대 강대국인 진나라와 초나라의 패권 다툼이라는 중요한 의미가 있다. 양쪽 전력을 비교해 보면 초나라의 우세가 뚜렷했다. 그러나 결과는 반대로 나타났다. 초나라 군대가 패한 가장 큰 원인은 치밀하지 못한 작전 계획, 장수의 경솔한 판단, 요행 심리였다. 계획이 없으면 나가서 싸우지 않는다는 원칙을 위반한 전형적인 사례였다.

특히 초나라 군대의 대장 자옥은 교만하여 적을 가벼이 여기고 고집불통으로 남의 말을 듣지 않으며 기량이 협소하고 성질이 조급했다. 진 문공은 자옥의 치명적인 약점을 적절히 이용하여 전쟁을 승리로 이끌었다.

경영 지혜

"어떤 일의 가치는 우리가 그것에서 무엇을 얻느냐에 있지 않고 그것을 위해 무엇을 지불하느냐, 즉 우리가 치르는 대가에 있다."

니체가 남긴 말이다.

철학자의 심오한 말이긴 하지만, 무슨 일을 하든 그 일이 가져올 결과를 꼼꼼하게 따질 필요가 있다는 계시 같은 걸 얻을 수 있다. 결과를 따지지 않고 아무런 전략도 없이 일을 벌이면 치러야 할 대가가 헤아릴 수 없이 크기 때문이다.

비바람이 몰아치는 비즈니스 경쟁에서 어떻게 하면 먼저 기회를 잡을 수 있을까? 날이 갈수록 경쟁이 치열해지고 복잡해지는 상황에서는 무엇보다 상대가 쥐고 있는 맨 아래 패를 잘 헤아려 일을 추진해야 한다. 경쟁 태세의 기점을 파악하려면 먼저 기본 상황을 이해해야 한다. 경쟁 상대의 재정 상황은 어떤지, 직원은 얼마나 되는지, 어떤 종류의 상품을 얼마나 생산하는지, 시장 반응은 어떤지 등 가능한 한 많은 부분을 꼼꼼하게 파악해야 한다. 경쟁 상대의 제품을 완벽하게 뜯어 보고 원가는 얼마나 되는지 등을 분석하는 것도 필요하다.

이런 것들을 제대로 이해하고 파악해야만 비로소 자기 전략을 구사하는 기초가 마련되는 것이다. 상대를 파악하지도 않고 안일하게 나섰다가는 기대하는 효과는커녕 엄청난 손실을 감내해야 한다.

이와 관련하여 1990년대 휴렛팩커드가 남긴 사례는 기업경영인들이 교훈으로 삼을 만하다. 1994년 9월 하순, 휴렛팩커드는 IBM (International Business Machines Corporation)의 AS/400에 맞서 AS/sault 계획으로 중형 컴퓨터 시장에 뛰어든다고 선언했다. 그러나 휴렛팩커드 경영진은 당시 루이스 거스트너Louis Gerstner가 이끄는 IBM의 새로운 관리자들과 시스템을 파악할 시간을 갖지 못했다. 거스트너

휴렛팩커드는 용기만 가지고 가볍게 싸우려 들지 말라는 〈경전〉의 경고를 소홀히 했다. 사진은 IBM의 뉴욕 본사 빌딩이다.

는 1993년 IBM에 들어온 이후 특별히 경쟁 상대에 적극적으로 대응하는 방식을 중시했다.

휴렛팩커드가 《월 스트리트 저널》을 통해 대대적으로 광고하며 직접 공격해 오자 IBM은 신속하고 강력하게 반격을 가했다. IBM은 일주일 뒤 같은 지면에 휴렛팩커드는 시장의 2류 기업이며 시장을 주도하는 AS/400의 자리를 차지하려고 죽을 힘을 다할 뿐이라는 식의 광고를 냈다. 광고의 제목은 '한번 해 보시지, 휴렛팩커드'였다. 이 광고를 본 관련 기업이나 사람들은 휴렛팩커드가 IBM의 고객을 빼앗는 노력에는 한계가 있을 수밖에 없다고 생각했다. 휴렛팩커드 담당자도 IBM의 AS/400이 시장에서 가장 환영받는 제품이라는 사실을 인정할 수밖에 없었고, 휴렛팩커드의 도전은 수포로 돌아갔다.

경쟁 상대를 주도적으로 공격할 때는 상대가 무엇을 얼마나 어떻게 할 수 있는지 분명하게 인식해야 한다. 상대의 계획은 무엇인지, 상대가 나에게 어떤 행동을 어떻게 취하고 나의 행동에 어떻게 반응할 것인지 살피고 또 살펴야 한다. 그래야만 경쟁에서 주도권을 잡을 수 있다. 역사상 정치든 군사든 사업이든 성공한 사람은 예외 없이 이런 자질을 갖췄다.

046

중전

리더는 자중할 줄 알아야 한다

重戰

용병(경영) 원칙

적과 대전할 때는 신중히 행동하여 승산이 확실할 때만 출병하고, 유리하지 않다면 출병을 중지하며 절대 경솔하게 행동해서는 안 된다. 이같이 하면 군이 곤경에 빠지지 않을 것이다.

《손자병법》에 "군이 움직이지 않을 때는 태산처럼 무겁게 행동하고 가볍게 움직이지 말아야 한다"라고 했다.

역사 사례

춘추시대인 기원전 575년 6월, 진晉의 대장 난서欒書(?~기원전 573)가 여공厲公의 명령을 받아 초나라를 공격했다. 하남성 언릉鄢陵 서북쪽에서 양군이 개전하자 초군은 진을 강하게 밀어붙일 형세로 막강한 진을 쳤다.

신속하고 맹렬한 초군의 진세에 진의 장병들이 매우 불안해하자 부장인 범개范匃가 건의했다. "즉시 우물을 메우고 부뚜막을 부순 다음 이곳에 전투 대형을 편성하여 진격 준비를 하십시오. 진과 초, 양국은 모두 하늘이 내린 국가입니다. 무엇을 걱정하십니까?" 그러나 범문자范文子는 화를 내며 무기를 든 채 말했다. "국가의 존망은 하늘의 뜻입니다. 애들이 무엇을 알겠습니까?"

이에 난서가 말했다. "관찰하건대 초나라 군대는 경망스러워 그 무게가 없다. 우리가 신중하게 영채를 지키며 방비를 강화해 놓고 기다린다면 사흘이 안 되어 퇴각할 것이다. 그때 추격하여 섬멸하면 반드시 승리한다."

부장 극지郤至는 초나라의 빈틈 여섯 가지를 거론하며 말했다. "먼저 공자 자반子反과 자중子重이 서로 반목하고, 초나라 왕의 친위군은 옛 귀족의 자제들로 구성되었으며, 저들이 펼친 진세가 엄정하지도 않습니다. 또한 오랑캐는 군대가 있지만 포진할 줄을 모르고, 포진할 때도 그믐날을 피하지 않고, 모름지기 전세가 고요해야 하는데 병사들이 크게 떠들썩하여 소란이 그치지 않습니다. 게다가 초군은 각 군이 서로 관망하며 기대는 등 전투 의지가 없습니다. 귀족 출신의 병사들이라 전투력도 우수하지 않고, 그믐날 출병하여 포진하는 하늘이 꺼리는 규칙마저 어겼으니 우리가 저

진나라의 난서는 언릉 전투에서 신중론을 폈다. 여공은 신중론을 포함해서 다양한 의견을 수렴한 끝에 공격을 택하여 승리했다. 사진은 난서의 모습을 새긴 조형물이다.

들을 맞아 싸운다면 반드시 이길 수 있습니다."

여공은 극지의 건의를 받아들여 언릉에서 초군을 대파했다.《좌전》

성공 16년조, 《국어》〈진어〉 6)

해설

〈중전〉 편은 〈경전〉 편과 짝을 이룬다. 그 요지는 '신중愼重'이다. 군을 움직일 때 신중하라는 것인데, 전황이 유리하지 않을 때는 특히 신중에 신중을 기해야 한다. 적과 작전할 때는 유리하면 움직이고 (견리즉동見利則動), 불리하면 멈춰야만(불견리즉지不見利則止) 위험한 상황을 피할 수 있기 때문이다.

여기서 말하는 '견리즉동불견리즉지見利則動不見利則止'는 본편에서 강조하는, 용병에서는 신중함을 유지하는 데 힘써야 한다(수무지중須務持重)는 원칙의 체현이다. 좀 더 구체적으로 들어가면 용병과 작전은 반드시 객관적 상황의 유리함과 불리함에 근거하여 움직일지 여부를 결정해야 한다. 다시 말해 상황이 나에게 유리하면 군을 동원하여 진격하고, 불리하면 공격을 멈춰야 한다. 유리하면 움직이든 불리하면 멈추든 모두 용병에서 신중함의 표현이다.

〈중전〉 편에서 강조하는 '수무지중'의 작전 지도 원칙은 소박하나마 유물주의 사상을 갖췄다고 할 수 있다. 이상의 관점을 가지고 위 사례를 좀 더 분석해 보자. 당시 진나라 군부에서는 몇 가지 주장이 맞섰다.

첫째는 중군부장 범문자의 주장이다. 그는 "보기에 평온한 것은 반드시 내부도 충만하다"라는 말로 강력하게 싸우지 말 것을 주장했다.

둘째는 중군의 주장인 난서의 의견이다. 그는 진영을 굳게 지키며 기다리다 나중에 공격하자는 입장이었다.

셋째는 부장 극지의 주장이다. 그는 초나라 군대는 장수들 간의 불화와 진을 펴는 과정의 혼란, 병사들의 관망, 기율의 해이, 병사들의 투지 부족 등 여섯 가지 큰 약점을 분석하고 그 틈을 타서 속전속결할 것을 주장했다.

한편 범문자의 아들 범개는 우물을 폐쇄하고 아궁이를 부수고 진세를 펼쳐서 초군을 격파해야 한다고 주장했다. 극지의 주장과 일치하는 주장이었다.

진군의 최고 통수권자인 여공은 이들이 내세운 주장들을 비교한 뒤 극지의 주장과 범개의 계책을 받아들여 언릉에서 초군을 꺾고 승리를 거뒀다. 표면적으로는 극지 등이 주장한 속전속결이 신중하지 않아 보이지만, 진은 이미 속전할 수 있는 객관적 조건과 유리한 시기를 갖췄기 때문에 더 이상 미루지 않고 과감하게 속전속결의 방침을 정할 수 있었다. 무조건 경솔하게 움직인 것이 아니라 지극히 타당한 진중함이라고 말할 수 있다. 바로 이 점이 진군이 초군에게 승리한 주요 원인이다.

경영 지혜

어리석은 자는 기회를 놓치고, 현명한 자는 기회를 잘 잡으며, 성공한 사람은 기회를 만든다. 기회는 준비된 사람에게 주어진다. 기업 경영에서 수많은 사례로 입증된 말이다. 기회가 왔는데도 기회인 줄 모르는 경우부터 망설이다 기회를 놓치고 한탄하는 경우까지 기회와 경영은 떼려야 뗄 수 없는 관계다. 〈중전〉 편은 신중을 강조하지만, 역사 사례에서 보다시피 정확한 분석과 준비가 갖춰졌다면 주저 없이 공략해야 한다는 점을 놓치지 않는다.

중국 인터넷 기업의 선두주자인 텅쉰(騰迅, Tencent) QQ의 창시자 마화텅(馬化騰, 1971~)은 기회를 잡고 이용하는 방법을 보여 주는 모범 사례다. 마화텅은 1992년 선전(深圳, 심천) 대학 컴퓨터학과를 졸업하고 중소기업에 들어가 공장 노동자로 일했다. 말하자면 선전의 주변인에 지나지 않았다.

그는 우연한 기회에 이스라엘 기업 미라빌라스의 세 기술자가 개발한 ICQ를 알았다. ICQ는 인터넷 실시간 통신 IM(Instant Messenger) 소프트웨어의 선구이며, 영문 I seek you의 발음을 따서 만든 이름이다. 마화텅은 ICQ의 장점과 미래를 직감했다. 날카로운 통찰력과 사업 감각을 타고난 마화텅은 바로 몇몇 친구와 회사를 차려 ICQ를 모방한 중국판 ICQ를 만들었다.

2000년은 ICQ의 겨울이자 텅쉰의 겨울이었다. 1차 인터넷 거품이 빠지면서 그 여파가 중국 전역을 덮었고 텅쉰도 이를 피할 수 없었다. 여기에 ICQ가 저작권을 주장하며 이 이름을 쓰지 못하게 했다. 마화텅은 텅쉰을 팔겠다는 생각까지 했다. 그러나 이내 마음을 고쳐먹었다. 이 위기가 두 번 만나기 힘든 더할 수 없이 좋은 기회가 될 거라고 판단한 것이다. 그 결과 중국 사람에게 맞는 IM 소

젊은 기업인 마화텅의 성공은 기회를 얼마나 잘 활용했는가를 보여 준다. 사진은 선전 상인들을 위한 대회에 참석한 마화텅(중앙)이다.

프트웨어가 있어야겠다는 결론을 얻었다.

마화텅은 어린 펭귄을 마스코트로 하는 텅쉰QQ를 내놓았다(QQ는 영어 cute의 발음을 땄다). 2001년부터 인터넷 네트워크가 중국 사회 깊숙이 뿌리내리기 시작했다. 텅쉰은 날개를 달았고, QQ는 이렇게 탄생할 수 있었다. 마화텅은 인터넷이 중국에 깊숙이 들어오는 물결에 제대로 올라탔고, 2018년 현재 총자산 4028.45억 위앤(약 68조 원)으로 중국 2위 기업이다.

현실에서 기회는 어떤 망설임도 없이 무심하게 그냥 지나간다. 머물지 않는 것은 취하기가 쉽지 않다. 다가오는 기회, 다가올 기회를 놓치지 않는 것은 기업 경쟁에서 성공을 보장하는 절대 요소이자 리더가 갖춰야 할 가장 중요한 자질이다. 여기에 기회를 창출하는 능력까지 갖춘다면 무적이 될 수 있다.

047

이전

이익으로 유혹하라

利戰

용병(경영) 원칙

적과 대전할 때 적장이 어리석고 고지식하여 변화를 잘 알지 못하는 경우 작은 이익을 이용해 적을 유인하는 방법을 쓰면 된다. 어리석은 적장이 작은 이익을 탐하여 그 뒤에 큰 해가 있다는 것을 알지 못할 때는 군사를 미리 매복시켰다가 습격하면 반드시 격파할 수 있다.

《손자병법》에 "적이 이익을 탐한다면 작은 이익으로 적을 유인하라"라고 했다.

역사 사례

춘추시대인 기원전 700년, 강대국 초나라가 교교(絞)(지금의 호북성 운현(鄖縣) 서북쪽)를 공격했다. 양군은 교성 남문에서 대치했으나 교의 군대는 성문을 굳게 닫고 수비로 일관했다.

작은 이익으로 상대를 끌어내서 승리를
챙긴 막오굴하.

이를 본 초나라의 막오굴하莫傲
屈瑕가 초왕에게 건의했다. "교나
라는 약소국인 데다 백성이 경솔
하고 꾀가 모자랍니다. 청하건대
대왕께서는 몇몇 병사를 나무꾼
으로 변장시켜 교의 군대를 유인
한 다음 매복시킨 군이 적을 섬멸
하게 하십시오."

초왕은 굴하의 건의를 받아들여 몇몇 병사를 나무꾼으로 가장시
키고 산에 올라가 나무를 해 오게 했다. 그리고 돌아오는 길에 일
부러 교의 병사들을 자극하여 그들이 성에서 나와 나무를 빼앗아
가게 했다. 교는 하루 동안 나무꾼으로 변장한 초군을 30명이나 잡
아 나무를 빼앗았다.

이어 초군은 산 아래 미리 복병을 설치해 놓고 성 북문에 병력을
배치하여 교성과의 연계를 차단하도록 조치했다. 다음 날도 교의
병사들은 앞을 다투어 나무꾼으로 변장한 초군을 잡기 위해 성을
나왔다. 교성 북문 밖 산속에 매복한 초군은 교의 군사들이 쫓아오
자 일제히 일어나 기습했다. 다른 부대는 퇴로를 끊은 뒤 어지럽고
방비가 허술한 틈을 타서 성을 맹렬히 공격했다. 그 결과 초의 무
왕은 교의 항복을 받고 철수했다.《좌전》환공 12년조)

〈이전〉 편은 《손자병법》 〈계〉 편을 인용하여 작전 중에 어떻게 적을 유혹하여 덫으로 몰아넣을 것인가, 하는 문제를 논의하고 있다. 제89 〈이전餌戰〉 편과 본질적으로 같은 내용이다.

본편은 상황 변화에 어둡고 이익을 탐하는 상대를 작은 이익으로 유혹(이이유지利而誘之)하라고 주장한다. 손무가 말하는 '궤도 12법'의 하나이기도 하다. 한 가지 주의할 점은 상대가 유혹에 빠졌다 하여 성급히 공격해서는 안 된다는 것이다. 차분하게 기다릴 줄 알아야 한다. 이런 점에서 《손자병법》 〈병세〉 편의 다음 대목은 음미할 만하다.

"따라서 적을 능숙하게 조종할 줄 아는 자는 아군의 태세를 거짓으로 불리하게 만들어 적이 그 계략에 걸려들게 하고, 적에게 무엇인가를 주는 척하여 적이 그것을 가지려 하게 만든다. 작은 이익을 미끼 삼아 적을 움직이게 만들어 놓고 기습할 순간을 기다린다."

'이리유지' 전략은 조건이 따른다. 이익을 탐하는 자는 유인해서 낚싯바늘에 걸려들게 할 수 있다. 그러나 탐욕스럽지 않고 어리석지도 않은 적에게는 효력을 발휘하기 힘들다. 어떤 전쟁이 되었건 양쪽 모두 이익을 위해 싸운다. 총명한 장수는 언제든지 방법을 강구하여 이익을 탐내도록 적을 유인한다.

이해관계는 언제나 긴밀하게 얽힌다. 이익 그 자체에 손해가 잠재해 있기 마련이고, 그 반대도 마찬가지다. 이익에는 크기가 있고 손해에는 경중이 있기 때문에 반드시 전체 국면을 잘 고려하고 저울질해서, 이익이 크고 손해가 작으면 실행에 옮기겠지만, 그렇지 않을 경우 섣불리 움직여서는 안 된다.

손무는 "지혜로운 자의 생각은 언제나 이해관계와 함께 맞물려 돌아가기 마련이다"라는 말로 요령 있게 압축했다. 군사 행동에 앞서 주도면밀하게 이해의 두 측면을 잘 살펴 맹목성을 최대한 피하고, 밑천을 갉아먹는 행위는 아예 하지 않거나 부득이한 경우 최소한이 되도록 신경 써야 한다.

이해관계가 얽혀 있는 전쟁터에서 적에 대해 1) 어떻게 이익으로 유인하며, 2) 유인해 내면 어떤 방법으로 섬멸할 것이며, 3) 내 쪽은 어떻게 이익을 추구하고 손해를 피하는가 등은 오래된 문제이긴 하지만 여전히 현실적인 과제가 아닐 수 없다. 현대전도 이해의 충돌이란 점에서는 고대의 전쟁과 다를 바 없다. 이는 기업 경쟁에서도 전혀 다를 바 없다. 이해의 변증법 관계를 어떻게 파악하여 '이리유지' 전략을 활용할 것인가에 대해 군사전문가들이 보여 준 수준 높은 의식을 반영한 점이 〈이전〉 편의 핵심이자 각 분야의 리더들이 중시해야 할 요령이다.

경영 지혜

어떤 의미에서 이익을 따지는 것은 인간의 천성이다. 하지만 끊임없이 이익만 추구하다가는 이익에 사로잡혀 다른 것들을 잃기 마련이다. 관련하여 의미심장한 우화가 있다.

새끼 물고기가 어미 물고기에게 물었다. "엄마, 내 친구들이 그러는데 낚싯바늘에 걸린 먹이가 아주 맛있는데 좀 위험하대. 어떻게 하면 그 맛난 걸 안전하게 맛볼 수 있을까?"

어미 물고기가 대답했다. "가장 안전한 방법은 아주 맛있어 보이는 먹이에서 멀리 떨어지는 거란다. 너도 알다시피 그 안에 낚싯바늘이 있잖니."

"그럼 먹이 안에 낚싯바늘이 있는지 없는지 어떻게 알지?"

"애야, 꼭 기억하렴. 너무 맛있어 보이면서 얻기 쉬운 먹이에는 낚싯바늘이 숨어 있을 가능성이 아주 크단다."

기업 경쟁에서 눈앞의 작은 이익과 편의는 언제든지 기업의 지속적인 발전을 방해하는 걸림돌이 될 수 있다. 작은 이익과 편의가 단기간에 이익을 가져다주기 때문에 이 유혹을 물리치지 못하면 큰 함정에 빠질 수밖에 없다.

세계 최대의 투자 은행인 모건 스탠리Morgan Stanley가 작은 이익을 탐하다 낭패를 본 적이 있다. 2001년부터 2004년 사이 장외 주식 거래에서 고객들에게 수수료를 너무 많이 받고 영수증을 늦게 지급하는 실수를 저지른 것이다. 최소한 120건에서 실수가 발생했고, 거래 총액은 80억 달러에 이르렀다. 모건 스탠리는 고객을 상대로 600만 달러의 수익을 취했다.

2004년 한 주식거래자가 이 비정상적인 수익에 문제가 있다는 것을 발견했다. 혈통·지능·자금을 모두 겸비했다는 투자 은행의 거물이 한순간의 편의 때문에 기본 책임을 소홀히 했고, 증권거래위원회에 800만 달러를 벌금으로 물어야 했다. 이 위원회의 법률 담당 린다 톰슨은 가장 이상적인 집행이야말로 주식과 증권 거래인의 기본 책무라는 점을 지적했다.

모건 스탠리는 아주 사소한 편의에 혹하여 이 기본적인 의무 사항을 위반했다. 모건 스탠리는 경제적 손실은 물론 돈으로 따질 수 없는 신용과 명예에 심각한 손

모건 스탠리의 사례는 아무리 크고 실력 있는 기업도 눈앞의 이익을 거부하기 어렵다는 것을 잘 보여 준다.

상을 입고 말았다. 속된 말로 한번 신중하지 못하면 모든 판에서 깨진다는 걸 보여 준 사례다. 이익이 눈앞에 나타나면 그 이해관계를 제대로 헤아려 나를 유혹하는 이익이 아닌지 분명하게 판단해야 한다.

048

해전

이해관계를 제대로 헤아려야 큰 손해를 피할 수 있다

害戰

용병(경영) 원칙

국경에서 적과 대치할 때 적이 우리 국경을 넘어 변방 백성들을 교란하는 경우 요해지에 복병을 매설하거나 장애물을 쌓아 요격하면 적이 가볍게 침입하지 못할 것이다.

《손자병법》에 "적이 국경선을 넘어 감히 침공하지 못하는 것은 침입하면 자신들이 곤란해지고 상대가 방어하기 때문이다"라고 했다.

해설

당나라 중종中宗 때인 707년, 삭방군 총관인 사타충의가 돌궐족에 패하자 조정에서는 장인원張仁愿을 어사대부 삼아 사타충의의 후임으로 임명했다. 장인원이 현지에 부임해 보니 돌궐족이 철수하고 있었다. 장인원은 군을 이끌고 추격한 끝에 야습하여 돌궐족을 크게 격파했다.

이 사태가 일어나기 전, 당의 삭방군은 황하를 경계로 돌궐군과 대치했는데, 강 북쪽에는 불운사라는 사당이 있었다. 돌궐군은 당나라 변방을 침범할 때마다 불운사를 찾아가 신령에게 기도하고 제사를 올리는 예식을 거행한 다음에야 병력을 이끌고 황하를 건너 남하했다.

장인원이 막 부임했을 때 돌궐의 우두머리인 묵철은 병력을 총동원하여 당으로 귀화한 족속인 돌기시를 공격했다. 장인원은 묵철이 돌기시를 공격하는 틈을 타서 고비사막 이남 지역을 탈취했다. 그리고 황하 유역에 세 개의 수항성을 쌓아 돌궐의 남침 경로를 차단할 것을 조정에 건의했다. 그러나 상서우부사 당휴경의 반대에 부딪혔다. 그는 "한나라 이래로 북방의 국경은 황하를 경계 삼아 황하 남부 지역만 지켜 왔습니다. 그런데 이제 우리가 적의 중심부에 성을 쌓는다면 그 성은 끝내 적의 소유가 되고 말 것입니다"라면서 반대했다.

그러나 장인원은 조정 대신들의 반대에도 불구하고 거듭 황하 북방 돌궐 지역의 축성 사업을 건의해 황제의 허락을 받아 냈다. 그리고 다시 조정에 글을 올려 복무 기간이 끝난 병사들의 복무 연한을 연장해서 축성 공사에 종사하도록 요청했는데, 이 역시 황제의 허락을 받았다. 축성 사업을 진행하는 동안 함양에 배치된 병사 200명이 도망치는 사건이 발생했다. 장인원은 그들 탈주병을 모두 잡아들여 성 아래에서 참수했다. 그때부터 군사들은 장인원을 몹시 두려워하여 축성 공사에 전력을 다했다. 그 결과 60여 일 만에 축성 세 개를 완성할 수 있었다.

장인원은 불운사가 있는 곳을 중앙 수항성으로 삼아 남쪽으로 삭방군에 연결되고, 서쪽 수항성의 남쪽은 영무진에, 동쪽 수항성의 남쪽은 유림진에 각각 연결되도록 했다. 이들 성채 간의 거리는 각각 400여 리나 되었고, 이들 세 보루의 북쪽은 모두 사막의 불모 지대로서, 그곳을 거점으로 삼아 멀리 300리까지 영토를 개척할 수 있었다. 또한 우두조나산의 북방 요지를 연결하는 봉화대 1800개소를 설치하여 돌궐족의 침입을 알리는 체계를 구축했다.

그 후 돌궐은 감히 음산을 넘어 가축을 방목하지 못했고, 삭방지구의 안전은 더욱 강화되었다. 이렇게 하여 당나라는 1년에 수억 전씩 들어가던 국방 경비를 크게 절감했고, 변방의 수비 병력도 수만 명이나 감축할 수 있었다.《구당서》〈장인원전〉)

해설

〈해전〉편의 요지는 경쟁 상대가 함부로 나를 공격하지 못하도록 내 실력과 진영을 튼튼히 하라는 것이다. 이 경우 적지 않은 비용과 시간이 들어 손해가 날 것 같지만 이해관계를 엄밀하게 따져 보면 결국은 이익으로 돌아온다.

역사상 수많은 실천과 경험을 통해 입증되었듯이 상대의 목표를 방해하는 방법은 다양하다. 그중에서도 천연의 험준한 요새를 의지하거나 인공으로 보루를 쌓아 적의 침입을 막는 등 방어도 적을 방해하는 효과적인 방법이었다.

"두 가지 이익이 함께 있을 때는 중요도를 저울질하고, 두 가지 손해가 함께 있을 때는 가벼운 쪽을 따라야 한다." 손무는 "지혜로운 자의 깊은 사려는 이해관계 사이에서 복잡하게 얽히기 마련이다"라는 의미심장한 말을 남겼다. '이해의 변증적 관계'라 말할 수 있다. 물고기를 낚으려면 미끼가 있어야 한다. 미끼를 버리고 물고기를 얻는다면 이익을 위해 움직였다 할 수 있고, 또 작은 것을 잃고 큰 것을 얻었다 할 수 있다.

기업 경영에서 이해관계는 군사보다 더 중요하다. 최고경영자는 늘 기업의 이해관계에 촉각을 곤두세우고 경영에 임할 수밖에 없다. 책임져야 하는 많은 조직원과 그 가족들을 위해 손해를 피하고 이익을 얻어야 하기 때문이다. 따라서 이해관계에 대한 리더의 정확한 인식이 무엇보다 중요하다.

경영 지혜

《손자병법》에 이런 구절이 있다.

"총명한 장수는 사물을 대할 때 이해利害 양쪽을 모두 고려한다. 이로운 것은 임무를 달성하는 근본이 되고, 해로운 것은 의외의 사태를 방지할 수 있다."

좀 더 쉽게 풀이하면, 현명한 장수는 늘 이익과 손해 두 방면을 함께 고려한다. 유리한 상황이라도 불리한 면을 고려하면 일이 순조롭게 진행되며, 불리한 상황에서도 유리한 쪽을 고려하면 걱정거리를 해결할 수 있다. 기업을 이끄는 리더도 이익과 손해 두 방면을 변증법으로 분석한 손무의 관점을 본받는다면, 사고의 편협

성을 피하고 경영상 이해관계의 균형을 유지하여 이익은 추구하고 손해는 피할 것이다.

이익과 손해는 서로 섞여 있을 뿐만 아니라 뒤바뀌기도 해서 경영에 위험을 초래한다. 이로운 쪽을 취하다 보면 해로운 면도 생기기 마련이다. 백 가지가 이로운데 해로운 것은 하나도 없는 사업은 존재하지 않는다. 이해가 함께 하는 상황에서 리더가 지나치게 걱정하며 머뭇거리고 나아가지 못하면 앞날을 개척할 수 없다. 인간의 다양한 실천을 통해 기업가와 경제이론가들은 이해를 추구하고 손해를 피하는 다양한 수를 발견해 냈다. 이를테면 정량분석, 정성분석 같은 것들을 통해 이해의 비례와 발전 추세를 정확하게 분석, 예측함으로써 현명한 선택을 할 수 있는 것이다.

상하이의 대륭大隆 기계 공장은 고강도의 합금강 롤러 체인roller chain을 생산하는데, 1979년 이전까지는 품질도 우수하고 판매도 좋은 편이었다. 그런데 1980년 들어 주문량이 전체 생산량의 절반에도 못 미쳤다. 관련 부처에서 지난 10년간의 각종 자료를 보고 대량의 수치를 얻어 계산, 분석을 거친 결과 흥미로운 사실을 발견했다. 상품의 판매 이윤 비율이 아주 높을 때는 판매량이 저조했고, 반대로 이윤 비율이 낮을 때는 판매량이 증가하여 총이윤도 따라서 높아졌던 것이다. 예를 들어 가격이 10퍼센트 떨어지면 판매량은 50퍼센트 정도 증가하는데, 이윤 비율은 33퍼센트다. 가격이 20퍼센트 떨어지면 판매량은 배로 증가하고 이윤 비율은 26.5퍼센트가 되지만 총이윤은 50퍼센트 증가하는 셈이다. 공장은 이처럼 과학적인 논증으로 정확한 방향을 찾았다.

기업은 경영 과정에서 눈앞의 이익과 장기적 이익 관계를 잘 처리하여 눈앞의 이익에 급급하지 말고 장기 계획을 따라야만 지속적으로 발전해 나갈 수 있다.

종이를 만드는 제지 기계를 생산하는 공장의 사례다. 이 공장은 제지 공장에 관한 자료를 수집하는 중에 시장에서 종이 수요가 급증하면 제지 공장들은 생산력을 높이는 데 급급해한다는 사실을 발견했다. 제지 기계를 만드는 공장에서 거기에 맞춰 제지 설비를 생산하면 많은 이익을 볼 수 있는 것이다. 그러나 장기적으로 볼 때 국민 경제가 조정 국면을 맞이하면 사용자(제지 기계 사용자)는 대대적으로 감소할 것이 뻔했다.

이 공장의 리더와 팀장들은 여러 가지 자료를 토대로 분석한 끝에 눈앞의 이익만 고려해서는 제지 설비를 생산할 수 없다는 결론을 내렸다. 그들은 사용자의 의견을 받아들여 제지 공장의 기술 개조 공정을 맡아 주기로 결정했다. 얼마간은 기계 공장의 이윤이 떨어지고 직공들의 보너스도 감소했다. 그러나 1년 후 전국 규모로 열린 상품주문회에서 단 하루 만에 1년 작업량에 해당하는 주문이 쇄도했고, 이 공장에서 제시한 기술 개조 방안을 받아들인 제지 공장은 120여 개에 이르렀다. 3년간의 작업량이 순식간에 눈앞에 쌓인 것이다. 반면 같은 품종을 생산하

대륙기계가 생산하여 프랑스로 수출하는 잔디 정리용 소형차.

는 다른 공장의 주문량은 썰렁하기 짝이 없었다고 한다. 그해 이 기계 공장의 이윤은 다시 상승 곡선을 그리기 시작했다.

기업가는 앞을 내다보는 식견과 전략을 수립하는 안목이 있어야 대세의 흐름을 잘 살펴 눈앞의 이익과 장기 이익을 동시에 돌아볼 수 있다는 사실을 잘 말해 주는 사례들이다. 그래서 옛사람들이 "가뭄이 들었을 때 배를 준비하고, 홍수가 났을 때 수레를 준비하라"고 말한 것이다.

049

안전

안정만큼 중요한 대응은 없다

安戰

용병(경영) 원칙

먼 거리를 달려온 적의 사기가 날카롭고 충만하다면 적으로서는 속전이 유리하다. 아군은 진지 주변에 못을 깊이 파고 보루를 높이 쌓아 안정된 상태에서 수비로 일관하며 적의 기세가 꺾이고 피로 해지기를 기다려야 한다. 적이 트집을 잡아 싸움을 걸어 오더라도 경거망동해서는 안 된다.

《손자병법》에 "땅이 평탄하면 돌이 구르지 않듯이 수비가 안정되면 적이 움직이지 못한다"라고 했다.

역사 사례

234년, 촉한의 승상 제갈량이 위나라를 공격하기 위해 10만 대군을 거느리고 사곡斜谷을 출발하여 위수 남쪽에 진을 쳤다. 위나라는 대장 사마의를 보내 방어군을 편성하고 제갈량의 군을 막아 냈다.

위나라 장수들이 위수 북쪽에 진을 치고 있다 제갈량 군대를 요격하려고 하자 사마의가 반대하며 말했다. "백성들과 군수 물자가 모두 위수 남쪽에 있는 터, 이곳은 서로 차지하려고 다툼이 일어날 중요한 지역이다."

사마의는 부대를 위수 남쪽에서 강을 건너 위수를 등지는 배수진을 치고 장수들에게 확언했다. "제갈량이 용기 있는 자라면 북쪽 무공武功 지역으로 진출하여 산을 끼고 동쪽으로 진격해 올 것이다. 그렇게 되면 우리가 위험에 빠질 것이나 오장원五丈原(지금의 섬서성 주지周至 서남)으로 진격해 온다면 무난히 격파할 것이다."

과연 제갈량은 사마의의 예측처럼 오장원으로 진격했다. 이때 큰 유성 하나가 제갈량 군영으로 떨어졌다. 이를 본 사마의는 제갈량의 공격이 실패할 것으로 확신했다. 위나라 조정에서는 제갈량이 대병을 이끌고 원거리를 온 데다 적에게는 속전속결이 유리하다는 판단 아래 사마의에게 진지를 굳게 지키고 제갈량 군대 내부의 상황이 바뀔 때까지 기다리라고 명했다. 실제로 사마의는 여러 차례에 걸친 제갈량의 도전에도 일절 나가 싸우지 않았다.

제갈량은 사마의에게 여인의 머릿수건 등을 보내 조롱하며 감정을 격발시키려 했다. 그러나 사마의는 시종 진영을 굳게 지킬 뿐 단 한 번도 출전하지 않았다. 사마의의 아우 사마부司馬孚가 편지를 보내 이렇듯 수모를 당하면서도 출전하지 않는 이유를 묻자 사마의가 다음과 같은 회신을 보냈다.

"제갈량은 뜻은 원대하지만 시기를 선택할 줄 모르고, 지모는 많으나 과단성이 부족하며, 병법을 좋아하긴 하나 임기응변에 약하다. 그는 지금 10만의 대병력을 보유하고 있으나 도리어 내 술책에 넘어갔으니 우리는 반드시 제갈량 군대를 격파할 것이다."

제갈량이 사마의 진영에 사자를 보냈다. 사마의는 제갈량이 보낸 사자를 만나 제갈량의 침식과 사무의 번거로움, 간편함 등을 물을 뿐 군사에 대해서는 일체 언급하지 않았다.

그러자 사신이 말했다. "승상은 아침 일찍 일어나고 밤늦게 잠자리에 들며 군사들을 처벌하는데, 그 죄가 곤장 20대 이상이면 직접 처리하나 식사량은 하루에 몇 되에 지나지 않습니다."

그 말을 들은 사마의는 "제갈량이 먹는 것은 적고 일은 번거로우니 어찌 오래 살 수 있을까"라며 혼자 중얼거렸다. 과연 사마의와 제갈량이 대치한 지 100여 일 만에 제갈량은 군중에서 병으로 죽었다. 촉한의 장수들은 영채에 불을 지르고 은밀히 철군하려 했다. 부근의 주민들이 사마의에게 이 사실을 알리자 사마의는 그제야 군을 출동시켜 추격을 개시했다. 그런데 갑자기 제갈량의 휘하에 있던 양의楊儀가 철군하는 부대를 멈춰 세우고 깃발을 되돌려 북을 울리며 사마의 군대에 반격할 듯한 태세를 취했다.

사마의는 이 때문에 제갈량의 죽음에 의문을 품었다. 제갈량의 죽음이 거짓 정보일 가능성이 있다고 본 것이다. 사마의는 철군하는 적은 공격하지 말라는 병법을 원용하여 추격을 멈추고 되돌아 갔다. 덕분에 촉한은 철수 대형을 흐트러뜨리지 않고 무사히 본국으로 귀환할 수 있었다.

며칠 뒤 사마의는 제갈량이 배치한 진지를 돌아보다 촉한이 버리고 간 문서, 지도, 군량 등을 찾아냈다. 사마의는 그제야 제갈량이 죽은 사실을 알고는 "제갈량은 참으로 특출난 재주를 지녔구나"라며 그의 지략에 탄복했다.

사마의의 막료인 신비辛毗가 알 수 없다는 듯 고개를 갸우뚱하자 사마의가 말했다. "병가에서 가장 소중히 여기는 것이 작전 문서와 군사 계획 그리고 전마와 군량이다. 이는 사람의 오장육부와 같은

죽은 제갈량의 철수 작전에 속긴 했지만 사마의는 작전 초기 '안전' 전략으로 제갈량의 공격을 무사히 막아 냈다.

것인데, 촉한군은 이런 것들을 모두 여기에 버리고 갔다. 오장육부를 버리고 살 수 있는 사람이 어디 있겠느냐? 이제 빨리 추격해야겠다."

당시 관중 지방은 가시풀이 무성하여 사람과 말의 통행을 방해했다. 사마의의 명령에 따라 2000여 병사가 목질이 연한 나무로 바닥이 평평한 나막신을 만들어 신고 본대의 선두에 서서 행군하니, 가시풀이 모두 나막신에 박혀 제거되었다. 그 뒤에 본대의 기병과 보병이 전진하여 촉한군을 추격했다. 위군은 적안赤岸에 이르러서야 제갈량이 죽었다는 사실을 확인할 수 있었다.

그때부터 항간에는 "죽은 제갈량이 산 사마중달(사마의)을 도망가게 했다"라는 말이 돌았다. 이 말을 전해 들은 사마의는 "내가 산 제갈량만 대비하고 죽은 제갈량은 대비하지 못해 이런 말을 듣는구나"라며 쓴웃음을 지었다.《진서》〈선제기〉)

《손자병법》(〈세〉 편)은 "안정되면 차분하다"라고 말한다. 〈안전〉 편은
적의 기세가 강하고 속전속결로 나올 때는 안정된 수비를 갖추고 대
응하지 말아야 한다고 지적한다. 방어 작전에서 어떻게 적을 대하
고 확실하게 지킬 것인가에 대해 원칙의 문제를 논의하고 있다.

좀 더 구체적으로는 안정되게 지키면서 대응하지 않은 채(안수물응
安守勿應) 적이 허점을 드러내길 기다리라고 말한다. 그래야만 적에
게 승리할 수 있기 때문이다. 이런 상황에서 상대는 아군의 심기를
건드리는 심리 작전으로 나오는 경우가 많다. 결국 화를 참지 못하
고 경솔하게 싸우다 패한 사례는 수없이 많다.

실제 전쟁 경험은 강력한 적의 공격 앞에서 속전속결 조건을 갖
추지 못했다면 철저한 방어 전략이야말로 의심할 바 없는 해결책
임을 보여 준다. 빨리 승부를 내려고 서두르는 사나운 적의 기세
앞에서는 그 예봉을 피하는 것만이 자신의 실력을 보존하는 길이
다. 이와 함께 보루를 높이 쌓고 해자를 깊이 파서 장기전으로 끌
고 가야 적의 전력을 소모시키고 피곤하게 만들어 최후에 적을 소
멸하는 유리한 조건을 만들 수 있다.

경영에서 경쟁 상대의 공세, 특히 가격 공세에 맞서 심각한 출혈
을 감수하며 가격을 낮추는 경우가 적지 않다. 그 결과 상대는 물
론 나까지 큰 손해를 보고 만다. 내 전력이 약하면 치명상을 입는
다. 이런 상황이 닥치면 리더는 절대 서두르지 말고 〈이전〉과 〈해
전〉에서 강조했듯이 이해관계를 아주 꼼꼼하게 따져 봐야 한다.
내 제품의 매출 상황과 손익, 상대의 매출 상황과 손익, 길게는 지

난 몇 년간의 매출 추이와 손익 상황까지 따져 볼 수 있는 것은 다 따져서 제품과 서비스의 질을 높이는 쪽으로 초점을 바꾸는 등 다른 전략으로 내 진영을 튼튼하게 지키는 쪽이 효과적이다. 리더에게 공격적인 자세 못지않게 요구되는 리더십이 물러서야 할 때 물러설 줄 아는 지혜다. 경영에서 '안정安定'만큼 중요한 요소는 없다. 바로 이것이 〈안전〉이 가리키는 핵심이다.

050
위전
위기 상황에서 장수의 진가가 드러난다
危戰

용병(경영) 원칙

적과 싸우다 아군이 위험한 상황에 빠질 경우 장병들을 격려하여 결사적으로 싸울 뿐 구차하게 살기를 바라지 않도록 만들면 승리할 수 있다.

《손자병법》에 "병사들이 막다른 궁지에 몰리면 죽음을 두려워하지 않는다"라고 했다.

역사 사례

35년, 동한의 장수 오한吳漢(?~44)이 성도 지방에 웅거하는 공손술公孫述의 세력을 토벌했다. 오한의 군대가 건위군健爲郡의 경계에 진입하자 공손술의 지배 아래 있던 여러 현이 성문을 굳게 닫고 저항했다. 오한은 광도현廣都縣을 공격하여 함락하고, 경무장한 기병 부대를 공손술의 도성인 성도로 진출시켜 교량을 불태워 버렸다. 그러자 무양武陽 동쪽 지역의 성읍들이 모두 오한에게 항복해 왔다.

동한의 광무제가 오한에게 경계하며 훈령을 내렸다. "성도는 공손술의 근거지로서 10만의 대병력이 집결한 곳이니 결코 적을 경시해서는 안 된다. 공손술의 군이 공격해 오더라도 점령한 광도를 굳게 지키면서 방어만 할 것이지 가볍게 나가 싸우지 마라. 적이 공격해 오지 못할 것이라는 판단이 서면 진영을 옮겨 적진 가까이 있다가 반드시 적군의 예기가 꺾여 피로해지거든 그때 공격하라."

그러나 오한은 광무제의 훈령을 듣지 않고 초전의 승세를 몰아 보병과 기병 2만여 명을 지휘해 성도로 진격했다. 그는 성도에서 10여 리쯤 떨어진 강의 북쪽 기슭에 진영을 설치했다. 그리고 강 위에 부교를 가설한 뒤 부장 유상劉尚에게 1만여 명의 병력을 붙여 강을 건너 남쪽 기슭으로 진출시켰다. 이 때문에 유상의 진영과 오한의 본진은 20여 리나 떨어져 버렸다.

광무제는 이 소식을 듣고 크게 놀라 오한을 꾸짖는 조서를 보냈다.

"짐이 경솔하게 적과 대전하지 말라고 신신당부했거늘 그대는 어찌하여 나의 뜻을 어기고 군의 위험을 자초했단 말인가? 그대는 지금 적을 경시하여 적지에 깊숙이 들어갔고, 또 부장 유상의 군과 진영을 나누어 설치한 탓에 위급한 사태가 발생해도 서로 구원해 주지 못할 형편에 처했다. 적군의 일부가 그대의 본진을 공격한다면 유상의 군은 궤멸당하고 말 것이다. 유상의 군이 궤멸되면 곧 그대의 본진도 격파될 것이다. 다행히 아직 그런 사태가 일어나지 않았으니, 그대는 즉시 철군하고 광도로 귀환하여 굳게 지키며 적군을 기다려라."

그러나 광무제의 조서가 오한에게 전달되기 전에, 공손술은 이미 부장 사풍謝豐, 원길元吉 등을 보내 10만여 명에 이르는 대군으로 오한군을 공격했다. 그리고 또 다른 장수를 시켜 1만여 명의 병력을 이끌고 유상군의 진영을 견제 공격하여 오한군과 유상군이 서로 구원 부대를 보내지 못하게 만들었다. 오한군은 공손술의 군대와 하루 종일 대접전을 벌였으나 그만 패하고 말았다. 오한은 잔여 병력을 이끌고 성채 안으로 들어가서 사풍군에게 포위당한 채 수비 자세로 전환했다.

오한은 휘하 장수를 불러 격려했다. "나는 여러 장병과 함께 험난한 지형을 무릅쓰고 천 리 먼 길을 진격해 오는 동안 가는 곳마다 싸워서 승리했다. 그런데 이제 적지에 깊숙이 진입하여 적의 수도 부근에 이른 상황에서 우리의 본진과 유상의 진영이 분리된 채 적에게 포위당해 서로 연계를 유지할 수 없으니, 앞으로 군이 어떤 위기에 처할지 예측할 수가 없다. 그래서 나는 은밀히 일부 병력을 이끌고 강 남쪽에 있는 유상군의 진영으로 가서 그와 합세하여 적의 포위를 돌파하고자 한다. 전 장병이 같은 마음으로 전심전력을 다하여 용감하게 적과 싸운다면 큰 전공을 세울 것이다. 만일 그러지 못한다면 우리 군은 틀림없이 전멸하고 말 것이다. 성공하느냐 실패하느냐가 이번 싸움에 달려 있다."

장수들은 오한의 말을 듣고 모두 사력을 다해 싸울 것을 맹세했다. 오한은 병사와 군마를 배불리 먹인 다음 3일 동안 영문을 굳게 닫고 꼼짝하지 않았다. 3일 후 저녁 무렵 오한은 성채 위에 깃발을 많이 꽂아 놓고 불을 피워 연기가 끊이지 않게 함으로써 군대가 그대로 주둔한 것처럼 위장했다. 그리고 야음을 틈타 말에 재갈을 물려서 은밀히 부대를 이동해 유상의 군대와 합류했다. 사풍을 비롯한 공손술의 장수들은 이 사실을 눈치 채지 못했다.

다음 날 사풍 등은 오한이 진영을 비우고 유상과 합류한 사실도 모른 채 부대를 나누어 일부에게는 강 북쪽에 있는 오한의 본진을 공격시키고, 사풍 자신은 주력 부대를 이끌고 강 남쪽에 있는 유상의 진영을 공격했다. 유상군과 합류한 오한은 전력을 총동원하여 사풍과 격전을 벌인 끝에 대승을 거두고, 사풍과 원길 두 적장의 목을 베었다.

오한은 승리했음에도 불구하고 유상의 부대를 현지에 남겨 계속해서 공손술의 군에 대비하도록 하고 주력은 광도로 철수했다. 아울러 광무제에게 상세한 보고를 올려 자신의 경솔한 행동을 깊이 자책했다.

이를 본 광무제는 오한에게 다음과 같은 친서를 보냈다.

"그대가 광도로 귀환한 것은 매우 잘한 일이다. 공손술 군대는 유상의 부대를 내버려 두고 그대를 공격하지 못할 것이다. 공손술이 먼저 유상군을 공격하면 그대는 광도에서 보병과 기병을 총동원하여 50여 리쯤 진출하라. 그러면 적은 반드시 곤경에 빠질 것이며, 그대는 반드시 적을 격파할 것이다."

그리하여 오한군이 광도와 성도의 중간 지점에서 공손술의 군을 맞아 격전했으니, 여덟 차례의 싸움에서 모두 승리하고 마침내 공손술의 수도인 성도까지 진출할 수 있었다. 오한의 군대가 성도 외곽에 도착하자 공손술은 직접 수만 명의 군사를 거느리고 성 밖으

동한의 명장 오한은 한때의 실책을 만회하기 위해 위기 상황에서 '위전' 전략을 구사했다.

로 출전했다. 오한은 수만 명의 정예병을 내세워 공손술의 군을 공격했다. 오한은 격전 끝에 공손술 군대를 격파한 것은 물론 적진으로 뛰어들어 공손술을 찔러 죽였다. 다음 날 아침 성의 수비대가 항복하자 오한은 죽은 공손술의 목을 베어 수도인 낙양으로 보냈다. 이로써 한나라가 서촉 지방을 평정했다.

오한은 성격이 강직하고 힘이 뛰어났다. 전장에 나가면 광무제도 불안하여 편안히 서 있지 못하고, 장수들도 전세가 불리해지면 겁을 먹고 불안해했으나 오한만은 태연히 군사를 호령하며 병기를 정비했다. 한번은 광무제가 사람을 보내 오한이 무엇을 하는지 살핀 적이 있는데, 그는 전투 장비를 손질하는 중이었다. 이에 광무제는 "오한은 정말로 사람들의 의지를 북돋운다"라며 찬탄했다. 그는 군을 출동시킬 때면 행장을 꾸리거나 병기를 손질하기 위해 시간을 늦추는 일 없이 명령을 받은 즉시 출정하도록 했으며 그 직무도 잘 수행했다. 이에 명성을 얻었다. 《후한서》 〈오한전〉

해설

〈위전〉 편은 〈안전〉 편과 연계되고, 뒤이어 나오는 〈사전〉 편과도 관련된다. 〈위전〉 편은 군대가 작전 중 위험한 상황에 처했을 때 장수는 어떤 조치를 취해야 국면을 전환할 수 있는가를 논하고 있다. 본편은 《손자병법》의 사상을 충실히 계승하여 이런 상황에서 장수가 두려워하지 말고 장병들에게 결사항전의 의지를 독려하여 전투에 나서게 한다면 끝내 승리할 수 있다고 말한다.

'그 장수에 그 병사'라고 한다. 장병들이 위기에서도 두려워하지 않는 용감한 정신을 갖추려면 전시 때 장수 자신의 솔선수범과 더불어 평상시 엄격한 훈련과 교육이 중요하다. 본편은 위기 상황에서 장수가 어떤 조치를 취해야 하는가를 말하며, 군대를 엄격하게 단속하는 것이 중요하다는 점을 알려 준다.

오한은 전투 초반 승기를 몰아 무리하게 상대를 공격하다 큰 낭패를 겪었다. 그러나 다시 전열을 가다듬고 장병들을 격려하여 전세를 뒤바꿨다. 여기에는 그가 평상시 장병들에게 보여 준 리더십이 크게 작용했다. 위기 상황을 타개하는 방법은 여러 가지겠지만 평상시 리더가 보여 준 리더십이 큰 위력을 발휘하는 경우가 많다.

051

사전

'사전'의 관건은 '사지' 선택에 있다

死戰

용병(경영) 원칙

적의 군세가 강하여 아군의 병사들이 무서워 불안해하며 목숨 걸고 전진하려 들지 않을 때는 '사지死地'로 몰아넣어야 한다. 장수는 전 장병에게 승리하지 못하면 결코 멈출 수 없다는 점을 알려야 한다. 소를 잡아 장병들을 배불리 먹이고 수레와 선박, 군량 등을 불태워 없애고 우물을 메우고 취사장과 가마솥을 부수고 전선을 불태워 적과 싸워 이기지 않고는 살길이 없다는 것을 두루 알려야 한다. 이렇게 하면 반드시 승리할 수 있다.

《손자병법》에 "죽기를 각오하고 싸우면 반대로 살 수 있다"라고 했다.

역사 사례

기원전 208년, 진나라 장군 장한章邯이 군을 출동시켜 초나라 항량

項梁의 군을 격파했다. 그러고는 초나라 군대는 보잘것없으니 걱정할 것이 못 된다며 군을 돌려서 황하를 건너 조나라를 공격해 크게 격파했다.

이때 조헐趙歇이 조왕이 되고, 진여陳餘는 대장군이, 장이張耳는 승상이 되었다. 그들은 전군을 동원하여 진군과 싸웠으나 결국 패하여 거록鉅鹿으로 도망쳤다.

장한은 부장 왕리王離와 섭간涉間에게 일부 병력을 이끌고 간수를 건너 거록성을 포위하게 하는 한편 자신은 주력군을 남쪽에 주둔시키고, 도로 양편에 흙담을 쌓아 용도를 만들어 부대의 통행을 엄폐한 다음 군량 수송 도로로 활용했다.

이에 초나라 회왕懷王은 송의宋義를 상장군으로, 항우를 차장으로, 범증范增을 비장으로 임명하여 거록성에 포위된 조나라의 군대를 구원하도록 했다. 그 밖에 다른 장수들은 모두 송의의 지휘 아래 두었다.

그러나 안양安陽에 도착한 송의는 40여 일이나 그곳에 지체하면서 전진하지 않았다. 심지어 아들인 송양宋襄을 제나라 재승에 임명하여 임지로 떠나보내면서 직접 무염無鹽까지 전송하고 큰 잔치를 베풀어 주었다.

이를 본 차장 항우가 분연히 말했다. "우리 초군은 진나라 군대와 싸워서 패배했다. 이 때문에 대왕께서는 자리에 편히 앉아 계실 수 없어 전국의 장병들을 총동원하여 전적으로 송 장군에게 위임하셨다. 국가의 안위가 모두 이번 싸움의 승패에 달려 있다. 그런데 지금 송 장군은 장수 된 몸으로 병졸들의 고통은 생각하지 않고 자신의 사사로운 이익만 도모하니 나라를 떠받치는 신하로서 있을 수 없는 일이다."

항우는 이른 새벽에 송의의 군막을 찾아가 그의 목을 벤 다음 진중을 향해 "송의가 제나라와 내통하고 반역을 도모했기에 회왕께서 나에게 밀명을 내려 그의 목을 베게 했다"라고 선포했다. 장수들은 항우가 두려워 감히 반항하지 못하고 "당초 초나라를 부흥시킨 것은 항 장군의 집안입니다. 지금 장군께서 송의를 주살하신 것은 반역한 난신적자亂臣賊子를 제거한 당연한 처사입니다"라며 그를 지지했다.

그들은 즉시 항우를 대리 상장군으로 추대했다. 항우는 또 제나라로 사람을 보내 송의의 아들 송양을 살해하도록 공작했다. 그런 다음 환초桓楚를 시켜 회왕에게 이 사실을 보고하게 했다. 초의 회왕은 여러 장수의 뜻을 받아들여 항우를 정식 상장군으로 임명하고 당양군當陽君 경포京布와 포蒲 장군 등을 모두 항우의 휘하에 두었다. 권모술수로 송의를 제거한 항우의 위엄이 초나라 전역에 알려지고 그 명성이 여러 제후국까지 널리 퍼졌다.

얼마 후 항우는 당양군 경포와 포 장군에게 2만여 명의 병력을 이끌고 장강을 건너 거록성에 포위된 조군을 구원하게 했다. 그러나 초군이 진군과의 싸움에서 큰 승리를 거두지 못하자 조나라 장군 진여는 다시 항우에게 구원병을 요청했다.

항우는 친히 병력을 총동원하여 장강을 건넌 다음 타고 온 배를 가라앉히고 가마솥과 시루 등 취사용 도구를 부수는 '파부침주破釜沈舟'의 결사항전을 택했다. 그는 막사를 불태우고 병사들에게 필요

한 단 3일분의 식
량만 남겨 놓았
다. 필사적으로
싸우지 않으면 안
될 절박한 상황을
전 장병에게 보여

거록 전투에서 항우는 병사들을 사지로 몰고 파부침주 전략
으로 승리했다.

줌으로써 병사들이 후퇴할 마음을 품지 못하게 한 것이다.

그 결과 항우는 일거에 거록성으로 내달아 왕리의 군을 거꾸로 포위하고 아홉 차례의 격전을 벌여 마침내 진의 군량 보급로인 용도를 차단하고 진군을 격파했다. 나아가 진의 장군 소각을 죽이고 주장인 왕리까지 사로잡았다. 이로써 초군은 그 위용을 널리 제후국까지 떨쳤다.

이전에 조나라를 구원하기 위해 거록성에 집결한 초군과 여러 제후국은 모두 10여 개 정도였다. 그러나 항우 군대를 제외한 제후국의 원군들은 모두 진군을 두려워하여 감히 움직이지 못했다. 그러던 중 항우 군대가 진을 맞아 맹렬히 공격하자 제후국의 여러 장수가 모두 성벽 위로 올라가 관망할 뿐 감히 나가 싸우지 않았다. 항우 휘하의 초군 장병들은 천지가 진동하듯 큰 함성을 지르며 모두 일당백의 기세로 싸웠다. 이를 본 제후국의 장병들은 항우가 이끄는 초군을 두려워했고, 이 전투에서 용맹을 떨친 항우는 그 후 제후국의 연합군을 지휘하는 상장군이 되었다.《《사기》 〈항우 본기〉)

〈사전〉 편은 작전 중에 장수의 믿음이 부족하거나 명령을 받아들이려 하지 않는 병사들에게 취할 수 있는 방책이다.

이에 대해 손무는 이렇게 말한다. "사실로 움직이게 하고 말로 이르지 말아야 하며, 유리한 것으로 움직이게 하고 해로운 것은 말하지 말아야 한다. 망하는 곳에 던져진 뒤라야 생존할 수 있고, 죽음의 땅에 빠진 뒤라야 살 수 있다(투지망지연후존投之亡地然後存, 함지사지연후생陷之死地然生). 무릇 전군을 위험한 전투지에 빠뜨린 뒤라야 병사들이 저마다 결사적으로 분전하여 승리를 결정지을 수 있다."(《손자병법》 〈구지〉 편)

손자는 죽음의 땅인 '사지死地'란 "빨리 결전하면 생존할 수 있으나 빨리 싸우지 않으면 망할 위험이 있는 곳"이라 했다(〈구지〉 편). 손자는 전쟁에서 승리하려면 때로는 부대를 사망의 절박한 상황에 몰아넣음으로써 오히려 승리를 얻고 군대를 보전할 수 있다고 본 것이다. 피할 수 없는 살육의 상황에서 싸우지 않으면 죽고, 싸우면 꼭 죽지 않아도 되는 경우라면 부대를 격려하여 사투의 정신으로 싸우게 함으로써 승리를 거둘 수 있다.

다음 대목은 부대가 본국을 떠나 적국에 진입해서 어떻게 작전할 것인가를 논한다. 그중에는 부대를 사지에 몰아넣어 승리를 거두는 전략도 있다.

"군대를 벗어날 수 없는 위기의 땅에 투입하면 군사들은 죽을지라도 달아나지 않는다. 죽고 나면 아무것도 얻을 수 없기 때문에 병사들은 죽을힘을 다해 싸운다. 극히 위험한 처지에 빠지면 오히려 두려워하지 않고, 벗어날 길이 없으면 더욱 단단히 단결한다. 적지 깊숙이 들어가면 서로서로 묶어 놓은 것처럼 도망치지 않으며, 막다른 길에 몰리면 싸우지 않을 수 없는 것이다."

싸우지 않으면 안 되는, 별다른 출구가 없는 상황에 던져 놓음으로써 차라리 죽는 게 낫다는 정신을 심어 승리를 이끌어 내는 것이다. 죽음을 두려워하지 않는데 어떤 적인들 못 이기겠는가? 병사들은 한마음이 되어 고군분투한다.

《오자병법》〈치병治兵〉 제3에서는 "필사必死의 정신이면 살고, 필생必生을 바라면 죽는다"라고 했다. 《위료자》〈제담制談〉 제3에서는 도적 하나가 검을 휘두르며 저잣거리를 활개 치고 다니는데 다른 사람들이 모두 숨거나 도망치는 것은, 도적이 용감하거나 다른 사람이 그만 못해서가 아니라 '필사'와 '필생' 두 가지 정신에서 차이가 나기 때문이라고 했다.

《오자병법》〈여사勵士〉 제6에도 비슷한 내용이 있다. 목숨을 두려워하지 않는 도둑이 광야에 숨었는데 천 명이 그를 잡으러 쫓아가서도 모두 무서워 벌벌 떠는 것은, 언제 어디서 도둑이 나타나 달려들지 모르기 때문이다. 목숨을 내놓은 한 명이 천 명을 두려움에 몰아넣을 수 있다. 5만의 군사를 죽음을 두려워하지 않는 병사로 만들어 지휘하며 싸운다면 아무리 강적이라도 당해 내지 못한다.

부대를 사망의 전투지로 몰아넣는 것은 전쟁에서 지휘관이 계획적으로 취하는 군사 행동이다. 전쟁사에서 이 전략으로 승리를 거둔 예가 적지 않다.

경영 지혜

기업 경영에서 위기는 수시로 닥칠 가능성이 더욱 커졌다. 작은 기업도 국내는 물론 세계 경제의 영향을 받을 수밖에 없는 현실이기 때문이다. 불확실한 위기에 직면해서 리더의 역할이 더 중요해졌다. 항우가 '파부침주'로 결사의 자세를 다진 것이나 한신이 '배수의 진'을 친 것처럼 〈사전〉의 핵심을 정확하게 인식해야 한다.

한 기업인의 경험담이 많은 것을 말해 준다. 심각한 위기에 처한 기업인이 답답함이라도 풀어 보려고 스님을 찾았다. 기업인은 이런저런 이야기 끝에 자신이 처한 상황을 털어놓으며 도무지 해결 방법이 보이지 않는다고 가르침을 청했다. 스님은 아무 말 없이 한참 동안 기업인을 쳐다보곤 먹을 갈라고 했다. 그리고 화선지에 죽을 '死' 자 하나를 큼지막하게 썼다. 붓을 내려놓은 스님은 기업인에게 "이 글자가 무슨 글자인지 아시죠"라고 물었다. 생뚱맞은 질문에 기업인은 심드렁하게 "알지요. 죽을 사 아닙니까"라고 되물었다.

스님은 길게 한숨을 내쉬고 말을 이었다. "그렇습니다. 죽을 사 자입니다. 당신이 이 위기에서 벗어나려면 이것 외에 다른 방법은 없습니다."

스님의 묵직한 몇 마디에 기업인은 자세를 바로잡고 글자를 한참 동안 쳐다보았다. 그리고 깨달았다. 자신의 기업을 사지로 몰아야 한다는 것을. 회사와 직원들의 유일한 선택은 배수진이고, 그를 통해 모든 방법과 지혜를 짜내 함께 이 난관을 헤쳐 나가야 한다는 사실을 깨달은 것이다.

회사로 돌아온 기업인은 직원들을 모아 놓고 회사가 처한 위기 상황을 진솔하게 알리며 말했다. "지금 우리가 살아남는 걸 선택한다면 모든 전력을 투입해야 합니다. 기업은 이미 다른 길이 없습니다. 이 위기에 맞서길 포기한다면 그동안 우리가 쏟은 모든 노력이 다 물거품이 될 것입니다. 그러나 모두가 전력을 다해 맞선다면 다시 일어설 수 있습니다. 물론 회사에 계속 남는 걸 원하지 않는 사람은 나갈 수 있습니다. 하지만 이후 모든 혜택은 없습니다. 반면 회사와 함께 하면 절대로 그 사람을 잊지 않을 것입니다."

많은 기업이 '사즉생, 생즉사'를 입에 올리지만 이를 실천한 사례는 결코 많지 않다. 한때의 위기를 말로만 모면하려 하기 때문이다. 사진은 이 말을 실제 전쟁에서 실천한 이순신 장군의 명량대전을 다룬 영화 포스터다.

직원들은 진지하게 상황을 점검하고 이해관계를 따져 보았다. 그 결과 배수진이 유일한 방법이라는 점을 인식했다. 조직의 생사존망이 개인의 앞날과 관계될 수밖에 없기 때문이다. 이후 모든 직원이 분발에 분발을 거듭하여 그 위기를 벗어났다. 한 조직이나 기업이 생사존망의 위기에 처했을 때 유일한 길은 앞으로 전진하는 것밖에 없다. 당연한 말이지만 이때 리더는 맨 앞에 서 있어야 한다.

052

생전

싸우기 전에 살기를 바라면 패배는 떼어 놓은 당상이다

生戰

용병(경영) 원칙

적과 대전할 때 아군이 유리한 지형을 점령하여 진영을 견고하게 설치하고, 군령이 잘 하달되고, 복병을 매설하여 전투 태세를 완벽하게 갖춘 다음 전 장병이 목숨을 바쳐 결사적으로 싸우면 승리할 수 있다. 장수 된 자가 전쟁터에서 죽음을 두려워하고 요행히 살길을 바란다면 반드시 적에게 죽임을 당할 것이다.

《오기병법》에 "살기를 바라는 자는 반드시 죽는다"라고 했다.

역사 사례

춘추시대인 기원전 597년, 남방의 강대국 초나라 군대가 중원의 정나라를 침공하자 북방의 강자 진晉은 삼군을 총동원하여 정나라를 지원했다. 역량이 막상막하인 진군과 초군은 오敖와 호鄗의 중간 지점에서 대치했다.

이때 진나라 장수 조영제趙嬰齊는 패전에 대비해 장병들을 시켜 철군에 사용할 도하용 선박을 미리 확보해 놓고는 자기가 먼저 황하를 건너 도망치려 했다. 이러한 패배감은 진나라 장병들의 투지를 무너뜨려 싸우기보다 살아서 도망칠 궁리만 하게 만들었다. 결국 진군은 초군에게 패하고 말았다.

이 전례에 대해 또 다른 이야기가 있다. 초군이 진군을 핍박했을 때 진의 주장 순임보荀林父는 적을 호랑이 보듯 두려워하며 어쩔 줄 몰라 했다. 그러다 "먼저 강을 건너는 자에게는 상을 준다"라는 도주 명령을 내려 버렸다. 결국 중군과 하군은 싸우기도 전에 궤멸당했으며, 강 건널 배를 두고 병사들 사이에서 다툼이 생기는 바람에 혼란이 일어났다. 오직 상군의 주장 사회士會만 미리 오산 부근에 병력을 매복시켜 패하지 않았다.(《좌전》 선공 12년조)

해설

〈생전〉 편은 〈사전〉 편과 짝을 이룬다. 요지는 전쟁에서 싸우기도 전에 죽음을 겁내고 살기만 꾀하는 걸 어떻게 방지할 것인가라는 문제에서 시작해 장수의 용감함과 비겁함이 작전의 성공과 실패에 직결된다는 점을 논하고 있다. 특히 《오기병법》(〈치병〉 편)의 "살기를 바라는 자는 반드시 죽는다(행생즉사幸生則死)"라는 유명한 대목을 인용하여 이 점을 강조한다.

적을 앞두고 여러 객관적 조건이 완전히 갖춰진 상황에서 승리를 거두는 관건은 장수가 장병들의 정신 상태를 어떻게 만드는가에 달려 있다. 모든 장병이 죽기를 각오하고 전투에 임하면 승리를 거둘 가능성이 훨씬 커지지만, 죽음이 두려워 전투를 주저하거나 살 궁리부터 한다면 패배는 떼어 놓은 당상이다. 특히 장수가 겁을 먹으면 패배는 더더욱 뻔하다.

수많은 역사 사례와 생생한 경험이 전쟁은 물질적 역량의 싸움일 뿐 아니라 정신적 역량의 싸움이라는 사실을 잘 보여 준다. 물질적 조건들이 객관적으로 갖춰진 상황이라면 누가 주관적 능동의 힘과 정신을 더 발휘하느냐에 따라 승부가 갈리는 것이다. 〈생전〉 편은 이런 점을 인식하여 목숨을 내놓고 싸우라는 작전 사상을 강조한다. 앞 사례에서 보았듯이 작전을 수행하는 진나라 장수들의 두 가지 상반된 태도와 조치를 통해 장수의 정신 상태와 지휘술이 승부에 얼마나 중요하고 직접적인 영향을 끼치는지 알 수 있다.

경영 지혜

미국 육군 대장으로 중부사령관을 역임한 노먼 슈워츠코프Norman Schwarzkof(1934~2012)가 생전에 남긴 말이다.

"부하들에게 전쟁터에 나가라고 명령할 뿐 스스로 앞장서지 않는 장수는 영웅이라 할 수 없다. 병사들보다 앞서 두려움 없이 용감하게 전장에 뛰어드는 장수야말로 진정한 영웅이다."

리더의 솔선수범은 강력한 감화력과 영향력으로 작용한다. 그래서 '소리 없는 명령'이라고 한다. 리더가 몸을 움츠리고 큰 걸음으로 앞서 나가지 않으면 조직 전체의 사기가 크게 떨어질 수밖에 없다.

《포브스》지가 매년 선정하는 500대 기업 선두에 빠지지 않고 오르는 월 마트Wall Mart는 어떻게 엄청난 부를 이룰 수 있었을까? 작은 에피소드 하나가 이 의문에 대한 좋은 답이 될 것 같다.

한번은 《포브스》지 기자가 월 마트 창립자이자 회장인 샘 월튼Sam Walton(1918~1992)을 취재하기 위해 월튼의 사무실에서 만나기로 약속했다. 다음 날 기자는 약속 시간에 맞춰 월튼의 사무실에 도착했다. 그러나 30분이 넘도록 월튼이 나타나지 않았다. 기자는 마음이 영 불편했다. 돈 좀 있다고 기자를 무시하는 것 아니냐는 의문부터 내가 이 펜 한 자루로 당신과 한바탕 겨뤄 보겠다는 오기까지 온갖 생각이 다 들었다.

그런데 비서가 사무실을 지나다 기자가 여전히 기다리는 모습을 보고는 자기가 한번 찾아보겠다고 했다. 잠시 후 비서가 돌아와서 "찾았어요. 전방 20미터 영업점 문밖에 계시네요"라고 알려 주었다.

기자는 바로 가서 월튼을 찾았다. 놀랍게도 월튼은 고객의 물건 상자를 차에 옮겨 주고 있었다. 세계에서 가장 큰 회사의 최고 리더가 이런 일을 하다니! 기자는 반신반의한 표정으로 "어제 사무실에서 기다리겠다고 하지 않았습니까"라고 물었다. 월튼은 가볍게 웃으며 "그랬죠. 지금까지 당신이 오길 기다렸습니다" 하고 대답했다. "어디서 기다렸단 말입니까" 기자가 다시 묻자 "내 사무실은 길거리요. 손님이 나를 가장 필요로 하는 곳이 내 사무실이지 설마 에어컨 나오는 방이겠습니까"라고 반문했다.

누구든 돈을 벌 수 있지만 그렇게 해서 어떻게 하는지를 봐야 한다. 직원보다 앞장서서 늘 고객이 필요로 하는 곳에 나타나는 것.

바로 여기에 기업을 이끄는 리더가 성공하는 열쇠가 있다.

'유일한 리더는 고객뿐이다'라는 경영 철학을 지닌 월 마트의 창립자 샘 월튼의 '여성 치마 이론'은 대단히 유명하다. "여성의 치마가 0.8달러에 입고되어 1.2달러에 판매된다면 판매가를 1달러로 낮춰라. 이익은 50퍼센트 낮아지지만 매출은 세 배로 는다."

조직과 기업의 뛰어난 리더는 누군가의 모범이 된다는 것이 어떤 위력을 발휘하는지 잘 알고 있다. 리더는 어떤 상황에서도 진지를 벗어나면 안 된다. 위급한 시기에 리더가 적극적으로 대응하고 도전하는 대신 꽁무니를 빼거나 주춤거리면 그 조직은 '나무가 쓰러지자 원숭이들이 다 흩어지는' 상황에 처할 수밖에 없다. 자기 조직이 단단하게 하나로 뭉치길 바라는 리더라면 누구보다 먼저 앞장서는 자세를 갖춰야 한다.

053

기전

굶주리면 어떤 작전도 먹히지 않는다

飢戰

용병(경영) 원칙

군을 이끌고 적지에 깊숙이 진입했는데 말먹이와 군량 등이 떨어졌다면 부대를 나누어 약탈한다. 적군의 보급 창고를 차지하고 군량을 탈취해서 아군의 군량으로 충당한다. 이같이 하면 승리할 수 있다.

《손자병법》에는 상황에 따라 "적지에서 식량을 징발하라"라고 했다.

역사 사례

남북조시대 북주北周의 장군 하약돈賀若敦이 군을 이끌고 상주를 구원하러 갔다. 하약돈은 군량은 적에게서 구한다는 병법으로 부대의 군수 물자 보급을 해결했다.

상주는 원래 남조의 양나라 땅이었으나 554년 서위西魏(북주의 전신)

가 강릉을 함락한 이후 파주와 함께 서위에 귀속되었다. 진패선陳覇先(503~559)이 양을 대신하여 황제로 칭하고 진陳을 건국한 지 3년인 559년, 진패선은 후진 등을 보내 상주를 포위하고 탈환을 시도했다.

이에 북주의 무제는 하약돈을 보내 상주를 구원하게 했다. 하약돈이 군을 지휘하여 강을 건너 진주를 점령하자 진나라 장수 후진이 하약돈의 군대를 무찌르기 위해 출동했다. 그러나 이 무렵 가을 장마로 황하가 범람하여 군량을 보급하던 뱃길이 차단되면서 북주의 하약돈 군대는 군량이 떨어지는 곤경에 처했다. 이에 장졸들이 두려워하자 하약돈은 부대를 나누어 후진군의 보급 기지를 습격하고 군량과 물자를 탈취하여 군사 비용으로 보충했다.

하약돈은 또 아군의 군량이 부족하다는 사실을 적장 후진이 간파하지 못하게 군영에 흙을 높이 쌓고 그 표면을 쌀로 덮어 군량미가 많은 것처럼 위장했다. 그런 다음 인근 마을 사람들을 군영으로 불러 그들에게 자문하는 양 꾸미고(사람들에게 군영에 쌓아 놓은 '양산糧山'을 의도적으로 보인 뒤) 후한 선물을 주어 돌려보냈다.

후진을 비롯한 진의 장군들은 백성들에게 북주군의 진영에 물자가 풍부하다는 소문을 듣고 그대로 믿어 버렸다. 하약돈은 다시 영채의 보루를 증축하고 막사를 지어 상주에 장기간 주둔하며 지구전에 돌입하겠다는 뜻을 은연중에 드러내 보였다. 이에 상강과 나주 사이의 여러 지역에는 북주의 침공군이 장기간 주둔할 것이라는 소문이 퍼져 농민들이 농사를 짓지 못하는 상황이 계속되었다. 그러나 후진 등은 달리 어찌할 방도를 세우지 못했다.

원래 이 지방 주민들은 작은 배에 곡식과 가축을 싣고 가서 후진의 부대를 위문하곤 했다. 하약돈은 이 지방 주민들이 후진을 돕는다는 사실을 알고는 궁리 끝에 병사들을 주민으로 변장하고 배 안에 숨어들게 해서 후진의 영채로 접근시켰다. 지방 주민으로 위장한 하약돈 군대의 배가 접근하자 후진군은 자신들을 위문하러 온 줄 알고 배를 영접하러 나왔다. 바로 그때 배 안에 숨어 있던 하약돈의 군사들이 나와 그들을 모두 사로잡고 양식 등을 빼앗았다.

하약돈의 군영에는 도망치는 병사가 많았는데, 도망병들은 배에다 말을 싣고 후진에 투항하곤 했다. 그때마다 후진은 하약돈의 도망병을 받아들였다. 이를 우려한 하약돈은 군마를 끌어다 배에 태우고 선원들더러 채찍으로 군마를 때리라고 했다. 두세 차례 이렇게 하자 말들은 배에 오르는 것 자체를 두려워하여 다시는 배를 타지 않으려고 했다.

그 후 하약돈은 후진의 진영이 마주 보이는 강 언덕에 군을 매복시키고, 일부 병력을 보내 배 타기를 두려워하는 말을 강제로 태우고 하류로 가서 후진의 진영 맞은편 강변에 풀어 놓았다. 이에 후진의 군대가 배를 저어 강을 건너와 말들을 자신의 진영으로 끌고 가려 했다. 그러나 말들은 배에 타지 않으려고 날뛰었다. 이처럼 사람과 말이 실랑이하는 사이에 강 언덕에 매복한 후주의 복병들이 나타나 후진의 군대를 급습하여 몰살했다.

그 뒤로 후진군은 곡식이나 음식을 제공하려는 주민과 투항하는 도망병을 혹시 하약돈의 위장 술책이 아닌가 의심하여 그들을 절대 받아들이지 않았다. 그렇게 1년이 넘도록 두 군대는 대치했고, 후진은 끝내 하약돈을 제압하지 못했다.《북사》〈하약돈전〉）

《손자병법》〈작전〉 편에 "용병에 뛰어난 장수는 한 번 동원으로 적을 물리쳐 전쟁을 끝내지 양식을 세 차례나 운반하지 않는다. 물자는 국내에서 가져다 쓰지만 식량은 적지에서 징발해야(인량우적因糧于敵) 군대의 먹거리가 부족하지 않다"라는 대목이 있다. 또 《초려경략草廬經略》의 식량 공급과 관련된 부분을 보면 "장기간 지키려면 논밭을 일궈야 하고, 곧장 진격하려면 식량 운송로를 닦아야 하며, 적진 깊숙이 들어가려면 식량을 적지에서 징발해야 한다"라고 했다. 식량을 적지에서 징발한다는 것은 싸우면서 전력을 향상시킨다는 말과도 통한다.

고대 전쟁에서 후방이 하는 일은 식량 보급이었다. 그래서 '군사와 말이 움직이기 전에 식량이 먼저 간다'라는 말이 있다. 교통과 운송 장비가 뒤떨어진 고대에 적지 깊숙이 들어가 작전을 펼치면, 전선이 너무 길고 교통이 불편해서 부대의 식량 공급을 전적으로 본국의 수송에 의존할 수 없었다. 적지에서 식량을 징발하는 것은 고대 군사전문가들이 유용하게 활용한 전략이었다.

때로는 약탈 같은 잔인한 방법으로 군수 공급 문제를 해결하라고 제안하기도 했다. 《백전기략》도 그런 입장이다. 그러나 이 방법은 현지 백성들의 재산과 생명에 심각한 피해를 준다. 항전

군사는 물론 기업 경쟁에서도 식량(생활)은 절대적이다. 예부터 백성은 먹는 것을 하늘로 여긴다고 했다. 사진은 식량 공급의 중요성을 지적한 병법서 《초려경략》 판본이다.

시기에 일본 제국주의 침략자의 '삼광三光'(모조리 죽이고, 모조리 태우고, 모조리 약탈한다는 세 가지 말살책)은 사상 유례가 없는 지극히 비인도적이고 잔혹한 행위였다.

기업 경영에서 〈기전〉 편의 메시지는 직원들을 굶겨서는 안 된다는 것으로 정리할 수 있다. 상황이 어렵고 경쟁이 치열할수록 직원들의 생활을 든든하게 보장하여 사기를 높여야 한다. 굶주린 전력으로는 어떤 경쟁에서도 승리할 수 없다.

054

포전

군대는 위를 가지고 싸운다

飽戰

용병(경영) 원칙

적이 먼 거리를 쳐들어왔다면 군량 보급이 원활하지 못할 것이다. 적은 굶주리고 아군은 군량이 풍부하여 배불리 먹은 상태라면 진지를 굳게 지키고 적과의 결전을 피해야 한다. 지구전을 전개하여 적을 지치게 만드는 것이다. 오랫동안 서로 대치하고 시기를 기다리면서 적의 군량 보급로를 차단한다. 다음은 적이 철수하기를 기다렸다가 은밀히 기병 부대를 보내 적군의 퇴로를 차단하고, 군사를 보내 뒤에서 공격하면 반드시 적을 대파할 수 있다.

《손자병법》에 "배불리 먹인 군대로 굶주린 적을 상대하라"라고 했다.

역사 사례

619년 8월, 산서 북부를 거점으로 세력을 키우던 유무주劉武周는 신강新絳 지역을 압박하여 하진河津을 탈취하기 위해 송금강宋金剛을 보내 하동河東 지구에 군대를 주둔시켰다. 이에 맞서 진秦 왕 이세민이 군을 이끌고 정벌에 나섰으며 신강 일대에서 유무주의 주둔 부대와 대치했다.

이세민의 군대는 식량 부족으로 사기가 부진했다. 이세민은 후방에 식량 운송을 독촉하는 한편, 소수 병력으로 적의 후방을 공격하여 식량을 취하는 작전을 구사했다. 작지만 두 차례 승리를 거뒀고 이로써 사기는 회복되었다. 장수들은 이를 기회 삼아 공세를 취하자고 주장했다.

그러자 이세민이 대답했다. "송금강의 군대는 깊숙이 들어왔기 때문에 축적된 식량이 없어 노략질로 충당할 수밖에 없다. 속전속결로 나올 것이 뻔하니, 우리는 진영을 굳게 지키며 힘을 비축해놓고 송금강의 식량이 다 떨어지기를 기다리면 된다. 그러면 적이 제풀에 지쳐 물러갈 것이다. 지금 속전속결은 옳지 않다."

당 태종은 뛰어난 정치가이자 전략가였다. 군사와 병법에 조예가 깊었다. 리더가 병법을 이해하는 것은 정치력과 직결되고, 이는 기업 경영에도 그대로 적용된다.

620년 4월이 되자 송금강의 군대는 과연 식량이 떨어지고 보급도 어려워졌다. 이제 후퇴하는 길 외에 다른 방도가 없었다. 이때 이세민이 추격하여 여주呂州(산서성 곽현霍縣), 작서곡雀鼠谷 등지에서 송금강의 군대 수만을 죽이거나 포로로 잡았다. 유무주는 송금강이 대패했다는 소식을 듣고 태원太原으로 도주했다. (《구당서》〈태종 본기〉 상)

해설

《손자병법》은 "가까운 곳에서 먼 길을 온 적을 기다리며, 아군을 편안하게 해 놓고 피로한 적을 기다리며, 아군을 배불리 먹이고 굶주린 적을 기다린다. 이는 체력을 다스리는 방법이다"라고 했다. 〈포전〉편은 이 대목에서 "아군을 배불리 먹이고 굶주린 적을 기다린다(이포대기以飽待飢)"를 취한 것이다.

이는 아군의 식량이 넉넉하고 적의 식량 보급선이 제대로 갖춰지지 않았을 때 취할 수 있는 전략이다. 《백전기략》〈양전〉편에서는 이렇게 말한다.

"적과 진지를 쌓고 대치하는 상황에서 승부가 나지 않을 때는 식량이 넉넉한 쪽이 승리한다. …… 식량이 없으면 적의 병사들은 틀림없이 도망갈 것이고, 그때 공격하면 이긴다."

또 《손자병법》〈군쟁〉편에서는 이렇게 말한다.

"그런 까닭에 군대에 군수품이 없으면 패배하고, 식량이 없으면 패배하고, 비축된 물자가 없으면 패배한다."

총명한 장수는 아군의 식량 공급을 중시할 뿐 아니라 적군의 식량 부족과 사기 저하 따위를 잘 살피다 적시에 공격하여 승리를 거둘 줄 알아야 한다.

고대 전쟁에서 식량의 충족 여부는 승부를 결정하는 데 큰 영향을 미쳤다. '군사와 말이 움직이기 전에 식량이 앞서 간다'라는 말이 잘 대변한다. 위 사례에서 보다시피 이세민이 처음 송금강과 대치했을 때는 식량 부족으로 진공할 수 없었다. 그런데 식량 조달이 해결되어 공세를 취할 수 있자 오히려 '이포대기' 전략을 취하여 끝내는 적을 대파했다. 식량이 부족한 군대는 적극 공세를 취하지 않아도 절로 무너진다는 사실을 말해 준다.

현대전에서는 새로운 특징들이 나타나긴 하지만 후방, 특히 병사들 가족의 생활 보장은 전투력 발휘에 심각한 영향을 미친다. 요컨대 '이포대기'가 전투에 직접 참가하는 군사뿐만 아니라 후방의 가족까지 포함하는 개념이 되었다. 따라서 '이포대기' 전략은 현대전에 임하는 지휘관들에게 중요한 귀감으로 작용한다.

나폴레옹은 "군대는 위胃를 가지고 싸운다"라는 명언을 남겼다. 전쟁에서 식량의 풍족함과 병사들의 배부름 여부는 전쟁의 전체 국면을 좌우하는 요소다. 가장 근본적인 부분을 파고드는 대단히 중요한 전략이 아닐 수 없다.

055

노전

피로한 상황에 몰리지 마라

勞戰

용병(경영) 원칙

적이 먼저 유리한 지형을 점령하고 진세가 공고한 상황에서 적과
결전을 벌인다면 아군은 피로하고 능동적으로 대처하지 못해 적에
게 패하고 말 것이다.

《손자병법》에 "적보다 늦게 전투 현장에 도착하여 다시 전투에 투
입된다면 아군은 피로하여 주도권을 잡지 못할 것이다"라고 했다.

역사 사례

316년 1월, 서진西晉의 사공司空 유곤劉琨이 장군 희담姬澹에게 10만
여 명의 군사(실제로 유곤이 발동한 진군의 총 병력)를 딸려 보내 후조後趙 왕
석륵石勒(274~333)의 군대를 쳤다. 석륵은 희담군을 맞아 대적할 준비
를 갖췄다.

이때 한 사람이 찾아와 석륵에게 건의했다. "적장 희담의 군은 병

사와 군마가 모두 날카롭고 그 수가 많아서 공격을 당해 내기가 어렵습니다. 성채 주위에 못을 깊이 파고 보루를 높이 쌓아 성을 굳게 지킴으로써 적의 예봉을 꺾어 놓아야 합니다. 그런 다음 쌍방의 공격과 수비의 형세에 변화가 생기기를 기다린다면 반드시 승리할 수 있습니다.”

석륵은 이 제안을 받아들이지 않았다. “희담의 진군은 먼 거리를 행군해 왔기 때문에 심신이 몹시 피로하고 기력이 쇠잔해졌을 것이다. 게다가 저들은 오합지졸로서 명령 체계가 제대로 서 있지 않으므로 우리가 싸우기만 한다면 일거에 사로잡을 수 있다. 저들이 강성하다는 것은 무슨 근거로 하는 말인가? 적군이 이미 근처에 이르렀고 적의 후속 부대가 곧 도착할 텐데, 어떻게 이런 호기를 외면하고 앉아서 성채만 지키겠는가? 또 우리의 대병력은 이미 한 차례 움직였기 때문에 쉽사리 중도에서 후퇴할 수도 없는 상황이다. 희담이 우리의 퇴각을 노려 습격한다면, 오히려 우리가 곤란한 지경에 처할 것이다. 너의 제안은 제대로 싸워 보지도 않고 스스로 자멸하는 방법이다.”

석륵은 그 제안을 묵살하고 공장孔萇을 전봉 도독으로 삼은 다음 전군에 “공격 명령을 받고 지체하는 자는 목을 베겠다”라는 엄명을 내렸다.

그는 적을 기만할 목적으로 고지에 의병을 많이 설치하여 대부대

석륵은 전투에서 유리한 지형을 선점하는 것이 얼마나 중요한가를 정확하게 인식했다. 특히 피로한 적을 상대할 때는 절대적인 영향을 미친다.

가 집결한 것처럼 위장했다. 동시에 별도로 병력을 나누어 계곡 두 곳에 매복시켰다. 준비를 마친 석륵은 일부 군사를 이끌고 출격하여 희담군과 한 차례 접전하다가 거짓으로 패주하는 척했다. 희담은 석륵군이 패주하자 전군을 출동시켜 추격했다. 계곡에 진입했을 때 석륵이 매복시켜 놓은 복병들이 좌우에서 나와 희담군을 협공했다. 결국 희담군은 크게 패하여 도망쳤다.(《진서》〈석륵전〉 상)

해설

〈노전〉편은 적이 유리한 지형을 차지하고 아군이 늦게 전장에 도착한 상황에서, 또는 그 반대 상황에서 어떻게 대처하고 전장의 주도권을 쟁취할 것인가를 논한다. 《백전기략》은 이런 상황에서 서둘러 적을 따라 응전하면 쉽게 피로해지고 수동적 처지가 되어 불리한 궁지로 몰릴 수밖에 없다고 지적한다. 무엇보다 먼저 전열을 가다듬고 물샐 틈 없는 방어망을 구축한 다음 적의 형세를 살펴야 한다. 그다음 적의 약점을 찾아 확실한 시점에 공격해야 승산이 있다.

전쟁사의 실천 경험은 지형 조건의 유불리가 전쟁의 승부에 큰 영향을 주는 중요한 요소임을 잘 보여 준다. 특히 피로할 때 유리한 지점을 선점하는 것은 절대적인 영향을 미친다. 실제로 작전 중에 유리한 지형을 선점하는 것은 역대 병가들이 어김없이 내세우는 중요한 작전 지도 원칙이 되었다. 석륵은 이 점을 정확하게 인식하고 최대한 활용하여 대승을 거뒀다.

경쟁에서 유리한 상황을 선점한다는 것은 대단히 중요하다. 이른바 '기선제압'은 향후 경쟁 전체에 지대한 영향을 주기 때문이다. 리더는 선점 조건을 창출하는 효과적인 전략을 낼 수 있어야 한다. 그러려면 나의 전력을 제대로 아는 '지기知己'와 상대를 제대로 파악하는 '지피知彼'가 전제되어야 한다.

056

일전

승리한 뒤의 방심을 가장 경계하라

逸戰

용병(경영) 원칙

적과 대전할 때 한 번 승리한 전공만 믿고 마음을 놓거나 늘어져서는 안 된다. 더욱 철저하게 진세를 정비하고 기다리며, 편안할 때도 어려울 때와 마찬가지로 행동해야 한다.

《좌전》에 "사전에 방비가 철저해야만 환란을 피할 수 있다"라고 했다.

역사 사례

전국시대 말기, 진秦의 노장 왕전王翦이 명을 받고 60만 대군을 휘몰아 이신李信을 대신하여 초나라를 공격했다. 초나라는 왕전이 병력을 증강하여 진격한다는 사실을 알고 전국의 군사를 소집하여 진군의 공격을 막아 냈다. 왕전은 군을 이끌고 전장에 도착하자마자 견고한 진지를 구축하고 수비를 강화했다. 그러나 주동적으로

왕전은 휴식과 방심의 차이를 정확하게 인식했다. 그는 휴식을 통해 병사들의 전투 의지를 살리는 전략까지 구사할 줄 아는 명장이었다.

나가 싸우지는 않았다. 초군의 계속되는 도전에도 진군은 시종 응전하지 않았다.

왕전은 군사들을 매일 쉬게 하고 목욕하게 하고 음식을 개선해 주는 등 위로하며 자신도 병사들과 함께 동고동락했다. 한참을 그러다 하루는 왕전이 사람을 불러 "요사이 군영의 병사들은 무엇을 하며 노는가"라고 물었다. 그가 알아보고 와서 "부대의 사병들은 요즘 투석과 장애물 넘기 등을 하고 있습니다"라고 대답했다. 왕전은 기뻐하면서 말했다. "이제야 병사들을 전투에 참가시킬 만하구나!" 초군은 수차례나 출병하여 도전했음에도 불구하고 진군이 단 한 번도 출병하여 응전하지 않자 하는 수 없이 동으로 철수했다. 왕전은 마침내 군사를 출동시켜 추격했고 정예 부대가 용감하게 추살할 것을 명했다. 그 결과 진군은 초군을 대파했다.《사기》〈백기왕전 열전〉)

해설

〈일전〉 편은 승리한 다음 투지가 느슨해지고 경각심을 잃어 실패할 경우에 대한 방비책을 논하고 있다. 전쟁사의 경험은 이와 관련하여 다음과 같은 규칙을 탄생시켰다.

"승리한 다음에는 흔히 느슨해지고 경각심을 잃는 바람에 적에게 빌미를 제공하여 다 잡은 승리를 놓치고 패하는 경우가 많다."

〈일전〉 편은 이런 경험과 교훈을 종합하여 승리를 믿고 느슨해지지 말 것이며, 편안할 때도 힘든 것처럼 대비하라는 중요한 사상을 제안하고 있다.

패배의 그림자는 늘 승리 뒤에 숨어 있다. 같은 패배라도 장렬하게 싸우다 힘이 다해 패배하는 것과 승리를 눈앞에 두고 방심하다가 맥없이 주저앉는 것은 엄연히 다르다. 전자는 전열을 가다듬고 기운을 충전한 다음 패배의 원인을 분석하여 다시 겨루어 볼 여지가 있지만 후자는 그조차 힘들어진다. 승리의 여운이 패배 심리를 눌러 재기할 의지를 꺾어 버리기 때문이다.

특히 리더는 승리한 뒤 바로 다음 전투에 임하듯 자세와 전력을 가다듬어야 한다. 다만 한 가지, 방심과 휴식은 엄연히 다르다는 점도 알아야 한다. 승리한 다음 병사들을 쉬게 하는 것은 당연하다. 휴식이 방심과 느슨함으로 이어지지 않게 정신줄을 단단히 죄는 일은 결국 리더의 몫이다. 왕전이 병사들을 먹이고 놀리면서도 전투 의지를 꽉 조인 것이 좋은 사례가 된다.

057

승전

교만은 승리의 최대 적이다

勝戰

용병(경영) 원칙

적과 교전하여 아군이 승리했다 할지라도 결코 교만해지거나 해이해져서는 안 된다. 밤낮으로 경계 태세에 완벽을 기하여 적의 역습에 대비해야 한다. 이렇게 하면 적이 설령 다시 침공하더라도 이미 준비를 잘 갖춰서 대비하고 있으므로 후환이 없을 것이다.

《사마양저병법》에 "이미 승리했다 할지라도 승리하지 않은 것처럼 행동해야 한다"라고 했다.

역사 사례

진나라 2세 때인 기원전 208년경, 진나라에 반대하여 봉기한 항량은 항우와 유방을 내세워 서로 지역을 나누어 성양을 공격하고 함락한 다음 성을 피로 물들였다. 그 기세를 몰아 다시 서진하여 복양 동쪽에서 진나라 군대를 따라잡아 재차 격파했다.

위협을 느낀 진나라 군대는 패잔병을 수습하여 복양성 안으로 들어가 수비 태세를 갖췄다. 복양에서 승리한 항우와 유방은 다시 정도를 평정하고, 계속 서진하여 옹구에서 진군을 또다시 대파했다. 항우의 군대는 진나라 삼천태수인 승상 이사의 아들 이유의 목을 베는 성과를 거뒀다. 그리고 다시 그 기세를 몰아 군사를 되돌려 외황을 공격했다.

이처럼 연전연승을 거두자 항량은 진군을 경시했고, 결국 교만해지기에 이르렀다.

이를 본 영윤 송의가 항량에게 충고했다. "싸움에서 승리했다고 하여 장수가 교만에 빠지고 병사들이 태만해지면 그 군대는 패망하는 법입니다. 지금 우리 초군은 갈수록 나태해지는 반면 진군의 병력은 날로 증강하고 있습니다. 저는 이 점을 염려합니다."

그러나 항량은 이 말을 듣지 않고 송의를 제나라에 사신으로 보내 버렸다. 송의는 제나라로 가는 길에 사신으로 초나라에 오는 제나라의 고릉군 현을 만났다.

송의가 고릉군 현에게 물었다 "당신은 우리 초나라에 가서 무신군(항량)을 만날 예정입니까?"

고릉군 현이 그렇다고 대답하자 송의가 당부했다. "공이 우리 초에 도착할 즈음이면 무신군은 아마 패망에 처했을 것입니다. 당신이 천천히 가서 늦게 도착한

항량은 한 번의 승리에 도취해 경계를 풀고 교만하게 굴다가 결국은 전사하는 최후를 맞이했다. 항우와 유방이 바로 상황을 수습하지 못했다면 대세를 그르쳤을 것이다. 사진은 항량의 무덤이다.

다면 죽음을 면할 수 있겠지만 서둘러 가신다면 무신군과 함께 화를 당할 것입니다."

과연 진나라는 전 병력을 동원하여 장군 장한의 군을 증원했다. 이에 다시 기세를 떨친 장한의 부대가 초군을 공격하니 항량은 송의의 예상대로 패전하여 죽고 말았다.(《사기》〈항우 본기〉)

해설

〈승전〉편의 요지는 간단하다. 승리한 뒤를 조심하라, 바로 이것이다. 이를 좀 더 간결하게 표현하자면 '기승약부既勝若否' 정도가 될 것이다. 이긴 후에도 이기기 전처럼 행동한다는 뜻이다.

〈일전〉편에서도 지적했다시피 승리 뒤에 경계심을 늦추고 느슨해져 상대의 반격에 대비하지 않다가 다 잡은 승리를 놓치고 역전패하는 경우는 숱한 사례로 생생하게 남아 있다. 승리 다음에 찾아드는 교만함도 같은 맥락이다. 교만과 느슨함은 이란성 쌍둥이나 마찬가지다.

〈승전〉편은 《사마양저병법》의 요지를 인용하는데 그 부분을 좀 더 인용해 보겠다.

"어느 정도의 병력을 운용하여 이미 승리를 얻었다 해도 승리하지 않았을 때와 마찬가지로 신중하고 조심해야 한다. 병기의 예리함, 튼튼한 갑옷, 견고한 전차, 좋은 말 따위는 말할 것도 없다. 아군의 병력이 저절로 많아지는 것이 아니며, 작전 능력도 싸울수록 떨어지기 때문이다. 하물며 최후의 목표에 도달하지 못했음에야!"

거듭 말하지만 〈승전〉 편은 승리했더라도 승리하기 전과 마찬가지로 고도의 경계심을 유지할 것을 요구한다. 이는 리더의 평상시 수양의 경지와 정도에 대한 표현이다. 교만과 느슨함의 대부분은 리더에게서 비롯되기 때문이다.

교만한 군대는 반드시 패한다는 말은 군사 투쟁에서 명언 중의 명언이다. 이는 전쟁사를 통해 수도 없이 증명되었다. 장수가 교만하지 않으면 실패하지 않는다는 그 반대의 명제도 함께. 특히 승리를 거두고 난 뒤 그 승리를 정확하게 인식하지 못하고 교만한 마음을 갖기 쉬운데, 이 교만함은 해이함을 낳고 해이함은 경계를 흐트러놓아 결국은 승리가 패배로 뒤바뀌고 만다.

경영 지혜

〈승전〉 편의 사상은 지금도 귀감이 된다. 다른 점이 있다면 지금은 상대의 반응과 반격이 아주 빠르다는 사실이다. 언제 어디서 반격이 날아들지 모른다. 경영에서 이긴 리더는 더욱 긴장하고 예민해질 필요가 있다.

한 번 성공했다가 교만해져서 실패하는 경영 사례가 더 많아졌다. 성공한 경영인의 나이가 갈수록 낮아지는 것과도 관련이 있다. 벤처 기업의 창업이 일상화된 이후 이런 현상은 너무 많아 그 수를 헤아리기 힘들 정도다. 앞에서 지적한 대로 리더의 자기 수양과 밀접한 관련이 있다. 리더의 인문학적 소양 여부가 기업 경영의 핵심 리더십 항목으로 떠오르는 이유다.

1980년대 오만 고제타는 PC용 소프트웨어 산업의 미래를 통찰하고 자신의 이름을 딴 회사를 설립했다. 회사는 성장에 성장을 거듭하여 자산 가치 4억 달러까지 치고 올라갔다. 그러나 정상에 오른 고제타는 새로운 기술 개발을 무시한 것은 물론 경쟁 상대의 동향에 전혀 경각심을 갖지 않았다. 실력과 자금 그리고 새로운 무기를 갖춘 다른 기업들이 PC용 소프트웨어 영역에 속속 진입했다. 고제타는 7년 연속 적자를 냈고 주가는 곤두박질쳤다. 1996년 고제타는 CEO 자리에서 물러났으며 회사도 센튜라 소프트웨어로 바뀌었다.

오만이나 교만은 기업 경영은 물론 인생의 최대 적이다. 리더는 승리를 눈앞에 두고 절대 자만하거나 오만해져서는 안 된다. 시시각각 상대의 역습이나 반격에 대비해야 한다. 안 그러면 승리에 취하여 그 자리에 멈출 뿐 아니라 실패하기도 한다.

058

패전

패배가 자포자기로 이어지면 영원히 패배한다

敗戰

용병(경영) 원칙

전투 결과 적이 이기고 아군이 패했더라도 적을 두려워하여 비겁하게 굴거나 유약해져서는 안 된다. 모름지기 불리하고 어려운 상황이 뒤바뀌어 유리한 상황으로 전환될 수 있음을 알아야 한다. 병기를 정비하고 장병들의 사기를 진작시키면서 적이 승리로 인해 태만해지기를 기다렸다 기회를 포착하여 반격하면 승리할 수 있다.

《손자병법》에 "불리한 정황에서도 유리한 요인을 잘 고려하면 난관을 극복할 수 있다"라고 했다.

역사 사례

위진남북조시기인 303년 8월, 정권을 장악하려던 하간왕 사마옹은 관중 지방에 웅거하면서 휘하의 장수 장방張方에게 군을 딸려 보내 황실을 수호하는 장사왕 사마예의 군을 공격했다. 명을 받은 장방은 군을 이끌고 함곡관에서 하남 지방으로 진주했다.

　진晉의 황제 혜제가 좌장군 황보상을 급파하여 장방의 군을 막아 내게 했으나 장방이 은밀히 부대를 기동하는 바람에 오히려 역습을 당하고 말았다. 한편 장방은 진의 수도인 낙양까지 진입하는 데 성공했다. 황보상은 황제를 호위하며 도성에서 방어전을 펼쳤다. 그런데 도성을 공격하던 장방의 군사들이 황제가 탄 수레를 보더니 감히 황제를 공격할 수 없다면서 퇴각하기 시작했다. 장방은 병사들이 퇴각하지 못하도록 저지했으나 군사들은 명령을 듣지 않았다. 그로 인해 장방의 군은 크게 패했고, 사상자가 길을 가득 메웠다.

　장방은 부대를 낙양성 서쪽 다리로 퇴각시켜 다시 포진했다. 그러나 이미 큰 타격을 받은 장병들의 사기는 저하될 대로 저하되고 전의마저 상실한 상태였다.

　이에 장방의 장수와 참모들이 모두 야음을 틈타 철수할 것을 건의하자 장방이 힘주어 말했다. "싸움터에서 승패는 늘 있는 일이다. 중요한 것은 실패에서 교훈을 얻어 패전을 승리로 바꾸는 일이다. 나는 다시 전진하여 진용을 재정비한 다음 적이 예상치 못한 때 기습 공격을 감행하려고 한다. 이것이 병법에서 말하는 '출기제승出奇制勝' 전법이다."

　장방은 야음을 틈타 은밀히 부대를 출동시켜 낙양성에서 7리 정도 떨어진 곳까지 진격하여 영채를 구축했다.

　한편 사마예의 군은 승전 분위기에 도취되어 장방군의 공격에 대비하지 않은 채 방심하고 있었다. 그러던 중 장방군이 다시 진용을 갖추어 갑자기 공격해 온다는 소식에 급히 부대를 출격시켰으나

결국 대패하여 퇴각하고 말았다. 《진서》〈장방전〉

해설

승리를 위한 전략과 전술을 다룬 병법은 수도 없이 많은 반면 패배에 따른 전략과 전술은 상대적으로 부족한 것이 사실이다. 이런 점에서 역대 병법서 가운데 《36계》〈패전계〉의 여섯 항목이 좋은 참고 자료가 된다. 〈패전계〉는 전투 상황이 자신에게 극히 불리한 상황에서 가만히 앉아 죽기만 기다릴 수 없을 때 구사하는 계책들로 이루어졌기 때문이다. '미인계美人計'부터 흔히 줄행랑이 상책이라는 '주위상走爲上'까지 〈패전계〉는 패전에서 벗어나기 위한 지극히 임기응변적이고 실용적인 계책들로 구성되어 있다. 〈패전〉 편도 이같은 인식선상에 있다.

경쟁하다 보면 상대가 수적으로 많고 내가 적은 경우가 흔히 발생한다. 아무리 애써도 수동적이고 열세를 면할 수 없는 상황도 있다. 여기에 미지수들이 겹치고 심지어 도저히 만회할 수 없는 국면이 조성되기도 한다. 이런 상황에서는 진짜와 가짜를 혼동케 하고, 때로는 성을 비우는 극단적 방법도 구사해 보고, 이것도 저것도 안되면 줄행랑을 쳐서 자신을 보전한 다음 다시 기회를 엿보는 수밖에 없다.

〈패전〉 편은 위기에서 벗어나 안전으로 바꾸고, 나아가 패배를 승리로 전환하는 조건들을 창출하는 데 초점을 맞추고 있다. 이를 위해서는 유리한 시기를 파악하고 그에 맞추어 전략 전술을 정확하게 구사할 수 있어야 한다. 이래야만 불필요한 희생을 줄이거나 피할 수 있다.

승패는 병가지상사다. 용병과 전투에 능한 장수는 실패 속에서도 승리의 계기를 발견할 줄 안다. 《손자병법》〈허실〉편에 "적의 허와 실에 따라 전략을 바꿔서 오로지 승리를 취하는 자를 용병의 신이라 한다"라는 구절이 있다. 관련하여 《병뢰》〈인囚〉 조항에서는 "무릇 병이란 그 '인囚'을 소중하게 여긴다. '인'이란 …… 적의 승리를 '인' 으로 삼아 극복하는 것이며, …… '인'을 잘 살펴 승리를 굳히면 완전하다. 3대 보물 중 이 '인'만 한 것이 없다. …… 무릇 '인'의 이치를 알면 무적이다"라고 말한다. 패배로 말미암아 성공(승리)을 창출한다는 뜻의 '인패위성因敗爲成'은 적의 상황 변화에 따라 알맞은 책략을 써서 승리를 얻는 '인적제승'을 실현하는 구체적인 방법이다.

〈패전〉편의 핵심 요지는 위기나 패배 상황을 맞이했을 때의 대응과 대책이다. 관건은 침착함과 냉정함을 유지하면서 불리함과 손해 속에 내재된 유리함과 이익이란 조건을 통찰해 내는 것이다. 패배의 원인이나 유리한 조건을 소홀히 했다는 것을 발견한다면 얼마든지 재기의 발판으로 삼을 수 있기 때문이다. 경영과 병법은 이런 점에서 확실하게 만난다.

위기나 패배 상황에서 상황을 반전시킬 수 있는 다양한 전략을 제시하는 《36계》는 군사는 물론 경영과 처세 등 다방면에서 활용할 수 있는 대단히 실용적인 병법서다. 《백전기략》도 마찬가지다. 사진은 《36계》를 경영 등에 적용하여 저술한 다양한 책이다.

059

진전

나아감의 전제는 정확한 기회 포착이다

進戰

용병(경영) 원칙

적과 대전할 때 아군이 적을 이길 만한 여건이 조성되었다는 판단
이 서면 신속하게 군을 출동시켜 적을 쳐부숴야 한다. 이렇게 하면
승리할 수 있다.

《오기병법》에 "유리한 시기라고 판단되면 즉시 공격해야 한다"라
고 했다.

역사 사례

630년경, 당나라 장군 병부상서 이정이 정양도행군총관이 되어 변
경을 침공한 돌궐족을 격파했다. 돌궐족 추장 힐리가한頡利可汗은
철산鐵山으로 퇴각하고 당나라 조정에 사신을 보내 사죄하며 당나
라의 속국이 될 것을 자청했다.

당나라 태종은 이정을 보내 이들을 맞아들였다. 힐리가한은 겉으

로는 당에 입조하여 황제를 배알한다고 했지만 속으로는 주저하면서 따로 도모할 뜻을 숨기고 있었다. 이정은 힐리가한의 내심을 이내 알아차렸다. 마침 홍로경 당검唐儉 등이 황제의 칙서를 들고 돌궐의 영토로 가서 힐리가한 일족에게 선무 작업을 하고 있었다.

이정이 부장 장공근張公謹에게 말했다. "황제의 칙서를 받들고 간 우리 사절단이 지금 돌궐에 있으니 적들은 안심하여 우리를 경계하지 않을 것이다. 우리가 1만여 명의 기병에게 20일분의 식량을 휴대시키고 백도 지역에서 북향해 기습 공격을 감행한다면 저들을 완전히 굴복시킬 수 있을 것이다."

장공근이 난색을 표하며 말했다. "황제께서 이미 저들의 항복을 받아들이기로 약속하셨고, 외교 사절로 당검 일행이 저들의 영내에 들어가 있습니다. 우리가 행동을 취하면 적들도 우리 사신들에게 해를 가할 텐데 이를 어찌하려고 하십니까?"

그러나 이정은 "아니다. 전쟁은 모름지기 기회를 놓쳐서는 안 되는 법이다. 이것은 옛날 한신이 제나라를 격파할 때 택한 전법이다. 당검 등이 희생되는 것을 어찌 아까워하겠는가"라며 서둘러 군을 출동시켰다. 음산陰山에 이르러 돌궐의 정찰 부대 1000여 명과 조우하니 이정은 이들을 모두 사로잡아 당군의 뒤를 따르게 했다.

한편 당나라 사절단을 본 힐리가한은 크게 기뻐하며 당군의 침공을 전혀 의심하지 않았다. 이정의 선봉 부대는 안개 낀 날을 잡아 은밀히 전진하여 힐리가한의 본진에서 7리 정도 떨어진 지점까지 접근했다. 돌궐 군대는 그제야 당군이 침입하여 목전에 이르렀다는 사실을 알고 전열을 가다듬었지만 진용이 제대로 갖춰질 리 없었다.

당나라 초기의 명장 이정은 기회의 중요성을 잘 알았다. 북방의 강적 돌궐을 확실하게 제압하지 않으면 여러 면에서 우환이 커지기 때문이기도 했다.

이정은 그 틈을 타서 돌궐을 맹렬히 공격해 1만여 명의 목을 베고 남녀 10여 만 명을 포로로 잡았다. 또한 힐리가한의 아들 첩라시疊羅施를 생포하고 의성義成 공주(당나라 이전 수나라가 화친 차원에서 돌궐로 시집보낸 힐리가한의 처)를 죽이는 전과를 올렸다.

힐리가한은 혼자서 허겁지겁 서북으로 도망쳤으나 결국 대동도행군 총관 장보상張寶相에게 잡혀 장안으로 압송되었다. 당나라 국경은 크게 확장되어 음산에서 북방의 고비사막 일대에 이르렀다.(《구당서》〈이정전〉)

해설

〈진전〉 편의 요지는 가능성이 보이면 망설이지 말고 진격하라는 것이다. 간략하게 표현하면 '견가이진見可而進'이 된다. 《좌전》(선공 12년 조)에 관련된 말이 나온다.

"(승리의 가능성이) 보이면 진격하고, 어려우면 물러서는 것이 군대를 제대로 다스리는 법이다."

〈진전〉 편에 인용된 《오자병법》〈요적料敵〉 제2에는 이런 구절이 보인다.

"이 모든 조건이 적보다 부족할 때는 생각할 것도 없이 싸움을 피해야 한다. (가망이) 보이면 진격하고, 어려우면 물러나는 것이다."

〈전진〉 편은 진군 기회가 보이면 과감하게 진격할 것을 요구한다. 단, '이길 만한 여건이 조성되었다는 판단이 섰을 때'라는 조건을 달았다. '이길 수 있는'이라고 한 것은 역량을 가리킬 뿐만 아니라 기회를 더욱 강조한 말이다.

리더의 결심과 결단은 전쟁의 실제 상황에 근거해서 적시에 과감하게 이루어져야 한다. 전투에 나간 장수가 상부의 명령에만 매달려 주관 없이 수동적으로 움직이다 상황에 대처하지 못해서 패하는 경우가 적지 않다. 이는 상부의 지시나 명령은 실제 상황에 맞게 따라야지 멍청하게 하라는 대로만 해서는 안 된다는 사실을 말해 준다.

가능성이 보이면 나아가라는 '견가이진'의 '가可(가능성)'는 전체 국면을 분석한 기초 위에 서 있는 것이지, 부분적인 '가'와 '불가'는 아니다. 국부적으로 전진이 가능하더라도 전체 국면에 불리할 땐 전진하면 안 된다. 리더가 '견가이진'하려면 전체 국면에 대한 정확한 분석과 판단이 따라야 한다.

경영 지혜

프랭클린 루스벨트(1882~1945, 미국 32대 대통령)는 중학교 때부터 정치 활동에 뛰어든 당숙 시어도어 루스벨트(1858~1919, 미국 26대 대통령)를 숭배했다. 그는 하버드대학에 입학했지만 성적은 늘 평범했다. 서클 활동에서 뭔가를 보여 주고 싶었지만 하버드의 이름난 서클들은 그를 문전박대했다. 하는 수 없이 듣기만 해도 불쾌한 '모기' 서클에 들어가 《레드 하버드》지 기자가 되었다.

당시 시어도어는 미국에서 가장 영향력 있는 뉴욕 시장이며 공화당의 새로운 별이자 부통령 후보였다. 그러다 보니 국민과 관리들은 시어도어의 역사를 파헤쳐 보고 싶어 했다. 이 기회에 프랭클린은 〈뉴암스테르담의 프랭클린 가족〉이란 글을 썼고, 이 글은 그의 이름을 알리는 기폭제가 되었다.

프랭클린은 한 걸음 더 나아가 시어도어를 하버드 강연에 초청하는 한편 그를 취재했다. 그리고 순식간에 생각지도 못한 성공을 거머쥐었다. 학보사는 그를 중시했고, 사람들도 그를 뉴욕 시장 시어도어와 연결하기 시작했다. 프랭클린은 말할 수 없는 성취감과 자존감 그리고 명예를 느꼈다.

덩샤오핑의 개혁개방은 중국을 완전히 변모시켜 세계 경제를 좌우하는 수준으로 올려놓았다.

프랭클린은 자신의 성공이 열심히 공부하고 자기 일에 최선을 다한 결과이기도 하지만, 그보다 더 중요한 것은 기회를 정확하게 포착하여 놓치지 않았기 때문이라는 점을 깨달았다. 그는 자신감에 고무되어 더 큰 일로 눈을 돌릴 수 있었다.

좋은 기회는 개인은 물론 기업과 나라의 발전에도 대단히 중요하다. 20세기 중반 세계 경제는 제2차 세계대전의 참상을 딛고 회복과 발전을 준비했다. 이는 아시아 국가들이 발전할 수 있는 좋은 기회였다. 일본은 이 기회를 놓치지 않았다. 제2차 세계대전의 참상을 딛고 일어서 세계 최강국의 일원이 되었다. 중국도 문화대혁명의 내분을 극복하고 개혁개방을 30년 동안 굳건하게 밀고 나간 결과 G2로 성장하여 미국과 맞서고 있다.

덩샤오핑은 개혁개방을 추진하면서 절박한 심경으로 "기회는 얻기 어렵다. 기회를 잡아야 한다면 바로 지금이다. 나는 기회를 잃을까 두렵다. 잡지 못하면 기회가 빠져나가는 걸 봐야 할 테고, 시간은 그냥 지나갈 것이다"라고 했다. 성공한 사람과 실패한 사람의 다른 점은 자신을 스쳐 지나가는 기회를 잡느냐 잡지 못하느냐에 있다. 기회를 잡아 나아가야 할 때 나아가지 못하면 뒤처지는 수밖에 없다.

060

퇴전

어렵다는 것을 알면 바로 물러나 다른 길을 열어라

退戰

용병(경영) 원칙

적과 싸울 때 적의 병력은 많고 아군은 열세인데 지형마저 불리하여 적을 상대할 역량이 없다면, 신속하게 후퇴하여 적과의 접전을 피해야 한다. 이렇게 해야만 아군의 병력을 온전히 보전할 수 있다.

《오기병법》에 "적과 싸워 이기기 어렵다면 제때 후퇴해야 한다"라고 했다.

역사 사례

삼국시대인 244년 3월, 위나라 장군 조상曹爽(?~249)이 명을 받들어 군을 이끌고 촉한 정벌에 나섰다. 사마소司馬昭는 정촉장군이 되어 조상과 함께 낙곡을 넘어서 흥세산에 부대를 주둔시켰다.

촉한의 장군인 왕평王平의 군이 야음을 틈타 위나라 군대를 습격했으나 사마소는 전군에 굳게 지키기만 할 뿐 움직이지 말라는 명령을 내렸다.

왕평의 군대가 할 수 없이 철수하자 사마소가 장수들에게 말했다. "지금 촉한의 대장군 비위費褘는 견고한 요새를 확보해 놓고 굳게 수비만 하면서 우리가 싸움을 걸어도 교전할 기회를 주지 않는다. 그렇다고 우리가 일방적으로 견고한 적진을 계속 공격할 수 없는 처지다. 일단 신속히 철군했다가 뒷날 다시 도모해야 할 것이다."

조상은 사마소의 의견을 따라 위군에 철수를 명령했다. 촉의 장수 비위는 과연 군사를 이끌고 신속히 삼령의 험요한 지형을 점령했다. 그러나 조상은 적중의 험지를 은밀히 행군하여 돌파함으로써 전군을 무사히 철수시킬 수 있었다.(《진서》〈문제기〉)

해설

〈퇴전〉 편은 〈진전〉 편과 짝을 이룬다. 어려우면 물러나라는 '지난이퇴知難而退'가 그 요지다. 《오자병법》〈요적料敵〉 제2에 이런 구절이 나온다.

"점쳐 볼 것도 없이 적과의 교전을 피해야 하는 경우가 여섯 가지 있다. …… 이 모든 조건이 적군보다 부족할 때는 생각할 것도 없이 싸움을 피해야 한다. 어디까지나 승리한다는 가능성이 있을 때 진격하고, 승산이 없으면 물러나야 한다."

《좌전》(선공 12년조)에 "(승리의 가능성이) 보이면 진격하고, 어려우면 물러서는 것이 군대를 제대로 다스리는 법이다"라는 구절이 나온다. '지난이퇴'는 일반적으로 말하는, 곤경에 처하면 곧 후퇴하라는 뜻이 결코 아니다. 상황에 근거해서 움직이고, 승리할 수 있는 작전인가 여부를 잘 판단하여 계획적으로 퇴각함으로써 틈을 노려 다시 싸울 기회를 만들라는 뜻이다. 이것은 가능성이 보이면 나아가라는 '견가이진見可而進'과 상반되면서 서로 보완 작용을 하는 전략이다.

진퇴는 적의 정세, 주변 지형(환경, 조건), 아군의 정세 등의 차이로 결정 난다. 진군할 수 있으면 주저하지 말고 진군할 것이며, 그 반대면 거리낌 없이 물러나야 한다. 〈퇴전〉의 요지인 '지난이퇴'의 '퇴退'는 진공 중의 '퇴'이자 움직이는 중의 '퇴'이며, 작전 방향과 작전 목표를 새롭게 선택하기 위한 '퇴'다. 견고한 방어를 위해 이 전략을 사용하면 오히려 상대에게 혼쭐날 것이다.

〈퇴전〉 편은 방어를 전제로 한다. 그러나 방어 태세를 취하더라도 유리한 시기를 찾아 공격으로 전환하여 적군을 격파한다는 것이다. 이 전략은 두 가지 상황에서 선택할 수 있다. 첫째는 적의 전력이 뚜렷하게 우세해서 어쩔 수 없이 방어를 취하며 지원군을 기다리거나, 시간을 벌면서 전기를 기다리다 역공을 취하는 경우다. 둘째는 적이 상대적인 우세에 있을 때 먼저 유리한 지세를 택해 잠시 수세에 몰린 척하다 적의 약점이 보이면 즉시 공세로 전환하는

조상과 사마소는 적의 상황을 정확하게 분석하여 급하게 전투를 서두르지 않고 상대의 예봉을 피하는 한편 적진을 돌파할 수 있었다. 사진은 조상의 초상화다.

것이다. 방어의 묘미는 방어가 언제든지 공격으로 바뀔 수 있다는
데 있다.

경영 지혜

풍운이 몰아치는 기업 경쟁에서는 물러섰다 전진하는 '퇴전' 같은 경
쟁 전략이 결코 낯설지 않다. 중국을 대표하는 컴퓨터 업체 렌샹聯想
(영문 LENOVO)은 '액정 vs 팬티엄4' 전쟁에서 경쟁 상대의 예봉을 피하
고 독자적으로 지름길을 여는 전술을 선택해 큰 성과를 올렸다. 렌
샹의 사례는 기업을 이끄는 리더라면 참고하여 본받을 만하다.

　당시까지만 해도 인텔의 중앙처리장치, 즉 CPU(Central Processing Unit)
는 모든 컴퓨터 업체의 경쟁 상대였다. 누구든 인텔과 동맹한다면
테스크톱이든 노트북이든 컴퓨터 기술의 선두가 될 수 있었기 때
문이다. 2008년 초반의 일이다. 중국 기업 TCL(Telephon Communication
Limited)이 인텔과 합작하여 먼저 팬티엄4의 구매권을 획득했다. 이
로써 TCL의 '1만 위앤 팬티엄4'가 성큼 앞서 나가며 경쟁 상대들을
압박했다.

　이 거대한 압박과 공세에 렌샹도 예외가 될 수 없었다. 그러나
팬티엄4 방면에서 당분간 렌샹으로서는 별다른 돌파구가 없었다.
렌샹은 상대의 예봉을 피해 다른 길을 여는 전략을 취하기로 했다.
7월 7일, 렌샹은 액정 화면의 6대 선두 기업인 LG-PHILIPS 등과
전략적 동맹을 선언했다. 기술 개발과 공동 투자에 전격 합의하여
중국의 액정 컴퓨터 시장을 함께 확장해 나가기로 한 것이다.

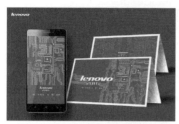

렌샹의 성공 사례는 소극적 방어에만 그쳐
서는 안 되고 방어 안에 공세의 묘수를 감
추고 있어야 한다는 점을 잘 보여 준다. 사
진은 2016년 렌샹의 홍보 사진이다.

이를 위해 렌샹은 초중량급 구매의향서에 서명했다. 반년 안에 600만 세트, 총액 18억 위앤에 이르는 초A급 액정 화면을 구입한다는 것이었다. 이 수치는 액정 화면을 생산하는 기업들이 반년 안에 생산할 수 있는 총생산량의 80퍼센트에 해당했다. 여기에다 '렌샹 1+1, 번팅 奔騰 4액정 컴퓨터 여름철 특혜'라는 피서철 대형 판매 촉진 활동을 벌여 뜨거운 시장 반응을 끌어냈다. 렌샹은 이렇게 해서 팬티엄4 CPU 가격이 상대적으로 높은 TCL의 공세를 피하고 전세를 역전할 수 있었다.

이 세기의 경쟁에서 렌샹은 상대의 날카롭고 강력한 예봉을 교묘하게 피하고 다른 방면에서 자기 실력을 단단히 키워 경쟁에서 이길 수 있었다. 렌샹의 사례는 실력이 부족하여 상대를 꺾을 수 없을 때는 적시에 정면 승부에서 빠져나와야 한다는 점을 잘 보여 준다. 방어의 묘미는 방어가 언제든지 공격으로 바뀔 수 있다는 것이라는 〈퇴전〉 편의 전략적 핵심 가치를 그대로 실천한 것이다.

061

도전

도발하는 것도 중요하지만 도발당하지 않는 것도 중요하다

挑戰

용병(경영) 원칙

적과 대전할 때 적진과의 거리가 멀고 피아의 역량이 대등하면 경무장한 기병을 출동시켜 적을 끌어내는 한편 아군을 요해지에 매복시켜 적을 속여야만 격파할 수 있다. 적이 먼저 이러한 계책을 쓴다면 전군을 동원하여 공격해서는 안 된다.

《손자병법》에 "먼 곳에서 찾아와 도전하는 것은 적이 무모하게 나오도록 유인하기 위해서다"라고 했다.

역사 사례

357년 4월, 북방 5호16국 가운데 하나인 후진後秦의 요양姚襄이 군을 동원하여 황락黃落을 점령했다. 전진前秦의 황제 부생苻生(335~357)은 장군 부황미苻黃眉와 등강鄧羌에게 보병과 기병을 데리고 요양군을 토벌하게 했다. 그러나 요양은 진영 주위에 못을 깊이 파고 보루를 높이 쌓아 성벽을 굳게 지킬 뿐 싸움에 응하지 않았다.

이에 등강이 부황미에게 건의했다. "요양은 성격이 고약하고 괴팍해서 마음을 움직이기 쉽습니다. 우리가 장구로 진격하여 적의 보루에 접근해서 진영을 치고 압력을 가한다면 요양은 반드시 격분하여 성에서 나와 싸울 것입니다. 그렇게 되면 단번에 그를 사로잡을 수 있습니다."

부황미는 등강의 말대로 3000명의 기병을 주고 적진의 영문에 바짝 접근해서 압박하게 했다. 이를 본 요양은 과연 성을 내며 정예병을 총출동해 등강의 부대를 공격했다. 등강은 거짓으로 패주하는 척하면서 후퇴했다.

등강의 부대를 추격한 요양은 삼원三原 지방까지 쫓아왔다. 이에 등강은 갑자기 군사를 되돌려 요양군의 추격군을 맞아 싸웠다. 때마침 도착한 부황미의 주력군도 등강군과 합세하여 격전을 벌였다. 그 결과 전진은 적장 요양의 목을 베고 수많은 후진의 병사를 생포했다.《《진서》〈부생기〉)

해설

〈도전〉편은 말 그대로 상대를 자극하는 도발挑發을 통해 상대의 심기와 전력과 흩어 놓는 전략이다. 좀 더 깊게 들어가면 인간이 가진 인성의 약점을 활용하는 심리술이다. 인간은 강한 자극을 받으면 흥분하여 이성을 잃고 판단력이 흐려지는 본성을 갖고 있다. 이것이 경쟁에서 나타나면 치명적일 수 있다. 실제로 이 전략 때문에 실패하거나 성공한 수많은 사례가 남아 있다.

〈도전〉편의 요지는 상대와 나의 전력이 비슷한데 상대가 좀처럼 맞상대하지 않고 수비에 치중할 때, 특히 내가 먼 길을 와서 공격하는 불리한 상황일 때 상대를 온갖 방법으로 도발하라는 것이다. 그러면서 상대가 같은 전략으로 나를 도발할 때 결코 넘어가서는 안 된다는 경고도 잊지 않는다. 잘 지키다가 나를 자극하는 상대의 도발에 넘어가 패배한 사례가 무수히 많다는 사실을 명심하기 바란다.

상대를 도발하는 많은 방법 가운데 가장 전형적인 것이 '상대를 화나게 만드는' 것이다. 약을 올린다는 말이다. 병법에서는 '이노치적以怒致敵', 화나게 만들어 적을 움직이게 한다고 말한다. 이 말의 어원은 《역대명장사략歷代名將史略》에 있다. 관련 대목을 보자.

"적을 속이는 방법은 이루 헤아릴 수 없이 많다. …… 그 방법의 하나는 상대를 의심하게 만드는 것인데, 움직이면서도 조용히 있는 것처럼 해서 아군이 휴식을 취하는 게 아닌가 의심하게 한다. 또 하나는 어떤 모습이나 행동을 보이는 것인데, 동쪽에 욕심이 있으면 서쪽에 모습을 나타내거나 움직이고, 서쪽에 욕심이 있으면 동쪽으로 움직이거나 모습을 보이는 것이다. …… 또 하나는 상대가 무엇인가를 드러내도록 자극하는 방법인데, 감정을 자극해서 화내게 하거나 모종의 행동을 취하게 만들어 손해 보게 하는 것이다. 상대를 의심하게 만들고, 모종의 모습을 보이고, 상대를 자극하는 것들은 모두 적을 착각하게 만드는 요점이다."

이 전략의 핵심은 적의 장수를 자극해서 화를 내게 하는 것이다.

그러면 적장은 이성을 잃고 파탄이 난다. 어떤 전략이 되었건 실행 과정의 성공 여부는 나에 의해 결정 날 뿐 아니라 적에 의해서도 결정 난다. 상대가 '이노치적' 전략을 구사한다면, 나는 지나치게 화를 내면 사고에 변화가 생

오장원에서 제갈량은 사마의를 여러 차례 도발했지만 모두 수포로 돌아갔다. 이 전투에서 제갈량은 병으로 쓰러져 파란만장한 삶을 마감했다. 사진은 오장원의 최근 모습이다.

긴다는 '격노사변激怒思變' 책략으로 감정에 좌우되지 않고 냉정하게 기다리며 침착하게 대응할 일이다.

《진서晉書》〈고조선제기高祖宣帝紀〉에 나오는 사례를 보자. 234년 제갈량은 위나라 공격에 나서 오장원으로 진군했다. 위나라 장수 사마의는 위수를 건너 보루를 쌓고 저항했다. 제갈량이 몇 차례 자극적인 도전을 했으나 사마의는 꿈쩍하지 않고 수비만 했다. 제갈량은 부하에게 여장을 시켜 사마의를 모욕하고 화를 돋우며 싸움에 나서도록 자극했다. 그러나 사마의는 끝내 움직이지 않았다. 뛰어난 지략가 제갈량의 '이노치적'에도 사마의는 '격노사변'의 의미를 되새기며 움직이지 않은 것이다. 제갈량으로서는 맞수다운 맞수를 만난 셈이었다.

062

치전

모든 경쟁의 핵심은 주도권에 있다

致戰

용병(경영) 원칙

적이 견제를 받는 상황에서 역량이 부족하여 감히 싸우려 들지 못하는데 아군의 실력이 강할 때는 여러 가지 방법으로 적이 나오게끔 유인해야 한다. 이같이 하면 아군이 유리한 지형을 미리 점거하고 적이 나와서 싸우기를 기다리는 것이니 승리하지 못할 일이 없다.

《손자병법》에 "아군이 주도권을 장악하여 적이 자유롭게 행동하지 못하도록 만들어야 한다. 적에게 주도권을 빼앗겨서 아군이 끌려다니며 견제를 받아서는 안 된다"라고 했다.

역사 사례

29년, 동한 광무제가 건위 대장군 경감耿弇(3~58)에게 변방 여러 부족의 군사를 통합하여 새로이 군대를 편성하게 했다. 경감은 새로 편성한 부대를 이끌고 제남 지역을 차지한 장보張步를 공격하기 위해 출전했다.

이 소식을 들은 장보는 부장 비읍費邑을 보내 역성歷城에 군을 진주시키고 경감의 군을 막아 내게 했다. 또한 일부 병력을 축아현祝阿縣에 주둔시키고, 이와 별도로 태산泰山과 종성鍾城 일대에 수십 개의 방어 보루를 설치하여 경감의 진출을 막아 내게 했다.

한편 경감은 황하를 건너 축아를 공략, 함락한 뒤 고의로 포위망 한쪽을 열어 두어 적군이 종성 방면으로 도주하게 유도했다. 종성에 있던 장보의 수비군들은 축아가 이미 함락되었다는 소식에 두려운 나머지 성채를 버리고 도망쳤다.

이에 장보 군대의 주장인 비읍은 아우 비감에게 병력을 나눠 주고 거리성巨里城을 지키게 했다. 경감은 부대를 이끌고 거리성 바로 앞까지 진출하여 비감의 부대에 압력을 가하는 한편 공개적으로 진중에 명령을 내렸다.

"전군은 속히 공성攻城 기구를 정비하라. 3일 후에 전 부대가 거리를 공략한다."

이렇게 소문을 퍼뜨린 경감은 일부러 감시를 허술하게 하여 축아현에서 잡은 포로들이 도망가게 방치했다. 한군에게 잡혔다가 도망친 군사들은 역성에 주둔 중인 비읍을 찾아가 경감이 3일 후에 거리성을 공격할 계획이라는 제보를 했다.

3일 뒤 과연 비읍은 3만의 정예병을 이끌고 역성에서 출동, 아우 비감을 지원하기 위해 거리성으로 진출했다.

이에 경감이 기뻐하며 말했다. "내가 지난번에 공성 기구를 정비하라고 한 것은 적의 주력을 싸움터로 이끌어 내려는 술책이었다.

평야의 성에 진을 친 적은 공격하지 않는 법인데, 내 어찌 견고한 적의 성을 무리하게 공격하겠는가?"

경감은 즉시 병력을 나누어 일부는 거리성에 있는 비감군을 견제 공격하게 하고, 자신은 정예병을 이끌고 높은 구릉으로 올라가 유리한 지형을 이용하여 비읍과 접전을 벌인 끝에 대파했다. 마침내 경감이 적장 비읍의 목을 베어 그 수급을 가져다 거리성 밖에 전시하니 적이 몹시 두려

동한 초기 제남 지역 평정은 정권 안정에 큰 기여를 했다. 경감은 시종일관 주도권을 놓치지 않고 상대를 공략하는 수준 높은 전략을 구사했다.

워했다. 거리성을 수비하던 비감은 제대로 싸워 보지도 못한 채 전 부대를 거느리고 장보의 본거지인 극성으로 달아나 버렸다.

경감은 거리성에 적들이 남기고 간 군수 물자를 전부 노획하고, 아직 항복하지 않은 여러 성을 공략하여 제남 지방을 완전히 평정했다.《후한서》〈경감전〉

해설

손무는《손자병법》〈허실〉편에서 이렇게 말한다.

"따라서 용병을 잘하는 자는 적을 조종하지 적에게 조종당하지 않는다. 적이 스스로 오게 할 수 있는 것은 오면 이득이 있을 듯 보이게 만들기 때문이고, 적이 오지 못하게 만드는 것은 오면 피해가

있지는 않을까 두려워하게 만들기 때문이다."

손무가 제기한 중요한 용병 원칙이자 전체 국면의 주도권을 장악하는 전략 사상이다. 적을 조종하되 조종당하지 않는다는 '치인이불치우인致人而不致于人' 사상이다. 용병은 물론 모든 경쟁의 핵심은 주도권 싸움이다. 손무는 이 점을 정확하게 인식했고, 《백전기략》〈치전〉 편은 바로 이 핵심을 강조하고 있다.

《당태종이위공문대》에서 이정도 고대 병법의 수많은 구절 가운데 아무리 중요한 것도 결국은 '치인이불치우인'에 지나지 않는다고 했다. 치인致人의 결과 얻어지는 주도적 지위는 손을 내려놓은 상태에서 얻을 수 있는 것이 결코 아니다. 반드시 주관적 노력을 거쳐 쟁취해야 하는 단계다. 싸우기 전에 '먼저 싸움터를 잡고 적을 기다리며' '적보다 먼저 작전 부서를 완성하여 적이 지치기를 기다리는' 유리한 입장에서 차분히 작전을 펼쳐 나간다. 주도권을 잃으면 적에게 코를 꿰여 눈을 뜬 채 두들겨 맞는 수밖에 없다.

상대를 조종하여 주도권을 잡는 '치인'은 경영에서도 대단히 중요하다. 그 방법은 구체적인 상황에 근거해서 결정해야 한다. 손무는 이와 관련하여 열두 가지 '치인법'을 제기했다. 그중 몇 가지 예를 들면 '반드시 구원하러 나올 곳을 공격하라'(공기필구攻其必救), '뜻밖의 장소를 노리거나 기계奇計를 내라'(출기불의出其不意), '적이 의도하는 것을 어긋나게 만들어라'(괴기소지乖其所之) 등이다. 이와 관련해서는 《초려경략》(권9 〈오적誤敵〉)의 다음 문장이 도움이 될 것이다.

"성급하게 움직이도록 자극하거나, 욕심을 부리도록 유혹하거나, 어쩔 수 없이 가도록 압박을 가하거나, 앉아서 근심을 없애도

388

록 늦추거나, 동쪽에 욕심을 두고 서쪽을 치는 척하거나, 실제로
전진하기 위해 후퇴하는 척하여 지켜야 할 곳을 못 지키게 하고,
모여야 하지만 못 모이게 하고, 꼭 달려가지 않아도 되는 곳으로
달려가게 하고, 지킬 필요가 없는 곳을 지키게 한다."

〈치전〉은 정공과 기습이 반복되는 등 변화무쌍하다. 관건은 리더
가 때와 장소, 적의 상황에 맞춰 활용할 수 있느냐에 달려 있다.

경영 지혜

역사 사례에서 보았다시피 경감은 시종일관 주도권을 놓지 않았
다. 그러기 위해서는 나와 상대를 정확히 파악해야 한다. 기업 경
영도 마찬가지다. 정확한 시장 정보와 분석이 함께 따라야 한다.
1964년 창립한 이후 식품과 음료수에 주력하는 타이완의 통일統一
기업이 대륙으로 진출하여 성공한 사례는 〈치전〉 전략과 관련해
좋은 본보기가 된다.

14억 인구 대부분이 차를 즐겨 마시는 중국은 차 역사가 수천 년
에 이르고 차 시장도 엄청나게 크다. 통일은 대륙 진출을 위해 주
도면밀한 시장 조사 등 만반의 준비를 갖추고 500밀리리터짜리 페
트병 차 음료를 내놓았다. 타깃은 소비 능력이 있는 젊은이와 유행
에 민감한 회사원에 맞췄다.

통일은 판매 전략을 상품 진입부터 상품 광고, 상품 콘셉트 확장
까지 세 단계로 나눴다. 이 전략에서 가장 힘든 부분은 주도권 장
악이었다. 통일은 신제품을 출시하며 한 걸음 앞서 경쟁 상대들을

제압하는 전략을 취했다. 상품 유통 노선과 소비자 접촉 경로 등 상품과 관련된 모든 네트워크를 파악해 시장에서 주도권을 확실하게 장악해 버린 것이다.

통일은 이와 함께 역발상 전략을 구사했다. 인스턴트 음료는 보통 여름철을 겨냥하는데 통일은 겨울철에 대량으로 상품을 진열한 것이다. 그 결과 겨울철에도 일정한 소비가 있다는 사실을 확인했다. 더 큰 수확은 이를 통해 네트워크에 대한 확실한 자신감을 얻었다는 것이다.

통일은 차 음료가 판매되는 중요한 세 갈래 통로를 확실하게 파악한 다음 경쟁 상대가 대응할 틈도 주지 않고 신속하게 시장을 공략하여 주도권을 잡았다. 그 결과 통일은 크게 힘들이지 않고 시장을 점유할 수 있었다. 그다음은 인지도를 바탕으로 새로운 음료와 식품을 속속 출시하여 통일이라는 기업의 이미지를 넓혀 나갔다.

이 세상 모든 사물에는 상호 배척, 상호 투쟁, 상호 대립이 존재한다. 모순이 있으면 대립이 있고, 대립이 있으면 경쟁이 있다. 그래서 누가 주도권을 잡느냐에 따라 승부가 결정 난다. 통일은 차와 관련한 음료 시장을 공략하면서 상품 개발부터 시장 투입, 소비자의 인정에 이르기까지 한 번도 주도권을 놓치지 않고 승리한 전형적이고 귀중한 사례를 남겼다.

통일은 기업이 시장을 공략할 때 주도권이 얼마나 중요한가를 잘 보여 주었다. 사진은 통일의 새로운 음료 제품 광고다.

063

원전

돌아갈 줄 아는 것은 철학의 차원이다

遠戰

용병(경영) 원칙

강을 경계로 적과 대치하는 상황에서 아군이 멀리 돌아 강을 건너 적진을 공격하려면, 적의 본진 앞에 작은 선박을 집결시켜 적진을 향해 정면으로 강을 건널 것처럼 위장해야 한다. 이렇게 하면 적은 반드시 그 맞은편에 병력을 집중하여 아군의 공격에 대응할 것이다. 이 틈을 타서 적의 수비가 허술한 지역으로 멀리 돌아 강을 건너면 안전하다. 만일 강을 건너는 데 필요한 선박이 부족하다면 창포와 갈대, 나무로 만든 술통이나 부대, 목창, 절굿공이 등을 모아 뗏목을 만들면 된다.

《손자병법》에 "먼 곳으로 우회하여 공격할 때는 가까운 곳에서 정면으로 진격할 것처럼 양동陽動하여 적을 기만하라"라고 했다.

초한쟁패가 한창이던 기원전 205년 8월, 한왕 유방에게 항복하여 장안에 와 있던 위왕 위표魏豹가 부모의 병환이 위독하다는 핑계를 대고 과거 자기 나라로 돌아갔다. 유방의 허락을 받아 본국으로 돌아간 위표는 황하 서쪽 기슭의 강을 건너는 나루를 비롯한 요충지를 봉쇄한 다음 한나라를 배반하고 초나라의 항우와 동맹을 맺었다. 유방이 역이기酈食其를 위나라로 보내 위표를 설득하게 했으나 위표는 그 설득에 응하지 않았다.

이에 격분한 유방은 한신에게 위표를 토벌하라는 명령을 내렸다. 한신이 장병을 이끌고 위나라를 향해 진군하자 위표는 방어군을 포판浦阪에 집결시키고 황하의 임진관臨津關을 봉쇄하여 한신 군대가 강을 건너는 걸 막았다.

한신은 위표를 현혹하기 위해 적진 앞에 다수의 의병을 설치해 놓고 선박을 한곳에 모아 임진을 향해 곧장 정면으로 강을 건널 듯이 속임수를 구사했다. 그리고 주력군을 임진 북방의 하양夏陽으로 은밀히 이동시켜 나무로 만든 도구를 이용해 황하를 건넌 다음 위나라 수도 안읍安邑을 급습했다.

불의에 수도를 공격당한 위표는 크게 당황했고, 포판에 집결한 군을 철수시켜 한신의 군대를 맞아 싸웠으나 패하고 말았다. 결국 한신은 위표를 사로잡고 마침내 위나라를 평정했다.《사기》〈회음후 열전〉

초한쟁패의 승부를 결정짓는 데 가장 큰 역할을 한 사람은 한신이다. 그가 위표를 정벌한 우회 전략은 그가 왜 명장인가를 보여 준다.

해설

멀고 긴 우회도로가 목표에 이르는 가장 짧은 길이 될 수도 있다.
정면으로 대놓고 가는 길이 막힐 때는 측면 또는 후면으로 돌아서
가야 한다. 꼬불꼬불한 작은 길을 통해 깊숙이 파고드는 것이다.
언뜻 시간이 많이 걸리고 전력도 낭비되는 것처럼 보이지만 사실
은 '단도직입'으로도 기대하기 힘든 효과를 거둘 때가 있다.

《손자병법》(〈군쟁〉 편)에서는 돌아가는 것이 지름길이라는 뜻의 '이
우위직以迂爲直'이라 한다. 〈원전〉 편은 바로 이런 인식을 바탕에 깔
고 있다. 《손자병법》의 관련 대목을 보면 이렇다.

"전쟁이 어렵다는 것은 돌아가면서도 곧장 가는 것보다 빨라야
하고 근심을 이익으로 바꿔야 하기 때문이다. 따라서 일부러 길을
돌아가기도 하며, 이익을 주는 척하며 적을 유인하고, 남보다 늦게
출발하여 먼저 도착하는 이치를 알아야 한다. 이를 '우직지계迂直之
計'를 안다고 한다."

인간과 인간 사이의 각종 경쟁에서 목적을 달성하려면 일정한 대
가를 치르는 것은 물론 여러모로 제약을 받기 마련이다. 그러다 보
면 일을 급하게 처리하려다 이루지 못하는 경우가 흔히 생긴다. 성
질이 급하면 뜨거운 빵을 먹기 어려운 법이다. 물건을 사려는 사람
은 마음에 드는 물건이 있어도 사고 싶다는 마음이나 표정을 드러
내지 말아야 한다. 그런 마음이나 표정을 조금이라도 내비치면 상
인은 틀림없이 가격을 비싸게 부르기 때문이다. '이우위직'의 가장
간단한 이치다.

현명한 전략가는 정치·군사·외교 목적을 달성하기 위해 '이우위

직' 전략을 활용한다. 동쪽에 뜻이 있으면 먼저 서쪽을 건드린다. 무엇인가를 빨리 얻고 싶으면 먼저 천천히 도모한다. 표면적으로는 이미 정한 목표와 거리가 멀어 보이지만 사실은 지름길이다.

두 군대가 싸우는 전쟁터에서 '원근遠近'과 '우직迂直'은 공간 개념이자 시간 개념과도 관련이 있다. 경쟁에서 공간은 양쪽의 전력이 공존하는 상대적인 곳이다. 멀지만 허점이 많으면 쉽게 나아갈 수 있고 시간과 비용도 적게 들기 때문에 멀어도 가까운 것이나 마찬가지다. 반면 가깝지만 튼튼하면 공격하기도 힘들고 시간과 비용도 많이 들기 때문에 가까워도 먼 것과 마찬가지다.

'이우위직'의 이치를 운용할 수 있는 분야는 군사뿐이 아니다. 정치·경제 등 인간사 모든 방면에 적용할 수 있는 전략이다. 어떤 목적을 달성할 때 전략상 곧장 들어가거나 곧장 나올 수 있는 경우는 흔치 않다. 돌아가거나 간접적인 방법을 잘 활용하여 직접적인 효과를 보는 것은 전략적 두뇌를 가진 리더라면 잘 아는 사실이라 일일이 거론하지 않는다.

경영 지혜

경영자는 우여곡절의 길을 걷는다. 곧게 뻗은 도로를 따라 빠르게 목표를 달성하고 싶지만 그 실현이 불투명한 경우가 비일비재하다. 일본의 기업 관리 전문가 무라야마 마코토村山眞는 경영의 '굽음(곡曲)'과 '곧음(직直)' 관계를 얘기하면서 중국 홍군紅軍의 2만 5000리 대장정을 예로 들었다. 그 당시 고통스럽더라도 우회하지 않았다면 그 후의 발전과 전력 강화는 있을 수 없었을 거라는 것이다. 모든 경영자는 '곧음' 가운데 '굽음'이 있고, '굽음' 가운데 '곧음'이 있다는 이치를 제대로 인식해야 한다. 지름길로 가려다 곤경에 처하기도 하고, 고심 끝에 돌아가는 길을 선택하지만 그것이 남보다 먼저 가는 길이 될 수도 있다.

베네수엘라의 투도라Tudora는 독학으로 성공한 기술자다. 그는 석유 사업에 손을 대 볼까 생각했다. 그러나 석유 업계와 친분도 없고 든든한 자금도 없었다. 고심 끝에 돌아가는 우회 작전을 채택했다. 그는 친구에게 아르헨티나가 2000만 달러 상당의 부탄가스를 사들이려 한다는 소식을 들었다. 또 아르헨티나의 쇠고기가 공급 과잉 상태라는 것도 파악했다. 그는 곧장 스페인으로 날아가 그곳 조선소가 주문량이 없어 고심하고 있다는 사실을 탐지했다. 그는 스페인에 다음의 조건을 내걸었다. 당신들이 나에게 2000만 달러어치 쇠고기를 산다면, 내 쪽에서 2000만 달러짜리 초특급 유조선을 당신들에게 주문하겠다. 스페인 쪽에서는 흔쾌히 그 제안을 받아들였다.

이렇게 해서 투도라는 아르헨티나의 쇠고기를 스페인에 팔았다. 그런 다음 석유 회사를 물색해서 2000만 달러에 상당하는 부탄을 매입할 테니 그가 스페인에 주문한 유조선을 임대하라는 조건을 내걸었다. 이 같은 우회 전술로 석유해운업에 뛰어들어 전도양양한 경영을 펼치기 시작한 것이다.

'도끼를 갈아서 정확하게 장작을 팬다'라는 말이 있다. 도끼를 가는 것과 그 도끼로 장작을 패는 것은 모순되면서도 일치한다. 필요한 만큼 시간을 들여 도끼를 갈아서 장작을 패면, 패는 속도가 빨라 시간과 힘을 줄일 수 있다. 100여 년 동안 안정되게 회사를 운영해 온 미국의 한 식품 회사는 '토마토 케첩의 대왕'이라 불릴 만큼 명성이 높다. 이 회사의 경영 방식은 매우 독특하다. 어떤 지역의 토마토를 원료로 선택하기 전에 그 지역으로 사람을 파견해 기후·토양·수질 따위를 조사하고 바로 농장과 합동으로 감정한 다음 품종 선택부터 씨 뿌리기, 재배, 살충까지 지도한다.

식품 회사가 이렇게 번거로운 일까지 간섭하는 것은 너무 지나치다는 비판을 면하기 어렵겠지만, 원료를 공급하는 우수한 기지를 확보함으로써 안정된 원료를 바탕으로 오랫동안 고객의 신뢰와 사랑을 받는 상품을 만들어 낼 수 있었다.

허베이성 청더(承德, 승덕)의 한 잭jack 공장은 원래 파산 위기에 처해 있었다. 새로 온 공장장 황짠진(黃占金, 황점금)은 주위의 만류에도 불구하고 우회 전술로 새로운 상표의 상품을 내놓기로 결심했다. 그는 서독의 회사와 장기 물품 공급 계약을 체결하는 한편 베이징의 공장과 연합하여 개폐기 공장을 운영했다. 개폐기는 생산 속도가 빠르고 수익도 높아 그 당시 절실했던 자금 확보에 숨통을 터 주었다. 이렇게 황짠진은 공장의 주도권을 장악할 수 있었다.

이 자본을 바탕으로 잭 생산에 주력했고, 그 결과 빠른 속도로 예정된 목표량을 달성했다. 이 공장에서 생산된 '맹호표' 잭은 서독, 영국, 프랑스, 덴마크, 스웨덴 등 35개국으로 팔려 나갔고, 서독의 검사 기관은 이 공장에서 생산된 상품에 검사 면제 조치를 했다. 1988년에만 203만 달러의 외화를 벌어들였고, 황짠진은 중국에서 잭 생산 챔피언이 되었다.

경영 활동에서 자금·기술·인력 같은 조건의 제한을 받으면 목적을 달성하기 어렵다. 우회 전술을 통해 기회를 잡아 자신이 처한 상황을 바꾸고, 시장 수요 사이의 모순을 바꿔 가며 상대와의 힘 겨루기를 피해야 한다. 새로 시작한 사업이 어려우면 어려울수록 더욱 머리를 쓰고 방법을 찾아 곤경에서 빠져나와야 한다. 그러려면 신념과 의지 그리고 깊

무라야마의 '곡직' 논리는 기업 경영에 깊은 영감을 준다. 노자도 정말 곧은 길은 굽어 보인다고 했다. 사진은 무라야마 의 저서다.

이 있는 계획이 필요하다. 몸소 현장을 뛰어다니는 힘겨운 노동도 필요하다. 지혜와 땀은 경영자가 오갈 데 없는 상황에 처했을 때 하늘이 무너져도 솟아날 구멍은 있다는 평범한 진리를 일깨워 주는 원천이 된다.

064

근전

멀고 가까운 공간의 이치를 장악하라

近戰

용병(경영) 원칙

강을 사이에 두고 적과 대치할 때, 아군이 적진과 가까운 거리에서 강을 건너 정면 공격을 하려 한다면 멀리 돌아 강을 건널 것처럼 속여야 한다. 이때 의병을 많이 설치하여 강의 상류나 하류로 멀리 돌아서 강을 건너려는 것처럼 속인다면 적은 병력을 분산시켜 대응할 것이다. 이때 가장 가까운 근접 지점으로 은밀히 움직여서 기습적으로 강을 건너 적진을 공격하면 반드시 격파할 수 있다.

《손자병법》에 "가까운 거리에서 정면 공격을 하려 할 때는 먼 곳으로 우회할 듯이 양동해야 한다"라고 했다.

역사 사례

춘추시대인 기원전 478년, 월나라 왕 구천이 5만의 군사를 이끌고 오나라를 공격하자 오나라 왕 부차는 방어군 6만을 출동시켜 입택에서 월나라의 침공군을 막아 냈다. 양군은 입택을 끼고 대치했다.

월왕 구천은 저녁 무렵에 각각 1만 명의 병력으로 편성된 두 개 부대를 입택 상류와 하류 5리 지점까지 은밀히 이동하여 대기시킨 다음 자신은 6000명의 친위 부대를 거느리고 출동 태세를 갖췄다. 그러고는 진중에 '내일 아침 수상 전투를 실시할 것'이라는 소문을 퍼뜨리게 했다. 그러나 밤이 되자 입택을 거슬러 올라간 좌군 부대와 하류에 대기 중이던 우군 부대가 구천의 명령을 신호로 강 한가운데 배를 정박하고 일제히 북과 함성을 지르며 당장 강을 건너 공격할 것처럼 양동작전을 폈다.

부차는 강 상하류에 북소리와 함성이 진동하자 월의 군대가 야음을 틈타 강을 건너 협공하는 걸로 오인하고 즉시 본대를 둘로 나눠 상하류로 급파해 월의 도하를 저지하게 했다.

구천은 부차가 주력을 나누어 출동시켰음을 알고 이동 중인 혼란을 틈타 정예 6000명으로 편성된 친위 부대를 거느리고 은밀히 입택을 건너 오왕 부차가 지휘하는 중군의 본영을 엄습했다. 오나라 진영은 삽시간에 대혼란에 빠졌다. 월의 군대가 강을 건너는 것을 저지하기 위해 출동한 오의 주력은 본영이 습격당했다는 소식에 황급히 되돌아왔다. 그러나 뒤이어 상륙한 월의 군대가 좌우 양

오월쟁패의 승부는 결국 전투의 전략 수준으로 끝을 맺었다. 월왕 구천은 입택 전투에서 〈근전〉의 이치를 정확하게 활용했다.

면에서 동시에 추격을 개시했고, 결국 오왕 부차는 삼면에서 기습 공격을 받아 대패하여 멸망했다. (《좌전》 애공 17년조)

해설

〈원전〉 편에서 바로 가기와 돌아가기의 이치를 이야기하며 멀고 가까운 공간 개념을 함께 거론했다. 이와 관련하여 손무는 멀리 있는 것을 가까이 보이게 한다는 '원이시근遠而示近'과 가까이 있는 것을 멀리 보이게 한다는 '근이시원近而示遠'이라는 용병 전략을 제시하고 있다. 〈근전〉은 후자에 해당한다.

〈원전〉과 〈근전〉은 예부터 강이나 하천을 방어선으로 삼은 적을 돌파하는 데 많이 사용되었다. 상대를 속이는 행동과 기습을 가하는 방법을 운용하여 적을 제압하는 것이다. 〈원전〉의 구체적인 운용법은 이렇다. 멀리 건너 적을 공격하고자 한다면, 먼 것을 주요 공격점으로 삼고 가까운 것을 보조 공격점으로 삼아 가까이서 건너는 것처럼 꾸민다. 이렇게 적의 병력을 끌어낸 다음 주요 공격점으로 삼은 먼 곳의 빈틈을 타서 서서히 물을 건너 공격하는 것이다. 반대로 〈근전〉은 가까운 곳을 주요 공격점으로 삼고 먼 곳을 보조 공격점으로 삼을 수 있다. 그것이 바로 '근이시지원近而示之遠' 전략이다.

두 전략은 거짓 상황을 연출하여 적이 착각하게 만드는 '시형법'에 속하는데, 그 목적은 나의 의도를 감추는 데 있다. 가상을 만들어 내서 '거짓 움직임'으로 적의 오판을 이끌어 내면 나의 진정한 의도는 가려진다. 또 그것을 바탕으로 적을 조종하여 내 틀 속으로 끌어들인다. 적병이 흩어지고 세력에 틈이 생겼을 때 불의의 기습으로 적을 섬멸한다.

1945년 극동 전역戰役이 발발하기 전날 밤, 일본군 사령부는 소련군이 우기에는 진군해 오지 못할 것으로 판단했다. 우기에는 기계화 중장비 군단이 움직이기에 여러모로 불편하기 때문이었다. 날이 좋아진 다음 다시 진군해 올 것이 틀림없어 보였다. 그 경우 빨라도 9월 중순이 되어야 움직일 수 있었다. 주요 공격 방향에 대해서도 일본군은 소련의 장갑 부대가 사막과 따씽안링(大興安嶺, 대흥안령) 산맥의 원시림을 뚫고 진격하기란 불가능하다고 판단했다. 기계화된 장갑 군단으로 이동하기에는 불가능에 가까운 금기 구역이나 마찬가지였기 때문이다. 그러나 소련군은 이런 상식을 비웃기라도 하듯 진격 시기를 우기에 해당하는 8월 9일로 선택했을 뿐만 아니라 주요 공격을 담당한 탱크 기계화 병단을 이용해 일본군이 예기치 못한 몽고 동부에서 따씽안링을 타고 넘어 산림을 뚫고 사막을 지나 직접 선양(瀋陽, 심양)으로 진격해 왔다.

수전

기다리되 조건을 활용할 수 있는 준비를 갖춰라

水戰

용병(경영) 원칙

적과 대전할 때 강변에 진을 치거나 강에 전선을 띄우고 싸우는 것을 모두 '수전'이라고 한다. 강가에 인접하여 적과 대전해야 하는 상황이라면 반드시 강변에서 조금 떨어진 지점에 진을 쳐야 한다. 첫째는 적이 강을 건너 공격을 시도할 수 있는 여지를 줌으로써 적을 유인하기 위해서고, 둘째는 적이 아군을 의심하지 않도록 안심시키기 위해서다.

아군이 적과의 결전을 원할 때는 강가에 바짝 붙어서 포진하면 안 된다. 적이 강을 건너는 걸 막을 수 있고, 아군이 도중에 공격할 것을 예상하여 적이 강을 건너 공격하길 포기하는 걸 막기 위해서다. 그러나 아군이 적과의 결전을 원하지 않을 때는 강물의 장애를 이용하여 적이 강을 건너는 걸 막아야 한다. 적이 강을 건너 아군과 결전하고자 할 때는 군을 출동시켜 강가에서 대기하다 적이 절반쯤 건넜을 때 공격하면 승리할 수 있다.

《오자병법》에 "적이 강을 건너는 경우 절반쯤 건넜을 때 공격하라"라고 했다.

역사 사례

초한쟁패가 막바지를 향해 치닫던 기원전 203년 11월, 한나라의 책사 역이기가 유방의 명을 받아 제나라에 가서 왕 전광田廣에게 한에 귀순하라고 설득했다. 전광은 역이기의 설득에 넘어가서 매일 역이기와 술만 마시며 한나라 군대에 대한 경계와 방어를 완전히 늦춰 버렸다.

이때 모사 괴통蒯通이 대장 한신에게 제나라의 수비가 해이해진 틈을 타서 군을 출동시켜 황하를 건너 제나라를 공격하자고 건의했다. 한신은 그의 의견을 받아들여 마침내 군을 이끌고 황하를 건너 불시에 제나라를 침공했다. 불의에 습격을 받은 제나라 왕 전광은 역이기가 자신을 속인 것에 격분하여 역이기를 삶아 죽인 다음 고밀高密로 도망쳐서 초나라 항우에게 구원을 요청했다. 초왕 항우는 장군 용저龍且에게 20만 군사를 주어 제나라를 구원하게 했다.

구원 부대가 출동할 무렵 참모 하나가 용저에게 건의했다. "한신의 군대는 먼 곳에서 달려와 죽음을 무릅쓰고 작전에 임하기 때문에 그 기세가 대단히 날카롭습니다. 그러므로 우리가 단번에 한신의 군대를 쳐서 이기기는 어렵습니다. 게다가 우리 군대는 본국 경내에서 작전을 수행하는 터라 장병들이 가까운 고향을 그리워하여 전력을 집중하지 못하고 쉽사리 흩어져 붕괴당할 우려가 큽니다.

장군께서는 차라리 참호와 해자를 깊이 파고 보루를 높이 쌓아 수비 태세를 강화한 상태에서 싸우지 않는 전략을 구사하십시오. 또한 제왕에게 부탁하여 신임하는 신하들을 함락당한 성에 보내 격려하도록 하십시오. 그리하여 함락당한 성읍의 백성들에게 아직도 자신의 왕이 건재하다는 사실과 초나라의 구원병이 당도했다는 사실을 널리 알리십시오. 이렇게 하면 적에게 점령당한 지역에서는 분명 한에 대한 반란이 일어날 것입니다. 게다가 한신군은 2000리나 되는 머나먼 이국땅에 들어와 싸우는 형편이라 얼마 못 가 반드시 식량이 떨어질 것입니다. 그때가 되면 장군께서는 싸우지 않고도 한신군을 항복시킬 수 있습니다."

그러나 평상시 한신을 얕본 용저가 반대했다. "나는 적장 한신의 인물됨을 잘 알고 있다. 그 정도의 인물쯤은 손쉽게 처치할 수 있다. 한신은 일찍이 빨래터의 아낙네에게 밥을 빌어먹을 만큼 무능하고 믿을 만한 책략도 갖추지 못한 인물이다. 그러니 두려워할 상대가 못 된다. 게다가 제나라를 구원하러 와서 싸워 보지도 않고 상대가 투항한다면 나에게 무슨 공로가 돌아오겠는가? 이제 내가 일격에 한신의 군을 격파한다면 이 제나라 영토의 절반을 상으로 받을 것이다."

결국 용저는 군을 출동시켜 유수濰水를 사이에 두고 한신의 군대와 대치했다. 한편 한신은 병사들에게 1만여 개의 모래 자루를 만들어 야간에 은밀히 유수의 상류를 막게 한 다음 이른 아침 일부 병력을 이끌고 강을 건너 용저군을 공격하다 거짓으로 패한 척 도망쳤다. 이를 본 용저는 크게 기뻐하며 "내 본래 한신이 담이 작고 전쟁을 두려워하는 겁쟁이임을 알고 있었다"라고 말했다. 그리고 전 부대에 유수를 건너 한신을 추격하라고 명령했다.

똑같은 조건이라면 그 조건을 제대로 활용하는 자가 승리할 수밖에 없다. 한신은 강을 수전을 벌이는 장소가 아닌 승리를 보조하는 조건으로 활용했다. 사진은 초나라 군대에 항복을 권하는 한신의 군대를 그린 그림이다.

용저의 병사들이 강을 건너기 시작하자 한신은 유수 상류의 물꼬를 막아 놓은 모래 자루를 치워 버렸다. 그러자 상류에 막혀 있던 물꼬가 터지면서 삽시간에 강물이 불어났고, 결국 강을 건너던 용저의 병사는 태반이 유수를 건너지 못한 채 양단되고 말았다. 유수 동쪽에 체류한 용저의 부대는 뿔뿔이 도망쳤다. 한신은 이 틈을 타서 초의 군대를 맹렬히 공격해 마침내 용저를 잡아 죽였다. 이 소식을 들은 제왕 전광은 도주해 버렸다. 한신은 성양城陽까지 추격하여 초의 군사를 모조리 사로잡고 제나라 전역을 평정했다.(《사기》〈회음후 열전〉)

해설

〈수전〉 편은 제목이 '수전'일 뿐 그 내용은 물에서 전개하는 수상 작전이 아니다. 육상 작전에서 물을 어떻게 이용하여 승리를 이끌 것인가를 말한다. 《백전기략》은 그 방법에 대해 상당히 구체적으로 제시하고 있다.

〈수전〉편의 요지를 좀 더 파고들면 나를 이길 수 없게 한 다음 적을 이길 수 있는 때를 기다린다는 《손자병법》(〈형〉편)의 '선위불가승이후적지가승先爲不可勝以後敵之可勝'이 떠오른다. 관련 대목을 인용해 놓았다.

"예전에 용병을 잘한다고 하면, 먼저 적이 나를 이길 수 없도록 준비를 갖추고, 내가 적을 이길 수 있는 때를 기다리는 것이었다. 적이 나를 이기지 못하게 하는 것은 나 자신에게 달려 있고, 내가 적을 이기는 것은 적에게 달려 있다. 따라서 용병을 잘하는 자는 적이 나를 이기지 못하게 할 수는 있으나 내가 반드시 이길 수 있도록 적을 그렇게 만들 수는 없는 것이다. 그래서 이긴다는 것을 미리 알 수는 있으나 그렇게 만들 수는 없다고 하는 것이다."

군대는 먼저 자신을 정비하고 약점을 극복하는 등 준비를 잘 갖춰서 적이 나를 이길 수 없는 형세를 만든다. 그런 다음 내가 적에게 이길 수 있는 시기를 기다리거나 포착한다. 먼저 패할 수 없는 자신의 기반을 닦은 다음 적의 허점이나 틈을 찾아 싸우면 승리한다는 말이다.

〈수전〉편은 '기다림'을 강조한다. 단, 소극적인 기다림이 아니라 적극적인 전략이다. 손무는 위에 인용한 대목에 이어 "따라서 싸움을 잘하는 자는 패하지 않을 위치에 굳게 서서 적의 패배를 놓치지 않는다"라고 했다. 먼저 자신을 보전하여 패할 수 없는 위치에 선 다음 틈을 타서 적을 격파하는 것, 이것이 바로 적이 나를 이기지 못하게 하는 것은 나 자신에게 달려 있고, 내가 적을 이기는 것은 적에게 달려 있다는 말이다.

자신의 약점을 극복하려면 주관적 노력이 있어야 한다. 스스로 수련하고 법도를 지키는 것, 이것이 승패의 정치다. 적의 틈을 뚫으려면 적에게 뚫을 만한 틈이 있어야 하듯 적을 유인하려면 적이 걸려들어야 가능하다. 경쟁에 능한 자는 상대가 나를 이기지 못하게 하지만, 나는 상대를 이용해 승리를 거둔다. '필승'은 자기에게만 달려 있는 것이 아니라 상대에게도 달려 있기 때문이다. 전쟁이나 경쟁을 벌이는 양쪽은 모두 주관적 능동성을 고도로 발휘하려고 애써야지 적을 어리석은 존재로 생각해서는 결코 안 된다. 그러나 뛰어난 자는 여러 가지 방법으로 적이 어리석은 일을 저지르게 만든다. 적의 약점과 잘못을 발견하고 이용해서 싸우면 승리할 수 있다.

〈수전〉과 《손자병법》의 '대적지가승待敵之可勝'은 자기 쪽으로 말하면 주관적 능동성으로 이길 수 있는 조건을 발견하는 것이다. 소극적으로 기다리기만 하고 때맞춰 적의 약점과 잘못을 발견하지 못하면 승리는 아무리 기다려도 오지 않는다.

066
화전

불을 지를 때 가장 중요한 것은 시기時機다

火戰

용병(경영) 원칙

적이 수풀이 무성한 지역에 군을 주둔시키고, 풀숲이나 대나무를 사용하여 막사를 짓고, 그 안에 말먹이와 식량을 쌓아 두고, 날씨가 가물어 공기가 건조할 때는 바람결을 이용하여 적진에 불을 놓아야 한다. 그러고 나서 정예병을 출동시켜 맹공을 가하면 적을 격파할 수 있다.

《손자병법》에 "화공은 반드시 인화 물질과 건조한 기후, 풍향 등 일정한 조건을 갖춰야 한다"라고 했다.

역사 사례

후한 말기인 184년 4월, 한의 좌중랑장 황보숭皇甫嵩(?~195)이 우중랑장 주준朱儁과 함께 4만의 보병과 기병을 이끌고 영천穎川의 황건적 군대를 토벌하러 나섰다. 주준은 황건적의 수령 파재波才와 맞서 싸

웠으나 패했다. 주준은 장사長社로
물러나 수비에 들어갔다.

한편 파재는 승세를 몰아 장사
를 지키는 황보숭의 관군을 포위
했다. 황건적의 진영은 수풀 가까
이 있었는데, 때마침 큰바람이 불
어왔다. 황보숭은 군사들에게 갈
대를 묶어 만든 횃불 막대를 휴대
시켜 성 위에 배치하고는 은밀히
정예병을 뽑아 포위망을 돌파하여
성 밖 황건적의 진영에 불을 놓고
함성을 지르게 했다. 그리고 이를

화공은 천시가 따르지 않으면 불가능
하다. 문제는 때가 왔는데도 모르고
넘어가는 경우다. 환경과 조건을 늘
살펴야 하는 까닭이다. 그림은 화공으
로 가장 널리 알려진 적벽대전이다.

신호로 성 위에 배치된 군사들이 횃불 막대로 호응할 것을 명했다.

황보숭은 황건적의 진영에서 불길이 치솟는 혼란을 틈타 군을 출
동시켜 북을 치고 함성을 지르며 돌진하여 적의 영채를 공격했다.
황건적의 진영은 대혼란에 빠졌고 결국 싸우지도 못한 채 도망가
기에 바빴다. 때마침 한의 영제靈帝가 파견한 조조의 구원군이 도착
하여 황보숭 군대와 합세했다. 그 결과 한나라 관군은 황건적을 대
파하고 수만 명의 목을 베었다.《후한서》〈황보숭, 주준 열전〉)

해설

〈화전〉 편은 〈수전〉 편과 마찬가지로 주어진 조건을 활용하여 승리

하는 문제를 다루고 있다. 다만 〈수전〉 편은 수상전을 직접 염두에
둔 것이 아니지만 〈화전〉은 화공을 직접 거론한다는 점에서 다소
차이가 난다. 하지만 그 본질은 〈수전〉과 다를 게 없다. 화공 역시
주요 공격법이 아니라 보조 공격 수단이기 때문이다. 요지는 어디
까지나 승리를 위한 환경과 조건의 '활용'이다.

사실 〈수전〉과 〈화공〉의 요지는 한 걸음 더 깊게 들여다볼 필요
가 있다. 단순히 군사 문제에만 국한되지 않고 정치나 경영에도 시
사하는 점이 있기 때문이다. 전투에서 화공火攻은 천시天時를 장악
해야 한다고들 한다. 천시란 건조한 날을 가리킨다. 사람 마음에
불을 붙이는 것도 이와 비슷한 점이 있어 불을 놓는 때가 다르면
상대방의 반응도 완전히 다르게 나타난다. 상대방의 정서가 쉽게
불붙을 만한 상태에 있을 때는 약간의 자극만 줘도 확 타 버리지
만, 그 반대로 불을 붙이기 어려운 상태라면 불씨를 당기는 것조차
힘들어진다.

상황과 조건을 통제하는 리더 입장에서 보자면 상황에 따라 달리
나타나는 '시기의 작용'을 고려해야 한다. 예컨대 같은 일이라 해도
시기 장악이 적절한가 여부에 따라 상대방에게 완전히 다른 반응
을 이끌어 낼 수 있다. 누구나 경험한 일일 것이다. 무슨 일이든 가
장 이상적인 효과를 얻으려면 시기를 합리적으로 선택해야 한다는
뜻이다.

단段은 초나라 왕이 아끼는 신하였다. 특별한 공을 세운 것도 아
니고 가문과 혈통이 좋은 것도 아닌데 매우 높은 지위까지 올랐다.
어느 날 그는 현자 강을江乙에게 이런 충고를 들었다.

"재물을 통해 쌓은 우정은 재물이 다 떨어지면 끝장이 납니다. 여색을 이용한 교제라면 그 꽃이 시들면 감정도 멀어지기 마련입니다. 이른바 애첩이니 총신이니 하는 사람 사이의 관계도 모두 순간적인 것입니다. 공께서 지금 권세를 누리지만, 왕의 감정이 변하면 권세는 더 이상 존재하지 않습니다. 그러니 왕과의 관계를 좀 더 돈독히 하는 게 어떨는지요?"

마음이 무거워진 단은 얼른 그 방법을 물었다. 현자는 "먼저 왕께 왕이 돌아가시면 함께 죽겠다는 뜻을 나타내십시오. 그러면 초나라에서 공의 지위가 더욱 굳어질 것입니다" 했고, 단은 "정말 그렇겠군. 내 그대로 하겠소이다"라며 현자의 말을 받아들였다.

그런데 단은 3년이 지나도록 강을이 하라는 대로 하지 않았다. 이에 강을이 "제가 말씀드린 제안을 아직도 실행에 옮기지 않았군요. 저의 계책을 채용하지 않을 거면 더 이상 저를 찾지 마십시오"라며 노골적으로 불만을 드러냈다. 단은 "선생의 가르침을 내 어찌 잊을 리 있겠소? 다만 아직 좋은 기회가 오지 않았을 뿐이오"라고 변명했다.

그리고 얼마 후 초나라 왕은 운몽택雲夢澤이라 부르던 호수 지역으로 사냥을 나갔다. 장강 중류에 위치한 동정호 부근의 크고 작은 호수가 총집결한 곳으로, 이름처럼 화려하면서도 신비로운 절경이 펼쳐졌다. 수천 필의 말이 이끄는 화려한 수레가 형형색색의 깃발을 휘날리며 하늘과 땅을 뒤덮는 거창한 행차였다. 초왕은 직접 활을 잡고 들소를 사냥했다. 그러다 하늘을 향해 큰 웃음을 터뜨리곤 감탄스러운 듯 "즐겁구나, 이번 사냥이! 그러나 천년만년 이런 쾌

락을 누릴 수는 없겠지…"라며 한숨을 내쉬었다. 이때 옆에 있던 단이 눈물을 줄줄 흘리면서 "지금 신은 대왕의 곁에서 대왕을 모시고 있습니다만, 천년만년 후에도 대왕을 따라 곁에서 모시며 충성을 다하고 싶습니다"라고 말했다.

초왕은 이 말에 감격해서 단에게 땅을 주고 안릉군安陵君에 봉했다. 《전국책》에는 이 이야기를 기록하고 난 뒤 "군자가 이 얘기를 듣고는 '강을이 좋은 계책을 일러 주었다면, 안릉군은 때를 알았다고 할 것이다'라고 평했다"는 구절을 덧붙여 놓았다. 이 이야기는 보잘것없는 속임수 같아 보이지만, 큰 인물이 죽으면 따라 죽는 순장의 풍습이 남아 있던 때라 초왕의 마음을 확실히 움직이는 기회를 잡은 셈이다. 같은 이야기여도 왕이 불쾌할 때 했다면 반응은 사뭇 달랐을 것이다.

사람은 배가 부르면 아무리 맛있는 음식이라도 입맛이 당기지 않지만, 배가 고프면 아무리 보잘것없는 음식이라도 맛있게 먹는다. 모든 일은 그 자체로 활용할 수 있는 가능성이나 누군가를 부릴 수 있는 좋은 기회를 감춰 두기 마련이다. 리더는 이 분위기를 정확하게 파악할 줄 알아야 한다.

067

완전

제대로 늦추면 완승할 수 있다

緩戰

용병(경영) 원칙

적의 성을 정면 공격하는 것은 가장 좋지 않은 전술이다. 부득이한 경우에만 적의 성을 공격해야 한다. 적의 성이 높고 해자가 깊으며, 병력은 많지만 식량이 적고, 외부는 포위되고, 구원군이 없다면 아군은 미리 견제하여 적을 묶어 두고 천천히 진격해야 한다. 이것이 유리한 전략이다.

《손자병법》에 "군의 기동을 늦춰야 할 때는 우거진 숲같이 엄정하게 하라"라고 했다.

역사 사례

5호16국시대인 356년 10월, 전연前燕의 장수 모용각慕容恪(?~366)이 이끄는 군대가 광고廣固를 지키는 동진東晉의 진북장군 단감段龕의 군을 포위했다.

휘하 장수들이 속전속결을 건의했으나 모용각은 반대하며 상황을 분석했다. "용병은 급히 서둘러야 할 때가 있는 반면 신중을 기해 천천히 행동해서 적을 제압해야 할 때도 있는 것이다. 피아의 군세가 대등하고 외부의 적에 강력한 지원 부대가 있어 머지않아 아군이 앞뒤로 협공을 받을 위험이 있다면 속공으로 결판을 내야 한다. 그러나 아군의 군세는 강한 반면 적은 약하고, 또 외부에서 적을 지원해 줄 부대가 없을 때는 적을 고립시키고 지구전을 벌여 적이 스스로 피폐해지기를 기다려야 한다.

병법에 아군의 병력이 적보다 열 배가 많으면 적을 포위하고 다섯 배가 많으면 적을 공격하라는 것은 바로 이런 경우를 두고 한 말이다. 적장 단감의 군은 아직도 병력이 많은 데다 내부에 이반이 나타나지 않고, 견고한 성벽에 의지하여 상하가 같은 마음으로 협력하면서 완벽한 방어 태세를 갖추고 있다. 우리가 총력을 다해 공격한다 하더라도 수십 일이 걸려야만 겨우 함락할 수 있고, 정면 공격을 감행한다 해도 우리 군의 손실이 엄청나게 클 것이다. 우리는 언제든지 적의 성을 탈취하면 된다. 굳이 서두를 필요가 없다. 지구전으로 포위하여 승리를 취하는 전법이 마땅하다."

모용각은 〈완전〉이 지적하는 요지를 정확하게 인식하여 어렵지 않게 승리할 수 있었다. 그림은 모용각의 캐릭터다.

모용각은 보루를 견고히 쌓아 수성하는 단감의 군대를 단단히 포위하여 고립시킨 채 그저 지켜보기만 했다. 단감은 제풀에 지쳤

고, 결과적으로 큰 힘 들이지 않고 광고를 함락할 수 있었다.《진서》
〈모용준기〉)

해설

모든 일은 늦춰야 할 때와 서둘러야 할 때가 있다.《백전기략》에서는
이를 〈완전〉과 〈급전〉으로 나누어 살피고 있다. 본편의 〈완전〉은 전
술로 말하자면 '지연술'이다. 다른 말로 '완병지계緩兵之計'라 한다.
〈속전〉의 요지인 '병귀신속兵貴神速'과 상대되는 중요한 전략이다.

　사람들은 속전속결을 선호한다. 이길 확률이 높을 때는 말할 것
도 없고, 확률이 낮거나 거의 없을 때도 공세를 취하고 싶어 한다.
이것이 인성의 약점이다. 리더는 똑같이 주어진 시간과 시기를 상
황에 맞게 늦추거나 당기는 전략적 두뇌를 갖춰야 한다. 〈완전〉 편
은 수비에 들어간 상대를 공격할 때 반드시 주의해야 할 문제를 지
적하는데, 조직이나 기업을 이끄는 리더라면 참고해야 할 의미심
장한 대목이다.

　단단히 수비에 들어간 상대를 공격하려면 많은 주의가 필요하다.
치밀한 전략과 상황 파악 없이 무작정 공세를 취했다가는 엄청난
손실을 초래하고 만다.

　전쟁이나 경쟁에서 시간은 양쪽 모두에게 공평하다. 그러나 양쪽
의 입장과 내부 상황으로 인해 시간의 필요성이 달라질 수밖에 없
다. 같은 군대나 기업이라도 다른 상황에 놓여 있다면 시간의 요구
는 큰 차이를 보일 것이다. 용병이나 경영에서 '완급緩急'이 큰 비중

을 차지하는 이유다.

《병경백자兵經百字》〈애자挨字〉 항목은 이 전략을 사용하는 시기를 논하며, 다음과 같은 상황에서는 〈완전〉의 전략을 구사하라고 일러 준다.

①상대가 우세한 전력으로 공세를 취해 오는데 그 기세를 맞아 오래 버틸 수 없을 때

②상대가 상황이 불리해져 속전속결을 벌이려 할 때

③전투(경쟁)가 막 시작되어 상대가 유리하고 아군이 불리할 때

④침착하게 대응해야지 먼저 손을 쓰면 위험한 상황일 때

⑤상대가 여러 세력과 손을 잡은 동맹군인데, 서로 시기하여 내분이 일어났을 때

⑥상대의 작전 구사가 다양하고 변화무쌍하나 내부에서 누군가 견제할 때

⑦천기와 지형이 상대에게 불리하여 그 기세가 점점 꺾여 갈 때

이 전략의 성공 여부는 상대의 정황을 세심하게 관찰하고 연구하여 제대로 파악하는 데 달려 있다. 그렇게 해서 상대를 스스로 무너지는 쪽으로 끌어들인 후 치밀한 전략을 도모하면 우세를 차지하고 경쟁 국면이 순조롭게 풀린다. 적은 투입으로 크게 거두고, 손실은 적고 전과는 커지는 것이다. 기업 경쟁에서도 정확하게 같은 이치가 적용된다.

068
속전
속전속결의 핵심은 시간이다
速戰

용병(경영) 원칙

아군이 적의 성읍을 공격하거나 포위한 상황에서 적이 병력은 적지만 군량이 풍부하고, 외부에서 적을 지원해 줄 부대가 있다면 속전속결이 답이다.

《당태종이위공문대》에 "용병은 신속함이 중요하다"라고 했다.

역사 사례

삼국시대인 220년 7월, 촉한의 장수 맹달孟達이 위나라에 항복하고 신성新城 태수로 임명되어 상용성上庸城에 주둔하고 있었다. 그런데 얼마 후 촉나라 승상 제갈량의 책략으로 오나라와 내통하고 다시 촉한으로 귀순하여 위나라에 반기를 들었다. 이 소식을 들은 위나라 대장 사마의는 은밀히 군을 출동시켜 맹달을 토벌하려고 했다.

이에 장수들이 "맹달은 촉한과 결탁하고 있으니 사태의 변화를 좀 더 관망한 다음에 출전해야 합니다"라면서 군을 서둘러 출동시키는 것을 반대했다. 그러나 사마의는 "맹달은 신의가 없는 인물이라 지금 촉한이나 오나라 모두 그의 거취에 의심을 품고 있다. 저들의 신임이 굳어지기 전에 신속히 결판을 내야 한다"라며 그들의 의견을 일축했다. 그러곤 직접 대군을 이끌고 밤낮으로 강행군하여 8일 만에 상용성에 도착했다. 오나라와 촉한이 지원 병력을 급파하여 맹달을 구원하려고 했으나 사마의는 병력을 나누어 맹달의 지원군을 각각 막아 냈다.

맹달은 위를 배반하고 초에 귀순하여 촉한의 승상 제갈량에게 다음과 같은 편지를 보낸 일이 있다.

"지금 사마의가 있는 완성宛城에서 위나라 수도 낙양까지는 800리이며, 제가 있는 상용성까지는 1200리나 됩니다. 완성의 사마의는 제가 반기를 들었다는 소식이 들리면 반드시 위나라 황제에게 글을 올려 우리를 토벌하겠다고 주청할 것입니다. 그런 글이 오가는 데 한 달은 족히 걸립니다. 그동안 우리는 방비를 더욱 공고히 하고 병력을 증강하면 됩니다. 또 제가 있는 이 상용성과 완성은 그 거리가 먼 데다 지형도 매우 험하여 사마의가 직접 출전하지 않고 다른 장수를 대신 출전시킬 것입니다. 사마의 아닌 다른 장수가 우리를 공격한다면 아무 걱정 없습니다."

그러나 맹달의 예상과 달리 사마의는 직접 대군을 이끌고 갑자기 상용성에 도착했다. 이에 맹달은 급히 제갈량에게 글을 보내 보고했다.

"제가 거사한 지 8일 만에 사마의 군대가 우리 성 아래 도착했으

니 어찌 그리도 행동이 신속
한지 알 수가 없습니다."

맹달은 3면이 물로 차단된
상용성 주위에 목책을 설치
하고 방비를 강화했다. 그러
나 사마의 군대는 물을 건너
목책을 쳐부수고 병력을 팔
면으로 나누어 상용성을 공
격했다. 불과 16일 만에 맹

맹달은 시간을 너무 단순하게 인식했다. 사마
의가 낙양의 명령을 받기 전에 움직일 거라곤
상상도 못 한 것이다. 그림은 맹달이 사마의에
게 붙잡히는 모습이다.

달의 부장 이보李輔 등은 맹달을 죽이고 성문을 열어 사마의에게 투
항했으며, 결국 상용성은 함락되고 말았다.《진서》〈선제기〉

해설

〈속전〉 편의 뿌리는 《손자병법》 〈구지〉 편에서 말하는, 작전은 신
속한 것이 으뜸이라는 '병지정주속兵之情主速'이다. 손무는 전쟁에 대
해 인력, 물자, 재력의 상호 의존 관계에서 출발하여 속전속결all-out
surprise attack을 대단히 중시했다. 손무는 날이 갈수록 길어지는 지구
전war of attrition은 군대를 피곤하게 만들며 날카로움도 꺾어 놓는다고
인식했다. 오랫동안 외지에 나가 싸우면 국가의 지원이 부족해지
고, 그 틈에 다른 경쟁자가 침범하면 그 뒷감당은 실로 벅차다.

이에 손무는 전쟁의 실제 상황, 특히 교통 운수, 재력, 물자 같은
조건의 한계를 고려한 끝에 "전쟁을 잘하는 자는 장정을 두 번 징

발하지 않으며, 군량을 세 번 이상 나르지 않게 한다"라는 구체적인 요망 사항까지 제기했다. 그것은 당시 사회의 생산 수준에 부합하는 요구였고, 기업 경영에서도 그대로 적용할 수 있다.

모든 경쟁에서 선수로 상대방을 제압할 때는 신속함이 가장 중요하다. 주동적인 공격에도 속도가 중요하고, 전기를 포착하는 데도 빠름이 중요하다. 끈질기게 전략을 수립해야 하는 내선內線 작전에서도, 전투를 진행해야 하는 외선外線 작전에서도 속전속결이 중요하다.

천둥과 번개는 귀 막을 틈도, 눈 깜짝할 틈도 주지 않는다. 오랫동안 굳게 지켜 온 성 아래에 자기 군대를 노출하면 날카로움이 꺾여 둔해질 수밖에 없다. 속전속결해야만 파죽지세를 살릴 수 있다. 따라서 "용병은 거칠어도 빠름이 중요하지, 교묘하지만 느린 것은 쳐 주지 않는다. 빠르면 기회를 타겠지만, 느리면 변화가 발생한다"(명나라《등단필구登壇必究》권16)는 것이다. 명나라 때《찬집무편纂輯武編》에서는 "용병은 빠른 것이 상책이다. 전기戰機는 그 빠름 속에 숨어 있다. 토끼 사냥을 하면서 매를 날리는 데 잠시만 한눈을 팔아도 놓치는 것과 같다"라고 했다.

러시아의 유명한 군사령관 수보로프는 군대의 신속한 행동과 전광석화 같은 공격을 '전쟁의 진정한 영혼'이라고 말했다. "1분이면 전투가 결정 나고, 한 시간이면 전쟁의 승부가 결정 나며, 하루면 제국의 운명이 결정 난다"라는 말은 그가 처한 시대 상황에서 나온 당찬 목소리다.

엥겔스는 이 점에 대해 좀 더 투명하고 철저한 논의를 펼친다. 그는 〈터키 전쟁의 진행 과정〉이란 글에서 이렇게 말했다.

"나폴레옹이 그렇게 하고 난 다음 모든 군사전문가는 행동의 신속함이 군대의 부족함을 보충할 수 있음을 깨달았다. 그렇게 해야 적이 미처 병력을 집중하기 전에 습격할 수 있기 때문이다. '시간이 돈이다'라는 말과 마찬가지로 전쟁에서는 '시간이 곧 군대다'라고 말할 수 있다."

군대의 신속한 행동은 강한 기동력의 표현일 수밖에 없다. 이는 군 장비의 발전을 기초로 해야 한다. 동시에 고도의 조직과 리더십의 표현이기도 하다. 리더는 다양한 전략으로 판단을 잘 내리고 과감하게 일을 처리해야 하는 것은 물론 규범을 깨는 행동으로 속도 speed에서 우세를 차지할 수 있어야 한다.

위의 역사 사례에서 사마의의 위나라 군대와 맹달의 병력 규모는 4 대 1로 위가 절대 우세했지만, 위의 식량은 1개월분도 남지 않은 반면 맹달의 식량은 1년쯤 버틸 정도였다. 위가 낙양의 허락이 떨어지고 움직일 경우 상용성에 도착할 무렵이면 식량이 바닥날 판이었다. 반면 맹달은 이 한 달 동안 응전 준비를 갖출 것이다. 요컨대 주도권을 누가 잡느냐는 '시간'이 관건이었다.

지혜롭고 꾀 많은 사마의는 시간을 벌기 위해 속도전으로 승부를 가렸다. 그는 관례를 무시한 채 위왕의 진군 명령을 받지 않은 상황에서 몰래 대군을 이끌고 반란군을 토벌하기로 과감한 결단을 내렸다. 삼군을 여덟 개 부대로 나누고 이틀 거리를 하루에 행군하여 8일 만에 상용성 앞에 이르렀다. 한 달 이상 준비 기간을 벌었다고 만족하던 맹달은 깜짝 놀라 "거사한 지 8일 만에 사마의 군대가 우리 성 아래 도착했으니 어찌 그리도 행동이 신속한가"라며 감탄을 금치 못했다. 맹달은 시간을 평면적으로 단순하게만 인식한 것이다. 사마의가 낙양의 명령을 받기 전에 군대를 움직일 거라고는 예상치 못했다. 준비도 안 된 데다 성을 수리하는 공사도 마무리하지 못한 상태에서 우세한 위군의 공격을 받자 군심

철학자 엥겔스는 "시간이 돈이라는 말처럼 전쟁에서는 시간이 곧 군대다"라는 말로 군대의 신속함을 간명하게 설파했다.

이 동요되어 오래 버티지 못하고 무너졌다.

　기업 경영에서 신속함은 군사의 신속함 못지않게 중요하다. 기업의 상황이 수시로 바뀌는 데다 국내 경제는 물론 세계 경제의 흐름이 수시로 영향을 미치기 때문이다. 따라서 늘 안팎의 동향에 주목하는 것은 물론 이를 정확하게 파악하고 대비하기 위한 인력이나 조직을 배치할 필요가 있다. 이를 위해 리더는 시간 개념을 완전히 새롭게 인식할 필요가 있다. 하루 24시간은 그저 편의를 위해 정해놓은 숫자일 뿐이기 때문이다.

069

정전

잘 정돈된 상대는 함부로 공격하지 마라

整戰

용병(경영) 원칙

적과 대전할 때 적군의 대오와 진용이 질서정연하고 군사들의 정서가 안정된 경우 가볍게 움직이면 안 된다. 적의 내부에 변동이 일어나기를 기다렸다가 공격해야 한다. 이같이 하면 유리한 국면을 장악할 수 있다.

《손자병법》에 "깃발이 잘 정돈된 적군은 공격하면 안 된다"라고 했다.

역사 사례

삼국시대인 238년 6월, 위나라 대장 사마의가 명을 받들어 위나라에 반기를 들고 스스로 연燕 왕이 된 공손연公孫淵을 토벌하기 위해 요하遼河에 이르렀다. 공손연은 수만 명의 보병과 기병을 요수성遼隧城에 집결시키고 굳건한 방어로 사마의의 진격에 대비했다.

사마의는 군을 이끌고 은밀히 요하를 건너 요수성을 공격하려는 듯 그 일대에 광범위한 포위망을 구축했다. 그리고 요수성에서 거점 방어 태세를 취한 공손연 군대를 그대로 놔둔 채 공손연의 근거지인 양평襄平으로 진격하려고 했다.

이에 사마의 휘하 장수들이 사마의를 이해하지 못하겠다며 반대했다. "적의 방어 거점을 공격하지 않고 그대로 지나는 것을 이해할 수 없습니다."

사마의가 대답했다. "적은 지금 요수성에 견고한 방어 태세를 갖춰 놓았다. 이는 우리 군을 이곳에 붙들어 놓고 지치게 만들려는 작전이다. 그러므로 우리가 저들의 성을 공격하는 것은 바로 저들의 작전에 걸려드는 것이다. 적의 주력 병력이 이곳에 집결되어 있으니 적의 근거지인 양평은 분명 텅 비었을 것이다. 우리가 곧바로 양평을 향해 진격한다면 요수성의 적들이 근거지를 잃을까 봐 두려워 견고한 성에서 나와 우리와 싸우려 들 것이다. 그때를 이용해 병력을 집중하여 공격한다면 틀림없이 저들을 격파할 수 있다."

사마의는 엄정하게 깃발과 창검을 휘날리며 요수성을 지나쳐 곧장 양평으로 진군했다. 공손연은 위군이 자신들의 후방 근거지로 향한다는 사실을 알고는 견고한 요수성에서 나와 위군을 막으려고 했다. 사마의는 이 틈을 노려서 역습하여 적을 대파했다. 세 번 싸워 세 번을 이기니 공손연은 양평으로 퇴각했고, 사마의는 승리의 여세를 몰아 겹겹이 그를 포위했다.《진서》〈선제기〉

〈정전〉 편은 〈완전〉이나 〈속전〉과 연계된 전략이다. 요지는 전력이 잘 정비된 적은 함부로 공격하지 말라는 것이지만, 동시에 내 전력도 확실하게 정돈해야 한다는 메시지를 담고 있다. 어디까지나 함부로 공격하지 말라는 경고이지 절대 공격하지 말라는 뜻이 아니다. 기회를 포착하면 사정없이 속전속결해야 한다.

《관자管子》를 보면 적을 공격할 때 강하고 날카로운 부분을 공격하는 것은 못 끝을 때리는 것처럼 장애에 부딪히지만, 약한 곳을 공격하면 성공하기 쉽다는 내용이 있다. 그래서 손무가 날카로운 상대는 공격하지 말라고 경고하는 것이다. 손무는 〈구지〉 편에서 "공격하지 말아야 할 성이 있다"라고도 말한다. 이 말은 두 가지 의미를 내포한다. 적의 정세와 아군의 상황에 따라, 즉 총체적인 목표를 위해 땅이 있다고 해서 무턱대고 싸우거나 성이 있다고 해서 섣불리 공격해서는 안 된다는 뜻이다.

성을 공격하느냐 마느냐는 내 멋대로 공격하지 않는 것이 아니다. 공격하지 않는 것이 내 쪽에 유리하고, 전체 국면의 필요성에 비추어 유리하다는 걸 전제로 한다. 공격할 힘이 있지만 전체 국면에서 불리하면 공격하지 않는 것이다. 반면 전체 국면에 유리한데도 공격하지 않는다면 전기를 놓치거나 전체 국면을 그르칠 수 있다. 위의 역사 사례 후반부를 살펴보면 〈정전〉이 전하는 요지가 더 분명해질 것이다.

앞에서 언급했다시피 238년, 사마의는 4만 병력을 거느리고 요동에 세력을 튼 공손연을 토벌하러 나섰다. 전쟁 막바지에 사마의

공손연을 토벌하는 과정에서 사마의는 〈완전〉을 기조로 차근차근 공략했다. 특히 견고한 방어망을 구축한 요수성을 비켜 양평을 바로 포위함으로써 공손연의 전력을 분산시킨 것은 절묘한 작전이다.

가 이끄는 위군은 양평에서 공손연을 포위했다. 당시 공손연은 병력 면에서는 사마의보다 우세했으나 식량이 모자랐다. 반면 위군은 식량은 충분했으나 성을 공격할 준비가 안 된 상황이었다. 게다가 큰비가 내려 땅에 몇 자씩 웅덩이가 파인 바람에 성을 공격하는 게 더욱 어려웠다.

사마의는 이런 상황에서 서둘러 속전속결을 시도하다가는 적이 우세한 병력을 이용해 육박전으로 나오거나 포위를 돌파하여 달아날 가능성이 크다고 분석했다. 반대로 시간을 끌면 공손연의 식량 문제가 더욱 커져 군심이 흩어질 것이며, 그사이에 위군은 사기가 떨어지지 않도록 잘 다듬어 놓으면 된다는 계산에서 〈완전〉 전략을 쓰기로 결정했다. 그는 전투를 서두르지 않으면서도 군영을 옮겨 포위를 풀어 주지 않았다. 그 상태로 양군이 대치 국면을 유지하자는 것이었다.

사마의는 적의 포위 돌파를 막기 위해 적이 큰비가 내릴 때 성을 나와 나무를 하거나 방목해도 전혀 공격하지 않았다. 자기 쪽의 약한 모습을 보여 줌으로써 적의 심리를 마비시키려는 것이었다. 공손연은 자기 군대가 수적으로 우세한 데다 큰비가 내리니 위군도 어쩔 수 없을 거라고 판단하여 성을 지키며 방관만 할 뿐이었다. 결국 양쪽은 빗속에서 30여 일 동안 전투 없이 대치했다. 위군의 일부 장수는 적과 편안하게 대치할 뿐 포위해 놓고도 공격하지 않는 이 작전에 의문을 나타내기도 했으나 사마의는 인내심으로 기다리라고 설득했다.

비가 그치고 날이 개자 위군은 흙으로 산을 쌓고, 땅 밑으로 통로를 파고, 무기를 정비하여 대거 성을 공격하기 시작했다. 이때 공손연 진영의 식량은 이미 바닥나서 급기야는 서로를 잡아먹는 참상마저 일어났다. 공손연은 잔병을 모아 성을 버리고 포위를 뚫으려 했으나 성 밖에서 기다리는 위군에 전멸당했다.

070
난전
내가 차분하고 침착해야 상대의 혼란이 보인다
亂戰

용병(경영) 원칙

적과 전투할 때 적군의 대오가 정돈되지 않고 적병들이 소란하다면 아군은 신속히 군을 출동시켜 공격해야 한다. 이같이 하면 승리할 수 있다.

《손자병법》에 "적진이 혼란스러우면 그 기회를 틈타 재빠르게 공격해야 한다"라고 했다.

역사 사례

수나라 말기인 617년, 수에 대항하여 반란을 일으킨 당나라 장군 유문정劉文靜과 단지현段志玄이 섬서성 북방 요충지 동관潼關에서 수나라 장군 굴돌통屈突通의 진격을 맞았다. 이 전투에서 유문정의 부대는 굴돌통의 부장인 상현화桑顯和에게 패하고 진세가 혼란에 빠져 궤멸 위기에 처했다.

428

단지현은 불과 20여 명의 기병만 데
리고 유문정의 부대를 구원하기 위해
출전하여 수나라 병사 수십 명의 목을
베었다. 그러나 돌아오는 길에 수군의
화살을 다리에 맞아 부상을 당했다. 하
지만 그는 부하들이 동요할까 봐 아무
일도 없다는 듯 고통을 참고 여러 차례
나 더 적진에 돌입하여 적을 참살했다.
단지현의 돌격으로 상현화의 수군

단지현은 부상에도 불구하고 침
착함을 유지했다. 상대를 혼란스
럽게 만들기 위한 전제조건은 나
의 침착함과 냉정함이라는 것을
단지현의 사례가 잘 보여 준다.

진지는 큰 혼란에 빠졌다. 반면 유문정의 부대는 사기가 진작되어
적군의 혼란을 틈타 용감하게 출격, 수군을 대파했다. 굴돌통이 도
망쳤으나 단지현이 추격하여 결국 사로잡았다. 《구당서》〈단지현전〉

해설

〈난전〉은 기본적으로 〈속전〉에 속한다. 상대가 혼란에 빠졌다고 판
단되면 즉각 공격해서 승기를 잡아야 한다는 것이 요지다. 〈난전〉 편
은 '정靜'과 '동動'의 대립 관계에서 오는 차분함(침착함)과 조급함(서두름)
의 차이와 그 전환을 짚어 내고 있다. 요컨대 어떤 상황에서든 차분
하고 침착한 쪽이 승리할 확률이 높다는 것이다. 부상당한 단지현이
우왕좌왕하며 군대를 혼란스럽게 했다면 수군을 물리칠 수 없었을
것이다. 단지현이 차분함과 침착함을 유지함으로써 상대의 혼란을
틈탈 수 있었다. 전국시대의 책으로 알려진 《위료자尉繚子》〈정권政權〉

제5)에 이와 관련한 의미심장한 구절이 나온다.

"군대는 침착하고 냉정한 군대가 승리하고, 국가는 힘과 마음을 하나로 통일한 나라가 승리한다. 힘이 분산되면 약해지고, 마음에 의심이 생기면 배반한다."

차분하고 냉정한 군대가 이긴다는 '병이정승兵以靜勝'이 바로 여기서 나왔다. 〈난전〉은 혼란에 빠진 상대를 바로 공략하라는 것이 요지지만, 그 안에는 침착하고 냉정한 군대가 적을 제압한다는 의미를 함축하고 있다. 나와 내 진영을 냉정하고 침착한 상태로 만드는데 최선을 다해야 한다.

《회남자》에서는 "군대가 냉정하고 침착하면 견고해진다"라고 했다. 또한 《초려경략》(권4 〈상정尚靜〉)에서는 "무릇 삼군의 일은 시끄러우면 혼란에 빠지고 조용하면 잘 다스려진다는 것이 필연의 이치다"라고 했다. 그런가 하면 《병뢰兵罍》〈정靜〉에서는 이에 대해 상세히 설명하고 있다.

"병兵이란 무武를 다루는 일이다. 따라서 침착함과 냉정함이 중요하다. 침착하고 냉정하면 형체가 없지만 움직이면 형체가 드러난다. …… 호랑이나 표범이 움직이지 않으면 함정에 빠지지 않고, 사슴이나 고라니가 움직이지 않으면 덫에 걸리지 않고, 날아다니는 새가 움직이지 않으면 그물에 걸리지 않고, 물고기가 움직이지 않으면 새의 부리 따위에 쪼이지 않듯 모든 움직이는 물체는 제압당하기 마련이다. 옛 성인들은 침착함과 냉정함을 중요하게 여겼다. 냉정하고 침착하면 서두르지 않는다. 그런 다음에 서두름에 응할 수 있다."

군대나 조직이 냉정함과 침착함으로 상대를 제압할 수 있는 까닭은 첫째, '냉정하고 침착하면 형체가 없어' 적이 나의 행적을 종잡을 수 없고, 따라서 나의 의도와 허실을 알 길이 없기 때문이다. 내가 어디를 막고 있는지, 나의 어디가 약한지 모르기 때문에 어디부터 나를 공격해야 할지 모른다. 또 내가 어디를 공격해 들어갈지 모르기 때문에 어디를 막아야 할지 모른다. 이것이 상대를 어지럽힐 수 있는 중요한 조건이다.

둘째, '냉정하고 침착하면 서두르지 않아' 자신의 약점을 쉽게 드러내지 않기에 적이 기회를 잡을 수 없기 때문이다. 리더가 냉정하고 꼼꼼하게 문제를 두루두루 살펴 판단하고 '기계奇計'를 구사하면 승산이 큰 싸움을 벌일 수 있다. 군대나 조직이 훌륭한 방어 태세, 엄격한 규율과 질서를 유지하면 명령을 확실하게 집행하고 긴밀한 협동 체제를 세울 수 있다.

'정靜'은 '동動'과 모순되는 양면이다. 그리고 절대적인 '정'이란 존재하지 않는다. '병이정승'이 강조하는 것은 정(냉정, 침착)으로 동을 제압하고, 정으로 이기는 것이다. 먼저 냉정하고 침착한 뒤에 움직이자는 것인데, 그 속에도 움직임이 있다. '정'은 결국 '동'을 위한 것이다. '동'이 없다면 '정'은 그 의미를 잃는다.

경쟁이란 상대와 나 사이에 벌어지는 세력 활동을 통해 최종 승부가 나는 것이다. 따라서 〈난전〉 편은 '정'이 안고 있는 의미를 깊게 이해할 것을 요구한다. 깊은 연못을 지나거나 살얼음판을 지나갈 때 절대 경거망동하면 안 되는 것처럼, '정'을 보수적이고 소극적인 것으로 이해하여 그저 기다리거나 관망만 하다가 전기를 놓쳐서는 안 된다.

071

분전

많으면 나눠야 더 효율적으로 힘을 발휘할 수 있다

分戰

용병(경영) 원칙

아군의 병력이 많고 상대의 병력이 적을 경우 넓고 평탄한 지역을 선택하여 싸워야 한다. 아군이 적보다 다섯 배가 많다면 이를 나누어 그중 5분의 3은 정병正兵으로 정면 공격하고, 나머지 5분의 2는 기병奇兵으로 적을 기습 공격하도록 편성한다. 아군이 적에 비해 세 배가 많다면 병력을 나누어 3분의 2는 정병으로, 3분의 1은 기병으로 편성해야 한다.

《당태종이위공문대》에 "병력을 분산하여 싸워야 할 상황에서 병력을 분산, 운용하지 않는 군대를 난군亂軍이라고 한다"라고 했다.

역사 사례

남북조시대인 552년 무렵, 양나라 장군 진패선과 왕승변王僧辯이 군을 출동시켜 장공주張公洲에서 후경侯景의 반란 세력을 토벌했다.

陳武帝

循道

受禪之禪寬簡為政

臨危制勝

進奏

진패선은 석두성 전투에서 병력을 적절하게 나누어 여러 방향에서 후경을 공격함으로써 승리를 거뒀다. 진패선은 훗날 진陳을 건국하여 무제武帝라는 시호를 받았다.

양나라 군대는 수많은 전함에 깃발을 높이 세우고 강을 횡단했는데, 해를 가릴 기세로 물결을 따라 호호탕탕 하류를 향해 나아갔다.

석두성石頭城에 올라 양나라 토벌군의 늠름한 진용을 바라보던 후경은 '적군의 기세가 이렇게 웅장하니 가벼이 상대해서는 안 되겠구나' 하는 불안감을 느꼈다. 후경은 직접 철기병 1만 명을 거느리고 북을 울리며 전진하여 양나라 군대와 싸울 태세를 갖췄다.

후경의 군사들이 접근하자 진패선이 왕승변에게 건의했다. "용병에 능한 자는 '상산常山의 뱀'과 같아서 선두와 후미 부대가 서로 잘 연결하여 호응하게 합니다. 적은 지금 사력을 다해 결전하려고 합니다. 그러나 아군의 병력이 적군보다 많으니 부대를 나누어 적을 공격하는 것이 좋겠습니다."

왕승변은 진패선의 의견에 따라 강력한 궁노 부대는 정면에서 후경의 군을 맞아 싸우게 하고, 경무장한 정예 기병들은 측면과 후방을 유린하게 했다. 자신은 주력 부대를 이끌고 후경군의 중앙부를 공격했다. 그 결과 양나라 군대는 후경의 군을 대파했다. 반란군의 우두머리 후경은 석두성을 버리고 도망갔다.《진서》〈고조 본기〉)

해설

〈분전〉편은 바로 뒤의 〈합전〉편과 짝을 이룬다. 경쟁에서 힘을 나누고 합치는 이치에 관한 전략이다. 《손자병법》〈모공〉편에 다섯 가지 승리를 아는 '지승知勝'의 방법 중 많고 적음의 효용을 아는 자가 승리한다는 '식중과지용자승識衆寡之用者勝'이란 대목이 있다. 그 원칙은 양쪽의 병력을 잘 분석하여 정확한 전법으로 전투에서 승리하는 것이다.

손무는 계산을 잘하면 이기고 그렇지 못하면 진다고 강조한다. 숫자의 많고 적음을 활용하는 것도 그 내용의 하나다. 전쟁에서 군대의 숫자는 전쟁의 승부를 결정하는 주요한 조건이다. 특히 창이나 칼 같은 냉병기 위주의 전쟁을 하던 시대에는 더욱 그랬다. 싸워 적을 이기는 데 가장 중요한 것은 수적인 우세라 할 수 있다.

〈분전〉편은 자기 전력이 우세할 때 그 정도에 따라 전력을 나누고 상대를 여러 방향에서 공격해 빨리 승부를 결정하라고 권한다. 다만 주의할 것은 그저 숫자만 믿고 상대를 가볍게 여기거나 치밀하지 못한 권모술수로 자기 전력을 제대로 운용하지 못하면 자기보다 수가 적은 상대에게 패하기 일쑤라는 점이다.

역사적으로 적벽대전에서 주유와 유비가 조조를 물리친 것이나 비수 전투에서 사현이 부견에게 승리를 거둔 것 등은 수적으로 우세한 부대가 열세인 부대에 패배한 사례다. 전국시대 위나라 장수 오기가 전차 5000승에 기마 3000필로 서하에서 진秦의 50만 대군을 격파한 것이나, 송나라 악비가 500기병으로 김올술의 10만 대군을 주선진에서 물리친 것 등은 모두 소수가 다수를 이긴 경우다.

모든 경쟁에서 숫자가 승리의 절대 요건은 아니다. 손무는 그저 '군대 수의 많고 적음을 알아 활용하는 것'만 제기했지 구체적인 방안은 말하지 않았다. 이 방안은 구체적인 시간과 환경에서 양쪽의 구체적인 상황을 살피고 결정해야 할 것이다.

명나라의 군사가 조본학趙本學(1478~1544)은 일찍이 이 문제에 대해 이렇게 말했다.

"많으면 나누고, 적으면 합해야 한다. 많으면 두텁게, 적으면 가볍게 해야 한다. 많으면 편하게, 적으면 험하게 해야 한다. 많으면 두루두루, 적으면 간결해야 한다. 많으면 느긋하게, 적으면 빠르게 해야 한다. 많으면 아침에, 적으면 밤에 해야 한다. 그 차이점이 이와 같다."

손무는 병력의 운용에 대해 "아군의 병력이 적의 열 배면 적을 포위하고, 다섯 배면 적을 공격하며, 두 배면 적의 병력을 분산시킨다. 병력이 엇비슷하면 전력을 다해 결전한다. 아군의 병력이 적으면 굳게 지키고 맞싸우지 않는다. 아군의 병력이 아주 열세일 때는 후퇴한다"라고 했다. 별다른 요소는 강조하지 않았다. 그러나 손무는 '완전한 승리'를 얻는 사상이 '병력' 하나만으로 결정되는 것은 아니라고 강조한다. 병력의 많고 적음을 알아 활용할 때 관건은 '앎'에 있다. 알지 못하면 활용할 수 없고, 그것은 맹목적인 용병이다. 경영에서도 숫자의 많고 적음을 알고 그것을 잘 활용하는 것은 많은 수로 적은 수를 이기는 문제뿐만 아니라 적은 수로 많은 수를 이기는 문제를 함께 포함한다.

참고로 역사 사례에서 진패선이 언급한 '상산의 뱀'에 대해 간략하게 소개해 둔다. 《손자병법》 〈구지〉 편에 "용병을 잘하는 자는 솔연率然이라는 뱀과 같다. 솔연은 상산의 뱀인데, 머리를 치면 꼬리가 대들고 꼬리를 치면 머리가 대들며, 중간을 치면 머리와 꼬리가 함께 대든다"라고 했다. 이는 경쟁에서 임기응변에 능통한 경우를 비유하는 말이자 경쟁 전략의 운용에서도 채택되는 논리다. 자신의 전력을 언제든 분산시킬 수 있어야 하는 것은 물론 수시로 서로 호응할 수 있는 탄력성을 유지하라는 말이다.

072

합전

경쟁에서 1+1=2가 아니다

合戰

용병(경영) 원칙

병력이 흩어지면 전투 역량이 약해지고 병력을 집중하면 전투 역량이 강해지는 법이다. 용병하는 자라면 반드시 알아야 하는 상식이다. 아군이 부대를 여러 지역에 나누어 주둔시킨 상황에서 적이 많은 수로 공격하려 한다면 아군은 신속히 부대를 한곳에 집중시켜 적에 맞서야 한다.

《당태종이위공문대》에 "군을 한곳에 집중시켜야 하는 상황에도 집중시키지 않는다면 자기 역량을 깎는 고립된 군대, 즉 고군孤軍이 된다"라고 했다.

역사 사례

당나라 개원 연간인 733년 가을, 토번吐蕃(티베트)이 신성新城(지금의 신강성)에 주둔한 당나라 군대를 공격했다. 티베트 군대는 병력이 많앞으나 당나라 군대의 병력은 열세였기에 당나라 장졸들은 공포에 떨었다.

그러나 당나라의 좌위위랑장 왕충사王忠嗣는 조금도 두려워하는 기색 없이 기병을 지휘하여 적을 맞아 싸웠다. 왼쪽을 치는가 하면 오른쪽을 치고, 물러났는가 하면 다시 진격하고, 분산시켰는가 하면 다시 집결시켜 종횡무진으로 적진을 누비며 적군 수백 명을 베어 죽였다. 왕충사의 활약으로 티베트 군대는 큰 혼란에 빠져 제대로 전열을 정비하지 못했다. 왕충사는 삼군을 모아 좌우에서 티베트 군대를 맹렬히 협공한 끝에 마침내 적을 대파했다.《구당서》〈왕충사전〉

초한쟁패 막바지에 유방이 한신과 팽월의 군대를 합치고 항우를 공격하여 긴 승부에 마침표를 찍은 사례 역시 〈합전〉의 중요성을 잘 보여 준다.《초한지》를 중심으로 그 과정을 좀 더 자세히 살펴보자.

기원전 202년 10월, 유방은 양하에서 항우를 추격하는 대신 제왕 한신, 위의 팽월과 더불어 군을 한곳에 모아 전력을 집중하여 항우의 초군을 공격하기로 했다. 그러나 유방 군대가 집결지인 고릉에 도착할 때까지 합류하기로 한 한신과 팽월의 군이 도착하지 않았다. 이를 틈타 항우가 유방을 공격하여 대파했다.

유방은 할 수 없이 군을 수비 태세로 전환하여 성채 주위에 참호를 깊이 파고 진영을 굳게 지키며 참모 장량에게 "한신과 팽월이 내 명령에 따르지 않으니 어찌해야 좋겠소"라고 물었다.

장량이 대답했다. "지금 초군은 궤멸 직전에 있습니다. 그런데도 대왕께서는 아직 제후들에게 영토를 나눠 주지 않았습니다. 그들이 대왕의 명령을 따르려 하지 않는 것은 당연한 일입니다. 대왕께서 그들과 함께 천하를 나눠 갖겠다고 하신다면 당장이라도 불러올 수 있을 것입니다. 제왕 한신이 왕위에 오른 것도 대왕의 본심이 아니기에 우리 한나라에 대한 충성심이 그리 높지 않습니다. 한신의 고향인 회음은 초나라 땅에 있습니다. 그는 고향을 찾기 위해서라도 전력을 다해 초나라를 공격할 것입니다. 또 팽월은 본디 양나라의 옛 영토를 평정한 인물이며 역시 제후 왕이 되기를 바라는데, 대왕께서 조치를 취하지 않았습니다. 이제라도 대왕께서는 수양 이북에서 곡성에 이르는 지역을 모두 팽월의 영지로 하사하고, 진의 이동 지역에서 동해에 이르는 지역을 모두 제왕 한신의 영지로 봉한다고 약속하십시오. 그런 다음 각자 힘을 다하여 초군을 무찌르게 하면 초군을 쉽게 격파할 것입니다."

유방이 장량의 의견을 받아들여 점령 지역 일부를 제후들의 영지로 떼어 주겠다는 약속을 하자 한신과 팽월이 군을 이끌고 현지에 도착했다.

다음 달 11월, 한나라 장수 유가의 부대는 초의 땅으로 진입하여 수춘을 포위했다. 이에 한나라는 사절을 파견, 초나라 대사마 주은을 설득하여 한나라 편으로 전향시켰다. 결국 주은은 초를 배반하여 구강에 배치된 초군을 이끌고 한나라 장군 경포의 부대에 합류했다. 경포는 주은군과 함께 진격하여 성보 지방을 손에 넣고 수춘을 점령한 유가군의 뒤를 이어 해하垓下에 집결했다.

12월, 한의 여러 군이 해하에서 항우군을 포위했다. 장량은 초군의 사기를 저하시키기 위해 투항한 초의 병사들이 한밤중에 초나라 노래를 부르게 했다(사면초가四面楚歌). 항우군은 한군의 진영에

초한쟁패의 마지막 전투지 해하에서 유방은 군을 나누어 협공하며 '사면초가'라는 심리전까지 동원해 항우 진영을 완전히 무너뜨렸다. 그림은 10면에서 매복하여 항우를 공격하는 한나라 장수들을 그린 '십면매복도十面埋伏圖'다.

서 들려오는 초나라의 노랫소리를 듣고 모두 상심했다. 전의를 상실한 항우 군의 군영에서는 이탈자가 속출했다. 항우는 겨우 수백 명의 기병만 이끌고 패주하여 오강烏江에 이르렀다. 배를 준비한 오강의 정장이 항우에게 강동으로 건너가 재기할 것은 권했다.

그러나 항우는 하늘을 바라보고 처연히 웃으면서 말했다. "그만두시오. 나는 이미 하늘의 버림을 받은 몸인데 강을 건넌들 무슨 소용이 있겠소. 강동은 그곳 젊은이 8000명을 이끌고 처음 거사한 곳이오. 그러나 지금은 그 8000명을 다 죽이고 나 혼자만 살아남았소. 죽은 젊은이의 가족들이 나를 반겨 준다고 해도 무슨 면목으로 그들을 대할까! 그들이 용서한다고 해도 나 자신이 나를 용서할 수 없소."

그는 한군 수백 명을 죽이고 스스로 자결했다. 그의 나이 서른하나였다.

마침내 한은 초를 평정하고 천하를 통일했다.

훗날 당나라 시인 두목杜牧은 항우가 자결한 오강을 찾아 다음의 시를 남겼다.

싸움에 이기고 지는 것은

누구도 기약할 수 없는 일.

한때의 부끄러움은

참고 참아야 하는 것이 남아 아니던가.

강동의 자제 중에는

뛰어난 이 많으니

다시 일어날 수 있을지 누가 알겠는가.

해설

〈합전〉 편은 '합병이격적合兵以擊敵', 병력을 집중하여 적을 공격한다는 용병 원칙을 제시한다. 실전을 중시하는 병법서 《손빈병법》은 곳곳에서 '세勢'와 그 중요성을 거론하는데, 특히 〈세비勢備〉 편에서 '세'의 문제를 집중적으로 논하고 있다. 손빈은 전쟁 중의 '세'는 전환할 수 있으며, 또 창조할 수 있다고 주장한다. '세'를 잘 이용하면 자기 쪽에 유리한 전세를 창출해 낼 수 있다. 이를 잘 구사하면 적은 병력으로 큰 효과를 거둘 수 있다. 안 그러면 적보다 숫자가 많아도 모자라는 꼴이 되고 만다. 《손자병법》 〈허실〉 편에 이와 관련한 대목이 있어 눈길을 끈다.

"따라서 적의 모습을 드러내게 하고 아군의 모습을 보이지 않으면, 아군은 집중하고 적은 흩어진다. 아군은 하나로 집중하고 적은 열로 분산된다면, 열로 하나를 상대하는 것이나 마찬가지다. 아군은 많고 적은 적어지는 셈이다. 다수의 병력으로 소수의 병력을 공격할 수 있으면, 아군이 더불어 싸울 상대는 가벼운 것이다."

〈합전〉의 전략은 〈분전〉과 함께 온갖 방법과 수단으로 적의 역량을 견제, 분산시키고, 동시에 모든 조치를 동원해서 내 쪽의 역량을 발휘하여 우세한 국면을 조성하자는 것이다. 역대 병가에서 중요하게 취급한 평범하지만 중요한 법칙이라 할 수 있다.

경영 지혜

〈합전〉 편은 힘을 합치는 단결을 중시한다. 단결은 곧 힘이다. 고대의 전쟁이든 지금의 기업 경쟁이든 모든 조직이 이 오랜 가르침과 원칙을 따르고 있다. 단결의 결과는 단순히 1+1=2가 아니다. 단결은 개개인을 단순하게 합친 것보다 훨씬 큰 힘을 발휘한다. 단결된 조직은 언제 어디서든 상식과 상상을 뛰어넘는 힘을 보여 준다. 러시아의 극작가 오스트로프스키Ostrovsky(1823~1886)는 "공동의 사업, 공동의 투쟁은 모든 걸 인내할 수 있는 힘을 준다"라고 했다. 나뭇가지 하나는 얼마든지 부러뜨릴 수 있지만, 나뭇가지를 한데 모아서 묶으면 꺾을 수 없는 이치와 같은 맥락이다.

어떤 기업이든 그 내부에 많은 모순이 발생할 수 있다. 기업의 리더는 이 모순들을 해소하고 내부 단결과 합작할 수 있는 분위기를 만드는 데 많은 힘을 기울여야 한다.

기업 문화의 응집력에서 단결을 그 핵심이자 내용으로 앞세워 세계적인 기업으로 성장한 알리바바의 항저우 본사.

알리바바가 세계적인 기업으로 발돋움한 비결 가운데 하나가 기업 내부에 작동하는 고도의 단결이다. 알리바바의 기업 철학은 단체 정신이다. 알리바바는 모든 단계의 목표를 리더는 물론 전 직원이 함께 노력하여 달성한다는 이념으로 무장되어 있다. 알리바바의 리더들은 직원들에게 특별히 구체적인 업무 지표나 업무량을 지시하지 않는다. 그들의 목표는 총체적이다. 이는 기업 문화의 응집력에서 나오는데, 기업 문화의 핵심 내용이 바로 단결이다.

단결은 역량의 원천이다. 역량의 원천을 잃은 조직은 어려움 앞에서 힘을 쓸 수 없다. 조직이 쟁반의 모래알과 같다면 경쟁에서 단 일격을 견뎌 내지 못하고 쓰러질 것이다.

073

노전

적절한 분노와 적개심이 분발을 촉진한다

怒戰

용병(경영) 원칙

적과 싸울 때는 모름지기 장병들을 격려하여 적에 대한 적개심을
불러일으킨 다음 전투에 투입해야 한다.

《손자병법》에 "병사들이 용감하게 적을 죽일 수 있는 것은 병사
들의 적개심 때문이다"라고 했다.

역사 사례

28년, 후한의 광무제가 장군 왕패王霸(?~59)와 마무馬武에게 수혜垂惠
지역에 둥지를 튼 반란군 주건周建의 세력을 토벌하라고 했다.

마무의 토벌군이 출동하자 한나라에 반기를 든 소무蘇茂는 4000
여 명의 군사를 이끌고 주건을 지원하기 위해 수혜로 달려갔다. 소
무는 먼저 한 갈래의 정예 기병을 보내 마무의 군량 수송대를 가로
막고 공격했다. 마무가 이를 알고 후미의 군량 수송대를 구원하려

고 하자 수혜성을 점거한 주건이 부대를 출전시켜 소무와 함께 마무의 부대를 협공했다.

마무는 이들의 협공을 받으면서도 왕패가 구원군을 보내 주리라 믿은 나머지 전력을 다하여 싸우지 않았다. 결국 마무의 부대는 주건과 소무의 군에 참패를 당했다. 마무는 궤멸된 군사를 이끌고 왕패의 진영으로 달려가 큰 소리로 구원을 요청했다.

그러나 왕패는 "적의 군세가 강하여 우리가 나서서 구원하다가는 그대의 본군과 우리 구원병까지 모두 패하고 말 것이다. 각자 힘을 다하여 싸울 뿐이다" 하더니 군영의 입구를 폐쇄하고 굳게 지키기만 할 뿐 출전하지 않았다. 왕패의 부하 장수들이 모두 마무를 구원하기 위해 출전하려 했지만 왕패는 다음과 같은 말로 설득했다.

"소무의 군대는 모두 정예병에다 병력 또한 많아서 우리 군사들이 마음속으로 두려움을 품고 있다. 또한 마무의 부대와 우리 부대는 서로 우군이 자기들을 구원해 주리라 믿기 때문에 결사적으로 싸우지 않는다. 이야말로 패망을 자초하는 길이다. 우리가 문을 닫고 견고하게 진영을 지키면서 우군끼리도 구원해 주지 않는다면 적은 반드시 기세가 등등하여 경솔히 우리를 공격하려 들 것이다. 마무 장군의 부대 역시 우리가 그들을 구원해 주지 않는다는 사실을 알면 그들 스스로 힘을 배로 내서 적과 싸우려

왕패는 군대를 궁지로 몰아 투지를 높이는 전략을 취했다. 〈노전〉 전략의 핵심을 파악한 것은 아니지만 그 방법이 실제 전투에서는 상당히 유용하다.

들 것이다. 이렇게 되면 소무의 군사들은 자연히 피로해질 것이고, 그 틈을 타서 우리가 공격한다면 반드시 승리할 수 있다."

왕패가 소신대로 영채만 굳게 지키자 과연 소무와 주건은 성에서 나와 전력으로 마무의 군을 집중 공격했다. 양군이 치열하게 사투를 벌이자 이를 관망하던 왕패의 진중에서 장사 수십 명이 머리를 삭발하고 마무를 구원하겠다는 결의를 보이며 출전을 자원했다.

왕패는 군사들의 적개심이 불타오르는 것을 보고 출전할 때가 무르익었다고 판단, 비로소 영문을 열고 정예 기병을 출전시켜 적의 배후를 급습했다. 그 결과 소무와 주건의 군은 앞뒤에서 한군의 협공을 받아 대패하여 도망쳤다. 《후한서》 〈왕패전〉

해설

손무는 전투에서 적을 물리치는 가장 큰 원동력으로 분노 또는 적개심을 들었다. 〈노전〉 편은 분노가 적을 죽인다는 손무의 '살적이노殺敵以怒' 사상을 충실하게 계승하고 있다. 이와 관련하여 《건곤대략사탁서乾坤大略四槖書》의 "병사를 싸우게 만드는 것은 기氣이며, 기를 자극하는 것은 분노다"라는 대목도 눈에 띈다.

그런데 춘추시대 사상가 노자老子는 《도덕경》(제69장)에 대단히 의미심장한 구절을 남겼다.

"적을 깔보는 것보다 더 큰 화는 없다. 적을 경시하면 나의 보배를 잃는다. 무기를 들고 맞싸울 때는 전쟁을 슬프게 여기는 자, 즉 패배를 경험한 쪽이 승리한다."

여기서 슬픔을 아는 군대가 반드시 이긴다는 '애병필승哀兵必勝'이란 군사 전략 용어가 탄생했다. 군사전문가는 아니지만 노자는 정신(심리)적 요소가 전쟁의 승부에 큰 작용을 한다는 점을 분명히 인식했다. 두 군대가 대치하는 상황에서는 모두 감정이 격하고 적개심에 불타겠지만, 비분강개의 심정이 더 충만한 쪽이 승리를 거둘 것이기 때문이다.

이상은 모두 병사들이 용감하게 적을 죽이도록 하려면 적에 대한 원한을 자극해야 한다는 말이다. 용병에 능한 장수는 병사들의 사기를 높이고 정신력을 키우는 데 많은 신경을 쓴다. 그리하여 '용감한 기세와 충만한 노기怒氣'가 갖춰졌을 때 적과 싸운다.

모든 경쟁은 어떤 성격이든 서로에 대한 적개심이 존재할 수밖에 없다. 이 적개심을 높이기 위해 양쪽은 실질적인 전투력 향상을 위한 훈련이나 전략과 전술은 물론 정신 교육을 중시한다. 정신 교육의 내용을 보면 전쟁의 정당성, 나라와 백성을 위한다는 책임감, 숭고한 희생정신을 비롯하여 상대에 대한 강렬한 적개심 고취가 들어 있다.

사상가인 노자는 경쟁에서 정신(심리) 상태가 승부를 가를 수 있다는 의미심장한 논리를 남겨 놓았다.

전쟁터를 방불케 하는 기업 경쟁에서도 경쟁 상대에 대한 경쟁심은 필수다. 다만 상대를 적으로 여겨 수단과 방법을 가리지 않고 꺾으려 해서는 안 된다. 부정하고 부도덕한 기업은 사회의 악이기 때문이다. 경쟁은 당당하게 공정한 게임의 룰을 지키며 해야 한다. 특히 윈윈할 수 있는 경쟁 전략도 함께 찾아내야 한다. 이는 기업 경영의 커다란 추세이기도 하다.

용병(경영) 원칙

장수가 전쟁에서 의지하는 것은 병사이고, 병사가 공격할 때 의지하는 것은 사기士氣다. 병사들의 사기가 왕성한 것은 북소리를 울리며 격려한 결과다. 북은 전사들의 사기를 북돋아 주지만 너무 자주 이용하면 안 된다. 북을 너무 자주 치면 병사들의 기력이 떨어지기 때문이다. 또한 병사들이 적과 너무 멀리 떨어져 있을 때도 북을 울리면 안 된다. 거리가 먼데도 북을 울리면 접전하기도 전에 병사들의 기력이 떨어질 수 있기 때문이다.

적군이 60보 내지 70보 이내 거리까지 접근했을 때 북을 울려 군사들이 싸우게 해야 한다. 적의 기력이 쇠잔하고 아군의 기력이 충만할 때 공격한다면 적을 쉽게 패퇴시킬 수 있다.

《위료자》에 "사기가 왕성하면 적과 싸워야 하고, 기력이 쇠잔하면 즉시 철수해야 한다"라고 했다.

역사 사례

춘추시대인 기원전 684년경, 제나라와 노나라 사이에 장작長勺 전투가 벌어졌다. 이해에 제가 노를 침공하자 노나라 군주 장공莊公이 제의 군대와 싸우기 위해 직접 출전했다. 조귀曹劌가 장공을 따라 종군하겠다고 자원하자 장공은 그를 수레에 태우고 함께 출전하여 장작에서 제의 군대와 대치하기에 이르렀다.

장공이 제의 기선을 제압하기 위해 공격 신호인 북을 울리려 하자 조귀가 황급히 "아직은 공격할 때가 아닙니다"라며 선제공격을 막았다. 공격은 제나라 군대가 먼저 시작했다. 제의 공격은 연달아 세 차례나 거듭되었지만 노나라의 방어를 돌파하지 못하고 물러났다.

조귀는 제나라 군대 쪽에서 세 번의 공격 북소리가 울린 다음에야 비로소 노의 장공에게 반격할 것을 제안했다. "바로 지금이 공격할 때입니다." 장공이 북을 울리며 진군을 명하자 마침내 노나라 군대의 공격이 시작되었다. 세 차례의 공격 시도로 예기가 꺾여 지칠 대로 지친 제나라 군대는 결국 역습을 감당하지 못하고 패퇴하기 시작했다. 이에 장공이 추격 부대를 풀어 제나라 군대를 뒤쫓으려 하자 조귀가 또다시 "아직은 때가 아닙니다"라며 말렸다.

조귀는 수레에서 내려와 퇴각하는 제나라 전차의 바큇자국을 유심히 살펴보았다. 그러곤 전차 맨 앞에 올라서서 제나라 군대가 퇴각하는 모습을 바라본 다음 장공에게 말했다. "바로 지금입니다. 이제 추격 부대를 출동시켜도 괜찮습니다."

노나라 군대는 제나라 군대를 국경 밖까지 추격하여 완승을 거두고 개선했다.

싸움에 이긴 뒤 장공이 물었다. "어째서 두 번씩이나 공격을 말렸는가?"

조귀가 하나하나 대답했다. "전투에서 가장 중요한 것은 싸우려고 하는 장병들의 용기입니다. 장병들의 투지와 사기는 첫 번째 공격 신호의 북소리를 들을 때 가장 왕성합니다. 그러나 두 번째 공격부터는 사기가 점점 떨어집니다. 두 차례의 공격에 실패하고 세 번째 공격 명령을 받았을 때는 장병들의 사기와 투지가 고갈되어 싸울 힘이 남아 있지 않습니다. 제나라가 세 차례나 공격 신호를 울렸을 때는 이미 투지가 쇠잔한 상태였지만 그동안 한 차례의 공격도 시도하지 않은 아군은 바야흐로 투지가 왕성하게 불탔기에 제풀에 지쳐 버린 제나라 군대를 쉽게 격파한 것입니다. 이것이 바로 승리의 요인입니다.

또한 신이 추격을 만류한 까닭을 말씀드리겠습니다. 비록 결전에서 패퇴했더라도 제나라는 역시 강대국이라 저들의 작전 의도나 실력을 헤아리기 어렵습니다. 신은 제나라 군대가 후방에 복병을 설치해 놓고 기만 전술로 퇴각하여 아군의 추격을 유인하지 않을까 걱정이었습니다. 그러나 신이 수레에서 내려와 제나라 군대의 전차 바큇자국을 살펴본 결과 무질서하게 황급히 퇴각한 증거가 드러났습

춘추시대 노나라와 제나라 사이에 벌어진 장작 전투는 군과 전투에서 사기가 얼마나 중요한 비중을 차지하는가를 잘 보여 준 사례로 남아 있다. 그림은 장작 전투를 그린 것이다.

니다. 또 마차 위에 올라 바라보니 퇴각 중인 제나라 군대의 깃발이 어지럽게 뒤섞이고 넘어지는 등 질서정연하게 계획적으로 후퇴하는 모습이 아니었습니다. 그제야 제나라 군대가 진짜 패퇴하고 있음을 확신하고 추격을 제안한 것입니다."《좌전》 장공 10년조)

해설

한때 유럽 대륙 전체를 호령한 명장 나폴레옹(1769~1821)은 이런 말을 남겼다.

"군대의 실력은 4분의 3이 사기로 이루어진다."

군사에서 사기의 중요성을 이보다 명쾌하게 진단한 명언도 없을 것 같다. 그런데 나폴레옹보다 무려 2200년 전에 손무는 군대와 전투의 승부에서 사기가 얼마나 중요한가를 확실하게 인식했다. "따라서 적군 전체의 사기를 꺾을 수 있고 장수의 정신을 빼앗을 수 있다. 사기는 아침에는 높고 낮에는 해이해지며 저녁에는 사라진다. 그렇기 때문에 용병에 능한 사람은 적의 사기가 높을 때는 피하고, 사기가 해이해졌거나 사라졌을 때 공격한다. 사기를 다스린다는 것은 바로 이 말이다."《손자병법》〈군쟁〉 편)

이 대목이 바로 적군의 사기를 빼앗으라는 '삼군가탈기三軍可奪氣' 전략이다. 〈기전〉은 이 전략에 기초한다. 이 전략의 목적은 적군의 사기를 떨어뜨리고 적군의 심리 상태를 흩어 놓는 데 있다. 그렇게 되면 숫자가 많다 하더라도 오합지졸과 같아 전투력을 상실하고 만다. 《위료자尉繚子》(〈전위戰威〉 제4)에서 "적군의 사기를 없애고 장수의 정신을 흩어 놓으면 겉모양은 온전한 것 같아도 쓸모없는 존재가 되고 만다. 이것이 승리를 얻는 방법이다"라고 말한 것과 같다.

사기는 전투력의 중요한 요소다. 사기가 높고 낮음이 승부에 직접 영향을 미친다. 동서고금을 막론하고 뛰어난 장수는 적의 사기를 꺾고 자기 부대의 사기를 높이는 것을 중요한 전략으로 여겼다.

〈기전〉은 적의 사기를 뺏는 것과 우리 편 사기를 높이는 두 방면 모두를 포함한다. 전투와 사기는 뗄 수 없는 관계다. 애국심, 민족감정, 병사들의 의식과도 뗄 수 없는 관계다. 적의 사기를 떨어뜨리건 내 부하들의 사기를 격려하건 모두 이 기본 요소에서 출발해야 한다.

경영 지혜

고대의 장수들은 전투에 나갈 때 병사들의 사기를 끌어 올리는 일을 대단히 중시했다. 전력이 엇비슷한 상황에서 사기의 고저는 승부에 결정적인 영향을 미치기 때문이다. 군대든 기업이든 충분한 격려를 받은 조직이 가득 찬 열정으로 자기 일에 있는 힘을 다한다. 그 격려가 말이 되었건 물질적 보상이 되었건 조직 내부의 구성원들에게 긍정적으로 작용한다.

인간의 지력과 사회가 발전하면서 정신의 역할과 영향이 더욱 중요해졌다. 조직을 구성하는 사람들의 내면 상층부에 자리 잡은 사기는 여러 가지 격려와 자극을 받으면 더욱더 그 힘을 발휘한다. 조직원에 대한 긍정적 격려와 자극이 부족하거나 잘못되면 기업은

동서고금의 명장은 물론 기업을 성공리에 이끈 리더 역시 조직과 조직원의 사기가 기업이 성장하고 발전하는 데 중대한 원동력임을 정확하게 인식했다. 사진은 사기의 중요성을 간명하게 설파한 나폴레옹의 대관식이다.

등대 없는 바다를 항해하듯이 결국은 방향을 잃고 깊은 어둠에 묻혀 버릴 것이다.

사실 세계 경제 발전에 뚜렷하게 이름을 찍은 기업들은 예외 없이 자기만의 독특한 경영 방식과 철학이 확고했다. 기업을 이끄는 리더의 개성 때문이 아니라 리더가 끊임없이 조직과 조직원의 사기를 끌어 올려서 사업을 성공시켰기 때문이다. 나폴레옹이 군대의 실력은 4분의 3이 사기로 이루어진다고 했듯이, 기업이란 조직과 그 구성원은 정신과 물질 두 방면에서 제공되는 사기를 먹고 성장한다. 비유하자면 '사기란 조직과 조직원의 혈관에 흐르는 피' 같아 끊임없이 건강한 영양분을 공급받아야 한다.

075

귀전

철수하는 상대는 그 의중을 헤아려서 공략 여부를 결정하라

歸戰

용병(경영) 원칙

접전 중에 적이 아무런 이유 없이 후퇴하여 돌아간다면 그 의도를 분명하게 따져 봐야 한다. 적이 진짜 피로에 지치고 군량이 떨어져서 후퇴하는 거라면 정예 경기병으로 추격하여 격멸해야 한다. 그러나 본국으로 돌아가는 경우라면 뒤쫓아 공격해서는 안 된다.

《손자병법》에 "군사를 되돌려 본국으로 회군하는 적을 쫓아가 저격해서는 안 된다"라고 했다.

역사 사례

동한 헌제 건안 3년인 198년 3월, 조조가 직접 군을 이끌고 양성穰城(지금의 하남성 등현성鄧縣城 동남)에 주둔한 유표劉表의 부하 장수張綉의 군대를 포위하자 형주자사 유표는 병력을 급파하여 장수를 구원하게 했다.

유표는 안중安衆(지금의 하남성 등현鄧縣 동북)에 병력을 주둔시켜서 험한 요새를 지키며 조조의 후미 부대를 차단하고 공격했다. 이 때문에 조조는 전진하지 못한 채 앞뒤로 적의 공격을 받는 불리한 형국에 빠졌다.

조조는 야음을 틈타 지형이 험난한 곳을 돌파하여 탈출할 듯이 기동하면서 기병을 매복시켜 놓고 장수의 군이 추격해 올 때까지 기다렸다. 이러한 계략을 알아채지 못한 장수는 군사를 총동원하여 조조를 맹추격했다.

병법에 '궁구물박窮寇勿迫', 즉 궁지에 몰린 적은 다그치지 말라고 했다. 조조는 궁지에 몰린 상황에서 침착하게 적을 유인하며 병사들의 결사 의지를 북돋아 주었고, 유표는 조조의 의중을 헤아리지 못했다. 그림은 유표의 초상화다.

장수의 추격병이 매복 지점에 이르렀을 때 조조는 복병과 주력 부대를 이끌고 좌우에서 협공하여 크게 승리했다. 조조는 승리한 이유를 묻는 참모 순욱荀彧의 질문에 답했다. "적은 우리가 후퇴하는 길을 가로막음으로써 아군을 사지로 몰아넣었다. 그러나 이것이 우리 장병들을 결사적으로 싸우게 해 주었다. 나는 이 때문에 우리 군이 승리할 것을 예상했다."(《삼국지》 〈위서〉 '무제기' 제1)

해설

《손자병법》 〈구변〉 편에 물러나는 적은 추격하지 않는다는 '귀사물알歸師勿遏'이라는 대목이 있다. 〈구변〉 편에서 제시하는 용병 8원칙의 하나다. 《백전기략》의 75번째 전략 〈귀전〉은 이 원칙을 계승하고 있다. 《손자병법》의 관련 대목을 마저 인용해 본다.

"높은 구릉에 진을 친 적은 올려다보며 공격하지 말아야 한다. 구릉을 등진 적은 맞서서 응전하지 말아야 한다. 거짓으로 패한 척하고 달아나는 적은 추격하지 말아야 한다. 적의 정예병은 정면 공격을 하지 말아야 한다. 낚시의 미끼처럼 아군을 유인하려고 보낸 적군은 공격하지 말아야 한다. 철수하는 군대는 돌아가는 길을 막지 말아야 한다. 적을 포위할 때는 반드시 구멍을 터놔야 한다. 벗어날 수 없는 막다른 지경에 빠진 적군은 핍박하지 말아야 한다."

〈귀전〉 편은 본국으로 철수하는 적군은 가로막지 말라고 조언한다. 2500년 전이라는 역사적 조건과 인식 능력의 한계 때문에 이 전략에 대한 손무와 이를 계승한 《백전기략》의 과학적 인식은 충분하거나 전면적일 수 없다. 돌아가는 군대인 '귀사歸師'를 가로막아 공격할 것이냐 추격할 것이냐에 대해서는 구체적인 분석과 상황에 따른 판단이 있어야지, 철수하는 적은 무조건 막지 않거나 추격해서는 안 된다는 말은 성립하지 않는다.

그러나 《백전기략》은 그 의도를 분명하게 따져서 추격 여부를 결정하라고 했는데, 손무보다 앞선 인식이다. 《백전기략》은 여기서 한 걸음 더 나아가 적이 지쳤거나 식량이 떨어졌으면 정예군으로 공격하라고 하면서, 상대가 본국으로 돌아가려 한다면 막지 말라고 권한다.

이는 《손자병법》의 '귀사물알' 전략을 구체적으로 분석한 것이다. '귀사'는 진짜 패해서 퇴각하는 경우일 수도 있고, 패한 척 적을 유인하는 능동적인 퇴각일 수도 있다. 상황을 구분하지 않고 맹목적으로 행동하면 적의 덫에 걸리거나 승리의 기회를 놓칠 수 있기 때문이다.

돌아가는 군대를 막을 것이냐 여부는 돌아가는 군대의 특징과 퇴각의 진위를 잘 판단해서 결정해야 한다. 조조의 후퇴는 맹목적인 퇴각이 아니라 돋보이는 전략 활동이었다. 유표와 장수는 조조가 황급히 도망가는 줄만 알았다가 아주 크게 걸려든 것이다.

〈귀전〉 편에서 경고하는 것처럼 기업 경쟁에서도 치열하게 경쟁하던 상대가 느닷없이 물러서면 이때다, 하고 무작정 공세를 취할 것이 아니라 먼저 상대의 의도를 잘 살펴야 한다. 특히 기업 경쟁은 군사와 달리 경쟁 상대가 있어야 내 제품도 함께 잘 팔리거나 기업 이미지를 높이는 경우가 많기 때문에 경쟁 상대의 갑작스러운 철수는 내 손해로 작용할 수도 있다. 그렇다면 상황을 충분히 파악한 다음 곤경에 처한 상대에게 도움의 손길을 내미는 전략도 고려해 볼 만하다. 이것이 바로 윈윈 정신이다.

076

축전

뒤쫓을 때 더 유의해야 한다

逐戰

용병(경영) 원칙

패주하는 적을 추격할 때는 반드시 적이 정말로 패한 것인지, 아니면 거짓으로 패하여 도망치는 척하는 것인지 분별해야 한다. 도주하는 적군의 깃발이 가지런하고 북소리가 우렁차며 명령 체계가 통일되고 질서정연하다면 설령 적이 도망쳐도 정말로 패배한 것이 아니다. 그 속에는 반드시 기병이 숨어 있을 것이니 신중하게 대응해야 한다.

《사마양저병법》에 "무릇 패하여 도망치는 적을 추격할 때는 멈추지 말아야 한다. 그러나 적군이 퇴로에서 가다가 멈추는 상황을 반복하면 그 의미가 무엇인지 신중하게 살펴볼 일이다"라고 했다.

역사 사례

당나라 고조 때인 618년 11월, 진秦 왕 이세민이 명을 받아 농서隴

西 지역을 차지한 뒤 고척성高摭城(지금의 섬서성 장무현長武縣 북쪽)을 굳게 지키는 설인고薛仁杲의 세력을 토벌하기 위해 출동했다. 설인고는 장수 종나후宗羅喉를 보내 당군에 대항했다. 이세민은 종나후가 이끄는 군대를 천수원淺水原에서 대파한 다음 보병의 주력 부대는 뒤에 두고 기병으로 추격하여 곧장 설인고의 본거지인 고척성으로 내달아 성을 포위하게 했다.

그런데 설인고의 휘하 장수 상당수가 당나라로 항복해 왔다. 이세민은 항복한 적장들을 포로로 취급하지 않고 다시 되돌려 보냈다. 그들은 본진으로 돌아갔다가 다시 말을 타고 당군 진영으로 귀순했다. 이세민은 항복한 적장들을 통해 설인고 군영의 허실을 자세하게 파악할 수 있었다.

이세민은 후속 부대에 신속히 진군할 것을 명하고, 고척성을 사면에서 포위하는 한편 언변이 좋은 변사를 설인고에게 보내 화복과 이해득실의 사리를 따져서 항복할 것을 설득했다. 결국 설인고는 성문을 열고 당군에 항복했다.

그 후 당의 여러 장수가 이세민에게 승리를 축하하면서 물었다. "대왕께서는 전쟁 초기에 종나후의 부대를 격파하고 보병은 남겨 둔 채 오직 기병만 전투에 참가시켰으며, 또 공성

당 태종 이세민은 걸출한 정치가이자 뛰어난 전략가였다. 병법에 관한 한 전문가를 뛰어넘을 정도였다. 설인고를 공략한 사례는 그의 전략 수준을 여실히 보여 준다. 사진은 당 태종의 무덤인 소릉昭陵 입구다. 멀리 보이는 산 전체가 무덤이다.

장비가 없는데도 기병이 적을 추격하여 적의 본거지인 고척성으로 진격하게 하셨습니다. 당시 저희는 적의 견고한 성을 공격해서는 승리하지 못할 거라고 생각했습니다. 그런데도 대왕께서는 끝내 적을 항복시켰으니 그 원인이 어디에 있습니까?"

이세민이 대답했다. "용병에서 임기응변을 채용한 것으로 적이 손을 쓰지 못하게 하는 전술이다. 종나후가 거느린 장병들은 농서 지방 출신으로 모두 용감하고 사납다. 내가 비록 천수원에서 이들을 격파했으나 사살하거나 생포한 수는 그리 많지 않았다. 이들을 급하게 추격하지 않으면 궤멸된 적군이 모두 고척성으로 몰려들 것이고, 설인고가 그들을 수습하여 다시 전열을 갖춘다면 우리가 쉽게 이길 수 없었을 것이다. 그러나 우리가 기병대로 급히 몰아쳐 숨 돌릴 기회를 주지 않는다면 저들은 모두 흩어져 고향인 농서 각지로 돌아갈 것이다. 고척성은 자연히 텅 빌 것이고, 고척성의 수비 태세가 약해지면 설인고는 자신감을 잃고 대책을 세우지 못해 아군의 강대한 공세를 두려워할 것임을 알았다. 이것이 내가 승리한 이유다."《구당서》〈태종 본기〉 상)

해설

〈축전〉과 관련해서는 《백전기략》 제38편 〈수전〉의 요점을 다시 한 번 읽어 볼 필요가 있다.

"전쟁에서 수비는 아군의 형세를 충분히 검토하여 승산이 없을 경우 수비 태세로 전환하는 것을 말한다. 적을 이길 수 없다고 판단하면 진영을 굳게 수비하여 적을 사로잡을 기회가 오기를 기다려야 한다. 적이 흔들리는 틈을 노려 공격하면 승리하지 못하는 경우가 없다."

이 전략 원칙은 《손자병법》(〈형〉편)의 먼저 나를 이길 수 없게 하고 적을 이길 수 있는 때를 기다린다는 '선위불가승이후적지가승'과 같은 인식인데 《손자병법》의 관련 대목을 함께 인용해 본다.

"예전에 용병을 잘한다고 하면 먼저 적이 나를 이길 수 없도록 준비를 갖추고, 내가 적을 이길 수 있는 때를 기다리는 것이었다. 적이 나를 이기지 못하게 하는 것은 나 자신에게 달려 있고, 내가 적을 이기는 것은 적에게 달려 있다. 따라서 용병을 잘하는 자는 적이 나를 이기지 못하게 할 수는 있으나, 내가 반드시 이길 수 있도록 적을 그렇게 만들 수는 없는 것이다. 그래서 이긴다는 것은 미리 알 수는 있으나 그렇게 만들 수는 없다고 하는 것이다."

이 대목은 대단히 의미심장하여 언뜻 이해하기 어렵다. 핵심을 추려 본다면 이렇다. 군대(기업)는 먼저 자신을 정비하고 약점을 극복하는 등 준비를 잘 갖춰서 적(상대)이 나를 이길 수 없는 형세를 만든다. 그런 다음 내가 상대에게 이길 수 있는 시기를 기다리거나 포착한다. 먼저 패할 수 없는 자신의 기반을 닦은 다음 상대의 허점이나 틈을 찾아 싸우면 승리한다는 말이다.

이 전략은 결코 소극적인 기다림이 아니라 적극적인 전략 사상이다. 당 태종 이세민의 사례는 〈축전〉 편이 단순한 추격이 아니라 나와 상대의 전략을 치밀하게 분석해서 나오는 고도의 전략임을 잘 입증하는 본보기다. 손무는 뒤이어 "따라서 싸움을 잘하는 자는 자신은 패하지 않을 위치에 굳게 서서 적의 패배를 놓치지 않는다"라고 했다. 먼저 '자신을 보전'하여 패할 수 없는 위치에 선 다음 틈을 타서 적을 격파하는 것, 이것이 바로 적이 나를 이기지 못하게 하는 것은 나 자신에게 달려 있고, 내가 적을 이기는 것은 적에게 달려 있다는 말이다.

자신의 약점을 극복하려면 주관적 노력이 있어야 한다. 자신의 상황을 돌아보고 그에 맞춰 준비하는 것, 이것이 승리의 요건이다. 상대의 틈을 뚫으려면 상대에게 뚫을 만한 틈이 있어야 하듯 상대를 유인하려면 상대가 걸려들어야 가능하다. 경쟁에서 승리하는 자는 적이 나를 이기지 못하게 하지만, 나는 상대를 이용해 승리를 거둔다. '필승'은 자기에게만 달려 있는 것이 아니라 상대에게도 달려 있기 때문이다.

경쟁을 벌이는 양쪽은 모두 주관적 능동성을 고도로 발휘하려고 애써야지 적을 어리석은 존재로 생각해서는 결코 안 된다. 그러나 뛰어난 리더는 여러 가지 수단으로 상대가 어리석은 판단을 하게 만든다. 상대의 약점과 잘못을 발견하고 이용해서 싸우면 승리할 수 있다.

〈축전〉과 〈귀전〉 그리고 〈수전〉의 전략 사상과 사례를 종합하자면, 주관적 능동성에 의존하여 이길 수 있는 조건을 발견하라는 것이다. 소극적으로 기다리기만 할 뿐 때맞춰 상대의 약점과 잘못을 발견하지 못하면 승리는 아무리 기다려도 오지 않는다.

077

부전

싸우느냐 여부는 늘 내게 달려 있음을 잊지 마라

不戰

용병(경영) 원칙

적군의 병력은 많고 아군은 적으며, 적의 전투력은 강한데 아군은 약하여 아군의 형세가 불리하거나 적이 원거리에서 침입했는데도 군량이 풍부할 경우 적과 맞서 싸우면 안 된다. 이럴 때는 아군의 수비 태세를 한층 더 강화하고 지구전을 전개하여 적의 예기를 둔화시켜야 한다. 그렇게 하면 적을 격파할 수 있다.

《당태종이위공문대》에 "적과 싸우지 않을 주도권은 우리에게 있다"라고 했다.

역사 사례

당나라 고조 무덕 연간인 619년 9월, 진왕 이세민이 군을 이끌고 황하를 건너 동쪽 유무주劉武周 세력을 토벌하러 나섰다. 강하왕江夏王 이도종李道宗은 열일곱 나이에도 이 전투에 참가했다.

이도종이 이세민을 따라 옥벽성玉璧城에 올라가 적진을 관찰하는데 이세민이 이도종에게 물었다. "적은 지금 많은 병력을 믿고 우리와 결전하기를 원한다. 너는 우리가 어떻게 해야 한다고 생각하느냐?"

이도종이 대답했다. "지금 우리 군이 적의 예봉을 직접 당해 내기는 어렵습니다. 제 소견으로는 계략을 써서 굴복시킬 수는 있지만 무력만으로는 이기기 어렵다고 판단됩니다. 참호를 깊이 파고 보루를 높이 쌓아 수비 태세를 견고하게 갖춰 놓고 적의 예기가 꺾이기를 기다려야 합니다. 적이 다수이긴 하지만 오합지졸이라 지구전을 시도하지는 못할 것입니다. 장차 적군의 군량과 말먹이가 떨어지기를 기다린다면 적은 반드시 저절로 흩어지고 말 것입니다. 그러면 아군은 싸우지 않고도 적을 이길 수 있습니다."

이세민은 "내 생각도 너와 같다"라며 칭찬했다. 과연 얼마 뒤 유무주는 군량이 떨어지자 야음을 틈타 도주하고 말았다. 이세민은 이들을 추격하여 개주에서 일전을 벌인 끝에 유무주 군대를 크게 격파했다.《구당서》〈이도종전〉

해설

병가의 바이블이라 부르는《손자병법》의 사상과 철학에서 가장 귀중한 것은 싸우지 않고 상대를 굴복시키라는 '부전이굴인不戰而屈人'이다. 이와 관련하여 〈모공〉편에 "이런 까닭에 백 번 싸워 백 번 이기는 것만이 최상은 아니다. 싸우지 않고 적을 굴복시키는 것이야말로 최선이다"라는 대단히 의미심장한 대목이 있다. 싸우지 않는다고 한 것은 무장을 포기하고 전쟁하지 말라는 뜻이 아니라 적과 직접 맞붙어 싸우지 않고 적을 굴복시키는 것을 의미한다. 손자가 갈망한 가장 이상적인 전쟁의 경지다.

실제로 손무는 "최상의 전쟁 방법은 적국이 온전한 상태에서 굴복시키는 것이다. 적국을 쳐부수고 굴복시키는 것은 차선이다"라든가 "따라서 전술이 우수한 자는 적군을 굴복시키려고 싸우지 않으며, 적의 성을 함락하기 위해 공격하지 않으며, 적국을 부수는 데 지구전을 쓰지 않는다. 반드시 책략으로 적을 굴복시킨다. 그래서 병력을 손상하는 일 없이 완전한 승리를 거둘 수 있는 것이다. 이것이 책략으로 적을 굴복시키는 전쟁법이다" 같은 고도의 전쟁론을 제기하고 있다.

〈부전〉 편은 손무를 비롯한 역대 병가의 핵심 사상을 계승한다. 싸우지 않고 적을 굴복시키는 방법은 정치에서 상대의 전략을 공략하는 '벌모伐謀', 외교를 공략하는 '벌교伐交', 군사로 공략하는 '벌병伐兵' 등이다. 이를 구체적으로 실시하려면 많은 방법이 따르지만, 핵심은 모든 경쟁에서 칼에 피를 묻히지 않고 이익을 보전하라는 것이다.

싸우지 않고 이긴다는 《손자병법》의 핵심 사상은 군사의 철칙일 뿐만 아니라 모든 분야의 경쟁에서 모두가 바라는 이상이 되었다. 기업 경영 이론에서 강조하는 '윈윈'도 여기서 파생되었다고 할 수 있다. 병법과 경영이 밀접하게 연관되는 지점과 관점은 헤아릴 수 없이 많다. 사진은 손무와 《손자병법》 판본이다.

〈부전〉 편의 요지는 적과 결전할 시기를 파악하는 것이 중요하다는 뜻이지 적과 싸우지 말라는 의미가 아니다. 주동적으로 결전할 시기를 파악하여 결행하라는 말이다. 전쟁은 생사존망이 걸린 대사이기 때문이다. 군대를 경솔하게 동원했다가는 국가에 돌이킬 수 없는 손해를 초래한다. 그래서 (절체절명의) 위기가 아니면 싸우지 말라고 하는 것이다. 이것이 '비위부전非危不戰' 사상이다.

'비위부전'의 전제는 누가 뭐라 해도 나라·조직·기업의 이익이다. 이익에 부합하면 움직이고 그렇지 않으면 멈춰야 한다는 전제가 따른다. 물론 '위危'와 '비위非危'를 가늠하고, 또 나의 전력을 비롯하여 외부 조건 같은 차이점도 따져야 한다. 치열한 경쟁이 일상이 되어 버린 기업 환경에서 리더는 적과 싸우지 않을 주도권은 우리에게 있다는 〈부전〉 편의 핵심 요지를 꼭 기억해야 한다. 리더의 결정과 결단을 올바른 방향으로 이끄는 것이 바로 '칼자루', 즉 주도권이다. 경쟁에 몰두하다 보면 주도권이란 칼자루가 어디에 있는지, 누구에게 있는지 잊어버리는 경우가 적지 않기 때문이다.

078

필전

반드시 싸워야 할 때는 전략이 더욱더 치밀해야 한다

必戰

용병(경영) 원칙

아군이 적지 깊숙이 진입했는데도 적이 성채에서 수비만 할 뿐 밖으로 나와 싸우지 않고 아군의 병사들을 지치게 하려 한다면, 병력을 나누어 공격함으로써 적의 근거지에 타격을 가하고, 적군의 퇴로를 봉쇄하고, 보급로를 차단해야 한다. 이렇게 하면 적은 어쩔 수 없이 싸움에 응할 것이다. 이때 정예병을 출동시켜서 공격하면 적을 격파할 수 있다.

《손자병법》에 "적을 끌어내 싸우려고 할 때, 적이 아무리 참호를 깊이 파고 보루를 높이 쌓으며 수비하려 해도 출동하여 싸우지 않을 수 없는 것은, 적이 구하지 않을 수 없는 곳을 내가 공격하기 때문이다"라고 했다.

238년경, 위나라 명제 조예가 장안을 수비하는 대장군 사마의를 도성 낙양으로 불러 요동 지방의 공손연 세력을 토벌하라는 명령을 내렸다. 사마의는 계획에 따라 출정했다.

위나라 토벌군이 진격해 오자 공손연은 부장을 파견하여 보병과 기병 수만 명을 거느리고 요수성에 진을 쳤다. 그러곤 요수성 사방에 둘레가 20여 리나 되는 넓은 참호와 담을 구축하여 사마의의 진격에 대비했다.

요수성에 도착한 위의 장수들이 당장 공손연 군대를 공격하려 하자 사마의가 말리며 말했다. "저들의 속셈은 아군을 이곳에 묶어 놓고 지치게 만드는 것이다. 우리가 저들을 공격하면 그 술책에 넘어가는 것이 된다. 옛날 왕읍이 수비가 견고한 곤양성을 그대로 놔두고 지나가는 것은 위신을 떨어뜨리는 일이라 생각하여 곤양성 공격에 집착하다 패망한 고사가 있다. 지금도 그때와 상황이 같다. 적은 주력 부대를 이곳에 집결시켰으니 저들의 근거지인 양평은 비었을 것이다. 우리가 요수성을 공격하는 대신 적의 소굴인 양평으로 진격하여 방어가 취약한 후방 거점을 불시에 공격한다면 틀림없이 적들을 격파할 것이다."

사마의는 요수성 남쪽 지역에 깃발을 많이 꽂아 놓는 등 요수성 남단으로 진출하려는 것처럼 양동 작전을 폈다. 이에 공손연 군대는 정예병을 총동원하여 남으로 달려가 사마의 군대를 저지하려 했다. 그사이 사마의 군대는 은밀히 요수를 건너 북으로 진출해 요수를 수비 중인 공손연 군대는 그대로 둔 채 곧장 양평으로 급진했다. 사마의 군대가 양평으로 접근해 오자 공손연 군대가 맞서 싸웠지만 사마의는 저항하는 공손연 군대를 격파하고 순조롭게 양평을 포위했다.

마침 장마철이라 사마의의 장수들은 양평성 공격을 서두르자고 주장했다. 그러나 사마의가 듣지 않자 진규가 의문을 표시하며 물었다.

"장군께서는 지난번 상용성을 공격할 때는 닷새 만에 견고한 성을 격파하고 반란군의 우두머리인 맹달을 죽였습니다. 그런데 지금은 멀리 요동까지 출정해서는 속공하지 않고 느긋하시니 이해하기 어렵습니다."

사마의가 설명했다. "상용성에서 싸울 때는 맹달의 군사가 적은 반면 군량은 1년을 지탱할 만큼 넉넉했다. 이에 비해 우리 군은 맹달보다 병력은 네 배가 많은 반면 군량은 한 달분도 채 못 되었다. 한 달분의 군량을 지닌 아군과 1년분의 군량을 확보한 적을 비교해 보라. 어찌 속전속결을 하지 않을 수 있겠느냐? 네 배나 많은 병력으로 적을 공격한다면 설령 병력의 절반을 잃는다 해도 충분히 적을 이길 수 있으니 마땅히 싸워야 한다. 그때는 병사들의 사상자 수에 개의치 않고 군량만 계산하여 속전을 결행한 것이다. 그런데 지금은 적의 병력이 많고 우리는 소수인 반면 적은 군량이 부족하여 굶주리고 우리는 군량이 풍족한 상태다. 또 장맛비가 이처럼 계속되는 데다 공성 장비도 갖춰지지 않았으니 우리가 속전한다고 한들 무슨 이득이 있겠느냐?

나는 낙양성을 출발할 때부터 적이 아군을 공격하느냐 마느냐 하는 문제는 조금도 우려하지 않았다. 오직 적이 아군과 싸우지 않고 도망치는 경우만 우려했다. 지금쯤 적은 군량이 다 떨어졌을 것이다. 그래서 일부러 포위망 일부를 풀어 저들이 성에서 나와 우리의 우마를 노략질하게 만들고 나무를 채취해 가도록 내버려 두려는 것이다. 바로 적을 유인하여 공격하기 위함이다. 적절하고 다양한 수단으로 적을 기만하고 상황 변화에 따라 적을 제압해야 전쟁에서 승리할 수 있다. 적은 다수의 병력만 믿는 까닭에 지금 굶주리고 곤궁한 상태임에도 불구하고 우리에게 항복하려 들지 않는다. 우리는 무능한 것처럼 보여서 적을 안심시켜야 한다. 우리가 눈앞의 조그마한 이익을 탐해 적을 경동시켜서는 안 된다. 이는 좋은 방책이 아니다.”

얼마 후 장마가 걷히자 사마의는 공성 장비를 제작하고 신속하게 진격하여 적진을 향해 화살과 바윗돌을 빗발처럼 날리며 맹공했다. 공손연 군대는 위군의 포위 공격을 받는 상황에서 식량마저 떨어지는 곤경에 처하고 말았다. 마침내 사람이 사람을 잡아먹는 참혹한 지경에 이르렀다.

결국 공손연은 더 이상 버티지 못하고 왕건과 유보를 위군의 진영으로 보내 포위를 풀어 주면 자신과 신하들 모두 항복하겠다는 의사를 전했다. 그러나 사마의는 공손연의 항복을 거절하고 사절로 온 왕건과 유보의 목을

사마의는 최고의 전략가였다. 공손연 토벌은 군사 방면의 모든 전략과 전술을 망라한 최고의 사례로 남아 있다. 싸우지 말아야 할 때와 반드시 싸워야 할 때를 정확하게 판단하고 결단하는 것만으로도 리더의 자질이 충분하다 할 것이다.

베었다. 공손연은 하는 수 없이 포위망을 뚫고 도망쳤다. 사마의는 이들을 쫓아 양수 강변에 이르러 공손연을 잡아 죽였다. 마침내 위나라는 요동 지방을 완전히 평정했다.《진서》〈선제기〉

해설

〈필전〉 편은 〈부전〉 편의 연장선상에 있다. 싸우지 않고 이기는 전략을 기조로 하되 반드시 싸워야 할 때인지 정확한 상황 판단이 필요하다. 앞에서 싸워야 할 것이냐 여부와 주도권은 늘 내게 있다고 했다. 가능하면 싸우지 않는 '부전'이 귀중한 이유다. 하지만 전쟁을 비롯한 모든 경쟁은 부득이한 경우가 있기 마련이다. 이때는 망설이지 말고 과감하게 나서서 경쟁에 임해야 한다.

문제는 반드시 경쟁해야 할 때 세워야 하는 전략이다. 손무나 《백전기략》은 그럴 때일수록 더욱더 치밀한 전략을 강조한다. 경쟁에 뛰어든 이상 승리해야 하기 때문이다. 특히 부득이하게 경쟁에 뛰어든 상황이라면 반드시 승리해야 한다. 긴 설명보다 위에 든 역사 사례를 꼼꼼하게 살피는 것으로 충분하다.

사마의는 공손연을 공격하러 나서면서 치밀한 사전 준비와 전략을 수립했고, 실제 전투에 임해서는 공격할 때와 하지 않아야 할 때를 정확하게 판단했다. 또 다양한 전략으로 적진을 흔들어 적 내부를 동요시킴으로써 공략을 한결 쉽게 끌고 갔다. 다시 한번 강조하지만 주도권을 놓지 않고 경쟁이 완전히 끝날 때까지 쥐고 있는 것이 관건이다.

079

피전

전투를 피하는 것은 '사기'를 다스리기 위함이다

避戰

용병(경영) 원칙

강대한 적군과 싸우는데, 적군은 전장에 막 도착하여 그 기세가 날카로운 반면 아군은 역량이 약소하여 맞서 싸우기 어렵다고 판단될 경우 적의 예봉을 피하는 것이 마땅하다. 적이 지치고 날카로운 기세가 둔화되기를 기다렸다가 공격하면 승리할 수 있다.

《손자병법》에 "적의 기세가 날카롭고 왕성할 때는 접전을 피하고 적의 예기가 둔화되어 후퇴할 때 공격하라"라고 했다.

역사 사례

동한 말엽인 189년 2월, 반란을 일으킨 왕국王國의 군대가 진창陳倉을 포위하자 조정에서는 황보숭을 사령관으로 삼아 반란군을 토벌하게 했다. 황보숭은 출전했으나 즉시 반란군을 토벌하지 않고 진창성의 전황을 관망할 뿐이었다.

황보숭과 함께 출전한 동탁董卓이 조속히 토벌을 시작하자고 재촉했으나 황보숭은 이를 듣지 않으면서 말했다. "백 번 싸워서 백 번 이기는 것은 싸우지 않고 적을 굴복시키는 것만 못한 법이다. 용병술에 능한 장수는 적이 아군을 이기지 못하도록 여건을 조성해놓고 적의 진영에 허점이 생기기를 기다린다. 진창성은 규모가 작으나 성의 방비가 견고하고 수비가 튼튼하여 쉽게 함락되지 않을 것이다. 왕국의 병력이 강하다 해도 성을 공격하느라 오랜 시일 많은 병력을 소모했으니 전투력이 약해져 장병들이 피로에 지쳤을 것이다. 때를 기다려 피폐해진 적을 공격한다면 전승을 거둘 것이다."

과연 왕국의 군대는 진창성을 오랫동안 공격하고도 끝내 함락하

동한 말의 명장 황보숭은 왕국의 반란을 진압하는 과정에서 상대의 날카로운 기세가 전투에 얼마나 중요한지 정확하게 인식한 반면 동탁은 이를 제대로 몰랐다. 도면은 동탁의 초상화다.

지 못한 채 군사들마저 공격에 지치자 포위를 풀고 철수했다. 황보숭은 그제야 군을 출동시켜 철수하는 왕국을 추격했다. 이번에는 동탁이 "추격해서는 안 됩니다. 병법에 이르기를 궁지에 몰린 적은 너무 공격하지 말고, 실력을 보존한 채 철군하는 적군은 너무 핍박하지 말라고 했습니다"라며 만류했다.

이에 황보숭이 말했다. "지금은 그때와 상황이 다르다. 처음 출병하여 진격하지 않은 것은 적의 날카로운 기세를 피하기 위해서였다. 그러나 지금 우리가 적을 압박하여 추격하는 것은 적의 힘이

빠지고 기력이 쇠할 틈을 기다렸기 때문이다. 우리는 피곤한 군대를 추격하는 것이지 실력을 보존한 채 철군하는 적을 추격하는 것이 아니다. 또 지금은 왕국이 도망치고 군사들은 이미 투지를 상실했다. 우리는 엄정한 군기를 지닌 군으로 궤멸한 적을 추격하는 것이지 사지에 빠져 죽을 각오로 덤비는 적을 추격하는 게 아니다."

그는 자기 휘하에 예속된 부대만 이끌고 왕국을 추격하여 격파했다. 이렇게 되자 동탁은 크게 부끄러워했다.(《후한서》〈황보숭, 주준 열전〉)

해설

〈피전〉 편은 《손자병법》 〈군쟁〉 편의 사상을 계승하고 있다. 손무는 이를 두고 기를 다스리는 것이라 했다. 손무와 〈피전〉 편에서 말하는 '기'란 기본으로 군의 '사기士氣'를 가리킨다. 여기서는 양쪽의 '기세氣勢'를 말한다. 전쟁 초반에는 양쪽 모두 사기(기세)가 날카롭지만, 어느 정도 시간이 지나면 힘이 소모되면서 사기도 점점 떨어진다. 막판으로 가면 사기는 완전히 바닥을 드러낸다.

〈피전〉 편은 전투 초기의 날카로운 기세를 피해 적의 사기가 해이해지거나 완전히 바닥났을 때 공격하라고 조언한다. 요지는 적의 사기를 보고 결전 시기를 선택하는 것이다.

손무는 2500년 전에 정신적 요소로서 '사기'를 전투력의 중요한 요소로 보았다. 그런데 손무 이전에도 사기가 전쟁의 승부를 결정짓는 데 큰 영향을 미친다는 주장이 있었다. 《좌전》(선공 12년조)에 인용된 고대 병서 《군지》에서 "먼저 상대의 마음을 빼앗아라"라고 말한 것이다. 손무는 앞사람의 사상을 이어받아 좀 더 구체적으로 사기를 분석한 끝에 사기를 장악하고 운용하여 적을 제압하는 방법으로 발전시킨 것이다. 역대 병가들이 이를 중시하여 강한 적을 맞서 싸울 때 요긴한 작전 원칙이 되었다.

현대 전쟁의 형태를 몇 천 년 이전과 비교할 수는 없다. 또 적의 사기도 지휘관이 수레에 앉아서 파악할 수는 없다. 그러나 적의 날카로운 기세를 피하며 기회를 엿보다 적을 섬멸한다는 이 사상은 그 본질에서 여전히 참고가 된다.

사기 문제는 군사보다 기업 경영에서 더 중시되고 있다. 기업이 성장하고 발전하려면 구성원들의 자발적이고 적극적인 참여가 가장 중요한데, 구성원들의 사기가 무엇보다 필요하기 때문이다. 리더는 구성원들의 사기를 끌어올리기 위해 다양한 방법을 강구해야 한다. 물질적 보상은 물론 정신적으로 격려하여 전력을 강화하는 것이다. 경쟁에서 이기려면 싸우기 전에 구성원들의 사기를 철저히 점검해야 한다. 〈피전〉 편이 경영에 던지는 의미 있는 메시지라 할 수 있다(‘사기’ 문제는 〈기전〉 편 참조).

080

위전

몰아칠 때 숨통을 완전히 조이면 안 된다

圍戰

용병(경영) 원칙

적을 포위할 때는 적진의 사면을 포위하되 어느 한쪽을 열어 둬서 적에게 한 줄기 활로가 있다는 것을 인식시켜야 한다. 그래야 적이 사력을 다해 저항하지 않는다. 이렇게 하면 적의 성을 공격하여 적군을 격파할 수 있다.

《손자병법》에 "적을 포위할 때는 반드시 한쪽 틈을 열어 둬라"라고 했다.

역사 사례

동한 말기인 206년경, 조조는 원소의 잔여 세력인 고간高干이 버티는 호관壺關을 포위 공격했으나 오랜 시일이 지나도록 호관을 함락하지 못했다. 조조는 초조해져서 "성을 함락하는 날 성내의 적병을 모두 도륙하겠다"라는 다짐으로 연일 호관 공격을 독려했다. 그러

나 공격한 지 수개월이 지나
도록 호관은 쉽게 함락되지
않았다.

이때 조조의 사촌 동생 조
인이 찾아와 건의했다. "성
읍을 포위할 때는 반드시 적
에게 탈출로가 있다는 것을
보여 줘야 합니다. 살길이 있
으니 도주하려는 심리를 유

병법에 밝은 조조가 궁지에 몰린 적에게 한쪽
을 열어 두라는 전략을 몰랐을 리 없다. 서둘
러 공략하려는 마음이 너무 앞섰을 뿐이다. 전
략상 기다리거나 틈을 줘야 할 때가 있다.

발하려는 것입니다. 그런데 지금 공께서는 기필코 호관을 함락하
여 단 한 사람도 살려 두지 않겠다고 벼르시니, 그 말씀은 어차피
살 수 없다면 여기서 싸우다 죽자며 사력을 다해 호관을 지키도록
만들어 줄 뿐입니다.

호관은 성벽이 견고하고 식량이 풍부하여 우리가 무리하게 공격
을 강행한다면 오히려 아군의 손실이 클 것입니다. 그렇다고 계속
포위만 한다면 적의 항복을 받아 내기까지 오랜 시일이 걸릴 것입
니다. 견고한 성을 철통같이 포위하여 적이 결사적으로 싸우게 만
들어 놓고 공격하는 것은 결코 좋은 계책이 아닙니다."

조조는 조인의 말을 듣고 포위망 한쪽을 열어 고간의 군대가 도
망갈 길을 터 주었다. 그 결과 조조는 호관의 요새를 함락할 수 있
었다. 《《삼국지》〈위서〉 '조인전')

〈위전〉 편은 상대를 궁지에 몰아넣은 상황에서 선택해야 하는 전략을 제시하고 있다. 역시 《손자병법》〈군쟁〉 편의 '위사필궐圍師必闕', 즉 (상대의) 군대를 포위할 때는 반드시 한쪽을 비워 놓으라는 사상을 계승한다. '위사필궐'은 손무가 제기하는 '용병 8원칙'의 하나다. 이 전략의 요지는 이미 적을 포위했다면 일부러 한 군데 정도 구멍을 마련해 놓고 그곳에 매복을 설치하라는 것이다. 고대 전투에서는 성을 포위하는 상황이 무척 많았다. 성을 공격하는 쪽에서 고려해야 할 점은, 군민들이 성을 빼앗기면 그 결과를 예측할 수 없기에 성과 생사를 같이하겠다고 결심할 경우 성을 함락하기 어려워진다는 것이다.

역대 병법서들은 한결같이 이 점에 유의하라고 경고한다. 《호령경虎鈴經》은 "압박한 지 수십 일이 지나도 달라지는 게 없다면 적을 이기는 술책이 못 된다"라고 했다. 또한 《육도》〈호도虎韜·약지略地〉에서는 "적이 달아날 수 있게 빈틈을 마련해 놓고 그 심리를 이용한다"라고 했다.

한 귀퉁이를 열어 놓는 목적은 적을 향해 살길을 보여 주는 것이다. 포위당한 성안의 군민들은 살길을 찾기 위해 성문을 열고 나와 포위를 뚫으려 하는데, 서로 자기 살길을 찾느라 군심이 흩어져 성안에서 지킬 때의 마음만큼 일치될 수 없다. 이때 성을 공격하는 쪽에서 미리 정예병을 숨겨 두는 등 잘 준비했다가 공격하면 포위를 뚫고 나오는 적을 섬멸할 수 있다. 작은 대가를 치르고 성을 함락하는 것이다.

〈위전〉편과 '위사필궐' 전략은 잡고 싶으면 놓아주고, 섬멸하고자 한다면 일부러 풀어놓으라는 점을 강조한다. 정신적으로 적에게 패할 수밖에 없는 상황이라는 점을 인식시켜 곤경에 몰린 짐승이 달려든다는 식의 국면이 발생하지 않게 만드는 것도 중요하다.

단순히 형세로만 보아서는 '위사필궐'이 소극적인 전략처럼 보인다. 하지만 그 본래의 뜻을 파고들면 적극적으로 적을 섬멸하여 완전한 승리를 추구한다는 의도가 포함되어 있다. 수비하는 자는 지리적 이점을 잃고 공격하는 자는 지리적 이점을 얻기 때문이다. 또한 적에게 싸우지 않고도 탈출하여 목숨을 보존할 수 있다는 환상을 품게 하여, 공격하기 까다로운 '곤경에 처한 야수'를 '활만 봐도 깜짝 놀라는 새'로 바꿔 쉽게 공격할 수 있기 때문이다.

〈위전〉편의 전략은 상대를 완전히 제압하는 방법이다. 한쪽을 비워 두라는 것은 적을 도망치게 하라는 뜻이 아니다. 상대가 오갈데 없는 궁지에 몰려 필사적으로 저항하면 내 쪽의 손실도 크기 때문에 전력이 크게 약해진 상대에게 빠져나갈 수 있는 희망을 주어 심기를 흩어 놓으라는 것이다. 그렇게 상대가 빠져나오는 길목을 지키다가 공략하여 완전히 굴복시킨다.

물론 이 전략은 상황에 따라 바뀔 수 있어야 한다. 필요하다면, 또 상황이 절대 유리하다면 사정없이 바짝 조여 포위권 안에서 굶겨 죽이는 식으로 상대를 섬멸할 수도 있다. 이것은 빈틈없는 포위로 예상한 전과를 거두는 방법이다.

081

성전

소리가 확실해야 상대를 속일 수 있다

聲戰

용병(경영) 원칙

전쟁에서 '성聲'은 허장성세虛張聲勢를 의미한다. 동쪽을 공격하는 척하면서 서쪽을 공격하고, 이쪽을 공격하는 척하면서 저쪽을 공격하여 적이 어느 곳을 수비해야 할지 모르게 만드는 것이다. 이렇게 하면 아군이 공격하려는 지점을 적이 미처 수비하지 못할 것이다.

《손자병법》에 "공격에 능한 장수는 적이 어느 곳을 어떻게 수비해야 할지 모르게 만든다"라고 했다.

역사 사례

동한 광무제 건무 5년인 29년, 대장 경감耿弇이 제남을 평정한 뒤 군을 이끌고 계속 진격하여 극현에서 할거하는 장보張步의 세력을 토벌했다. 장보는 경감의 공세를 저지하는 한편 아우 장람에게 정예병 2만 명을 데리고 서안을 지키게 했다. 아울러 관할하는 제 지역의 군 태수에게는 1만여 명의 병력을 모아 임치를 지키게 했다.

경감이 서안과 임치의 중간 지점인 화중에 부대를 진주시키고 이들 두 곳의 형세를 살펴보니, 서안은 성은 작으나 수비가 견고한데다 장림의 정예 부대가 지키고 있었다. 반면 임치는 성의 규모는 크나 실제로는 공격하기 쉬워 보였다. 경감은 휘하의 장수들을 불러 5일 뒤 전군을 모아 서안을 공격할 테니 만반의 태세를 갖추라고 명령했다. 서안을 지키던 장람은 이 소문을 듣고 밤낮없이 서안성의 경계와 수비를 강화했다.

공격 개시일이 밝자 경감이 장수들에게 명했다. "전군은 밤중에 밥을 지어 새벽 일찍 식사를 완료하고 날이 샐 무렵 임치성으로 집결하라. 우리는 임치성을 공격한다."

호군 순량 등이 임치성 공격을 반대하며 신속하게 서안을 공격하자고 주장하자 경감이 다시 설명했다. "그렇지 않다. 서안을 먼저 공격하는 것은 불가능하다. 적장 장람은 우리가 서안을 공격할 거라는 소문을 듣고 밤낮으로 철통같이 서안을 수비해 왔다. 그러나 임치에서는 우리가 공격한다는 걸 전혀 예상치 못하고 있다. 우리가 그들의 의표를 찔러 임치로 진격한다면 임치성에서 큰 혼란이 일어날 것이다. 그 혼란을 틈타 임치성에 일격을 가하면 하루 만에 임치를 함락할 수 있다. 임치가 함락되면 서안은 자연히 고립될 것이고, 그러면 장보와 장람 사이의 교통도 단절되어 고립무원이 될 것이다. 그렇게 되면 서안의 장람군은 스스로 성을 포기하고 도주할 것이다. 이것이 바로 일거양득이다. 설령 서안을 함락한다 해도 장람이 군을 이끌고 임치로 도망가서 병력을 통합하여 우리의 허점을 노릴지도 모르는 일이다. 그렇게 되면 적지에 깊숙이 진입하여 작전하는 우리로서는 군량 등의 후방 보급이 원활하지 못해 열흘 안에 제대로 싸워 보지도 못하고 곤경에 빠진다. 이런 이유로 서안을 공격하자는 제장들의 의견은 옳지 않다."

경감의 군대는 임치를 공격한 결과 과연 한나절 만에 임치성을 함락하고 입성할 수 있었다. 서안을 지키던 장람은 이 소식을 듣자 군사를 이끌고 도주했다. 한은 싸우지도 않고 서안을 평정했다.《후한서》〈경감전〉)

해설

〈성전〉 편의 핵심은 '성동격서聲東擊西'다. 동쪽을 공격한다고 소리치고는 서쪽을 친다는 뜻이다. '성동격서'와 관련된 전략 내지 사상은 고서에 많이 언급되어 있다. 대부분 군사를 가리키는 말이었으나 점차 다른 영역으로 확대되었다. 이와 관련한 말은 《한비자韓非子》〈설림說林〉(상)에 처음 보인다.

"지금 초나라가 군대를 일으켜 제나라를 친다는 것은 소문일 뿐, 우리 진나라를 침공하는 것이 진짜 목적이라고 생각됩니다. 이에 대한 방비를 서둘러야 합니다."

서한시대 유안劉安이 주도하여 편찬한 《회남자淮南子》〈병략훈兵略訓〉에는 다음과 같은 대목이 있다.

"용병의 이치는 부드러움을 보이고 강함으로 맞이하는 것이며, 약함을 보이며 강함으로 틈을 타는 것이다. 숨을 들이마시기 위해

숨을 내뿜듯 서쪽에 욕심이 있다면 동쪽에 모습을 보이는 것이다."

그런가 하면 《육도》(〈무도武韜〉 '병도兵道')에서는 "서쪽에 욕심이 있으면 동쪽을 기습한다"라고 했다. 《역대명장사략歷代名將史略》(하편 〈오적誤敵〉)에서는 "동쪽에 욕심이 있으면 서쪽에 모습을 드러내고, 서쪽에 욕심이 있으면 동쪽에 모습을 드러낸다. 또 진공하고 싶으면 물러나는 것처럼 보이고, 물러나고 싶으면 진군하는 것처럼 보여라"라고 했다. 당나라 때 두우杜佑가 편찬한 《통전通典》(〈병전(兵典)〉)에는 "동쪽을 치겠다 떠들어 놓고 사실은 서쪽을 친다" 했고, 《36계》에서는 '성동격서'를 승전계 제6계에 갖다 놓았다.

'성동격서'는 고의로 어떤 태세를 취하여 상대를 현혹시킨 다음 기계奇計(trick)로 승리를 거둔다는 '출기제승出奇制勝' 전략이다. '성동격서'는 기본적으로 적이 착각하게 만드는 방법이었지만, 새로운 내용이 첨가되면서 좀 더 발전된 전략 전술이 되었다.

'성동격서'는 역대 군사전문가들이 잘 알고, 또 흔히 활용한 모략이기 때문에 간파당하기 쉽다는 약점도 있다. 《후한서》(〈주준전朱儁傳〉)에 주준이 '성동격서' 전략으로 봉기군 한충을 대파한 사실이 기록되어 있는데, 범엽范曄은 이 사실을 두고 "성동격서의 책략은 모름지기 적의 의지가 혼란스러운지 여부를 잘 살펴서 결정해야 한다. 혼란스러우면 승리할 수 있지만, 그렇지 않으면 자멸하기 십상이다. 위험한 책략이다"라고 평했다.

〈성전〉의 전략을 성공리에 운용하려면 적이 나의 형세를 헤아리고 있는지 잘 살펴서 응용해야지 기계적으로 적용해서는 절대 안 된다. 자칫 잘못하면 상대의 계략에 따라 계략을 이용한다는 '장계

취계(就計就計)'에 걸려들어 함정에 빠지기 일쑤다.

경영 지혜

기업 경쟁에서도 〈성전〉의 핵심인 '성동격서'는 자주 활용된다. 2000년 중국의 전자레인지 시장은 한국의 LG와 중국의 가전용품 생산 기업인 거란스(格蘭仕, 영어명 갈란즈Galanz)가 치열하게 경쟁하는 판국이었다. 여기에 메이더(美的, 영어명 Midea) 그룹이 자금, 판매망, 연구 개발의 우세를 바탕으로 이 시장에 뛰어들었다.

시장에 뛰어든 바로 그해 메이더는 단숨에 시장 점유율 9.54퍼센트를 기록했다. 그러자 거란스는 재빨리 20억 위앤의 자금으로 에어컨 시장에 뛰어든다고 발표했다. 거란스의 목적은 분명했다. '성동격서' 전략으로 전자레인지 시장에서 메이더의 확장력을 저지하겠다는 것이었다. 메이더가 에어컨 부문에서 최고는 아니었지만 메이더의 에어컨은 절대량이 중국 시장에서 판매되고 있었다. 메이더는 거란스의 전략에 속수무책일 수밖에 없었다. 하는 수 없이 에어컨 시장의 지분을 지키는 수밖에 없었고, 동시에 전자레인지 시장의 확장 속도는 급격하게 제동이 걸렸다.

거란스 에어컨의 견제 때문에 메이더의 전자레인지는 심

비즈니스에서 '성동격서'는 가장 흔히 볼 수 있는 경쟁 전략이다. 특히 자금력이 강력한 기업에서 많이 구사한다. 거란스 역시 메이더의 취약점을 정확히 파악하여 '성동격서'로 두 마리 토끼를 동시에 잡았다. 사진은 거란스의 제품이다.

각한 타격을 입었다. 거란스는 에어컨 시장에 뛰어든다는 '성동격서'로 경쟁 상대의 혼을 확실하게 빼놓았고, 그사이 한 걸음 더 나아가 전자레인지 시장에서 자신의 세력을 확장했다.

손무는 "병법의 운용에서는 속임수도 마다하지 않는다"라고 했다. 그 속임수가 불법이거나 파렴치한 비윤리가 아니라면 경쟁에서는 얼마든지 활용할 수 있다. 문제는 역대 전문가들이 누누이 지적했듯이 내 의도를 간파당하면 역이용당하기 십상이고, 그에 따른 손실은 상상 이상으로 크다는 점이다.

082
화전

느닷없는 화해 제안은 일단 의심하라

和戰

용병(경영) 원칙

적과 대전할 때는 거사 전에 먼저 적에게 사절을 보내 화친을 청하는 것도 좋다. 적이 받아들여도 아군은 그 화친을 깰 수 있다. 아군은 진의를 은폐하다가 화의 교섭으로 적의 경계심이 해이해진 틈을 타서 정예군으로 기습하면 적을 격파할 수 있다.

《손자병법》에 "적이 아무런 조건 없이 화친을 청해 온다면 그 속에는 반드시 아군을 기만하는 계략이 숨어 있다"라고 했다.

역사 사례

진나라 말기인 기원전 207년 9월, 진나라의 폭정에 항거하는 세력이 전국 각지에서 봉기했다. 그중 하나인 유방의 군은 서쪽 무관武關으로 진격한 다음 2만 명의 병력으로 효관嶢關의 진군을 공격하려고 했다.

이때 장량이 건의했다. "진군의 세력이 여전히 강하여 가볍게 상대할 수 없습니다. 제가 듣기에 이곳을 수비하는 진나라 장수들은 대부분 백정과 장사치 출신이라 재물로 매수하기가 쉽다고 합니다. 청하건대 공께서는 잠시 머물며 아군의 진영을 굳게 지키고, 사람을 한발 앞서 보내 5만 명의 양식을 미리 준비시키십시오. 아울러 요관 부근의 산꼭대기에 많은 깃발을 꽂아 놓고 거짓 병력을 설치하여 적이 우리의 형세를 파악하지 못하도록 만드십시오. 그런 다음 언변에 능한 역이기와 육고陸賈 등을 적진에 잠입시켜 진나라 장수들을 뇌물로 매수하게 하십시오."

그의 말대로 한 결과, 과연 진나라 장수들은 뇌물에 매수되어 진나라를 배반하고 유방과 연합했으며 서쪽으로 진격하여 진의 수도인 함양을 공격하겠다고 했다.

장량은 위장 평화 전략을 아주 입체적으로 구사하여 진나라 군대를 완전히 농락했다. 이를 바탕으로 최초의 통일 제국 진나라를 힘들이지 않고 멸망시킬 수 있었다.

유방이 진나라 장수들의 화친 제의를 받아들이려고 하자 장량이 다시 만류했다. "진나라 장수들이 우리에게 화의를 청하는 것은 단지 개인적으로 진을 배반하는 것일 뿐입니다. 그들 휘하의 병사들까지 과연 그들의 말에 복종하는지 의심스럽습니다. 병사들이 따르지 않는다면 우리에게 위험을 안겨 줄 것입니다. 화평 교섭 분위기로 적의 경계심이 풀어지고 마비된 틈을 타서 선제공격을 가하는 것이 상책입니다."

유방은 장량의 말대로 경계가 해이해진 효관의 진군을 기습 공격하여 크게 격파했다. 이 공격은 그 후 함양으로 쳐들어가 진나라를 멸망시키는 중요한 기반이 되었다.(《사기》〈유후세가〉)

해설

치열하게 경쟁하던 상대가 갑자기 대화나 화해를 요청해 온다면 '위장 평화'일 가능성이 높다. 반드시 그 의도를 의심해 보라는 것이 〈화전〉 편의 요지다. 반대로 이 전략을 내 쪽에서 활용한다면 그 의도를 철저하게 숨겨 상대가 눈치 채지 못하게 해야 한다.

화의 요청, 즉 위장 평화는 내 전력을 감추기 위한 제스처다. 곤경에 처했거나 내부에 문제가 발생한 것을 감추려는 행동이다. 따라서 이를 받아들이는 척하며 상대의 상황을 정확하고 면밀하게 파악해야 한다. 반대로 내 쪽에 문제가 발생하여 잠시 시간을 벌기위해 상대에게 화의를 요청한다면 철저하게 위장해야 한다.

수천 년 고대 전쟁사의 경험은 군사 전략의 승리에는 정치적 책략이 아주 깊숙이 관여하고 있음을 잘 보여 준다. 위장 평화는 병가에서 적의 판단력을 마비시키는 중요한 전략 수단으로 활용했지만, 실제로는 정치와 외교 방면에서 더 입체적으로 적용되었다. 경쟁에 능숙한 자는 위장 평화라는 수단을 잘 사용하여 승리를 거둬야 할 뿐만 아니라 상대가 구사하는 위장 평화를 정확히 가려내서 그 전략을 좌절시킬 수 있어야 한다.

083

수전

수세에 몰릴수록 내부 단결이 중요하다

受戰

용병(병영) 원칙

아군보다 병력이 우세한 적이 갑자기 습격하여 아군의 진지를 포위, 공격할 때는 아군과 적군 양쪽 병력의 규모와 군세의 허실을 세밀히 분석하여 대응해야 한다. 또한 경솔하게 탈출만 꾀하다 적에게 섬멸당하는 일이 없어야 한다. 이러한 상황에서는 진영을 원형으로 설치하고 사면에 병력을 배치하여 적의 포위 공격에 대응해야 한다. 적의 포위망에 허점이 있어 탈출 가능성이 보이더라도 병사들이 멋대로 탈출하게 해서는 안 된다. 스스로 탈출로를 폐쇄함으로써 장병들이 사력을 다해 싸우겠다는 각오를 다지도록 만들어야 한다. 죽을 각오로 적을 맞아 힘껏 싸운다면 반드시 유리한 국면을 맞이할 수 있다.

《사마양저병법》에 "적의 병력이 우세하다면 아군은 병력을 집중하여 적군의 포위 공격에 대응해야 한다"라고 했다.

역사 사례

북위 효무제 때인 532년 봄, 고환高歡이 업성을 공략하여 점령했다. 이에 이주광은 장안에서, 이주조爾朱兆는 진양에서, 이주도율은 낙양에서, 이중원은 동군에서 군을 이끌고 출발하여 업성에 집결해 고환군을 포위, 공격하려고 했다. 이들은 자칭 20만 대군이라고 호언하며 원수를 끼고 진을 쳤다.

위의 고환이 군사를 거느리고 업성에서 남하하여 자맥성에 주둔하자 대도독 고오조가 향리 부곡 왕도탕 등 3000명을 이끌고 종군했다.

고환이 고오조에게 물었다. "고 도독이 거느린 군사는 모두 한족 출신의 병사라 성을 지키기 어려울 거요. 내가 선비족 군사 1000명을 보낼 테니 한족 군사와 섞어서 대오를 편성하는 것이 어떻겠소?"

고오조가 대답했다. "제가 거느린 군사는 오랫동안 훈련해 왔고 전투 경험이 많아서 선비족보다 못하지 않습니다. 그런데 지금 섞어서 군을 편성한다면 뜻이 맞지 않을 뿐 아니라 승리하면 서로 전공을 다투고 패배하면 서로 죄를 미룰 것이니 번거롭게 다시 편성할 필요가 없습니다."

고환의 군은 기마병 2000명과 보병 3만 명으로 이주씨 일당과는 병력에서 현격한 차이가 났다. 그러나 고환은 한릉산에 둥글게 진을 치고 소와 노새를 연결하여 부대의 퇴로를 막으며 필사의 의지를 보였다. 퇴로가 끊긴 것을 본 고환의 장병들은 모두 필사의 각오를 품었다.

고환의 군대가 약하다고 판단한 이주조 등은 승세를 타고 맹렬히 공격해 왔다. 그러나 고환은 정예병을 데리고 진지에서 갑자기 출격하여 사면으로 적을 습격해 대파했다. 이어 이주도율과 이주광을 추격하여 사로잡아 처형했다.

고환이 이주조의 군대를 무향에서 격퇴하자 이주조는 북으로 달아나 수용현의 험준한 지역을 나누어 지켰다. 고환은 이주조를 토벌한다는 소문을 퍼뜨린 다음 군을 출동시켰다가 그만두기를 서너 차례 계속했다. 이 때문에 이주조 군대의 방어 태세가 점점 해이해졌다.

고환은 날짜를 계산하여 이주조가 신년 초에 연회를 열 때쯤 두태에게 정예 기병을 이끌고 밤낮으로 300리씩 달리라고 한 뒤 자신도 대군을 이끌고 출동했다. 이주조의 장병들은 연회 때문에 군기가 늘어졌다가 갑자기 두태의 군이 나타나자 놀라 도망쳤다. 두태가 이를 추격하여 대파하니 이주조는 산속에서 목을 매고 자살했다.《북사》〈제본기〉상)

해설

수도 없이 강조해 왔듯이 병兵이란 궤도詭道, 즉 속임수다. 〈수전〉 편은 기본으로 방어 전략이지만 그 요지는 역사 사례에서 보다시피 '허허실실虛虛實實' 등 속임수를 비롯해 다양한 전략을 구사하라는 것이다. 물론 '허허실실'에 일정한 규칙이 있는 것은 아니다. 각종 수단으로 적을 현혹하고 속이는 것이다. 허점이 있으면서도 튼튼한 척, 튼튼하면서도 허점이 있는 척, 또 허점을 그대로 보여 오히려 튼튼한 게 아닌가 의심하게 만들고, 튼튼한 모습을 그대로 보여 오히려 허점이 있는 게 아닌가 의심하게 만든다. 그 운용의 묘미란 한 가지로 규정할 수 없다.

'늑대와 양치기 소년'의 우화는 거짓말하지 말라는 교훈을 준다. 그러나 적과 내가 목숨을 걸고 싸우는 상황에서 '늑대다'라는 거짓말은 지극히 정상적인 전략이다. '허허실실'을 운용한 것이 '늑대다' 전략이다. 이 전략을 어떻게 운용하고 간파하느냐는 리더와 전략가들이 중시해야 하는 문제다. 적에게는 '허허실실'을 구사하지만 내 쪽에서는 한시도 경계를 늦추지 않는다. 이 전략을 실시할 때는 있는 힘을 다해 적의 경각심을 마비시키고 경계심을 풀게 해서 진짜와 가짜를 구분하지 못하게 만들어야 한다.

〈수전〉편은 수세에 몰리면 다양한 전략과 전술로 적을 기만하여 수세를 벗어나라는 것이지만, 최선은 내부 전력을 최대한 끌어모으고 몸과 마음을 단합하는 것임을 강조한다. 이는 기업 경영에서 받아들일 가치가 있다. 경영 지혜 부분에서 사례를 통해 좀 더 다룬다.

경영 지혜

1970년대에서 1990년대까지 일본 자동차가 파죽지세로 미국 시장을 공략했다. 1978년부터 1982년까지 5년 동안 포드자동차의 판매율은 47퍼센트나 떨어졌다. 특히 1980년은 최악의 해였다. 1980년부터 1982년까지 3년 동안 포드는 33억 달러의 적자를 냈다. 포드의 직원들은 경영자 측과 사사건건 대립하는 등 경영진에 대한 불

포드자동차는 1980년부터 수년 동안 안팎으로 혹독한 시련을 겪었다. 포드는 이 위기를 내부 단결이라는 고전적이지만 가장 기본적인 방법으로 극복했다. 수천 년 동안 전문가들이 한결같이 강조해 온 원칙이다.

신이 극에 달했다.

안팎으로 엄청난 압박에 직면한 포드가 가장 먼저 취한 대책은 관리직과 임원진을 대거 퇴출하고 직원들의 이익을 보호하는 일이었다. 동시에 노조를 단결시키는 데 힘을 쏟으면서 직원들이 회사를 위해 적극 동참해 달라고 촉구했다. 몇 년에 걸친 힘겨운 노력 끝에 노조는 대립에서 협조로 돌아섰고, 기업은 전례 없는 단결을 이뤄 냈다. 임직원의 사기도 올라갔다.

포드는 안팎으로 엄청난 수세에 몰린 상황에서 직원을 줄이거나 공장을 폐쇄하는 등 '언 발에 오줌 누는' 식의 어리석은 방법이 아니라 문제의 핵심을 바로 짚었다. 그 결과 내부 단결이 최선이라는 결론을 얻었고, 기업 역사상 유례가 없는 전기를 마련했다. 5년 뒤 포드는 새로운 전성기를 맞이하기 시작했다.

〈수전〉 편은 수세에 몰렸을 때 취할 수 있는 다양한 전략과 전술을 제시한다. 그러나 가장 중요한 핵심은 단결을 통해 내부 전력을 최대한 집중하라는 것이다. 언제든 안팎으로 위기에 직면하는 기업 경영에서 내부 단결은 든든한 버팀목이 된다. 기업이 잘나갈 때 내부 단결이 깨지면 큰 타격을 입어서 심하면 모든 걸 잃고 쇠퇴한다. 하물며 어려운 상황에서야 오죽하겠는가? 내부 단결은 집의 주춧돌과 같다.

084

항전

항복해 오는 상대는 표나지 않게 철저히 경계하라

降戰

용병(경영) 원칙

적과 싸우는 중에 적이 투항해 올 경우 반드시 그 진위를 파악해야 한다. 또한 정찰병을 여러 곳에 파견하여 적의 정황을 깊이 살피고 주야로 수비 태세를 견고히 하는 등 조금도 해이하거나 소홀해서는 안 된다. 주장과 부장들이 부대의 군기를 단속하고 정돈하여 돌발 사태에 대비하면 확실히 승리할 수 있다.

《구당서》에 "적의 항복을 받아들일 때는 침공해 오는 적을 대하듯 경계해야 한다"라고 했다.

역사 사례

동한 말기인 197년 정월, 조조가 완성 지방에 둥지를 튼 장수의 세력을 토벌하여 항복을 받아 냈다. 그런데 얼마 후 장수는 조조에게 항복한 것을 후회하여 다시 조조를 배반하고 조조군을 기습해 그

조조는 《손자병법》에 주석을 달 정도로 병법에 뛰어난 전략가였지만 장수의 위장 항복을 간파하지 못해 애를 먹었다. 〈항전〉 편의 요지는 이를 경계하라는 것이다. 사진은 조조의 문장을 조형물로 기념한 것이다.

의 큰아들 조앙과 장리인, 조안민 등을 살해했다. 조조 또한 장수의 기습에 화살을 맞아 부상을 입고 패주하여 무음으로 퇴각했다.

장수는 기병을 이끌고 조조군을 추격했으나 조조군의 역습에 걸려 격퇴당했다. 장수는 양성으로 패주하여 형주를 장악한 유표 세력과 합류했다.

이 일이 있은 뒤 조조는 지휘관과 참모들에게 다짐했다. "우리 군은 군세가 강했고 장수군은 오히려 약세였다. 그럼에도 불구하고 우리가 이 지경에 이른 것은 장수가 항복해 왔을 때 내가 그 가족들을 인질로 잡아 두지 않았기 때문이다. 그대들은 두고 보라. 앞으로 다시는 이와 같은 실수를 범하지 않으리라."《삼국지》〈위서〉'무제기')

해설

〈항전〉 편의 요지는 상대가 굴복해 오면 진정인지 위장인지 잘 살피라는 것이다. 위 역사 사례에서 조조는 전쟁에 패한 이유를 장수의 인질을 잡아 두지 않았기 때문이라고 하지만 표면적인 이유에 불과하다. 그보다 더 큰 이유는 조조가 장수의 거짓 항복이 기만 술책이었음을 간파하지 못했고, 또 항복을 받아들이는 것은 곧 적을 받아들이는 것과 같다는 사상적 준비가 부족했기 때문이다. 경계심을 잃고 해이해져서 장수에게 다시 군대를 일으켜 반격을 꾀할 틈을 주었으니 군을 지휘하는 자는 모름지기 이를 교훈 삼지 않으면 안 될 것이다.

군사는 말할 것도 없고 모든 경쟁에는 위장偽裝이 있기 마련이다. 특히 직접 경쟁하는 상대에게 자신의 의도와 생각을 있는 그대로 보여 주는 경우는 없다. 있을 수 없는 일이고 있어서도 안 되는 일이다. 그렇다면 상대의 언행도 마찬가지로 경계할 수밖에 없다. 상대의 느닷없는 화해 제스처나 굴복하겠다는 의사 표명에는 어떤 의도가 내포되어 있기 때문이다. 고도의 경계심을 갖되 겉으로 드러내서는 안 된다. 나의 전력을 단단히 정비해서 받아들이되 서두르지 말고 천천히 상대의 의중을 파악해 가며 대처해야 한다.

085

천전

모든 일에는 조짐이 있고, 이를 잘 살피면 승기를 잡는다

天戰

용병(경영) 원칙

군을 출동시켜 무도한 자를 토벌하고 도탄에 빠진 백성을 구원하고자 할 때는 반드시 천시天時에 순응해야 한다. 여기에서 말하는 천시란, 적국의 군주가 어리석고, 정치가 문란하고, 군사들이 교만하고, 백성들이 고달프고, 현명한 자들이 숙청되고, 죄 없는 사람들이 주살되고, 가뭄과 병충해, 우박 등의 재난이 빈발하는 등 그정세가 아군에 유리하게 작용하는 상황을 의미한다. 적이 이러한 상황일 때 군을 출동시켜 공격하면 반드시 승리한다.

《손자병법》에 "천시에 순응하여 정벌하라"라고 했다.

역사 사례

북제의 후주가 된 고위高緯가 간신들을 등용하자 육령훤, 화사개, 고아나굉, 목제파 등을 비롯한 간신들이 제멋대로 천하를 주물렀

북주를 건국한 우문옹도 좋은 리더는 아니었다. 하지만 그는 북제에서 드러나는 모든 조짐을 잘 살피다가 적시에 멸망시켰다. 천시를 정확하게 활용한 것이다.

다. 환관인 진덕신, 등장옹, 하홍진 등도 정치와 군사에 관여했다. 그들은 친척과 동조하는 무리만 관직에 등용하여 파당을 형성하고, 공정해야 할 관리의 승진에서 정상적인 차례를 무시했다. 그로 인해 북제는 정치 기강이 무너져 재물에 따라 관직이 좌우되고, 뇌물에 따라 형벌이 결정되는 지경에 이르렀다. 결국 정치는 어지럽고 민생은 도탄에 빠진데다 가뭄과 홍수, 병충해 등 천재지변까지 겹치며 곳곳에서 도적이 극성을 부렸다.

또한 황제와 간신들은 제후로 봉한 여러 정파의 왕과 대신들을 아무런 죄 없이 박해했다. 현명한 승상 곡율광과 그 아우 곡율선 등을 죄 없이 죽이고, 고위 자신의 아우인 고예마저 살해했다. 그 결과 북제 곳곳에서 멸망의 징조가 빠르게 드러났다. 산이 무너져 내리는 듯 붕괴의 조짐은 아주 빠르게 진행되었다.

이를 유심히 지켜보던 북주의 무제 우문옹宇文邕(543~578)이 576년 10월, 북제가 혼란한 틈을 타서 대군을 이끌고 파죽지세로 쳐들어갔다. 이듬해인 577년 정월에 수도 업성을 점령하고 일거에 북제를 멸망시키니 황하 이북에 비로소 통일 국가가 등장했다.《북사》〈제본기〉하)

모든 일에는 낌새, 한자어로 조짐이 있다. 동양 사상에서는 징조微
兆라 한다. 모든 일의 조짐은 그 이전까지의 일들이 쌓여서 드러나
는 것이다. 〈천전〉 편과 《손자병법》은 이런 징조가 나타나는 때를
'천시'라고 했다. 따라서 이 조짐을 잘 살피면 경쟁에서 승리하는
기회와 방법, 전략이 따라 나온다.

은나라 말기의 현자인 기자箕子는 주紂 임금이 식사할 때 남방에
서 나는 귀한 상아 젓가락을 아무렇지 않게 사용하는 걸 보고는 은
나라가 곧 망한다고 예언했다. 이것이 '견미지저見微知著'라는 사자
성어다. 미세한 것을 보고 장차 드러날 일은 안다는 뜻이다. 조짐,
낌새, 징조를 헤아리는 힘은 사물과 인간의 본질을 바르게 인식하
려는 자기 수양에서 나온다. 그래야 나와 상대에게서 나타나는 조
짐을 바로 파악하여 대비할 수 있다.

모든 경쟁에도 조짐은 반드시 나타난다. 인간이 말하고 움직이는
한 그에 따른 영향과 반응들이 필연적으로 따르기 때문이다. 바로
그런 것들이 합쳐져 작은 낌새로 드러나고, 그것이 합쳐져 큰 조짐
을 보이며, 그것이 징조가 되어 개인은 물론 조직과 나라를 흥하게
도 하고 망하게도 하는 것이다.

경쟁에서 낌새, 조짐, 징조를 얼마나 정확하게 적시에 파악하느
냐에 따라 리더의 자질이 결정된다. 나아가 뛰어난 리더는 경쟁 상
대를 흔들어 조짐을 만들어 내기도 한다. 낌새, 조짐, 징조의 총합
이 바로 '천시'다.

086

인전

경쟁의 성패는 마음이 안정된 사람이 결정한다

人戰

용병(경영) 원칙

전쟁에서 사람의 작용을 강조한다는 것은 미신과 요사스러운 말을 타파하고 오로지 사람에게 의지한다는 뜻이다. 군을 출동시키려는 중요한 순간에 올빼미가 날아와 대장의 깃발에 앉더라도, 술잔에 담긴 술이 핏빛으로 변하더라도, 군기가 찢어지고 깃대가 부러지더라도 장수는 이에 홀리지 말고 올바른 판단을 내려야 한다. 그 출정이 하늘의 뜻에 순응하는 자가 하늘의 뜻을 어기는 자를 토벌하는 것이거나, 정직한 자가 사악한 자를 정벌하는 것이거나, 현명한 자가 어리석은 자를 공격하는 것이라면 승패에 의구심을 품지 말고 결단 있게 행동으로 옮겨야 한다.

《손자병법》에 "미신을 타파하고 의구심과 유언비어를 떨쳐 버리면 병사들이 싸우다 죽을 지경에 처하더라도 후퇴하거나 위축되지 않는다"라고 했다.

당나라 초기인 623년 9月, 보공석輔公祐이 강남 지역의 단양丹陽을 근거지로 반란을 일으켰다. 당 고조 이연은 이효공李孝恭(591~640) 등에게 보공석을 토벌하라는 명령을 내렸다.

이효공은 토벌군을 출전시키기에 앞서 장병들에게 연회를 베풀었다. 그런데 연회 도중 그가 탁주 한 잔을 마시려는 순간 잔에 담긴 술이 갑자기 선홍색 핏빛으로 변했다. 그 자리에 참석한 장수들은 모두 불길한 징조라며 얼굴빛이 변했다.

그러나 이효공은 태연자약하게 술잔을 들면서 "화나 복은 아무런 실마리 없이 오지 않는다. 오직 사람이 스스로 부를 뿐이다. 의구심을 갖지 마라. 이는 보공석이 우리에게 그 목을 바칠 징조다" 하고는 그 술을 단번에 마셔 버렸다. 그러자 불안해하던 장병들도 마음의 안정을 되찾았다.

심리적 동요는 그 낌새가 보이면 즉시 차단해야 한다. 이효공은 바로 그 자리에서 장수들의 심리적 동요를 단호하게 막았다.

이효공이 토벌군을 이끌고 출동했을 때, 보공석의 반란군들은 험한 요새를 점령하고 당군이 진격해 오기를 기다리는 중이었다. 전장에 도착한 이효공은 병사들에게 진지와 참호를 굳게 지킬 뿐 나가 싸우지 말 것을 명령했다. 그리고 은밀히 기습 부대를 출동시켜 보공석 군대의 보급로를 차단했다.

보공석은 군량이 떨어져 병사들이 굶주리자 야음을 틈타 당군의 진영을 습격했다. 이효공은 수비 태세를 갖춰 놓고 자리에 누운 채 조금도 동요하지 않았다.

다음 날 보공석의 기습 부대가 물러가자 이효공은 노약자로 편성된 부대를 내보내 보공석의 진영을 공격했다. 이렇게 하여 보공석 군대를 유인하는 한편 별도로 정예 기병을 선발하여 전투 태세를 갖추게 하고 보공석 군대가 진에 접근하기를 기다렸다.

노약자로 편성된 당군이 보공석 군대의 진영을 공격하다 패주하자 보공석은 즉시 부대를 출동시켜 패주하는 당군을 추격했다. 보공석 군대가 당군의 진 앞에 접근하자 대기하던 이효공의 정예 부대가 출격하여 보공석 군대를 크게 무찔렀다. 당군은 그 기세를 몰아 보공석의 다른 진영을 격파했다. 보공석은 할 수 없이 본진을 버리고 도망쳤으나 이효공이 추격하여 사로잡았다. 이로써 강남은 완전히 평정되었다.《구당서》〈이효공전〉

해설

경쟁에 나서는 사람은 주변에서 벌어지는 모든 현상에 예민해질 수밖에 없다. 심지어 징크스를 만들어 경계하기도 한다. 심리학에서 볼 때 한 사람의 심리 상태는 그의 행동과 그 결과를 직접 결정한다. 하지만 그것은 심리 상태가 흔들릴 때 나타나는 결과일 뿐이지 경쟁의 승패를 좌우하는 요인이 아니다. 그럼에도 불구하고 많은 사람이 사소한 조짐이나 징크스에 현혹되어 경쟁에서 패하곤

한다. 〈인전〉 편의 요지는 바로 그 점을 경계하라는 것이다.

〈인전〉 편은 철저하게 사람의 의지에 따라 전투에 임하라고 강조한다. 일찍이 주나라는 은나라 정벌을 앞두고 불길한 점괘가 나오자 장병들이 동요했다. 그러나 강태공은 전혀 개의치 않고 정벌에 나서 은나라를 멸망시켰다. 춘추시대 정나라 재상 정자산은 인간이 하늘에서 일어난 일을 모르듯이 하늘도 인간의 일을 모른다며 "하늘의 도는 멀고 인간의 도는 가깝다"라고 단언했다.

전쟁은 물론 모든 경쟁이 인간의 역할에 의해 그 성공과 실패가 결정된다. 사람의 힘을 완전히 신뢰하는 자세로 경쟁에 임해야 승리하는 것이다. 쓸데없는 미신이나 천명 따위의 허황된 말에 휘둘려서는 안 된다.

경영 지혜

"화나 복에는 문이 없다. 오로지 사람이 불러들일 뿐이다"라는 오래된 격언이 있다. 치열한 경쟁에서는 심리적으로 안정된 조직과 기업이 승리한다. 안정된 심리 상태가 조직원의 단결을 이끌어 내서 경쟁 전략을 효율적으로 수행할 수 있기 때문이다.

중국의 IT 기업 웨이창(微創, 미창)의 성공 배경을 보면 조직의 안정이 크게 작용했음을 발견할 수 있다. 2002년 웨이창은 놀라운 성과를 냈다. 그 결과를 두고 웨이창 내부는 물론 많은 사람이 CEO 탕쥔(唐駿, 당준)의 리더십이 중요한 작용을 했다고 진단했다. 특히 조직원의 심리를 안정시키고 이를 단결로 끌어올린 부분에 주목했다. 탕쥔은 웨이촹의 인력을 포함한 모든 자원을 가장 적합한 상태로 배치하여 안정감을 극대화했다. 바로 이 점이 IT 업계의 다른 리더들과 구별되는 탕쥔의 특기다.

매체와의 인터뷰에서 탕쥔은 취임 초기 웨이촹의 인사는 말도 많고 탈도 많아 내부 직원들의 힘이 완전히 흩어져 있었다고 회고했다. 탕쥔은 조직원들의 심리적 안정이 급선무라고 판단했다. 우선 경쟁의 압박 때문에 멋대로 직원들을 해고하는 걸 막았다. 이렇게 해서 그동안 기업과 직원들을 좀먹어 온 유언비어를 차단했다. 그 결과 조직과 직원들을 심리적 안정을 찾았고, 나아가 조직의 단결력이 크게 높아졌다. 탕쥔은 또 고위급 경영진을 좌천하거나 업무를 바꾸지 않음으로써 안정과 단결력을 한층 더 높였다.

조직이 발전하는 과정에서는 여러 가지 난관과 좌절을 겪는다. 그러면 조직의 구성원들이 동요하기 마련이다. 바로 이때 리더의 역할이 필요하다. 리더는 자신부터 차분하게 안정된 상태에서 조직원들을 안정시켜야 한다. 리더 자신이 허둥대거나 우왕좌왕하는 것은 절대 금물이다. 또한 자리가 위험하다든가, 언제 해직될지 모른다든가 하는 불안 요소를 철저하게 차단해야 한다. 뛰어난 리더는 중대한 상황에서 조직원을 안정시켜 승리할 줄 안다.

탕쥔은 IT 업계의 리더로는 특별하게 조직과 조직원의 심리적 안정에 주목하여 안정과 단결을 이끌어 내는 리더십을 발휘했다.

087

난전

어려운 상황일 땐 리더가 나서야 한다

難戰

용병(경영) 원칙

장수 된 자의 기본 도리는 부하들과 함께 동고동락하는 것이다. 위기에 처하여 자신만의 안전을 도모하고 부하들을 버려서는 안 되며, 위기를 앞두고 구차하게 살기를 도모해서는 안 된다. 장수는 모름지기 부하를 사랑하고 그들의 안전을 위해 적극적으로 노력하여 부하와 생사고락을 함께 해야 한다. 이렇게 하면 전군이 어찌 장수를 따르지 않을 수 있겠는가?

《사마양저병법》에 "장수 된 자는 위기에 처하여 마땅히 장병들과 함께 동감동고同甘同苦해야 한다"라고 했다.

역사 사례

동한 말기 조조는 한중 지방에 웅거한 장노張魯를 토벌했다. 조조는 한중漢中으로 출발하기에 앞서 장군 장료, 악진, 이전 등에게 7000

여 명의 군사를 지휘하여 합비를 지킬 것을 명했다. 그리고 합비에 주둔한 호군 설제에게 서신 한 통을 주었다. 봉투에는 "적이 쳐들어오면 뜯어 보라"라고 적혀 있었다.

215년 8월, 오나라 손권은 조조가 장노를 토벌하러 나간 틈을 노려 10만 대군을 이끌고 침공, 합비를 포위했다. 장료 등은 그제야 조조가 준 서신을 뜯어 보았다. "만일 손권이 쳐들어오면 장료와 이전 두 장군은 나가서 싸우고 악 장군은 성을 지킬 것이며, 설호의 군대는 적과 대전하지 마라"라고 쓰여 있었다.

장수들이 무슨 뜻인지 몰라 해석을 못 하자 장료가 설명했다. "조공께서는 머나먼 한중 지방까지 출정하여 외지에 계시고 이곳으로 구원병이 오기를 기다리는 상황을 노려 손권이 합비성을 공격하면 반드시 우리가 패배하리라 생각하셨을 거요. 조공께서는 이러한 사태를 예상하고 적이 아군의 성을 완전히 포위하여 공격 태세를 정비하기 전에 우리가 먼저 선제공격을 하여 적의 기세를 꺾고 군심을 안정시키라고 지시한 것이오. 이 명령대로 해야만 우리가 합비성을 지켜 낼 수 있소. 우리가 이기느냐 지느냐가 이 일전에 달려 있는데 제장들은 무얼 망설이는 거요?"

이전 역시 장료와 의견이 같았다. 밤이 되자 장료는 힘과 용기를 갖춘 군사 800명을 선발하여 결사대를 조직하고, 소를 잡아 잔치를 베풀어 군사들을 위로한 뒤 다음 날 있을 손권군과의 대전을 준비했다.

다음 날 동이 틀 무렵, 장료는 800명의 용사를 이끌고 선두에 서서 손권군의 진영으로 돌입해 적군 수십 명과 적장 두 명의 목을 베었다. 이렇듯 기세를 올린 장료는 자신의 이름을 큰 소리로 외치고 종횡무진 손권의 진영을 유린하며 손권이 있는 오군의 지휘부로 다가갔다.

장료가 들이닥치자 손권은 혼비백산했다. 손권의 휘하 장수들 역시 어찌할 줄을 몰라 우왕좌왕하며 손권과 함께 고지로 피신했다. 손권은 긴 창을 잡고 신변 방어 태세를 취했다. 장료가 손권을 바라보며 고지에서 내려와 결전을 벌이자고 큰 소리로 꾸짖자 손권은 그 기세에 눌려 한동안 꼼짝하지 못했다.

잠시 후 정신을 차린 손권은 장료가 이끄는 부대가 많지 않음을 보고 대군을 집결시켜 장료의 결사대를 몇 겹으로 포위할 것을 명했다. 장료는 오군의 포위 대형을 헤치면서 곧바로 전진하여 수십 명의 용사와 함께 포위망을 돌파해 나갔다. 그런데 미처 포위망을 벗어나지 못하고 뒤처진 용사들이 "장군께서는 저희를 여기에 버려두고 가실 겁니까"라고 소리쳤다.

장료는 열네 배가 넘는 손권의 군대를 맞아 맨 앞에서 적과 싸우는 솔선수범으로 절대 열세를 극복하고 승리를 거뒀다.

장료는 즉시 몸을 돌려 고함을 지르면서 다시 오군의 포위망으로 들어가 나머지 군사들을 구해 탈출시켰다. 손권의 진영에서는 누구 하나 이를 저지하는 자가 없었다. 장료가 아침부터 점심까지 이처럼 용전분투하여 오군을 제압하자 오군의 사기는 크게 꺾였다. 장료는 승리를 거두고 합비 영지로 돌아와 수비를 강화함으로써 군사들에게 자신감을 심어주고 군심을 안정시켰다.《삼국지》〈위서〉'장료전')

해설

〈난전〉 편의 요지는 장수는 장병들과 생사고락을 같이해야 한다는 것이다. 위 역사 사례를 통해 좀 더 알아보자. 손권은 조조가 한중의 장로를 토벌하러 간 틈을 노려 10만 대군을 이끌고 합비를 포위, 공격하고자 했다. 합비를 지키는 조조군의 병력은 장료를 포함하여 7000여 명에 불과했다. 양쪽의 병력만 본다면 손권군은 10만으로 열네 배 가까운 압도적인 우세였다. 그러나 결과는 손권의 패배였다.

이 전투에서 조조의 군이 소수의 병력으로도 다수를 이긴 것은 우선 작전이 정확했기 때문이다. 구체적으로 두 가지를 꼽을 수 있다. 하나는 장료가 조조의 정확한 방어 계획에 따라 손권이 완벽하게 포위 공격 태세를 갖추지 못한 상황에서 직접 결사대를 이끌고 성을 나가 손권에게 불의의 타격을 가한 점이다. 바로 이것이 적의 예봉을 꺾어 적이 싸움을 두려워하게 만들었다. 둘째는 손권이 공격에 실패하고 보름이 지나도록 별다른 진전이 없자 포위를 풀고 철군하려 했을 때 장료가 조직적으로 추격하여 손권을 대패시키고 손권을 사로잡을 뻔했다는 점이다.

그런데 여기서 지적하지 않을 수 없는 또 하나의 요인이 〈난전〉

편에서 말하는 장수의 동고동락이다. 장료는 장수로서 빗발치는 화살을 무릅쓰고 적진을 유린했다. 장료의 과감한 행동으로 전체 부대원이 수성을 결심하고, 용감하게 싸우겠다는 의지를 다지고, 적을 이겨 반드시 승리하겠다는 강한 전투력을 보였다.

경영에서도 '리더는 현장에 있어야 한다'는 말이 있다. 리더가 앞장서서 모범을 보이면 조직원들은 몸과 마음을 바쳐 따른다. 리더의 행동 그 자체가 '소리 없는 명령'이라는 점을 마음에 새겨야 한다.

경영 지혜

2000년대 초반에 몰아닥친 금융위기는 세계 경제를 깊은 나락으로 몰았다. 기업마다 연봉 동결은 물론 연봉 삭감과 인원 감축을 놓고 매일매일 지옥 같은 시간을 보냈다. 이때 허베이성에서 중소기업을 경영하는 한 리더는 자신의 연봉을 대폭 삭감하여 직원들을 격려함으로써 위기를 슬기롭게 넘기기도 했다.

일본경제단체연합회 명예회장을 지낸 도고 도시오土光敏夫(1896~1988)는 리더와 직원의 동고동락을 특별히 강조한 기업인이다. 그가 경영을 맡기 전까지 도시바는 '전기업의 요람'이라는 명예로운 호칭을 완전히 잃어버린 채 생산과 매출이 바닥을 향해 곤두박질하고 있었다.

도고 도시오는 매일 회사와 공장을 돌면서 직원들과 함께 밥을 먹고 그들의 이야기를 들었다. 다른 사람보다 30분 일찍 출근하여 공장 앞에서 출근하는 직원들을 반갑게 맞이했다. 하루 이틀 시간

'그가 있어 부자를 함부로 미워할 수 없다'라는 말이 있을 정도로 일본에서 존경받은 기업인이 바로 도고 도시오다.

이 흐르면서 직원들은 리더의 진정성에 감동했고, 직원과 조직의 사기도 하루가 다르게 상승했다. 이와 함께 도시바의 생산력이 정상으로 회복되면서 재도약의 기틀이 마련되었다.

리더가 조직원과 동고동락하면 어떤 효과와 결실을 가져오는가는 말이 필요 없을 것이다. 수많은 위기와 경쟁에서 리더는 직원들의 목소리에 귀 기울이고 그들과 함께 목청껏 노래 부를 줄 알아야 한다. 그렇게 해서 조직 내부의 단단한 응집력이 생기면 어떤 위기와 난관도 극복해 내는 힘이 되는 것이다.

088
이전
허점과 빈틈을 찾으면 경쟁이 쉬워진다
易戰

용병(경영) 원칙

적을 공격할 때 약하고 쉬운 곳부터 공격해야 가볍게 승리할 수 있다. 적의 부대가 여러 지역에 주둔했다면 반드시 강약과 다소의 구별이 있을 것이다. 강하고 많은 곳보다 약하고 적은 곳을 찾아서 공격하면 승리할 수 있다.

《손자병법》에 "전투에 능한 자는 전투를 개시하기 전에 미리 제압하기 쉬운 상대와 지역을 공격하여 승리를 이끌어 낸다"라고 했다.

역사 사례

575년 7월, 북주의 무제가 북제의 하양河陽을 공격하기 위해 신하들에게 계책을 묻자 우문필宇文弼이 입을 열었다.

"지금 우리가 제를 공격하려면 진격 목표를 명확하게 정해야 합니다. 하양은 난공불락의 군사 요충지로 북제의 정예군이 집결한 곳입니다. 우리가 전 병력을 투입하여 하양을 포위 공격한다 해도 성공하기 어려울 것입니다. 제가 보기에는 하양을 공격하지 말고 구불구불한 분수汾水 쪽을 공격하는 것이 좋을 듯싶습니다. 성채가 작고 적의 수비 병력도 많지 않을뿐더러 산세가 평탄하여 일단 공격하면 함락하기 쉬울 것입니다."

무제는 우문필의 말을 듣지 않고 기어이 총력을 기울여 하양을 공격했지만 끝내 성공하지 못했다.《북서》〈우문필전〉)

해설

575년의 전쟁에서 승리하지 못한 북주의 무제는 그 이듬해인 576년에 다시 대군을 이끌고 북제를 공격했다. 이번에는 우문필의 계책을 받아들여 제군의 방어가 취약한 분곡부터 공격을 개시했다. 무제는 신속하게 진주를 함락하고 계속 동진하여 577년 정월, 북제의 수도인 업성을 점령함으로써 마침내 북제를 멸망시켰다.

북주 무제의 전후 두 차례에 걸친 작전 과정을 살펴보면, 전략을 세울 때 공격 목표가 달라지면 그 결과도 달라진다는 점을 알 수 있다. 〈이전〉 편은 바로 이 점에 주목하여 모든 경쟁은 쉬운 곳부터 시작한다, 강한 곳은 피하고 약한 곳을 공격한다, 약한 곳을 골라 먼저 친다는 원칙을 강조하고 있다.

모든 경쟁은 어렵다. 하지만 모든 경쟁은 상대적이다. 전략과 전술을 어떻게 세우느냐, 리더가 어떤 리더십을 발휘하느냐에 따라 그 난이도가 달라지거나 바뀔 수 있기 때문이다. 상대를 치밀하게 분석하여 취약한 곳을 찾아내거나 취약하게 만들어 쉽게 승리할 수 있다는 점을 잊지 않아야 한다. 〈이전〉 편의 요지를 좀 더 쉽게 말하자면 틈을 찾으라는 것이다.

경영 지혜

현명한 리더는 어려운 문제에 부딪쳤을 때 쉬운 것부터 시작하여 가장 돌파하기 쉬운 곳을 공략한 다음 그 성과를 점점 확대해서 성공을 거둔다. 치열한 시장 경쟁에서 기업의 브랜드를 키우고 승리를 거두려면 기존의 대형 브랜드가 완전히 점거하지 못한 곳을 돌파 지점으로 삼아 서서히 확장하는 것이 좋다.

샴푸 등 목욕용품을 생산하는 슈레이(舒蕾, 서뢰/영어명 SLEK)가 처음 이 시장에 뛰어들었을 때 업계 선두는 단연 P&G였다. 당시 P&G는 이 업계의 대부나 마찬가지였다. P&G뿐만 아니라 유니레버Unilever라는 또 다른 강자도 버티고 있었다. 슈레이는 자본과 실력, 시장 위치 등 모든 면에서 이들보다 약자였다.

슈레이는 우선 이들 기업과 시장 상황을 꼼꼼하게 살폈다. 그 결과 이들 강자에게 두 가지 약점이 있다는 것을 발견했다. 첫째, 제품에 대해 마지막까지 통제력을 발휘하지 못하고 그저 최초의 광고전에만 치중한다는 사실이었다. 둘째, 2선 또는 3선 도시의 시장을 소홀히 하고 있었다. 슈레이는 P&G와의 정면 대결을 앞두고 중저가 상품이 통하는 2선, 3선 도시에 영업점을 내고 P&G의 영향력이 약한 곳을 돌파 지점으로 잡았다. 말하자면 농촌으로 달려가 도

슈레이 샴푸는 중국 어디를 가나 볼 수 있는 업계 1위 제품이 되었다. 강자들 사이에서 틈새시장을 공략하여 상대적으로 쉽게 시장에 진입하는 전략이 주효했기 때문이다. 사진은 슈레이의 샴푸 제품이다.

시를 포위하여 쉬운 곳 먼저 공략하고 어려운 곳을 나중에 공략하는 전략이었다. 이렇게 하여 P&G와의 대결에서 승리할 수 있는 기반을 마련했다.

중국의 샴푸 시장이 점점 커지면서 경쟁도 전례 없이 격렬해졌다. 하지만 슈레이는 3~4년 만에 괄목할 만한 성적을 냈고, 대표 상품 피아오러우(飄柔, 표유)와 하이페이(海飛, 해비)는 샴푸 시장 3위권에 들었다. 중국산 브랜드가 P&G, 유니레버와 함께 3강 체제를 구축한 것이다.

기업이 새로운 영역으로 진입할 때는 기존 강자들과의 정면 대결을 피해 쉬운 곳부터 공략한 다음 천천히 진지를 구축해야 활활 타오르는 기세를 만들어 낼 수 있다.

089

이전

사소한 이익과 유혹에 넘어가면 큰일을 그르친다

餌戰

용병(경영) 원칙

군사 작전에서 '이餌'란 용병하는 자가 음식 속에 독을 풀어 놓은 걸 말하는 게 아니다. 단지 이익으로 유인할 수 있다면 모두가 이병餌 兵이라고 부를 수 있다. 전투할 때 적이 소와 말을 내놓거나 재물을 포기하거나 치중輜重을 버린다고 해도 절대로 탐내서는 안 된다. 물건을 탐내어 취하면 반드시 실패할 것이다.

《손자병법》에 "적이 작은 이익으로 아군을 유인할 경우 그들의 속임수에 걸려들어서는 안 된다"라고 했다.

역사 사례

동한 말기인 200년 4월, 기주冀州에 근거지를 둔 원소가 군을 출동 시켜 조조 휘하의 장수 유연을 백마성에서 포위 공격했다. 이에 조 조는 구원병을 이끌고 출전하여 원소군을 격파하고 원소의 장수인 안량의 목을 베었다. 마침내 포위된 백마성까지 구출한 조조는 그 주민들을 황하 서쪽으로 이주시켰다.

백마성 포위 공격이 실패했다는 보고를 받은 원소는 대군을 이끌고 황하를 건너 조조군을 추격해 연진延津 남쪽에 주둔했다. 원소의 추격군이 황하 나루터인 연진 남쪽까지 접근해 오자 조조는 부대를 남쪽 언덕 아래에 주둔시키고, 소속 기병 부대에 명령하여 안장을 벗긴 전마를 전부 들판에 풀어 놓았다.

한편 백마성에서는 조조의 보급 운송 부대가 보급품을 싣고 행진하는 중이었다. 조조 휘하 장수들은 적군 추격병의 기세가 매우 강하여 이기기 어려우니 접전하지 말고 철수하여 본진의 수비 태세를 강화할 것을 건의했다. 그러나 참모 순유는 "지금이야말로 우리가 미끼를 이용하여 유인할 좋은 기회인데, 어찌 철수하여 이 좋은 기회를 놓친단 말입니까" 하며 반대했다.

그러는 동안 원소군의 유비 등이 5000~6000명의 기병을 이끌고 조조군의 진영을 향해 달려왔다. 초조해진 조조 휘하 장수들이 또다시 "지금 급히 기병을 출동시켜 적의 추격대를 맞아 싸워야 합니다"라고 주장했다. 그러

조조는 원소와의 일전에서 순유의 '이병' 전략을 즉각 받아들이지 않았지만, 기회가 오자 바로 그 전략을 채용하여 승리를 거뒀다. 시기의 문제였지 〈이전〉이라는 전략 자체는 정확했기 때문이다.

나 조조는 아직 시기가 아니라며 계속 출병을 미뤘다.

　얼마 지나지 않아 원소의 군이 더욱 증가하더니 각기 흩어져서 조조군의 치중대를 공격하기 시작했다. 마침내 조조가 "바로 지금이 출격할 때다" 하고는 기병 부대에 출격 명령을 내렸다. 조조의 기병은 600명이 채 안 되었으나 치중대의 화물 탈취에 여념이 없는 원소군에 돌진하여 단숨에 원소를 대파했다.(《삼국지》〈위서〉'무제기' 제1)

해설

〈이전〉 편은 물론 함께 인용된《손자병법》의 요지는 미끼를 물지 말라는 '이병물식餌兵勿食'이다. 이병餌兵이란 '유인병'을 말한다. 이 전략은 이익으로 아군을 유인하려는 적에게 걸려들지 않음으로써 적에게 틈을 주지 말아야 한다는 것이다. '이餌'는 원래 미끼라는 뜻인데, 상대에게 던지는 이익을 비유하는 말이다.

　이런 이익의 형태는 다양하다. 소규모 부대나 거짓 정보를 이용해서 고의로 파탄을 노출시켜 적을 올가미로 유인하는 방식도 있고, 대규모 부대의 작전을 은폐하기 위하여 수시로 부대를 내보내 적에게 기회를 줌으로써 적의 주력을 흩뜨리거나 견제하는 목적을 달성할 수도 있다. 어쨌거나 적은 눈앞의 작은 이익 때문에 커다란 전기를 놓치고 만다.

　향기로운 미끼에 고기가 달려들기 마련이다. 군대도 이익을 위해 싸우는 것이다. 따라서 이익에 현혹되기 쉽다. "주어라! 적은 틀림없이 가지려 들 것이다. 작은 이익을 미끼 삼아 적을 움직이게 만들어 놓고 기습할 순간을 기다린다." 손자의 명쾌한 진단이다.

군사학 분야의 고전으로 통하는 《전쟁론(Von Krieg)》을 쓴 클라우제비츠Carl von Clausewitz(1780~1831)는 다음과 같은 말을 남겼다.

"전쟁에서 행동의 근거가 되는 상황의 4분의 3은 안개 속에 가려진 것과 같거나 어느 정도는 불확실하다. 이 상황에서는 예민한 지혜의 힘으로 정확하고 신속하게 판단하여 진상을 파악해야 한다."

상황이 복잡하고 급변하는 전쟁터에서 지휘관의 머릿속에 들어 있는 자료와 정보는 흔히 두 가지 모순 사이를 왔다 갔다 한다. 이익일까, 아니면 미끼일까? 틈을 탈 수 있는가, 아니면 적이 만든 함정인가? 적의 행동에 구멍이 난 것인가, 아니면 의도적으로 안배한 것인가? 때와 장소가 만들어 낸 우연한 기회인가, 아니면 적이 일반적 논리 법칙을 깨고 조작해 놓은 모략인가?

이러한 모순 사이에서 두뇌가 단순하고 경직된 지휘관은 미끼에 걸려들기 십상이며, 좋은 기회인데도 머뭇거리다 던질 수 있는 한 수를 놓쳐 버린다. 비교적 타당한 조치는, 행동은 나중으로 미루고 일단 치밀하게 계산해 보는 것이다. 가능한 한 진짜 상황을 전면적으로 이해하고 정확한 결정을 내리는 것이다.

경영 지혜

중국 CC TV의 고발 프로그램인 《빠오꽝먼(曝光門, 폭광문)》이 검색 사이트에서 돈을 받고 검색을 조작하거나 검색 결과를 파는 비리를 폭로했다. 이 때문에 검색 사이트의 공정성과 신뢰성이 전 국민의 관심사가 되었다.

이 사건 이후 구글 어스의 부총재 겸 중국 책임자인 리카이웬(李開原, 이개원)은 매체 인터뷰에서 "우리는 지금까지 검색 결과를 판 적이 없다. 성공하는 비즈니스 모델은 단기 이익이 주는 유혹을 단호히 거부해야 한다"라고 했다. 리카이웬은 검색 사이트가 갈수록 엄청난 영향력을 발휘한다는 사실을 잘 알고 있었다. 영향력이 커지면 커질수록 책임감도 무겁기 때문에 구글 중국은 줄곧 검색 결과에 인위적으로 간섭하지 않는다는 원칙을 지켜 왔다는 것이다.

글로벌 검색 사이트가 돈을 위해 검색 결과를 늘리거나 삭제함으로써 공평과 객관을 희생한다면 잠시 작은 이익을 얻을지 몰라도 네티즌의 신뢰는 날아가는 것이다. 검색 사이트에 이보다 더 큰 위험은 없다. 빠오꽝면 사건 때문에 개별 검색 사이트에 대한 네티즌의 신뢰가 크게 흔들렸다. 그러나 구글은 시장에서 그 신뢰도와 인지도가 더 올라갔다. 리카이웬은 이 사건과 관련해 유명 가수이자 배우인 쩌우졔룬(周杰倫, 주결륜)의 노랫말까지 인용하며 자신의 심경을 밝혔다.

"가치관을 굳게 지키고 이익을 멀리 내다보는 기업이라면 좋은 모델을 천천히 키워 낼 수 있다. 시간이 약이기 때문이다. 그러나 단기 이익에만 치중하는 기업이라면 시간이 독이다."

리카이웬은 리더가 단기 이익이 주는 유혹에 넘어가 기업의 경영철학과 자신의 지조를 버리면 안 된다는 점을 지적한 것이다. 눈앞의 작은 이익 때문에 조직 전체의 앞날을 희생할 수는 없기 때문이다.

090

이전

틈을 정확하게 찾아내서 공략하면 절로 갈라진다

離戰

용병(경영) 원칙

작전을 수행할 때는 적국의 군신들 사이에 틈이 생기기를 기다렸다 첩자를 파견하여 이간시킨다. 그들이 서로 의심하는 기회를 노려서 정예 부대를 보내 공격하면 목적을 달성할 수 있다.

《손자병법》에 "적이 서로 단결할 때는 계략으로 이간시켜라"라고 했다.

역사 사례

전국시대인 기원전 284년, 연나라 소왕昭王은 명장 악의를 상장군으로 임명하고 진·위·한·조 연합군을 총지휘하여 제나라를 공격하게 했다. 악의는 명령을 받고 연합군을 지휘하여 제나라를 대파했다. 패전한 제나라 민왕湣王이 거성莒城으로 망명했고, 연나라 군대는 즉각 병력을 동원하여 거성을 포위했다.

이때 초나라에서는 장군 요치淖齒에게 제나라를 구원하라고 명했다. 제의 민왕은 요치를 국상으로 임명했다. 그러나 본래 민왕과 사이가 나쁜 요치는 연나라 장수 악의와 모의해 제나라 영토를 나눠 가질 속셈으로 민왕을 살해했다. 이에 제나라 군사들이 요치를 죽인 다음 살해당한 민왕의 아들 법장法章을 왕으로 옹립하고, 다시 거성莒城과 즉묵성卽墨城을 굳게 지키며 연나라의 공세에 맞섰다. 제나라는 연군과의 전투에서 즉묵성의 대부가 전사하는 지경에 이르렀으나 군민들이 전단田單을 장군으로 추대하여 연군에 대한 항쟁을 계속했다.

얼마 후 연나라 소왕이 죽고 그 아들인 혜왕惠王이 즉위했다. 그는 태자 시절부터 상장군 악의와 사이가 좋지 않았다. 전단은 새로 즉위한 연나라 혜왕이 상장군 악의와 사이가 나쁘다는 사실을 알고 연나라 군신을 이간하여 내분을 일으키고자 사람들을 보내 다음과 같은 유언비어를 퍼뜨렸다.

"연나라 장군 악의는 새로 즉위한 혜왕과 사이가 나쁘다. 이 때문에 악의는 혜왕에게 죽임을 당할까 봐 두려워서 귀국하지 않고 자신이 점령한 제나라 영토에 눌러앉아 왕이 되려고 한다. 그러나 제나라의 민심이 아직 그를 따르지 않기 때문에 우선 즉묵성 공격을 늦춰서 제나라 백성들의 귀순을 기다렸다가 제나라 왕이 되려는 공작을 추진하고 있다. 지금 제나라 사람들이 유일하게 걱정하는 점은 연나라 조정에서 악의를 소환하고 다른 장수를 대신 보내 즉묵성 공격에 박차를 가하지 않을까 하는 것이다. 다른 장수가 악의 대신 즉묵성을 공격한다면 즉묵성은 바로 함락되고 말 것이다."

연나라 혜왕은 제나라의 반간계反間計를 진짜로 오인하여 악의가 일부러 즉묵성 공격을 늦춘다고 믿었다. 결국 기겁騎劫을 보내 악의의 군 지휘권을 회수하고 악의를 본국으로 소환했다. 궁지에 몰린 악의는 할 수 없이 조나라로 망명했다.

연나라를 이간하여 명장 악의를 제거한 전단은 농성군의 단결력이 흩어질 것을 우려하여 장병과 주민들에게 식사할 때마다 먼저 집 뒤뜰에 모셔 놓은 조상의 제단에 음식을 떼어 놓고 제사를 올리라는 명령을 내렸다. 그러자 새들이 몰려들어 즉묵성에 온통 새 떼가 들끓었다. 이에 주민들이 이상하게 여기자 전단은 이런 소문을 퍼뜨렸다. "이 새 떼는 천신이 우리를 이끌어 줄 무당을 내려 보내겠다는 징조다."

얼마 후 한 병사가 전단을 찾아와 "제가 그 무당 노릇을 해도 되겠습니까"라며 자원했다. 전단은 그 병사를 정말 신이 내린 사자처럼 섬겼다. 그리고 명령을 내릴 때마다 천신의 분부를 받는 무당의 이름을 빌려 하달함으로써 군민의 마음을 결속해 나갔다.

전단은 또다시 성 밖 진중에 "지금 즉묵성의 저항군들은 적군에게 잡혀 코를 베일까 봐 무서워하고 있다. 제군 병사들의 코를 베어서 공격 대열의 선두에 걸어 놓으면 즉묵성이 곧바로 함락된다고 하더라"라는 유언비어를 퍼뜨렸다.

연나라 군사들은 그 말을 곧이 믿고 너도나도 제나라의 투항병을 끌어다 코를 베어 선두 부대에 내세웠다. 성벽 위에서 그 광경을 바라보는 제나라 군민의 분노는 하늘을 찔렀다. 저마다 즉묵성을 사수하기로 맹세하고, 싸우다 죽는 한이 있어도 연군에게 생포되지 않으리라 다짐했다. 전단은 또 다른 유언비어를 연나라 진영에 살포했다.

"지금 즉묵성에 있는 군민들은 적군이 성 밖에 있는 자기 조상의 무덤을 파헤칠까 봐 걱정하고 있다. 무덤을 파헤치는 날에는 애통한 마음에 사기가 떨어져 제대로 싸우지 못할 것이다."

연나라 군사들은 이번에도 그 말대로 성 밖 제나라 사람들의 무덤을 모두 파헤쳐 관을 쪼개고 유골을 꺼내 불태웠다. 농성군과 주민들은 조상의 유해가 불타는 광경을 보고 대성통곡했다. 그들은 당장 문을 열고 달려나가 싸우려고 했다. 전단은 군민의 적개심이 엄청나게 고양되었음을 알고 이만하면 즉묵성의 인원으로도 반격을 가할 수 있다고 판단했다.

전단은 직접 성벽 공사장에 나가 병사들과 함께 땀 흘려 일했다. 아내와 가족까지 동원하여 병사들의 작업 대열에서 일하게 했으며, 맛있는 음식이 생기면 아낌없이 병사들과 나눠 먹었다.

반격 개시일이 다가오자 그는 무장한 병력을 모두 숨기고 휴식시키는 한편 적군이 볼 수 있도록 노약자와 부녀자를 성벽 위에 올려 세우고, 항복 사절을 연군 진영으로 보내 관대한 조건을 간청했다. 이에 연군의 장병들은 만세를 부르며 환호했다.

전단은 다시 성내의 황금 1000일鎰을 모아 즉묵성의 이름난 부호들을 시켜 연군의 주장인 기겁에게 은밀히 전하며 "이제 곧 항복할 테니 우리 일가족만큼은 노략질하지 마십시오"라고 부탁하라는 명령을 내렸다. 기겁은 크게 기뻐하며 그 요청을 수락했다. 이때부터 연군의 경계심은 더욱 해이해지고 포위 상태도 느슨해졌다.

그러는 동안 전단은 성에 있는 황소 1000마리를 징발하여 몸뚱이에 울긋불긋한 옥색 용무늬를 그린 옷을 입힌 다음 두 뿔에는 날카로운 칼을 매달아 묶고 꼬리에는 기름을 먹인 갈대 묶음을 매달았다. 그리고 성벽 수십 군데에 밖으로 통하는 구멍을 미리 뚫어 놓았다.

이윽고 날이 어두워지자 전단은 황소 꼬리에 일제히 불을 붙이고 막아 놓은 벽 구멍을 터 주었다. 그 뒤를 따라 용사 5000명으로 편성된 결사대가 황소 떼를 몰면서 돌격했다. 꼬리에 불이 붙은 황소 떼는 뜨거움을 견디지 못해 길길이 날뛰면서 불을 밝혀 놓은 연군의 숙영지로 돌진하여 닥치는 대로 들이받고 짓밟기 시작했다. 한밤중에 마음 놓고 단잠을 즐기던 연군의 장병들은 느닷없이 들이닥친 짐승 떼를 보고 대경실색했다(후세 사람들이 이를 두고 '화우진火牛陣'이라고 했다). 성내에서는 북소리를 울려 기세를 돋우고, 노약자들은 온갖 구리 그릇을 마구 두드리며 성원했다. 북소리와 쇠붙이 소리, 함성이 한데 어우러져 천지에 진동했다.

연군 진영은 온통 공황 상태에 빠져서 저마다 목숨을 건져 달아나느라 정신이 없었다. 제군은 연군의 주장 기겁을 잡아 죽였다. 전단은 즉묵성의 군사

전국시대 연나라와 제나라 사이에 벌어진 사활을 건 전쟁은 전단이라는 탁월한 장수의 이간책이 빛을 발한 대표 사례다.

를 이끌고 패주하는 연나라 군대를 추격하여 하상까지 뒤따라갔다. 그리하여 과거 연군에게 빼앗긴 70여 개 성을 탈환하고 마침내 수도인 임치성과 제나라 전역을 완전히 수복했다.(《사기》〈전단 열전〉)

해설

모든 경쟁은 상대의 틈, 즉 허점을 찾아내서 공략하는 것이다. 이 틈을 정확하게 찾아서 공략하면 병법에서 말하는 '이간책'을 쓸 필요도 없이 상대 진영은 갈라져 버린다. 이것이 〈이전〉 편의 요지다.

  간첩을 동원한 이간책은 역사상 가장 많이 활용된 전략이다. 특히 군사 투쟁에서는 보편화된 전략이자 방법이었다. 인간과 사물에 대해 확고한 믿음을 갖지 못하는 인성의 약점을 이용한 전략이기 때문이다. 그러나 이제 간첩을 침투시키는 전략은 정당하지 않으므로 피해야 한다. 대신 내 전력을 확고하게 다지고 상대의 내부 상황을 파악하는 정공법을 취해야 한다. 내 전력이 탄탄하면 이간책을 쓸 필요 없이 상대가 동요하기 마련이다. 물론 다양하게 열려 있는 소셜미디어 등을 이용하여 정보를 수집하는 일을 게을리해서는 안 된다.

091

의전

상대를 의심하게 만들지 못하면 즉각 발을 빼라

疑戰

용병(경영) 원칙

적과 대치하는 상황에서 적진을 엄습하려고 할 때는 초목이 우거진 수풀 속에 깃발을 많이 꽂아서 숲속에 다수의 병력이 배치된 것처럼 위장해야 한다. 이렇게 하여 적이 동쪽의 경계와 수비를 강화하게 만든 뒤 아군은 그 반대 방향인 서쪽을 불시에 공격하면 승리할 수 있다. 반대로 적진에서 퇴각할 때는 병력이 없는 위장 진지를 설치하여 부대가 주둔하는 것처럼 위장하고 철수해야 한다. 이렇게 하면 아군의 철수 의도를 의심하여 감히 추격하지 못할 것이다.

《손자병법》에 "수풀이 우거진 곳에 차폐물을 많이 설치하여 적을 미혹한다"라고 했다.

역사 사례

577년, 북주의 무제가 북제를 멸망시킬 때의 일이다. 무제는 우문

헌宇文憲을 선봉장으로 삼아 작서곡雀鼠谷으로 진격하게 했다. 그리
고 자신은 전선에서 부대를 지휘하며 진주를 포위 공격했다. 북제
의 후주는 진주가 포위되었다는 소식에 군을 이끌고 구원하러 왔
다. 당시 북주군은 진왕 우문순宇文純, 대장군 우문춘宇文椿, 대장군
우문성宇文盛에게 각각 부대를 출동시켜 주둔하되 모두 우문헌의
지휘를 받게 했다.

우문헌은 우문춘에게 비밀리에 지시했다. "용병이란 적을 적절히
기만하는 것이다. 그대는 진영을 설치하되 장막을 치지 말고 잣나
무를 베어다 초막을 지어 마치 병력이 지키는 것처럼 위장하라. 아
군의 주력이 여기서 철수한 뒤에도 이곳에 대부대가 계속 주둔하
는 것처럼 보여야 한다. 그렇게 하면 아군이 패하여 후퇴하더라도
적은 우리가 계속 이곳에 주둔하는 것으로 의심하여 감히 추격해
오지 못할 것이다."

이때 북제의 황제 고위高緯는 군의 일부를 출동시켜 우문순과 우
문춘 군대를 견제시킨 다음 자신은 주력 부대를 이끌고 계서원鷄栖
原으로 진격하여 우문춘 군대와 대치했다. 우문춘은 북제군이 강한
것을 보고 작서곡의 본진에 있는 우문헌에게 상황이 위급함을 보
고했다. 우문헌은 직접 증원군을 이끌고 우문춘의 부대를 구원하
려 했다. 그런데 그가 계서원에 이르렀을 때 마침 우문춘이 무제의
명령을 받고 밤새 퇴각했다.

추격하던 북제군은 잣나무로 엮어 만든 초막들을 보고는 북주군
의 기습 부대가 잠복해 있다고 여겨 더 이상 추격하지 못했다. 북
제군은 날이 밝아서야 북주군이 위장해 놓은 진이라는 걸 알고 후

회했다.(《북서》〈우문헌전〉)

해설

군대를 동원한 전쟁이든 기업 간의 경쟁이든 상대가 있는 모든 경쟁의 핵심은 내 전력은 감추고 상대의 전력을 최대한 파악하는 데 있다. 치고받는 복싱이나 UFC를 비롯해 모든 스포츠 경기도 본질은 같다.

〈의전〉편의 요지는 물러날 때조차 내 전력을 감추거나 위장하라는 것이다. 은폐와 위장은 철저히 상대를 염두에 둔 것이기 때문에 상대가 여기에 넘어가지 않으면 도리어 역효과를 낸다. 따라서 철저해야 한다. 우선은 상대가 의심을 품게 해야 한다. 저것이 위장인지 아닌 헷갈리게 해야 한다. 그래야 다음 전략이 통하기 때문이다.

〈의전〉에서 말하는 위장과 은폐는 첫 단계, 즉 상대가 의심하게 만들지 못하면 즉각 철수해야 한다. 내 의도를 들키는 순간 위험에 처할 수밖에 없기 때문이다. 따라서 〈의전〉을 잘 구사하려면 다른 여러 장치가 함께 필요하다. 〈이전〉편에서도 언급했듯이 '성동격서' 전략이나 간첩을 보내 유언비어를 퍼뜨려서 상대의 심기를 흔들어 놓는 전략을 섞어 구사하면

모든 경쟁의 핵심은 상대를 정확하게 아는 '지피知彼' 그리고 나를 숨기는 위장과 은폐에 있다. 이는 스포츠 경기에서 잘 드러난다.

효과가 크다.

기업 경쟁에서 〈의전〉의 방법은 대개 홍보나 광고로 표현된다. 자사 제품의 성능이나 효과를 부풀려 홍보하거나 광고하여 기선을 제압하는 것이다. 또는 경쟁 상대를 의식하여 제품 출시 시기에 대해 거짓 정보를 흘리는 방법 등도 이 전략에 포함된다. 리더는 기업과 제품이 처한 주변 상황을 꼼꼼하게 분석하여 정확한 전략을 단계적으로 수립해야 한다.

092

궁전

궁지에 몰린 상대를 압박할 때도 치밀한 전략은 필수다

窮戰

용병(경영) 원칙

아군의 병력이 많고 적의 병력이 적은 상황에서 적이 아군의 위풍과 기세에 눌려 싸움을 피해 퇴각한다면 너무 급박하게 추격하지 말아야 한다. 사물이 극에 이르면 반드시 상황이 반전되기 때문이다. 사람도 극도의 궁지에 몰리면 반전시키려는 힘을 발휘하는 법이다. 그러므로 적이 두려움에 빠져 도주할 때는 대오를 정돈하고 천천히 적을 추격하여 확실한 승리를 거둬야 한다.

《손자병법》에 "궁지에 몰린 적을 지나치게 추격하여 핍박해서는 안 된다"라고 했다.

역사 사례

서한 선제 때인 기원전 61년 7월, 한나라의 후장군 조충국이 선령 지방의 강족을 토벌하러 나섰다. 당시 강족은 오랫동안 한나라의 변경을 점령한 터라 경계와 전의가 느슨해진 상태였다. 이들은 한 나라의 대규모 토벌군이 출동하자 물자와 장비를 버리고 황수를 건너 서쪽으로 도망쳤다. 그런데 도로가 몹시 험하고 좁아서 도주 속도가 느렸다.

그러나 조충국은 이들을 급박하게 몰아쳐 추격하지 않고 서서히 그 뒤를 쫓았다. 이에 불만을 품은 측근 참모가 급히 적을 추격하여 전리품을 노획해야 한다고 재촉하자 조충국이 말했다.

"저들은 지금 궁지에 몰린 위태로운 적군이니 너무 급박하게 몰아붙여서는 안 된다. 서서히 추격하면 저들은 뒤돌아볼 틈도 없이 흩어지고 말 것이다. 그러나 우리가 급박하게 추격하여 달아날 여유가 없어지면 사력을 다해 저항할 것이다."

그제야 장수들은 조충국의 말에 수긍했다. 아니나 다를까, 강족은 서로 먼저 도망치려다가 수백 명이 황수에 빠져 익사했고, 추격하는 한군에게 투항한 자와 참살당한 자가 500명이 넘었다.(《한서》〈조충국전〉)

해설

〈궁전〉 편의 핵심은 인용한 대로 《손자병법》〈군쟁〉 편에 보이는 용병 8원칙의 하나인 '궁구물박窮寇勿迫'이다. 이 용어는 《후한서後漢書》〈황보숭전皇甫嵩傳〉에도 보인다. 세력이 다한 적을 추적할 때도 책략을 강구해야지 성급하게 서둘러서는 안 되며, 또 너무 심하게 핍박해서도 안 된다. 안 그러면 적이 필사적으로 반항하여 적을 섬멸하기 어려워진다.

《손빈병법》〈위왕문〉에서 위왕이 "탈출로가 없는 궁지에 몰린 적을 공격하려면 어떻게 해야 하오"라고 묻자 손빈은 이렇게 대답한다.

"지나치게 압박하지 말고 적이 활로를 찾을 때까지 기다렸다가 다시 적을 소멸해야 합니다."

위 역사 사례에서 보다시피 조

노신은 "물에 빠진 개는 몽둥이로 때려야 한다"라고 했다. 개는 경쟁 상대라 할 수 있고, 몽둥이로 때리라는 것은 건져 주지 말고 완전히 없애라는 뜻이다. 물론 양립할 수 없는 상대라면 노신의 말처럼 해야 한다. 단, 그럴 때도 정확하고 치밀한 전략은 필수다.

충국은 도로가 좁고 험한 지형적 특성에 근거하여 온건하고 타당한 전술을 펼쳤다. 도로가 험하고 좁아서 한의 대규모 병력은 기동하기 불리한 반면 지형에 익숙한 강족 군은 매복하여 한군을 저격하기에 유리했기 때문이다. 바로 이 점이 노장 조충국이 용병에 매우 신중했다는 평가를 듣는 까닭이다. 정확한 전략, 즉 〈궁전〉편을 비롯한 병법서의 원칙을 지켰기 때문에 한군은 큰 손실을 입지 않고 강족을 제압할 수 있었다.

'궁구물박'을 구체적으로 운용할 때는 상황을 주시하며 민첩하게 대처해야 한다. 적을 섬멸할 수 있다는 정확한 판단이 섰는데도 '궁구물박'에 얽매여 공격하지 않는다면 적의 상황 변화에 따라 용병 원칙을 변화시킨다는 기본적인 용병 원칙을 위배하는 것이다. 문학가 노신魯迅은 물에 빠진 개는 맹렬히 두들겨 패야 한다고 주장했다. 군사를 통솔할 때도 똑같은 의미를 갖는다. '궁구물박' 전략의 부족한 점을 메워 주는 유익한 주장이라 할 수 있다.

　기업 경쟁에서도 '궁구물박'은 귀담아들어야 하는 전략이다. 경쟁 상대가 위기에 몰렸다고 퇴로도 열어 주지 않고 마구 공략하면 역공을 당할 가능성이 전쟁 상황 못지않게 크기 때문이다. 이를테면 지나치게 궁지로 몰아붙이면 다른 경쟁 상대와 손잡고 반격을 가해 올 수 있다. 나의 공격에 극단으로 몰려서 피를 흘리는 것보다 손해를 보더라도 다른 경쟁 상대와 손잡고 반격을 가하는 쪽이 낫다면 서슴없이 그렇게 할 것이다. '궁구물박'의 요지를 생각하며 치밀하게 단계적인 전략을 짜야 한다.

093

풍전

사물의 방향과 안팎을 잘 살피면 순조롭게도 거꾸로도 활용할 수 있다

風戰

용병(경영) 원칙

적과 싸울 때 순풍이 불면 바람을 타고 공격해야 한다. 그러나 역풍이 불어 맞바람을 안고는 공격하지 못할 거라며 적이 방심하는 상황이라면 그 틈을 노려 불시에 습격해야 한다. 바람을 이용하되 상황에 따라 대처하면 승리하지 못하는 경우가 없다.

《손자병법》에 "순풍이 불 때는 바람의 세를 타서 싸우고, 역풍이 불 때는 진세를 엄격히 하여 적의 공격에 방비해야 한다"라고 했다.

역사 사례

5대10국 시기인 940년, 후진의 두중위杜重威 등이 군을 이끌고 양성에서 거란족과 싸웠으나 끝내 이기지 못하고 포위를 당했다. 두중위의 진영에는 식수가 없는 데다 토질이 나빠서 우물을 파면 파는 대로 무너져 내리는 최악의 상황이었다. 게다가 동북풍이 거세게 불자 거란군이 바람을 이용해 화공을 가하고 모래를 날려 보내는 등 후진군을 괴롭혔다.

포위당한 채 굶주림과 목마름에 시달리던 후진의 병사들은 "장군께서는 어떻게 지휘했기에 우리를 이처럼 곤경에 빠뜨려 죽게 하시는 겁니까"라며 아우성을 쳤다. 그러면서 장수들은 분분히 나아가 싸울 것을 요구했다. 두중위는 흥분한 장수들에게 "바람이 잔잔해지기를 기다렸다가 천천히 공격 여부를 결정합시다"라고 말렸다. 그러나 이수정은 모래바람 때문에 적이 아군의 병력을 제대로 헤아리지 못하니 전력을 다해 싸우자고 나섰다.

장수들의 주장이 갈라지는 가운데 약원복은 즉시 공격하자고 주장했다. "지금 우리 진영에는 식수가 없어서 병사들이 기갈로 극심한 고통을 겪고 있습니다. 이런 상황에서 풍향이 바뀌기만 기다리다가는 우리 모두 적에게 사로잡힐 것입니다. 지금 적들은 아군이 역풍을 안고 싸우지 않으리라 생각하여 방심할 것입니다. 그러니 적의 의표를 찔러 신속하게 공격해야 합니다. 이는 병법에 있는 대로 적을 기만하는 방법입니다."

두중위가 마침내 "속수무책으로 가만히 있다가 적에게 당하느니 나가 싸워서 죽음으로 나라에 신명을 바치자"라며 결단을 내렸다. 두중위는 정예 기병대를 이끌고 방심한 거란군의 진영을 공격하여 크게 격파하고 거란군을 단숨에 20여 리나 패주시켰다.

거란의 왕은 전차를 타고 10여 리를 달아나다 후진군의 집요한 추격이 이어지자 낙타로 바꿔 타고 멀리 도주했다. 이리하여 후진군은 곤경에서 벗어나 안정을 되찾았다. 《구오대사》〈두중위전〉)

해설

〈풍전〉 편의 요지는 바람 부는 방향을 잘 살펴 적절하게 이용하라는 것이다. 바람 부는 방향을 잘 살피는 것을 '선관풍색善觀風色'이라 하는데, 단순히 바람을 가리키는 것이 아니라 이런저런 상황을 잘 살펴서 순조롭게 이용하거나 역이용하는 등 다양한 전략과 전술을 세우라는 뜻이다.

《손자병법》〈행군〉 편에 적의 상황을 살펴 아는 방법인 '적정찰지법敵情察之法'이 나온다. 이는 상대방에게서 나타나는 각종 징후에 근거해서 상대하는 '지피知彼'의 목적을 달성하는 방법이다. 그 주요 대목을 다시 한번 발췌해 정리하면 아래와 같다.

① 적에게 접근했는데도 안정된 상태를 유지하는 건 험준한 지형을 믿는 것이다.

② 적이 멀리 있으면서도 도전해 오는 건 아군의 진격을 유인하려는 것이다.

③ 적이 말로는 저자세를 취하며 뒤에서 준비를 늘리는 건 진격 계획을 세우는 것이다.

④ 적의 말이 허무맹랑하며 무리하게 앞으로 달려드는 건 퇴각할 의사가 있다는 것이다.

⑤ 적이 조금 전진하기도 하고 조금 후퇴하기도 하면서 비겁한 태도를 보이는 건 아군을 유인하려는 것이다.

⑥ 이익을 보여 줘도 전진하지 않는 건 적이 지쳤다는 증거다.

⑦ 밤에 부르짖는 건 적이 겁에 질렸다는 증거다.

⑧ 군관이 함부로 화를 내는 건 적이 싸움에 지쳤다는 증거다.

⑨ 지휘자가 병사들과 더불어 간곡히 화합하는 모습으로 천천히 이야기하는 건 병사들의 신망을 잃었다는 것이다.

⑩ 자주 상을 주는 것은 지휘자가 병사들을 통솔하는 데 궁색해졌기 때문이며, 자주 벌을 주는 것은 통솔하기 힘들기 때문이다.

⑪ 지휘관이 병사들을 난폭하게 다루고는 배반이 두려워 달래는 것은 가장 졸렬한 통솔법이다.

⑫ 교전 중인 적이 사신을 보내 정중하게 사과하고 휴전을 청하는 건 휴식을 원하는 것이다.

⑬ 군대가 성난 듯 달려와서 대치하고는 오래 싸우지도 않고 물러가지도 않는다면 반드시 계략을 감춘 것이니 신중하게 적의 정세를 살펴야 한다.

고대 동양철학의 기본 관점은 해와 달, 남과 여, 하늘과 땅, 흑과 백 등 만물이 음양으로 이뤄져 있다는 것이다. 마찬가지로 모든 사물은 대립하는 양면이 있다. 표면에 대한 내용이 있고, 내용에 대한 표면이 있다. 따라서 겉을 보고 속을 살피며, 속을 보고 겉을 아는 것이다. 이런 이치를 제대로 살펴서 파악하면 자연 조건은 물론 처한 상황을 얼마든지 뒤바꿔 가며 활용할 수 있다.

094

설전

자연 조건을 이용하되 방비하지 않는 곳을 정확하게 찾아야 한다

雪戰

용병(경영) 원칙

폭설이 이어져 적의 방비가 허술할 때 공격하면 적을 격파할 수 있다. 《손자병법》에 "적의 경계가 소홀한 지점을 집중 공격하라"라고 했다.

역사 사례

당나라 헌종 때인 817년 10월, 당나라 조정은 회서淮西 일대에서 이소李愬(773~821)에게 반기를 든 군벌 오원제의 세력을 토벌하라는 명령을 내렸다. 이소는 주력군이 출정하기 전에 기병 1000명을 풀어 관내를 순찰하던 중 오원제의 수하 장수인 정사량의 부대와 만나 격전을 벌인 끝에 정사량을 사로잡았다. 정사량은 오원제의 군에서도 이름난 맹장으로 당나라의 동부 지역을 위협하여 곤경에 빠뜨리곤 하는 인물이었다.

당의 장병들은 정사량을 죽이고 그 심장을 꺼내 그동안 맺힌 분을 풀고자 했다. 그러나 이소는 정사량의 당당한 기개를 보고 살려 준 뒤 함께 출전했다.

이소의 주력군이 오원제를 토벌하러 출정하려 할 때 정사량이 이소에게 자청했다. "지금 오원제의 왼팔 격인 오수림이 문책을 점거하고 있습니다. 우리 조정의 군대가 오수림에게 접근하지 못하는 이유는 진광흡이 그의 참모장으로 있으면서 꾀를 내어 획책하기 때문입니다. 진광흡은 용맹하나 경솔하여 홀로 싸움터에 나가 공을 세우고 싶어 합니다. 제가 가서 그를 사로잡아 오겠습니다. 진광흡만 사로잡는다면 오수림은 싸우지 않아도 저절로 항복해 올 것입니다."

정사량이 진광흡을 사로잡으니 과연 오수림도 관군에 항복해 왔다. 오수림을 불러 오원제 군대를 격파할 방책을 묻자 오수림은 오원제의 오른팔인 이석을 사로잡으라고 건의했다. 이소는 사용성에게 용사 300명을 주어 숲속에 군사를 매복시키고 기다리다 이석을 잡아 오게 했다.

이석이 잡혀 오자 당나라 장병들은 모두 이석을 죽이자고 했으나 이소는 그를 귀한 손님으로 예우하고 함께 정담을 나누면서 친밀한 관계를 유지했다. 이에 다른 장수들이 이소의 처사를 몹시 불쾌하게 여겼다. 이소는 혼자 힘으로는 이석을 동료 장수들의 질시에서 보호할 수 없다고 생각하여 그를 형틀에 묶어 장안으로 압송했다. 그러면서 비밀리에 황제에게 다음의 글을 올렸다.

"만일 이석을 죽인다면 오원제를 토벌하려는 작전은 성공할 수 없을 것입니다.”

황제는 특명을 내려 즉시 이석을 사면하고 이소에게 되돌려 보냈다. 이석이 안전하게 돌아오자 이소는 크게 기뻐하며 병마사로 임명한 다음 칼을 찬 채 자신의 군막을 드나들게 해 주었다. 그런 뒤에야 비로소 이석과 더불어 채주의 오원제 군대를 격파할 계획을 세웠다.

이소 군대가 행군하는 도중 폭설이 내리면서 살을 에는 듯 세찬 바람이 불어왔다. 군기가 찢어지고 깃대가 부러지고 혹심한 추위에 동사하는 인마가 속출하는 지경이었다. 이러한 악천후 속에서 행군이 계속되자 장병들은 이러다간 모두 다 죽을 거라며 비관하기 시작했다. 장수들이 행군의 방향을 묻자 이소는 단호하게 “채주성으로 들어가 오원제를 사로잡는다”라고 했다.

이 말이 진중에 퍼지자 장병들은 모두 사색이 되어 서로를 돌아보며 “우리 장군이 이석의 간계에 속아 넘어갔구나”라고 한탄했다. 하지만 이소가 두려워 감히 그 명령을 거역하지 못했다.

한밤중이 되자 눈이 더욱 많이 내렸다. 이소는 경무장한 부대를 대북으로 나눠 보내 낭산에서 채주로 이어지는 적의 지원 부대가 지나는 통로를 차단하는 한편 오원제의 정예 주력 부대가 집결한 회곡과 채주로 통하는 모든 교량을 파괴했다. 이소군은 장시촌에서 방향을 꺾어 동남으로 70여 리를 더 행군한 끝에 오원제가 있는 채주 현호성에 도착했다. 현호성 부근에는 거위와 오리 떼가 사는 연못이 있었다. 이소는 거위와 오리 떼를 놀라게 하여 그 우는 소리와 군사들이 움직이는 소리를 뒤섞음으로써 토벌군이 접근하고

이소는 사로잡은 적장들을 과감하게 기용하여 오원제의 내부 정황을 정확하게 파악한 다음 폭설을 이용해서 목적을 달성했다. 그림은 이소가 설야에 오원제를 공격하는 모습이다.

있다는 사실을 알아차리지 못하게 했다.

채주성은 당초 오원제의 백부인 오소성이 거점으로 삼아 반란을 일으킨 이래 30여 년간 단 한 번도 당군이 접근한 적이 없는 터라 수비 태세가 전혀 갖춰지지 않은 상태였다. 가장 먼저 토벌군의 선봉장인 이석이 앞장서서 적이 곤히 잠자는 틈에 성을 공격했다. 당나라 군사들은 선봉장의 뒤를 따라 벽으로 기어 올라가 문을 지키는 수비병을 살해했다. 단, 목탁 치는 야경꾼만은 살려 둬서 평상시처럼 시각을 알리게 했다. 그런 다음 문을 열고 군사들을 성내로 끌어들여 현호성을 점령했다.

첫닭이 울 무렵에야 눈이 그쳤다. 당나라 토벌군은 마침내 반란군의 괴수 오원제를 사로잡아 장안으로 압송했다. 채주를 위시한 회서 지방이 당군에 의해 평정되었다.(《구당서》〈이소전〉)

해설

〈설전〉 편의 요지는 말 그대로 눈이 많이 내렸을 때 상대가 방비를 소홀히 한 틈을 타서 공략하라는 것이다. 《손자병법》에서는 무방비 상태를 공격한다는 '공기무비攻其無備'로 요약했다. 무방비 상태를 공격하고 뜻밖의 전략이나 공격을 창출하라는 이 말은 손무가 특별히 강조하는, 병은 속이는 것으로 성립한다는 '병이사립兵以詐 立'의 정수다. 역대 병가들이 중시해 온 공격 전략을 운용하는 기본 원칙이다.

전쟁사의 실제 경험은 웅변으로 입증하고 있다. 적이 경계와 대비를 하지 않을 때 뜻밖의 시간과 지점에서 갑작스럽게 기습하면 군사상 그리고 심리상 엄청난 효과를 거둘 수 있음은 물론 혼란 중에 상대가 판단 착오를 일으켜 잘못된 계획과 행동을 저지르게 함으로써 거듭 실패로 몰아넣을 수 있다는 사실을.

고대 전쟁에서 군대의 무기와 장비는 원시적이고 기동력과 공격력도 낮았기 때문에 '공기무비'는 전술 범위, 즉 단거리 기습에 적용되었다. 특수한 정치·군사·외교적 위장을 배합해야만 전략 범위에서 '공기무비'의 실현이 가능했다.

"지친 군대가 먼 길을 와서 기습한다는 말은 들어 보지 못했다"라는 고대의 격언이 있다. 군대가 먼 길을 행군하다 보면 지쳐서 힘이 달리고, 또 시간도 많이 소비되어 군사적 의도가 쉽게 노출되는 터, 먼 길을 와서 기습한다는 것은 근본적으로 불가능하다는 뜻이다. "천 리를 행군하는 군대를 누군들 모르겠는가"라는 말이 바로 그 말이다. 게다가 당시의 전쟁은 준비가 간단해서 일단 의도가 드러나면 상대방의 '무비'는 곧 '유비'로 변한다. 따라서 '섬격전閃擊 戰(surprise attack)'을 모델로 삼는 돌연한 기습 전법이 생겨나자 '공기무비'가 전략 범위에서 의미를 갖기 시작했다.

전략상 '공기무비'는 적이 잘못된 작전 계획과 방침을 실행하게 만들거나 그릇된 전략 행동을 취하도록 압박함으로써 당초 공격의 효과를 보증하려는 것이다. 그 방법도 다양해서 정치적 군사적 속임수를 활용하기도 하고, 사실의 진상을 왜곡하기도 하며, 적을 현혹하는 정보를 흘리기도 하고, 인심을 혼란시키는 유언비어를 퍼뜨리기도 한다. 상대방의 판단력을 완전히 혼란 상태로 몰아넣어 통일된 작전 행동을 취하지 못하게 하는 것이다.

전술상 무방비를 공격한다는 것은 전투지에서 대담하고 확고한 행동을 취하는 걸 말하며, 또 지리적 이점과 공간을 교묘하게 이용할 것을 요구한다. 그리고 새로운 전술로 현재 보유한 병력과 무기를 사용하여 전기戰機를 놓치지 말아야 함은 물론 적의 허점을 확실하게 움켜쥐어야 한다. 여기서는 참신한 전술 수단이 가장 중요하다. 새롭고 처음 사용하는 전술은 적이 헤아리기 어렵다. 전투에서 기적을 창조해 내는 영웅은 새로운 수단의 창조자가 아니라 참신한 방식으로 모종의 수단을 활용하는 자다.

095

양전

전력을 기르는 첫 단계는 사기를 끌어올리는 것이다

養戰

용병(경영) 원칙

적과 싸우다 아군이 패했을 땐 먼저 군사들의 사기를 살펴야 한다. 장병들의 사기가 왕성하다면 격려하여 다시 나가 싸우게 하고, 사기가 떨어졌다면 우선 사기를 끌어올려 개개인의 전투력과 투지를 가다듬은 다음에 나가 싸우게 해야 한다.

《손자병법》에 "병사들을 잘 쉬게 하고 정비하여 정기와 예기를 기르며, 피로하지 않도록 유의해서 사기를 끌어올려 전투 역량을 축적해야 한다"라고 했다.

역사 사례

기원전 225년, 진나라 왕 영정嬴政(훗날 진시황)이 중국을 통일할 목적으로 장군 이신에게 "내가 초나라를 쳐서 탈취하려고 하는데, 병력이 얼마나 필요하다고 보는가"라고 묻자 이신은 20만이면 충분하

다고 답했다. 진왕이 다시 노장 왕전에게 같은 내용을 묻자 왕전은
60만 아니면 초나라를 물리칠 수 없다며 신중을 기했다.

　이 말을 들은 진왕은 "왕 장군도 이제 늙었구려! 어찌 그리 겁이
많소" 하고는 이신과 몽염蒙恬에게 20만의 군사를 주며 남하하여
초나라를 공격하라고 명했다. 왕전은 자신의 의견을 받아들이지
않자 신병을 핑계로 사직하고 고향 빈양頻陽으로 내려갔다.

　이신과 몽염은 각각 군사를 이끌고 초나라의 평여平輿와 침구寢丘
를 공격하여 대승을 거뒀다. 이어 이신은 언영鄢郢으로 진격하여 초
군을 격파하고 서쪽 성보에서 몽염과 합류하기로 했다. 첫 전투에
서 패한 초나라 군대는 이신이 병력을 서쪽으로 이동하는 기회를
노리고 있었다. 초나라는 다른 부대를 동원하여 3일을 밤낮없이 강
행군하며 진군을 추격한 끝에 이신을 크게 격파했다. 그리고 이신
군의 진영까지 쳐들어가 도위급 장교 일곱을 잡아 죽였다.

　이신이 패잔병을 이끌고 본국으로 귀환하자 진왕은 격분했다. 결
국 빈양까지 찾아가서 왕전에게 사과하고, 출정군을 맡아 지휘할
것을 강권했다. 몇 번을 사양하던 왕전
이 어쩔 수 없이 응하면서 "신은 늙고 병
들어 정신이 혼미합니다. 대왕께서 노신
을 기용하려면 60만의 병력을 주십시오.
그러지 않으면 노신은 나가서 싸울 수가
없습니다"라고 거듭 60만을 요구했다.
진왕은 왕전의 요구를 받아들였으며, 왕
전은 60만 대군을 거느리고 출정길에 올

왕전은 전투의 승부에서 장병
의 사기가 결정적인 요인이라
는 점을 정확하게 인식했다.

랐다. 진왕은 패상까지 나와 왕전의 출정을 전송했다.

초나라는 이 소식을 듣고 즉시 전국의 병력을 총동원하여 왕전의 침공군에 대항했다. 왕전은 초군과 대치한 상태에서 접전을 피하고 영문을 굳게 닫아 수비 태세만 취할 뿐 나가 싸우지 않았다.

왕전은 장병들이 충분히 쉬고 날마다 목욕하고 좋은 음식으로 체력을 키우게 하는 한편 장병들을 위로하며 그들과 동고동락했다. 그리고 얼마 후 참모를 불러 "요즘 병사들이 진중에서 무슨 놀이를 하며 지내는가"라며 근황을 물었다. "모두 힘이 넘쳐서 무거운 돌 던지기와 장애물 넘기를 하며 지냅니다"라는 대답에 왕전은 "이제는 군사들을 전투에 투입해도 되겠구나"라며 기뻐했다. 반면 초군은 그동안 여러 차례 도발했지만 진군이 전혀 응하지 않자 결국 군을 철수하여 동쪽으로 이동시켰다. 초군이 기동할 기회를 노리던 왕전은 즉시 군을 출동시켜 철수하는 초군을 크게 격파하고 남쪽까지 추격한 끝에 마침내 초군의 주장인 항연項燕(항우의 할아버지)을 자살하게 만들었다. 1년 후인 기원전 223년, 초나라는 완전히 평정되었고, 초왕 부추負芻가 포로로 잡힘으로써 멸망하고 말았다.《사기》〈백기왕전 열전〉)

해설

〈양전〉편의 요지는 경쟁 상황이 여의치 않을 때는 자기 실력을 점검하며 힘을 비축하라는 것이다. 특히 사기를 끌어올려야 한다고 강조한다. 《손자병법》에서는 무거움으로 가벼움을 기다린다는 '이중대경以重待輕'이라 하는데, 구체적인 것은 당 태종과 군사전문가

이정이 나눈《당태종이위공문대》의 다음 대목이다.

태종 : 손자가 말하는, 힘을 다스린다는 '치력治力'이란 무엇을 말하는가?

이정 : 《손자병법》에서 "가까운 곳에서 먼 길을 온 적을 기다리며, 아군을 편안하게 해 놓고 피로한 적을 기다리며, 아군을 배불리 먹이고 굶주린 적을 기다린다. 이것이 힘을 다스리는 방법이다"라고 한 것이 바로 그 말입니다. 용병에 능한 자는 이 세 가지 기다림을 다시 여섯 가지로 늘려 구체적으로 활용합니다. 유인 작전으로 적이 오길 기다리며, 냉정함으로 적이 초조해지기를 기다리며, 두터움으로 가벼움을 기다리며, 엄격함으로 해이해짐을 기다리며, 정돈된 모습으로 적의 혼란을 기다리며, 수비로 공격을 기다리는 것입니다.

두터움으로 가벼움을 기다린다는 '이중대경'은 안정감 있고 침착한 방법으로 적이 경거망동할 때를 공략하라는 것이다. 위 역사 사례에서 보다시피 왕전은 〈양전〉의 핵심을 정확하게 인식하고 구사하여 승리했다. 반면 이신은 적을 가볍게 여기고 함부로 전진하다가 실패했다. 싸움에 앞서 왕전은 냉정하게 적의 상황을 분석하여 〈양전〉에서 말하는 '이중대경' 원칙을 확립했다. 작전 중에 왕전의 군대는 적진 깊숙이 들어갔기 때문에 전력이 강하다 하여 적을 경시하지 않고 함부로 출전하지도 않았다. 그러면서 보루를 쌓는 등 수비 태세를 튼튼히 하고 겁먹은 듯한 자세를 고수하여 적의 투지를 마비시키거나 느슨하게 만들었다. 그러나 일단 전기가 형성되자 비축해 둔 힘으로 일거에 적을 섬멸해 버렸다.

경영 지혜

왕전은 전력이 충분함에도 불구하고 신중에 신중을 기했다. 하물며 전력이 달리거나 패한 상황이라면 기력을 보충한 뒤 경쟁에 나서야 하는 것은 말할 필요조차 없다. 기업 경쟁에서는 한번 쓰러지면 재기하기가 거의 불가능하다. 불리한 상황에 직면했을 땐 서둘러 조직을 재점검하여 몸집을 줄이는 등 기력을 회복하기 위한 모든 조치를 취하고 기다려야 한다.

세계 최대의 자문 회사인 앤더슨의 CEO를 지내고 예순에 은퇴한 로런스 와인바흐Lawrence Weinbach가 월 스트리트에서 쓰레기 같은 취급을 받던 컴퓨터 제조업체 유니시스Unisys의 CEO에 취임한 해가 1997년이었다. 당시 유니시스는 그야말로 재기 불능에 가까운 상황이었다. 그러나 와인바흐는 2년 만에 기업을 완전히 되살려 놓음으로써 월 스트리트 투자자들의 말문을 막아 버렸다.

취임 첫날 와인바흐는 모든 직원을 모아 놓고 3년 안에 회사가 안은 40억 달러 부채를 10억 달러로 줄이겠다며 안주머니에서 수표를 꺼내 유니시스 주식 100만 달러어치를 샀다. 회사를 다시 일으켜 세우기 전까지는 단 한 주도 팔지 않겠다고 약속하면서 "내가 이렇게 하는 까닭은 직원들에게 이 회사가 성공할 것이라는 믿음을 주기 위해서다"라고 했다. 그러면서 "직원들은 일시적인 어려움 때문에 이 회사에 대한 믿음을 완전히 잃었다. 이는 직원들 자신에 대한 믿음을 잃은 것이다"라고 덧붙였다.

그는 먼저 직원들의 믿음을 끌어올리는 일이 시급하다고 판단하여 새로운 계획을 수립했다. 모든 직원에게 유니시스의 주식을 사라고 권하면서 15퍼센트의 수익을 보장했다. 이로써 직원들은 자신들이 회사의 주인이라는 마음을 가졌다. 와인바흐는 또 단 한 명의 관리자도 바꾸거나 퇴직시키지 않았다. 몇 개의 공장이 문을 닫기는 했지만 해고된 직원은 없었고 오히려 직원을 늘렸다.

"한번 격발된 조직은 어떤 일이든 해낼 수 있다. 회사는 이 방향으로 가려고 하는데 직원들이 저 방향으로 가려 한다면 아무리 좋은 방법이 있어도 관철시킬 수 없다."

와인바흐가 이끄는 유니시스는 직원들의 사기를 끌어올리는 한편 경쟁 상대의 상황에 전혀 개의치 않고 오로지 성장할 수 있는 시장 공간에만 전력투구했다. 2년 사이에 와인바흐는 유니시스의 주력을 하드웨에서 서비스업 위주로 바꾸는 데 성공했다. 이로써 유니시스 수입의 70퍼센트는 서비스업에서 나오고 나머지가 하드웨어와 컴퓨터에서 나오는 구조가 확립되었다.

조직이 일시적으로 실패를 겪으면 직원들의 사기는 침체의 늪에 빠질 수 있다. 이때 리더는 조직 내부의 사기를 끌어올리는 방법에 주의하지 않으면 안 된다. 그 점에 초점을 두고 다양한 격려법을 동원해야만 재기하여 기적을 창출할 수 있다.

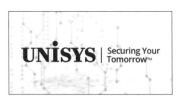

'어떤 사람이 좋은 인재인가'라는 물음에 와인바흐는 '사람을 좋아할 줄 아는 사람'이라고 말한다. 유니시스의 재기를 가능케 한 답이 이 말 속에 있는지도 모른다.

096
서전

상대의 마음을 흔드는 심리전은 고차원 전략이다

書戰

용병(경영) 원칙

적과 대치할 때는 장병들이 고향의 가족과 서신을 주고받거나 친척들이 진중을 오가게 하면 안 된다. 장병들 사이에 유언비어가 퍼져 군심이 동요하는 걸 막기 위해서다.

《손자병법》에 "병사가 친척들과 통신하면 유언비어가 퍼져 무서워하고 두려워하는 마음이 생기며, 친척들이 진중에 드나들면 병사들이 집을 그리워한다"라고 했다.

역사 사례

삼국시대인 219년, 형주를 지키던 촉한의 장군 관우가 강릉에 수비대를 주둔시키고 번성에 있는 위나라 조인의 군을 공격했다. 한편 오나라는 관우가 출동한 틈을 타서 여몽을 노숙魯肅의 후임으로 삼아 군대를 육구에 진주시켰다.

여몽은 육구에 부임하자 겉으로는 공손하게 촉한과 우의를 다져 관우와 친교를 맺었다. 그러나 출정 중인 관우의 배후를 급습하여 촉한의 관할 지역인 남군南郡 등 두 개 성을 탈취했다. 이에 촉한의 수비장 등이 모두 여몽에게 항복해 왔다. 여몽은 이어서 관우의 근거지인 형주성을 점령한 다음 관우의 가족과 촉한군 장병의 가족들이 모두 편안히 살도록 보살펴 주었다. 그리고 오나라 장병들에게는 엄명을 내려 백성들의 재물을 탈취하는 등 민폐를 끼치는 일이 없도록 했다.

당시 여몽 휘하에는 고향이 같은 여남汝南 출신의 병사가 있었는데, 어느 날 비가 내리자 민가에서 삿갓 한 개를 얻어 갑옷 위에 덮는 일이 발생했다. 이를 안 여몽은 "관물인 투구를 잘 보관하려는 너의 행위는 칭찬할 만하나 민폐를 끼친 것이 분명하다. 이는 군령을 범한 것이므로 고향이 같다고 하여 덮어 둘 수는 없다" 하고 눈물을 흘리며 병사의 목을 베었다. 이때부터 여몽의 군사들은 엄격한 군령을 두려워한 나머지 길에 떨어진 물건조차 줍지 않았다.

여몽은 아침저녁으로 측근에게 명하여 민정을 살폈다. 노인들을 찾아가 보살피고, 생활에 필요한 것을 물어 환자에게는 의약품을 보내고, 굶주리거나 추위에 시달리는 사람에게는 식량과 옷을 전달했다.

삼국이 대치하는 상황에서 형주는 가장 중요한 요지였다. 젊은 장수 여몽은 《서전》의 핵심인 심리전을 절묘하게 구사하여 형주성을 완전히 장악했다. 사진은 형주성의 현재 모습이다.

한편 관우는 번성 포위전에서 패하고 회군하는 중에 오나라 여몽이 형주와 남군 등을 기습 점령했다는 소식을 들었다. 관우는 여러 차례 사자를 보내 그곳의 정황을 탐문했다. 여몽은 관우의 사자가 올 때마다 후히 대접하고, 일부러 형주 성내를 한 바퀴 돌며 집집마다 안부를 물어보게 하는 것은 물론 어떤 가족에게는 편지를 써서 사자에게 전달하도록 했다.

관우의 사자들은 군영으로 돌아가서 장병들이 사사로이 물어보는 대로 가족들은 모두 무사한 데다 여몽이 잘해 준다고 전했다. 관우의 장병들은 형주성에서 돌아온 사자의 입을 통해 가족과 친지들이 여몽의 배려로 무사히 지낸다는 소식을 듣고 여몽의 군과 싸울 마음을 접었다.

얼마 지나지 않아 오나라 황제 손권이 대병력을 이끌고 형주를 공격해 왔다. 그러나 세가 고립되고 힘이 부족한 것을 안 관우는 형주성 탈환 계획을 포기하고 맥성麥城으로 패주했다가 서쪽 장향으로 도망쳤다. 관우 휘하의 장병들은 모두 전의를 잃은 채 오군에게 항복했으며, 관우도 끝내 오군에게 잡혀 죽고 말았다.(《삼국지》〈오서〉'여몽전')

해설

〈서전〉의 요지는 전투 중에는 가족들과 편지를 주고받는 행위 등으로 인해 군심이 동요하지 않도록 주의하라는 것이다. 실제 사례를 보면 이를 역이용해서 경쟁 상대를 굴복시키는 경우가 적지 않다. 엄밀히 말하면 첩보술의 일종인데 은혜를 활용한 첩보술이라 해서 '은간恩間'이라고도 하고, 편지 등 서신을 이용한 첩보술이라 해서 '서간書間'이라고도 한다. 여기서 말하는 '간間'이란 간첩을 말한다. 어느 면에서는 상당히 차원 높은 심리전인데 잘만 활용하면 싸우지 않고도 상대를 굴복시킬 수 있다.

'은간'은 《병경백자》〈간자〉에서 말하는 16종의 간첩 활용법 중 하나다. 적국의 백성들에게 은혜를 베풀어 인심을 공략함으로써 그 나라 백성들이 자발적으로 내 쪽에 상황을 알려 주게 만드는 것이다. 여몽이 정확하게 이 전략을 활용했다. 또 〈서전〉에서 말하는 '서간'은 편지나 각종 문서 등을 이용해 시기를 조장하거나 이간질하는 방법을 포함하기도 하는데, 여몽은 이 전략도 함께 구사했다.

기업 경쟁은 기업을 이끄는 리더들만의 경쟁이 아니다. 모든 직원이 경쟁의 주역이다. 따라서 가능한 한 상대 기업 직원들의 정보를 많이 확보할수록 경쟁에서 유리한 입장에 설 수 있다. 경쟁 상황에 따라 상대 직원들이 결정적인 정보를 전해 주거나 아군으로 바뀔 수 있기 때문이다. 평상시 상대 직원들과 우호적인 관계를 유지하는 것도 좋은 전략이 될 수 있다.

097

변전

임기응변은 승부의 알파요 오메가다

變戰

용병(경영) 원칙

군대를 움직이는 관건은 임기응변이고, 요점은 군대를 잘 이해하고 파악하는 데 있다. 군을 출동시킬 때는 반드시 사전에 적의 형세를 자세하게 살피고 적정을 판단해야 한다. 적의 방어 태세가 완벽하여 공격할 만한 허점이 없다면 적의 내부에 변화가 일어나기를 기다려야 한다. 그러다가 적에게 변화가 보이면 그 기회를 포착하여 유연하게 임기응변으로 대처해야 한다. 이같이 한다면 유리한 국면을 맞을 수 있다.

《손자병법》에 "적의 변화에 따라 나를 변화시켜 대책을 세운다면 승리할 수 있다. 이를 가리켜 귀신같다고 한다"라고 했다.

역사 사례

922년 오대 때인 후량 말기의 일이다. 위박 지방에서 반란이 일어나 반란군이 막 부임한 절도사 하덕륜을 구금하고, 하동 지구에 근거한 진晋(후당의 전신)에 투항했다. 진왕 이존훈(훗날 후당의 장종)은 군을 이끌고 위주에 입성했다.

진군의 침공을 받은 후량은 장군 유심劉鄩이 지휘하는 방어군으로 신야현에서 진군과 대치했다. 유심은 진군과 대진한 상태에서 공격을 시도하는 대신 진영의 보루를 증설하고 진지 주변에 방어용 도랑을 깊이 파서 수비를 강화했다. 또한 신야에서 황하에 이르는 길을 수축하여 군량을 운반하게 했다. 지구전을 벌여 진군에 대항하기 위한 조치였다. 그러나 후량의 말제 주우정은 유심에게 계속해서 조속히 출전할 것을 명했다. 유심은 다음과 같은 답서를 올렸다.

"지금은 진군의 세력이 강하여 아군이 쉽게 공격할 수 없습니다. 저들의 변화를 살피며 기다렸다가 대응하여 싸우겠습니다. 아군에게 공격 기회가 생긴다면 어찌 신이 가만히 앉아 좋은 기회를 잃고 환란을 기르겠습니까?"

현지 사정을 모르는 말제는 조급하게 다시 사자를 보내 후당군을 무찌를 방책을 물었다. 유심이 다음의 답신을 보냈다.

"신은 특별한 방책을 가지고 있지 않습니다. 다만 군사 한 명당 100두의 군량미를 보급해 주신다면 그 군량이 다 떨어지기 전에 적을 격파하겠습니다."

이 보고를 받은 말제는 "장군은 군량미를 남겨 두었다가 기아병을 치료할 생각인가"라며 화를 내고는 다시 측근 환관을 보내 싸울 것을 독촉했다.

거듭되는 독촉에 유심이 장수들에게 물었다. "전장의 장수가 출정하여 밖에 있을 때는 작전 지휘의 재량권을 가진 법이라 설령 황제의 명이라 해도 따르지 못하는 경우가 생길 수 있다. 작전은 상황의 변동에 따라 임기응변해야 하거늘 어떻게 미리 승리 계책을 확정지어 놓을 수 있겠는가? 나는 지금 적의 군세가 매우 강하여 우리가 공격한다 해도 쉽게 승리할 수 없다고 생각한다. 제장들의 의견은 어떤가?"

제장들은 나가 싸우겠다고 주장했다. 유심은 더 이상 말을 하지 않았다. 어느 날 유심은 장수들을 군영 앞에 소집하여 황하의 강물을 한 그릇씩 따라 주고 마시게 했다. 장수들은 유심의 의도를 모른 채 그 물을 마시기도 하고 사양하기도 했다. 그러자 유심은 "한 그릇의 황하 물도 다 마시기 어려운데 도도히 흐르는 저 황하를 어찌 다 마실 수 있단 말인가"라며 장수들을 꾸짖었다. 유심에게 질책을 당한 장수들은 그제야 강한 적세를 도도한 황하에 비유한 뜻을 깨닫고 얼굴빛이 변했다.

이 무렵 이존훈은 몸소 군을 지휘하여 유심의 진영에 압력을 가하며 싸움을 걸어왔다. 유심은 여전히 응전하지 않았다. 이 사실을 안 말제는 또다시 사자를 보내 반

모든 경쟁의 승부는 임기응변으로 결정된다고 할 수 있다. 그래서 손무는 임기응변을 귀신에 비유했다. 유심은 이를 잘 알았지만 이에 무지한 말제의 강요로 패하고 말았다. 사진은 유심의 무덤 앞에 세운 비석이다.

드시 출전하여 진군과 싸우라는 엄명을 내렸다.

유심은 하는 수 없이 1만여 명의 병력을 이끌고 진군의 진영에 돌입하여 다수의 적을 생포했다. 그러나 유심군은 곧 진군의 주력 부대에 반격을 당했다. 유심은 진군의 세가 신속하고 맹렬한 것을 보고는 싸움을 피해 고원성으로 후퇴했다. 이존훈은 휘하의 이사원, 이존심의 부대와 합세하여 고원성을 협공했다. 이미 수비에 유리한 지형을 잃은 유심의 군대는 진군의 집중 공격으로 대패했으며, 유심 역시 수십 명의 기병만 이끌고 남으로 도망칠 수밖에 없었다.(《구오대사》〈양서〉'유심전')

해설

병법을 아는 자와 모르는 자의 차이는 '임기응변'에 있다. 〈변전〉은 임기응변의 중요성을 강조한다. 손무는 이를 '인적제변因敵制變'이라 말한다. 적의 변화에 따라 나를 변화시킨다는 뜻이다.

중국 철학 사상에 '화로 말미암아 복이 되고, 실패를 성공으로 바꾼다'라는 논리가 있듯이, 군사 영역에서는 적으로 말미암아 승리한다든지, 적의 변화에 따라 나를 변화시킨다는 '인적제변' 같은 전략을 활용한다. 이는 적의 실제 상황에 근거하여 승리를 거둘 수 있는 대책을 요구한다.

그래서 〈변전〉은 상대 정세의 허실과 변화에 따라 대응책을 변화시키라고 말한다. 한 가지 방법에 얽매이면 안 된다. 승리가 계속 반복된다고 말할 수 없으므로 새로운 것을 내놓아야 한다. 안 그러면 새로운 형세와 새로운 상황이 발생할 경우 실패한다. 장수가 주관적 노력을 포기하고 적에 따라 움직이라는 말은 결코 아니다. 객관적 상황과 적의 정세 변화에 근거한 '지피지기'의 기초 위에서 적이 변하면 나도 변한다는 '적변아변敵變我變'의 방법과 전술을 취하라는 것이다.

이 모두가 '인적제변'하여 생동감 넘치게 용병하라는 말이다. 세상의 모든 일은 변화 속에 놓여 있다. 전쟁은 물론 모든 경쟁은 변화무쌍한 괴물이다. 거기에는 불변의 상황도 없고 고정된 행동 양식도 없다. 복잡다단하고 늘 변하는 경쟁에서 자신을 지키고 상대를 꺾으려면, 객관적 상황에 의거해 상대의 정세 변화에 적응하면서 그에 맞는 대책을 세워야 한다. 그래서 임기응변은 예술의 경지다.

경영 지혜

변화막측한 경쟁에서 경쟁 그 안에 숨어 있는 절박한 규율 같은 것을 찾아내어 대처할 수만 있다면 승리는 눈앞으로 다가온다. 그중 가장 중요한 것이 임기응변이다. 겉으로 보이는 형식에 매이지 않고 규율의 기초 위에서 운용의 묘를 마음에 두고 경쟁에 임하는 것, 이것이 바로 임기응변의 핵심이다.

현명한 리더는 경쟁에서 나타나는 구체적인 상황 변화에 근거하여 적시에, 적재적소에 반응할 줄 알아야 한다. 이것이야말로 비바람이 몰아치고 끊임없이 변화하는 모든 경쟁 상황에서 최종 승자가 되는 가장 중요한 요건이다.

홍콩 기업계의 거성 리쟈청(李嘉城, 이가성/1928~)이 회사를 설립한 지 70년이 다 되었다. 1959년 몇 사람이 함께 설립한 회사가 52개 국에 20만 명이 넘는 직원을 거느린 거대 기업이 되었다.

리쟈청은 경영 철학을 이야기하는 자리에서 이렇게 말한 적이 있다. "경영학의 대가와 비교하는 것은 당치도 않다. 나는 공부할 기회가 없었다. 평생 스스로 노력해서 공부했다. 새로운 지식과 새로운 학문을 힘들게 추구해 왔다. 경영에서 가장 중요한 것은 수시로 변화하는 환경에 근거하여 임기응변하는 것이다."

1970년대에서 1980년대 세계는 평화로운 시기였다. 리쟈청은 제3차 과학기술혁명의 파도를 감지하고 기업의 경영 모델을 새로운 변화에 적응하는 것으로 전환했다. 이는 향후 기업 확장을 위한 단단한 기초가 되었다.

브랜드를 가진 기업을 만들기 위한 노력에서 관건은 '대세를 살펴 움직이는' 방법을 배우는 것이다. 지역이 다르고 환경이 다른 경쟁 상황에서 임기응변하여 브랜드를 창출해 내는 것, 관리학 용어를 빌리자면 '저울추 관리'라 할 수 있다. 저울추 이론의 핵심은 불변이란 없다. 세상 어디든 나간다는 기준을 조직 전체에 적용하는 것이다. 이때 중요한 근거는 내외 환경 변화에 임기응변하여 서로 다른 상황에 정확하게 맞춰 서로 다른 해결 방안과 방법을 찾아내는 것이다.

빠오리(保利, 영어명 Poly) 그룹은 중국과 미국이 합작하여 만든 자동차 제조 기업이다. 처음 공장을 지을 때 이사회는 자동차 기업에서 20년 경험이 있는 미국인 샘을 CEO로 초빙했다. 그는 완전히 미국

리쟈청이 말하는 저울추 이론은 대단히 의미심장하다. 모든 경쟁은 한시도 정지하지 않기 때문이다. 사진은 생전의 전 싱가포르 수상 리콴유와 함께 찍은 것이다(왼쪽이 리쟈청).

식 모델로 회사를 조직하면서 "빠오리를 순 미국식 기업으로 바꾼다"라고 했다. 그러면서 "나는 총책임자이고 너희는 내 말에 따라야 한다"라며 다른 사람이 관리에 간섭하는 걸 반대했다. 출근해서 일이 시작되면 부사장 외 다른 직원들은 자기 사무실에 출입하는 것조차 금지했다. 그 결과 회사는 창업 1년 만에 큰 손실을 냈다.

빠오리는 샘을 사퇴시키고 비교적 젊은 중년의 부공장장을 CEO로 파견했다. 새 CEO는 실제 상황과 조직 문화에 근거해서 재빨리 새로운 시스템을 구축하여 기구를 조정하고 전체 직원의 적극성을 끌어냈다. 영업에서도 다양한 수단과 방법을 강구했다. 반년 뒤 빠오리는 적자에서 흑자로 돌아섰다. 샘은 임기응변에 실패했고 동서 문화의 차이를 무시했다. 실패한 가장 큰 원인이기도 했다.

098

외전

두려움은 모든 경쟁의 최대 적이다

畏戰

용병(경영) 원칙

적과 전투하는 중에 전진하라는 북소리를 듣고도 전진하지 않고, 후퇴하라는 징 소리가 울리지 않았는데도 미리 후퇴하는 나약한 병사가 있다면 반드시 가려내서 참형으로 다스려 장병들의 본보기로 삼아야 한다. 그러나 모든 장병이 전투에 공포를 느껴 사기가 떨어졌을 땐 처벌을 가할수록 사기가 떨어지므로 중형을 가하면 안 된다. 이럴 때는 지휘관이 부드러운 얼굴로 군사들을 어루만져 주고, 적이 두렵지 않다는 믿음을 심어 주고, 사명감을 고취하고, 필승에 대한 자신감을 갖도록 유도해야 한다. 이렇게 하면 군사들의 공포심은 진정될 것이다.

《사마양저병법》에 "비겁한 자는 처단하여 병사들이 눈앞의 적을 두려워하지 않도록 하라. 그러나 전군이 적을 두려워할 때는 무서운 형벌로 다스리는 대신 부드럽고 온화한 방법으로 장병들의 마음을 안정시킴으로써 살 수 있다는 자신감을 심어 줘야 한다"라고 했다.

역사 사례

남북조시대인 555년 9월, 훗날 진陳의 무제武帝가 되는 양나라 장군 진패선이 같은 양나라 장군인 왕승변을 토벌할 때의 일이다. 진패선은 조카 진천陳蒨과 더불어 작전 방략을 계획했다. 왕승변의 사위 두감杜龕은 이미 오흥吳興 지방을 점령하여 다수의 병력으로 세력을 확장하고 있었다. 이 소식을 들은 진패선은 진천에게 은밀히 명령해 오흥의 북방 장성으로 귀환하여 성책을 세우고 오흥에서 북상하는 두감군의 침입에 대비하게 했다.

두감은 부장 두태杜泰의 부대를 출동시켜 진패선 군대의 허점을 뚫고 장성을 습격했다. 불시에 공격을 당한 진천의 장병들은 모두 사색이 되었다. 그러나 진천은 조금도 두려워하는 기색 없이 태연한 어조로 평상시처럼 질서정연하게 부대를 지휘했다. 그 결과 군사들의 마음이 빠르게 진정되어 전쟁에서 승리할 수 있었다.(《남사》〈진본기〉 상편 '문제기')

해설

모든 경쟁을 앞두고 승부에 결정적인 영향을 미치는 요인이 많지만 태도, 달리 말해 경쟁에 임하는 자세는 특히 중요하다. 경쟁 초반의 기선제압에 크게 영향을 주기 때문이다. 기선제압에 성공한 쪽이 최종 승자가 될 확률이 절대적으로 높다.

〈외전〉 편은 바로 이 태도와 자세의 문제를 지적하고 있다. 경쟁 자체, 구체적으로 경쟁 상대를 두려워한다면 그 경쟁은 해 보나 마

나일 가능성이 크다. 그래서
〈외전〉은 아군이 상대를 겁
내고 경쟁을 두려워하는 문
제에 대한 방안을 제시하고
있다. 구체적으로 기율과 사
상 교육의 중요성을 지적한
다. 실제 경쟁에서의 기율과
평상시 정신 교육으로 경쟁
에 임하는 자세를 확고하게
다져 놓아야 한다는 것이다.

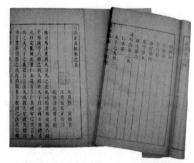

경쟁을 앞두고 미리 겁먹는 것은 승부에 치명
적인 악영향을 미친다. 《사마양저병법》은 이
점을 정확하게 인식하고 그에 대한 대처를 주
문한다. 조직의 리더는 경쟁 이후는 물론 이전
에 조직원의 사기와 자세를 철저히 점검해야
한다. 사진은 《사마양저병법》(약칭 《사마법》)의
명나라 판본이다.

 '싸우지 않고 지는 싸움이 많다'라는 격언 아닌 격언이 있다. 리
더는 일부 조직원이 경쟁을 앞두고 두려움을 보이면 일벌백계하여
그 영향이 다른 조직원에게 미치는 것을 바로 차단해야 한다. 특히
리더가 두려움을 보이는 것은 절대 금물이다.

099
호전
생각 없는 '호전'은 쇠망의 지름길이다
好戰

용병(경영) 원칙

병기는 사람의 생명을 빼앗는 흉기이며, 전쟁은 인의와 도덕에 역행하는 행위다. 무력이란 부득이한 경우에만 사용해야 하며, 나라가 크고 백성이 많다고 해서 함부로 타국의 영토를 침략하거나 전쟁을 일으켜서는 안 된다. 군주나 백성이 전쟁을 좋아하면 그 나라는 패망한다. 무력이란 불장난과 같아서 적절히 통제하지 않으면 자멸의 재앙을 불러들인다. 그러므로 지도자는 무력을 남용하여 전쟁을 국가 흥망의 궁극적 수단으로 일삼는 일은 국가의 흥망과 직결된다는 점을 한시도 잊어선 안 된다.

《사마양저병법》에 "나라가 제아무리 커도 전쟁을 좋아하면 망할 수밖에 없다"라고 했다.

수나라가 천하를 재통일하여 땅도 넓어지고 백성도 늘었다. 그러나 양제(569~618)는 604년 7월, 음모를 꾸며 아버지를 죽이고 제위를 찬탈한 뒤 대내적으로는 전횡과 폭정을 일삼고, 대외적으로는 군사력을 길러 쉴 새 없이 주변 국가들을 침략했다.

612년에서 614년 사이에는 무려 340만 명의 대병력을 동원하여 세 차례나 고구려 정벌을 시도했으나 요동에서 궤멸당했다. 게다가 계속되는 전쟁으로 많은 병사가 숨

수나라의 단명은 통치자의 '호전'이 가져다주는 결과가 어느 정도인지 생생하게 보여 준다. 그림은 수 양제의 사치를 잘 보여 주는 〈강남행차도〉다.

지고 국내의 생산 활동이 파괴되었으며, 엄중한 병역과 부역, 억압 통치 때문에 백성들의 생활이 피폐해졌다. 이에 각지에서 농민들이 항거하여 끝내 자멸하고 말았으니 어찌 후세의 웃음거리가 아니겠는가? 전쟁이란 지도자가 참으로 조심해야 할 국가 대사인 것이다.(《수서》〈양제기〉,《자치통감》〈수기〉 5)

〈호전〉편은《사마양저병법》의 '국수대호전필망國雖大好戰必亡'이라는 명언을 인용하여 '호전'을 경고하고 있다. 리더는 무력 남발과 전

쟁이 초래하는 결과를 심각하게 인식해야 한다고 강조한 것이다.

《손자병법》〈모공〉 편에는 의미심장한 말이 나온다. "백 번 싸워 백 번 이기는 것만이 최상은 아니다. 싸우지 않고도 적을 굴복시키는 것이야말로 최상이다." 싸우지 않는다는 것은 무장을 포기하고 전쟁을 하지 말라는 뜻이 아니라 적과 직접 맞붙어 싸우지 않고 적을 굴복시키라는 뜻이다. 손무가 갈망한 가장 이상적인 전쟁의 경지다.

과연 조직과 나라를 어떻게 다스리는 것이 최상일까? 공자의 일화를 소개한다. 공자는 여러 나라를 두루 돌아다녔는데, 초나라의 엽읍葉邑에 갔을 때의 일이다. 엽공이 공자를 접대하면서 대화를 나누다 어떻게 다스리는 것이 잘하는 정치냐고 물었다.

이런 큰 문제에 대한 공자의 대답은 단 여섯 자였다. '근자열원자래近者悅遠者來(줄여서 '근열원래'라고 한다).' 가까이 있거나 내 영역 안에 있는 백성은 원망이 없도록 기쁘게 해야 하며, 멀리 있거나 내 영역 밖에 있는 사람들은 마음이 이쪽으로 향하여 오고 싶게 해야 한다는 뜻이다.

'근열원래'는 조직과 나라를 다스리는 중요한 방침이다. 역사적으로 부강한 나라들은 한결같이 '근열원래'를 근본으로 삼아 백성들이 편안히 생업에 종사하고 마음으로 기꺼이 복종하도록 만들었다. 이렇게 하면 멀리 떨어진 민족과 백성도 점차 따르고, 뜻 있는 선비도 자진해서 나라를 위해 헌신한다. 요컨대 '근열원래'는 호전적으로 무력을 휘두르는 강권 정치와 상반되는 수준 높은 통치 방법이다.

경영 지혜

좋은 리더는 멋대로 무력과 군대를 동원하는 일을 가장 꺼린다. 무조건 힘을 쓰고 싸움으로써 초래되는 위험과 해악을 제대로 이해하는 리더는 좀 더 멀리 내다보고 좀 더 깊게 생각한다. 이런 리더는 빛을 감춘 채 어둠 속에서 실력을 기르는 '도광양회韜光養晦'의 이치를 제대로 알고 실천한다. 시인 이태백이 "10년 동안 검 하나를 간다"라고 한 것과 같은 이치다.

K마트와 월마트는 미국 마트 업계의 쌍두마차였다. 그러나 후발주자인 월마트는 막강한 K마트를 철저하게 무너뜨렸다. 그 원인은 무엇일까? 20년 가까이 '도광양회'로 실력을 키워 온 월마트의 놀라운 전략이 숨어 있다. 이와 관련하여 월마트의 창업자 샘 월튼이 1970년에 남긴 말이다.

"사람들은 월마트가 하룻밤 사이에 위대해진 줄 알지만, 사실은 큰 오해다. 1945년 1호점을 열 당시 우리는 '우리는 미국에서 가장 좋은 마켓이 될 수 있고 우리는 이를 굳게 믿는다'라는 믿음으로 시작했다. 따라서 지금의 우리는 1945년 이후 지속되어 온 노력의 결과다. 대부분의 성공과 마찬가지로 우리는 이를 위해 20년 동안 교만과 조급함을 경계하고 또 경계하면서 한 걸음 한 걸음 매사에 최선을 다했다. 바로 그것이 비결이다."

2001년 월마트는 마침내 세계 500대 기업의 반열에 올랐다.

그렇다면 K마트는 왜 실패했을까? K마트는 1962년 미시건주 디트로이트에 제1호 할인점을 연 이후 1970년대 최고 전성기를 맞이했다. 이후 십수 년 동안 미국 마트 업계에서 상대가 없을 정도로 막

강한 위용을 자랑했다. 그
러나 1990년경 잘못된 경영
전략 하나가 K마트를 정상
에서 끌어내리기 시작했다.

최고 정상에 오르자 K마
트는 지금까지 K마트의 발
전을 추동해 온 소비자들이
선호하는 할인 판매 전략을

월마트와 K마트의 경쟁은 '호전'적 경영 방식을
밀고 나간 K마트의 완전한 패배로 끝났다. 성공
할수록 실적을 낼수록 신중하게 자기 실력을 돌
아보고 '도광양회'하는 기업이 오래 발전할 수 있
다는 병법의 이치를 잘 보여 주는 경영 사례다.

포기하고 다른 영역의 경쟁에 성큼 뛰어들기 시작했다. 새로운 기
술, 새로운 설비, 새로운 부동산, 물류 체계 개선 등에 거액을 투자
하는 한편 이와 관련한 서점, 체육 용품점, 가정 용품점 등을 대거
사들였다. 모두 여덟 개 영역으로 사업을 확장하여 대량으로 이윤
을 거두겠다는 계산이었다.

그러나 결과는 처참했다. 무엇보다 경영이 사업 확장을 따르지 못
해 몇 년 사이에 사들인 새로운 사업체를 전부 팔지 않으면 안 되었
고 적자가 시작되었다. 2000년 5월까지 K마트의 재고는 무려 28억
달러에 이르렀다. 2002년 1월 22일, 105년의 역사를 가진 '할인 세일
의 모델'을 창조한 미국 최대의 마트가 법원에 파산보호를 신청했다.

깊게 생각하지 않고 성공에 들떠서 무리하게 사업 확장을 밀어붙
이면 자신의 약점과 빈틈이 쉽게 드러나는데 상대는 이를 놓치지
않고 공략한다. 평상시 '도광양회'의 자세로 한 걸음 한 걸음 실력
을 닦고 쌓아야만 경쟁에서 가장 중요한 시기에 놀라운 역량을 발
휘하는 것이다.

100

망전

모든 흥망성쇠는 평화 시기의 위기 대비로 결정된다

忘戰

용병(경영) 원칙

생활이 안정돼도 위급하고 어려운 상황을 잊지 말아야 한다. 태평성대라 할지라도 전란의 정황을 망각해서는 안 된다. 선대의 성현들이 남긴 중요한 교훈이다. 국가는 1년 사계절 내내 훈련 제도를 갖춰 전쟁을 잊지 않았음을 분명하게 보여 줘야 한다. 옛날 군왕들이 태평성대에도 사계절마다 사냥하는 무력 의식을 거행한 것은 국가가 전쟁을 잊어서는 안 되며, 백성들도 군사 훈련을 게을리해서는 안 된다는 점을 알리기 위해서였다.

《사마양저병법》에 "천하가 태평하더라도 전쟁을 잊으면 반드시 망국의 위험이 닥친다"라고 했다.

역사 사례

당나라 현종玄宗(685~762)은 즉위 초기부터 요숭姚崇, 송경宋璟 등 유

능한 신하를 발탁하여 국가
와 백성의 이익을 추구하는
정치를 폈다. 그 결과 50년
에 걸쳐 '개원지치開元之治'
라 부르는 중국 역사상 보
기 드문 태평성대를 이룩했

당 현종은 안정과 위기가 얼마나 상대적인 관계
인가를 극명하게 보여 주었다. 편할수록 안정될
수록 위기를 잊지 않고 대비해야 평화와 안정을
유지할 수 있다.

다. 그러나 현종은 통치 후
반기에 접어들면서 자만에 빠져 궁궐 깊숙이 틀어박힌 채 양귀비
와 철없는 사랑을 즐겼다. 국정은 이임보李林甫와 양국충楊國忠 등
간신들에 의해 농락당했고, 국가에서는 무기를 부수고, 군마를 풀
어 주고, 전국의 요새를 지키는 장수들을 해임해 버렸다. 그 결과
국가는 국방을 모르고 백성들은 전쟁을 잊었다.

　755년 11월, 안록산安祿山과 사사명史思明 등이 범양에서 15만 명
의 군대를 동원하여 반년 만에 동경과 낙양·서경·장안 등을 잇달
아 함락시켰다. 조정에서는 문신들을 출정시켰으나 군을 제대로
지휘하지 못했고, 군사들 역시 장터에서 모은 오합지졸이라 제대
로 싸우지 못했다. 반란을 평정하는 데 무려 7년이 소요되었고, 그
사이 당 왕조는 기력을 다 소모했다. 한때 세계적인 대제국을 구가
하던 당은 결국 멸망의 길로 접어들었다.《구당서》〈현종 본기〉, 《자치통감》
〈당기〉 32)

《백전기략》의 대미를 장식하는 〈망전〉은 유사시는 물론 평상시에
도 전쟁을 잊어서는 안 된다는 점을 강조한다. 《사마양저병법》의
'망전필위忘戰必危'를 인용하여 이 점을 더욱 부각시켰다. 《주역》〈계
사전繫辭傳〉에 이런 대목이 있다.

"군자는 태평할 때도 위기를 잊지 않고, 순탄할 때도 멸망을 잊지
않는다. 잘 다스려질 때도 혼란을 잊지 않는다. 그렇게 함으로써
작게는 내 몸을, 크게는 가문과 나라를 보전할 수 있다."

안정될 때 위기를 잊지 말라는 것인데, 이를 '안불망위安不忘危'라
고 한다. 안정과 위기는 서로 맞물려 돌고 도는 관계다. 태평할 때
위기와 어려움을 예방하여 대의를 그르치지 않아야 한다.

나라나 민족이 외적의 침략을 받으면 무력의 중요성을 충분히 인
식하고, 전력을 다해 침략자를 물리치는 전쟁에 뛰어든다. 그러나
평화로울 때는 무력의 중요성을 잊고 외환을 생각하지 않는 바람에
심한 경우 나라를 멸망의 위기로 몰아넣은 예가 적지 않았다. 당나
라 때 유종원柳宗元은 〈적계敵戒〉에서 "적이 존재할 때는 화를 없앨
수 있더니, 적이 물러가자 화를 불러들이는구나"라고 한탄했다.

〈망전〉이나 '안불망위'를 전략의 차원으로 인식한다면 그 의의는
전쟁의 승부와 관련된 의미를 훌쩍 뛰어넘어 조직은 물론 나라의
생사존망과 관계된다. 이 전략은 동서고금을 통해 모든 리더가 중
시했고, 전략적 혜안을 가진 최고의 리더라면 특히 중시했다. 역사
발전에서 전쟁과 경쟁은 일정한 단계의 필연적 결과물이다. 전쟁
과 경쟁이 일어나고 없어지는 것은 인간의 의지로 바뀔 수 있는 것

이 아니다. 다만 안정될 때 위기를 생각한다는 '거안사위居安思危'를 염두에 둬서 경계심을 늦추지 않고 힘을 기르고 전력을 강화해야 만 돌발 사태에도 흔들리지 않으며, 싸우지 않고도 위기를 넘기거 나 승리할 수 있다.

당나라 때 오긍吳兢은 《정관정요貞觀政要》〈정체政體〉 편에서 "자고 로 나라를 잃은 군주는 모두 편안할 때 위기를 잊고, 잘 다스려진 다고 전쟁을 잊었다. 그래서 오래 가지 못한 것이다"라는 위징魏徵 의 말을 인용하여 '망전'의 위험성을 경고했다.

조직과 나라의 이익을 위해 '안불망위'와 〈망전〉 편의 경고는 소 홀히 할 수 없다. 형세가 완화되고 상황이 좋아졌다 해도 위기 의 식이 흐려지고 전력을 강화하지 않은 채 경쟁을 무시하면 대단히 위험하다. 스위스의 군사이론가 요미니는 나라를 지키기 위해 몸 과 마음 그리고 행복을 기꺼이 희생하려는 군인의 사회적 지위가 부른 배나 두드리는 자들보다 못하다면 그런 나라는 망해 버려도 억울할 것이 없다는 극언을 서슴지 않았다. 평화 시기에 무武를 숭 상하는 정신은 사회 전체가 군과 관련한 직업을 존경하고 아끼는 분위기로 나타난다. 전쟁과 경쟁의 승리는 사전 준비로 판가름이 난다. 준비가 있어야만 근심이 없고, 늘 위기를 생각해야만 안정을 이룰 수 있다.

경영 지혜

옛 가르침에 '근심걱정에 살고 안락함에 죽는다'라는 말이 있다. 안정과 위기는 언제든 자리를 바꿀 수 있으며, 화 안에 복이 있고 복 안에 화가 깃들어 있다. 이와 관련하여 '개구리 효과frog effect'란 실험이 있다. 개구리를 적당한 온도의 물속에 넣고 서서히 물의 온도를 높인다. 개구리는 당초 적당한 온도의 물에 적응되어 물이 뜨거워지는 것도 모른 채 서서히 삶겨 죽는다.

이 실험은 생물이 편하고 적당한 환경에서는 모든 것을 풀어 버리고 마비된다는 사실을 보여 준다. 인간에게 적용하면, 편안할 때 위기를 생각하면 생존할 수 있고 편안과 안일함만 좇으면 망한다는 이치를 말해 준다. 자연 발전의 법칙도 이와 같고, 인류 역사 발전의 규칙도 마찬가지다. 중국 역사상 이런 교훈은 수도 없이 많다. 얼마나 많은 정권이 번영에 취해 음주가무 속에서 연기처럼 사라졌던가! 역사상 직언으로 명성을 남긴 위징은 당 태종에게 편안할 때 위기를 생각하며 사치를 경계하고 검소해야 한다면서 탐욕, 교만, 허영, 게으름, 토목 공사 등 열 가지를 경계하라고 충고했다.

역사는 거울이다. 치열한 경쟁 속에서 모든 조직을 이끄는 리더 역시 늘 위기 의식을 가져야 한다. 위기 의식을 갖고 경계를 늦추지 않는 리더가 다가올 위기에 대비하며 적시에 적절한 반응과 대책을 내놓을 수 있다. 그래야만 위기 때 수동적 상황에 몰리지 않고 싸워서 벗어날 수 있다. 바야흐로 날아갈 듯이 발전하는 시대다. 새로운 기술의 변화와 교체는 잠깐의 방심과 게으름도 허용하지 않는다.

초기 무선통신 시장에서 큰 성공을 거둔 UT 스타콤은 성공에 안주하지 않고 끊임없이 자기 개발에 힘을 기울였다. 사진은 스타콤의 핸드폰이다.

심각한 위기 의식은 기업 경쟁에서 더욱 중요해졌다.

UT 스타콤Starcom은 중국 통신 시장에서 엄청난 성공을 거둔 기업이다. 당시 중국 선전을 책임진 시장 부분의 책임자 허씽위(赫興宇, 혁흥우)는 이렇게 강조했다.

"지금 이 기업을 통신 업계의 하나 정도로 간주한다면 큰 착각이다. 우리는 이미 제3세대 핸드폰과 편안한 인터넷 사업에 발을 들여놓았다."

미국 UT 스타콤은 중국 통신 시장에서 큰 승리를 거두자 이미 거둔 성과에 만족하지 않고 즉시 새로운 경쟁에 대비했다. 이것이 바로 평안할 때 위기를 잊지 말라는 메시지다. 실제로 UT 스타콤은 무선통신 시장의 무한경쟁에서 주도적으로 승리를 낚아챌 수 있었다.

나의 경쟁 상대는 끊임없이 변화하는 시장 상황에 적응하기 위해 기술과 실력을 키우느라 혼신의 힘을 다한다. 시시각각 상대의 발전이 나를 위협할 수 있다는 가능성에 대비하지 않으면 도태될 수밖에 없다. 편안할 때 위기를 생각하라는 '거안사위'를 잊지 않는 것이 곧 나를 강하게 만드는 힘이 된다.

새우와 고래가 함께 숨 쉬는 바다

백전백승 경쟁전략
백전기략 百戰奇略
－병법과 경영이 만나다

지은이 | 유기(劉基)
편역자 | 김영수
펴낸이 | 황인원
펴낸곳 | 도서출판 창해

신고번호 | 제2019-000317호

초판 1쇄 인쇄 | 2022년 04월 15일
초판 1쇄 발행 | 2022년 04월 22일

우편번호 | 04037
주소 | 서울특별시 마포구 양화로 59, 601호(서교동)
전화 | (02)322-3333(代)
팩스 | (02)333-5678
E-mail | dachawon@daum.net

ISBN 979-11-91215-42-7 (03390)

값 · 28,000원

Publishing Club Dachawon(多次元)
창해·다차원북스·나마스테